TECHNIK, WIRTSCHAFT und POLITIK 7

Schriftenreihe des Fraunhofer-Instituts
für Systemtechnik und Innovationsforschung (ISI)

Titel der bisher erschienenen Bände:

Band 1: F. Meyer-Krahmer (Hrsg.)
Innovationsökonomie und
Technologiepolitik
1993. VI, 302 Seiten.
ISBN 3-7908-0689-7

Band 2: B. Schwitalla
Messung und Erklärung
industrieller Innovationsaktivitäten
1993. XVI, 294 Seiten.
ISBN 3-7908-0694-3

Band 3: H. Grupp (Hrsg.)
Technologie am Beginn
des 21. Jahrhunderts
1993. X, 266 Seiten.
ISBN 3-7908-0726-5

Band 4: M. Kulicke u. a.
Chancen und Risiken
junger Technologieunternehmen
1993. XII, 310 Seiten.
ISBN 3-7908-0732.X

Band 5: H. Wolff, G. Becher, H. Delpho
S, Kuhlmann, U. Kuntze, J. Stock
FuE-Kooperation von kleinen und
mittleren Unternehmen
1994. XII, 324 Seiten.
ISBN 3-7908-0746-X

Band 6: R. Walz
Die Elektrizitätswirtschaft
in den USA und der BRD
1994. XVI, 354 Seiten.
ISBN 3-7908-0769-9

Peter Zoche (Hrsg.)

Herausforderungen für die Informationstechnik

Internationale Konferenz in Dresden
15. – 17. Juni 1993

Veranstalter:
Bundesministerium für Forschung und Technologie (BMFT), Bonn
Organisation für wirtschaftliche Zusammenarbeit und Entwicklung (OECD), Paris
Fraunhofer-Institut für Systemtechnik und Innovationsforschung (ISI), Karlsruhe

Mit 60 Abbildungen

Springer-Verlag Berlin Heidelberg GmbH

Peter Zoche
Leiter des Bereichs IuK-Systeme
Fraunhofer-Institut für Systemtechnik
und Innovationsforschung (ISI)
Breslauer Str. 48
D-76139 Karlsruhe

Assistenz und Textverarbeitung
Katrin Cramer, Ursula Heel und Brigitte Kallfaß

ISBN 978-3-7908-0790-5   ISBN 978-3-642-46954-1 (eBook)
DOI 10.1007/ 978-3-642-46954-1

Vorwort

"Herausforderungen für die Informationstechnik - Challenges to Information Technology", unter diesem Leitthema stand die internationale Konferenz, zu der das Bundesministerium für Forschung und Technologie (BMFT) und die Organisation für wirtschaftliche Zusammenarbeit und Entwicklung (OECD) im Juni 1993 nach Dresden eingeladen hatten.

Mit dem vorliegenden Buch legt das Fraunhofer-Institut für Systemtechnik und Innovationsforschung (ISI), Karlsruhe, das bereits die konzeptionelle Vorbereitung und die Organisation dieser Konferenz übernommen hatte, einen repräsentativen Querschnitt der für diese Konferenz erarbeiteten Beiträge vor. Gerne hätten wir alle Vorträge der Konferenz in einem Band zusammengeführt. Aus finanziellen Gründen war dies jedoch leider nicht möglich. Die hier nicht veröffentlichten Beiträge sind in einem xerographierten Ergänzungsband zusammengefaßt worden, der zum Selbstkostenpreis über die Bibliothek des FhG-ISI bezogen werden kann.

Themenfeld des hier vorgelegten Bandes ist die Informationstechnik, eine Schlüsseltechnologie, von der Gegenwart und Zukunft bestimmt werden. Alle fortgeschrittenen Industriestaaten sind durch eine zunehmende Informatisierung aller gesellschaftlichen Bereiche gekennzeichnet: die neuen Informations- und Kommunikationstechniken bieten die Grundlage für die Entwicklung eines Landes innerhalb der internationalen Konkurrenzbeziehungen. Jedoch ist der Einsatz von Informationstechniken und die Folgewirkungen, die sich aus der Anwendung ergeben, widersprüchlich. Stichworte wie *Wettbewerbsvorteil* versus *Arbeitsplatzverlust, umfassender Informationszugang* versus *Informationsüberflutung, grenzenlose Kommunikation* versus *totale Kontrolle* kennzeichnen die Hoffnungen und Befürchtungen, die in diese Technik gesetzt werden.

Ambivalente Wirkungen der Technik, meist jedoch die Technik selbst und die von der Technik für viele ausgehende Faszination, stehen im Vordergrund vieler Tagungen. *Herausforderungen für die Informationstechnik* knüpft hieran durchaus an. Gleichwohl wurde eine über die tradierten Tagungskonzepte hinausgehende Zielsetzung verfolgt. Dabei wurde darauf geachtet, den Bedingungen und künftigen Trends in den Bereichen "Gesellschaft", "Wirtschaft", "Arbeit", "Langfristiger Strukturwandel" und "Kultur" Aufmerksamkeit zu widmen. Somit erklärt sich das Motto der Konferenz *Herausforderungen für die Informationstechnik* aus dem Anspruch dieses Perspektivwechsels, aus den Entwicklungen in zentralen gesellschaftlichen Bereichen Anforderungen abzuleiten, die die technischen Entwicklungen aufgreifen, um Lösungsbeiträge zu Engpässen in ausgewählten Lebensbereichen liefern zu können.

Zu der Realisierung dieses Konferenzkonzeptes haben sehr viele Personen beigetragen. Ich danke allen sehr herzlich und werbe gleichzeitig um Verständnis dafür, daß an dieser Stelle nicht alle namentlich angeführt werden können. Besonders hervorheben möchte ich jedoch die Kollegen, die bei der Vorbereitung wesentliche Mithilfe und -verantwortung übernommen haben: Frau Dr. Brigitte Preißl vom Deutschen Institut für Wirtschaftsforschung (DIW), Berlin, und Herr Dr. Helmut Drüke vom Wissenschaftszentrum Berlin für Sozialforschung (WZB) sowie meine Institutskollegen Dr. Dirk-Michael Harmsen, Rainer König und Dr. Siegfried Lange, der mit mir die Projektverantwortung für das Zustandekommen der Konferenz teilte. Für die inhaltliche Unterstützung bei der Vorbereitung der Sektionsveranstaltungen und deren Leitung gilt mein besonderer Dank Herrn Privatdozent Dr. Ulrich Jürgens, Wissenschaftszentrum Berlin für Sozialforschung, Herrn Professor Dr. Dieter Landgraf-Dietz, Mikroelektronik und Technologie GmbH in Dresden, Herrn Professor Dr. Dieter Läpple, Technische Universität Hamburg-Harburg, Herrn Privatdozent Dr. Frieder Meyer-Krahmer, Leiter des Fraunhofer-Instituts für Systemtechnik und Innovationsforschung (ISI) in Karlsruhe, Herrn Professor Dr. Günter Müller, Leiter des Instituts für Informatik und Gesellschaft (IIG) der Universität Freiburg, Herrn Professor Dr. Werner Rammert, Institut für Soziologie der Freien Universität Berlin, Herrn Dietrich Ratzke, Frankfurter Allgemeine Zeitung (FAZ), Frankfurt am Main, sowie Herrn Professor Dr. Dres. h. c. Eberhard Witte, Leiter des Instituts für Organisation der Universität München.

Aufgeschlossenheit und anregenden Diskussionsaustausch haben das Zustandekommen der Konferenz in hohem Maße gefördert. Hierfür danke ich Herrn Ministerialrat Dr. Dr. Harald Uhl, Leiter des Referats für Grundsatzfragen der Informationstechnik im Bundesministerium für Forschung und Technologie in Bonn, in besonderer Weise.

Karlsruhe, im Februar 1994

Peter Zoche
Leiter des Bereichs
"Informations- und Kommunikationssysteme"

INHALTSVERZEICHNIS

Eröffnungsansprache

Werner Gries
Bundesministerium für Forschung und Technologie, Bonn

Mit großer Freude und ebensolchen Erwartungen eröffne ich die internationale Konferenz zum Thema 'Herausforderungen für die Informationstechnik' in diesem traditionsreichen Haus und in dem traditionsreichen Dresden.

Das Deutsche Hygienemuseum hat seit vielen Jahrzehnten einen hervorragenden Rang mit seinem erfolgreichen Bemühen eingenommen, eine Stätte der Information nicht nur über Gesundheit und Gesundheitsforschung, sondern über Forschung und technischen Fortschritt auf allen Lebensgebieten zu bilden; unter der Leitung seines Direktors Dr. Martin Roth wird diese Tradition seit drei Jahren tatkräftig und mit neuen Themen fortgeführt. Ich danke für die Gastfreundschaft, die wir mit dieser Konferenz und der Ausstellung in diesen Tagen hier genießen dürfen.

Die traditionsreiche Stadt Dresden ist ein richtiger Ort für eine Konferenz, die in internationaler Zusammenarbeit Perspektiven für technische Entwicklungen der Zukunft aufzeigt. Mit Tradition meine ich in diesem Fall nicht in erster Linie die kulturellen Sehenswürdigkeiten, die nach den Zerstörungen des Zweiten Weltkrieges wieder erstanden sind oder an deren Rekonstruktion gearbeitet wird, meine ich auch nicht in erster Linie den Glanz ihrer Bildergalerien oder die hohe Qualität des Musik- und Theaterlebens, so reizvoll diese Aspekte für die Besucher der Stadt zu allen Zeiten waren und so anregend sie für die Teilnehmer dieser Konferenz sein mögen. Ich meine vielmehr die Qualität der wissenschaftlichen und technischen Arbeit, die in Dresden auch unter den begrenzten und politisch bedrückenden Verhältnissen der Nachkriegsjahrzehnte geleistet wurde und die Dresden zu einem anerkannten Standort technischer Innovation, nicht zuletzt in der Mikroelektronik und der Informationstechnik, gemacht hat. Ich hoffe sehr, daß die Anstöße dieser Konferenz auch dazu beitragen, für den Standort Dresden in wissenschaftlicher Innovation und als Produktionsstandort zukunftsträchtiger industrieller Produkte neue Perspektiven aufzuzeigen. Ich danke ausdrücklich dem Freistaat Sachsen und der Stadt Dresden für alle Hilfe und Beratung, die sie bei der Vorbereitung und Organisation dieser Konferenz geleistet haben und in den kommenden Tagen einzubringen bereit sind.

Mein Dank gilt schließlich aber auch der Organisation für wirtschaftliche Zusammenarbeit und Entwicklung (OECD), deren Vertreter bei der Konzeption und Vorbereitung dieser Konferenz mit ihren weltweiten Erfahrungen wesentliche Beiträge für das Programm geliefert haben und damit einen wahrhaft globalen Überblick zur Entwicklung des öffentlichen und privaten Bedarfs, der wissenschaftlich-technischen Perspektiven und der industriellen Situation ermöglichen. Ich darf den Wunsch äußern, daß die Ergebnisse dieser Konferenz ihrerseits in die Arbeit der OECD einfließen und Anregungen für die Schwerpunkte des Programms dieser Weltorganisation in den Bereichen Wirtschaft und Wissenschaft geben können.

Die Informationstechnik ist kein beliebiges Wirtschaftsgut, sondern eine Schlüsseltechnologie mit herausragender Bedeutung für unsere wirtschaftliche Entwicklung; sie ist eine Technik, die zu anderen Techniken befähigt und zum entscheidenden, wissensintensiven Produktionsfaktor des 21. Jahrhunderts wird.

Die überragende Bedeutung der Informationstechnik beruht darauf, daß sie zu wirtschaftlichen Bedingungen Werkzeuge für die Unterstützung intelligenten Handelns und Verhaltens bereitzustellen vermag. Damit wird eine wesentliche menschliche Fähigkeit verstärkt, Informationen nicht nur zu reflektieren, sondern aktiv zur Gestaltung materieller und immaterieller Güter zu nutzen. Die Systeme, Einrichtungen und Methoden der Informationstechnik haben so die Funktion genereller Leistungsverstärker; sie stellen zunehmend das gemeinsame technische Nervensystem von Staat und Wirtschaft, einen wesentlich dynamischen Faktor der Industriegesellschaft dar.

Europa bietet heute den nach den USA global zweitgrößten Markt für informationstechnische Produkte mit erheblichen Wachstumsperspektiven insbesondere in Ost-Europa; zugleich ist es mit ca. 40% des Bedarfs der weltweit größte Importeur. Die Informationstechnik wird in den hochindustrialisierten Ländern noch vor dem Jahr 2000 zur größten Industriebranche. Dies ist ein Ergebnis der universellen Durchdringung aller produzierenden und dienstleistenden Bereiche der Wirtschaft mit informationstechnischen Produkten und Leistungen. Damit bestimmt die Informationstechnik in zunehmendem Maß die internationale Wettbewerbsfähigkeit der gesamten Wirtschaft eines Landes. Es wird geschätzt, daß sich der Weltmarkt von 1992 mit 1 Billion $ bis zum Jahr 2000 auf 2 Billionen $ verdoppeln wird.

Der Weltmarkt für Halbleiterprodukte wird sich nach den gleichen Schätzungen von 1990-1997 von 51 Mrd. auf rd. 100 Mrd. $ verdoppeln. Hier steht Europa seit langem hinter den USA und Japan auf dem dritten Platz und wird möglicherweise an dieser

Verdoppelung nur ungleichmäßig teilhaben, während die Dynamik neben den USA - die durch Zusammenwirken von Staat und Wirtschaft wieder auf den ersten Platz in der Weltrangliste drängen - vor allem im außerjapanischen, pazifischen Raum liegen dürfte. Während Japan und die USA jetzt und auch in den voraussehbaren nächsten zehn Jahren Netto-Exporteure von Halbleiterprodukten sind, wird Europa wie schon jetzt zu 50% von Einfuhren abhängig bleiben.

Die europäische und deutsche informationstechnische Industrie hat in den letzten Jahren durch den Nachholbedarf in den neuen Bundesländern eine Sonderkonjunktur erlebt. Sollte es zu einer raschen politischen Stabilisierung in Ost-Europa kommen, können sich daraus langfristige positive Perspektiven für die standortnahe europäische Informationstechnik entwickeln.

Schwierig ist die Lage der europäischen Mikroelektronikindustrie, die im Gegensatz zu Japan und USA keinen geschlossenen heimischen Markt als Rückhalt hat, sondern auf dem nach wie vor stark segmentierten europäischen Markt mit Wettbewerbskonflikten operieren muß. Auch die Marktanteile der europäischen Großfirmen sind zu gering, um den japanischen und amerikanischen Monopolisierungsbestrebungen entgegen zu treten. Wir müssen gemeinsam versuchen, den globalen Wettbewerb der Ideen und der Märkte in eine globale Partnerschaft der wissenschaftlich-technischen Entwicklung zu transformieren, die für uns alle den höchsten Nutzen verspricht.

Es gibt aber auch durchaus positive Aspekte. Die europäischen Chip-Hersteller haben in jüngster Zeit neue Akzente gesetzt, um ihre Wettbewerbsfähigkeit zu verbessern: Globale Kooperationsvereinbarungen wurden abgeschlossen wie z.B. zwischen Siemens, IBM, Toshiba. Auch auf europäischer Ebene gibt es verstärkte Kooperationen und Arbeitsteilungen wie z.B. zwischen den Herstellern Siemens, Thomson und Philips. Neue Schwerpunkte wurden im Produktionsbereich gesetzt: Die Standardschaltkreise (Speicher) werden reduziert. Anwendungsspezifische Schaltkreise für den wachsenden Markt der Telekommunikation (Mobiltelefone), Chipkarten und Autoelektronik bekommen Priorität.

In diesen Zusammenhang müssen auch die Marktaussichten der deutschen informationstechnischen Produzenten gestellt werden. Die strukturellen Schwierigkeiten haben sich im vergangenen Jahr in einem Rückgang des Produktionswertes der deutschen büro-, informations- und kommunikationstechnischen Industrie von 40 Mrd. DM auf 37 Mrd. DM ausgewirkt. Auch die Ausfuhren sind um fast 10% gesunken. Lediglich im Softwarebereich gab es eine Steigerung um 12%. Es wird wichtig sein, wenn der Industrie-standort Deutschland gesichert werden soll, daß durch gemeinsame Anstrengungen von Regierung und Industrie hinderliche Rahmenbedingungen für den Produktionsstandort Deutschland abgebaut werden, neue Ideen rascher in marktfähige Produkte umgesetzt werden und die Kooperation der Firmen untereinander und mit den staatlichen For-schungseinrichtungen verstärkt wird. Der starke Forschungsstandort Deutschland muß die Basis für die Sicherung des Produktionsstandortes Deutschland bilden. In den neuen Bundesländern sind hierfür besondere Anstrengungen erforderlich.

Der Bundesforschungsminister hat in seinem Förderkonzept Informationstechnik ein aufeinander abgestimmtes Vorgehen von Staat, Wissenschaft und Wirtschaft zum erfolgreichen Zusammenwirken von Forschung und Entwicklung mit Produktion und Markterfolg vorgeschlagen und dafür erhebliche Fördermittel bereitgestellt. Durch strate-gische Leitprojekte ebenso wie in Forschungsverbünden zwischen Hochschulen, außer-universitärer Forschung und der Industrie werden Schwerpunkte für Forschung und Entwicklung gesetzt, die sehr frühzeitig auf marktfähige Produkte abzielen. Die konzep-tionelle Abstimmung sowohl mit der Förderung der Informationstechnik durch die Deutsche Bundespost Telekom wie durch Programme der europäischen Gemeinschaft wird durch dieses Konzept verstärkt.

Ebenso wichtig wie die finanzielle Förderung und die frühzeitige strategische Zielset-zung für Forschungs- und Entwicklungsprojekte ist aber die Moderatorenrolle des Staates zwischen Wissenschaft, Wirtschaft und den Marktentwicklungen. Die dazu bereits bestehenden Ansätze dieses Forschungsdialogs mit der Wirtschaft werden von mir in den nächsten Monaten deutlich verstärkt werden, wobei sowohl die Einbeziehung kleiner und mittlerer Unternehmen wie des Potentials der neuen Länder besondere Akzente setzen sollen.

Die Industrie hat gerade dort, wo hochtechnologische Produktion möglich und wirt-schaftlich gemacht werden kann, stets einen Gesprächspartner und Anwalt in der For-schungspolitik. Dies gilt auch für die IT-Industrie und den Einsatz von IT in vielen Bereichen, von der Ausbildung über die Forschung bis hin in die Produktions- und Fertigungstechnik. Daran wird sich auch nichts ändern. Aber es kann keinen Zweifel daran geben, daß staatliche Hilfen in keinem Fall die notwendigen Eigenanstrengungen der IT-Industrie ersetzen können. Bei klarer Rollenverteilung zwischen Staat und Indu-strie kann die Forschungspolitik aber dazu beitragen, den Technologietransfer zu beschleunigen, das Innovationstempo zu beschleunigen und die Marktchancen der deutschen und der europäischen Industrie auf diese Weise zu stärken und sie als attraktive Partner in globalen Allianzen zu erhalten. Rasche Reaktionen auf den privaten und öffentlichen Bedarf, flexible Anpassungsstrategien und unternehmerische Initiativen sind Voraussetzungen für einen Erfolg.

Zeiten knappen Geldes - bei Staat und Wirtschaft - sind stets auch eine Herausforderung für Einfallsreichtum, Phantasie und neue Strukturen. Ich habe den Eindruck, daß wir in Deutschland und Europa beginnen, diese Herausforderung aufzugreifen. Ich wünsche dieser Konferenz, daß durch den in diesem Rahmen angebotenen Erfahrungs- und Meinungsaustausch neue innovative Impulse in Wissenschaft und Wirtschaft ausstrahlen und dort auch rasch aufgegriffen und umgesetzt werden. Ich danke allen Experten, aus Europa und aus Übersee, die ihr Wissen und ihre Zeit in den Dienst dieser Konferenz stellen; ich danke den Mitarbeitern der Fraunhofer-Gesellschaft, die die Hauptlast der inhaltlichen und organisatorischen Vorbereitung getragen haben. Ich danke Ihnen allen, die Sie zu diesem intensiven Dialog der nächsten Tage mit Ihrer Expertise und Ihren Ideen beitragen wollen, und ich wünsche dieser Konferenz einen guten und anregenden Verlauf!

Technologie und Weltmanagement
Zur Rolle der Informationsmedien in der Synchronweltgesellschaft

Peter Sloterdijk
Schriftsteller, Karlsruhe

1. Die Stimme und die Schrift
Von den vormodernen Gesellschaften im Spiegel ihrer Leitmedien

Man pflegt in diesen Tagen in allen Medien, den konservativen an erster Stelle, zu lesen und zu hören, daß die Menschheit der Ersten Welt in ein post-utopisches Zeitalter eingetreten sei; sie müsse, so heißt es, sich künftig darauf einrichten, in einer letztlich entzauberten riskanten Welt ohne große bewegende Visionen zu existieren; sie müsse sich an den Gedanken gewöhnen, daß fortan das Minimum für das Optimum, das schiere Überleben für das gute Leben zu gelten habe. Wenn dies zuträfe, so hätten wir Gründe zuzugeben, daß wir zu Zeugen eines epochalen Umbruchs im Motivationshaushalt der Erste-Welt-Menschheit geworden sind - Zeugen dessen, daß das psychopolitische Regime der Hoffnung, welches zumindest den letzten zweitausend Jahren seinen Stempel aufgeprägt hatte, abgelöst wird von einem Weltalter der Sorge und der Desillusionierung. Wir wären mithin sowohl Opfer wie Agenten einer weltgeschichtlichen Revision, die uns zwingt, unsere Weltverhältnisse im ganzen vom euangelischen Prinzip auf das dysangelische Prinzip umzustellen - wobei unter euangelisch, im Sinne der griechischen Wortwurzeln, die Annahme verstanden werden soll, daß es möglich sei, Welt und Weltsinn unter dem Eindruck guter und besserer Nachrichten zu reformieren, während dysangelisch die Unterwerfung der kommunizierenden Gattung unter das Gesetz schlechter Nachrichten bedeutet. Wer heute aus der Sicht des Experten für Massenkommunikation in der Globalwelt über die Grundverfassung seines Sachgebietes nachdenkt, wird zugeben müssen, daß vieles für diese revisionistische dunkle Ansicht der Dinge spricht. Das Realitätsprinzip des zeitgenössischen Informationsuniversums steht in der Tat unter dem Primat der besorgniserregenden Nachricht. Die Synthesis der Menschheit läßt sich nicht länger dadurch konzipieren, daß man dieselbe als Adressatin und Konsumentin eines euangelischen Informationsprozesses vorstellt; was die Menschheit toto genere heute wirklich zusammenhält, ist ein Ökumenismus der gemeinsamen Bedrohtheit. An die Stelle von optimistischen Universalismen sind, wohin man auch sieht, Deutungen der menschheitlichen Kondition getreten, die die Gattung nur noch in der Zwangsgemeinschaft des Mangels und des Vernichtungsrisikos zusammenhängen lassen. Dies alles ist eine informationstheoretische Formulierung der vielbesprochenen Krise der Aufklärung. Unter dem informatischen Aspekt war Aufklärung eine Fortschreibung des christlichen Euangelismus mit weltlichen Mitteln gewesen - und ihre zunächst bemerkenswerte Unwiderstehlichkeit gründete in den Anfangserfolgen der Idee, daß die Durchdringung der Gesellschaften mit exoterischen befreienden und ermächtigenden Wahrheiten zu einer globalen Weltaufhellung führen müsse. Seit dem 18. Jahrhundert lag in Europa und Nordamerika die Konzeption einer gattungsweit wirksamen informatischen Glücksspirale in der Luft, und wenn wir heute von der Evidenz bedrückt werden, daß das, was als Gewinnspiel für die Europäer begonnen hatte, zu einer Verlust-Unternehmung für die Gattung im ganzen geraten könnte, so sollten wir dies als Anstoß dazu begreifen, über die Verwicklung des modernen Informationswesens in die Glücks-Politiken und Glücks-Ökonomien der Gattung auf einer grundbegrifflichen Ebene nachzudenken.

Ich möchte diese Hinweise auf die aktuelle Krise des okzidentalen Euangelismus, d.h. auf das relative Scheitern unserer Welt-Politik der guten Nachrichten als Hintergrund für eine anthropologische Überlegung verwenden, die unsere aktuellen Verlegenheiten in ein weitgespanntes historisches Relief einzeichnet. Mit Hilfe von fünf anthropologischen Sätzen will ich in Kürze andeuten, wie das ursprüngliche Hordenwesen **homo sapiens** im Lauf einer weltgeschichtlichen Metamorphose zu dem kosmopolitischen Problemtier hat werden können, als das es sich jetzt beim Blick in den Spiegel und beim Hineinhorchen in seinen informatischen Äther anerkennen muß. Der erste und folgenreichste Satz über den Menschen als Wunderkind der Evolution lautet, daß Menschen audiovisuelle Tiere sind. Biologen haben darauf hingewiesen, daß neunundneunzig Prozent der Tiere sich durch Gerüche in ihren Umwelten orientieren und ingeniöse Techniken einer Weltdeutung auf dem chemischen Kanal entwickelt haben, während Menschen - zusammen mit einer kleinen Gruppe exzentrischer Tierarten wie Wale und Vögel - nur als Genies der Audiovisualität zu würdigen sind. Beides jedoch, Sehen und Hören, sind Prämissen eines ontologischen "Augenaufschlags", der unsere aparte Gattung aus dem Sein in Umwelten zum Dasein in der Welt befördert. Weil Auge und Ohr Distanzorgane sind, sind sie von sich her wie keine anderen Sinne dazu geeignet, die Besitzer dieser riskanten Organe zu Weltwesen zu machen - das heißt zu Lebewesen, die ein Verhältnis zum Offenen, zum Unbekannten, zum Neuen entwickeln. Man könnte geradezu sagen, daß die Gattung **homo sapiens** nur kraft ihrer unerhörten Investition in die Audiovisualität schon auf biologischer Ebene sich anschickt zur Eroberung der Dimension Zeit; weil wir die hörend-sehenden Tiere sind, genauer die zum Mehr-Hören und Mehr-Sehen verurteilten Tiere, sind wir von einer relativ frühen Stufe der Hominisation an Tiere der Zukunft, oder um mit Ernst Bloch zu reden Wesen, deren eigentlicher Ort im Sein das Noch-Nicht ist. Hieran kann der zweite Satz unmittelbar anknüpfen: der Mensch ist das Tier, das von innen kommt - man könnte auch sagen, er ist das geburtliche, das hinausgehende, das zur Welt kommende Wesen. Schon im Modus seiner biologischen Entstehung macht sich beim Menschen eine Art von großer Extraversion geltend, welche ihn von einem Schoßwesen zu einem Außenweltwesen übersetzt. Kein Menschenleben ist denkbar ohne einen großen Elementwechsel vom Feuchten ans Trockene, ohne einen Übergang vom inneren Meer ans externe Festland. In jedem Einzelleben wiederholt sich das evolutionäre Abenteuer des An-Land-Gehens und der Aufrichtung zur zweibeinigen, freihändigen, weithörenden und weitsichtigen Seinsweise.

Die Pointe dieses Übergangs freilich liegt darin, daß Menschen als geborene Hordenwesen auch in ihrer extra-uterinen Existenz in einem spezifischen Sinn Innenweltwesen bleiben - nämlich Hordeninnenweltwesen, die im vitalen Kontinuum ihrer kleinen Gesellschaft, und zunächst nur in diesem, sich psychisch und physisch am Leben zu halten vermögen. Die Horden, in denen die Genesis des Menschen und die Wiederholung des Menschen durch den Menschen sich ursprünglich vollzieht, sind ihrer Qualität nach soziale Brutkästen, in denen das riskanteste Tier sich im Laufe einer sehr langen Evolution selbst erzeugte. Im Innern dieser Brutkästen erwarb **homo sapiens** seine auffälligen Züge; hier und nur hier konnte es geschehen, daß die Menschenköpfe so merkwürdig groß wurden, die Häute merkwürdig dünn, die Frauen merkwürdig schön, die Beine merkwürdig lang, die Stimmen merkwürdig artikulationsfähig, die Sexualität merkwürdig chronisch, die Kinder merkwürdig infantil und formbar, die eigenen Toten merkwürdig unvergeßlich. Das Tier, das von innen kommt, bleibt als Hordenwesen bis zuletzt immer auch geprägt von der Notwendigkeit, einem erweiterten sozialen Innenraum anzugehören - nicht zuletzt eben durch das audiovisuelle Band, welches den Mitgliedern der Horde erlaubt, in einem Kontinuum permanenten gegenseitigen Sichhörens und Sichsehens zu schweben. Das menschliche Gehör ist das Organ des Zusammengehörens - es ist a priori darauf eingerichtet, für die Geräuschwelt der Eigengruppe offenzustehen. Dort empfängt jedes Wesen ein spezifisches Tuning, eine relativ scharfe und selektive Einstimmung auf die Sonosphäre seiner Gruppe - und das Zerreißen der akustischen Nabelschnur, durch die jeder Einzelne an seine nahe Mitwelt gebunden bleibt, würde von demselben als eine existentientielle Katastrophe, als akustischer Weltuntergang erfahren. In der Kleinwelt der alten Hordenmenschheit gilt das Gesetz der physischen Präsenz der Kommunikateure - wer nicht präsent ist, kann sich nicht effektiv bemerkbar machen. Das Format der Horden-Innenwelt wird durch die Reichweite von

Stimmen definiert. In diesem Sinne könnte man die menschlichen Stimmen als die ersten Massenmedien bezeichnen - mit der Einschränkung, daß das Medium Stimme nur für Anwesende erfolgreich sein kann und daß der Schallkreis der Stimmen insgesamt die Grenzen der ursprünglichen sonosphärischen Kohärenz von Menschengruppen definiert.

Es soll nicht vergessen werden zu betonen, daß Menschen eben aufgrund ihrer unwiderruflichen Angewiesenheit[1] auf die Einbettung in ein sonosphärisches Gemeinwesen nie als losgelöste d.h.. gehörlose, oder nur sich selbst hörende Individuen gedacht werden dürfen. Die Menschheit steht von ihrem ersten Tag an unter dem Gesetz eines akustischen Kommunismus, der sich als die menschenbildende Macht des Zusammenseins in einem stimmlich-sprachlichen Gruppenkontinuum Geltung verschafft. In sozialphilosophischer Sicht führt dies zu der These, daß die menschenbildende Gruppe stets um eine Stufe "wirklicher" ist als jedes ihrer Mitglieder und daß **homo sapiens** nur als sozioholistisches Wesen, man könnte auch sagen "im Medium einer Sonosphäre hervorgebracht" und begriffen werden kann. Wie Plato in der **Politeia gelegentlich die Polis als einen vergrößerten Menschen definiert hat, so könnte man mit besserem Recht sagen, daß die Sonosphäre des sprechenden Tieres der eigentliche oder wesentliche Mensch sei; mit einem MacLuhan'schen Akzent** hieße das: das Medium ist die Gesellschaft, die Gemeinschaft der Stimmen in der ursprünglichen Sonosphäre ist die Message selbst. Durch ihre Sonosphäre überzeugt sich die alte Gesellschaft von ihrer eigenen Botschaft: daß sie diese Gesellschaft ist und daß sie nicht aufhören wird, diese Gesellschaft zu sein, solange sie sich selbst auf sich einstimmen kann.

Der dritte anthropologische Satz, der uns dazu verhelfen soll, die Turbulenzen der gegenwärtigen Kommunikationsverhältnisse im großen besser zu begreifen, lautet: der Mensch ist ein telepathisches Tier. Dies soll nun nicht im Sinn des Vulgärirrationalismus verstanden werden, der nichts lieber tut, als über sogenannte paranormale Fähigkeiten bei medial begabten Individuen zu spekulieren. Es geht im Gegenteil darum, den Telepathismus buchstäblich und grundsätzlich zu erfassen und von seiner rationalen Definition her gerade den normalen Menschen in der Hochkultur als mediales Wesen zu bestimmen. Telepathie heißt nichts anderes als durch Abwesendes in Mitleidenschaft

---

1   vgl. Regis Debray, 1991, 1992 u. 1993. Debray beruft sich auf eine Arbeit von Sylvie Merzeau "Du scripturaire à l'indiciel", worin die Autorin, das Jahr 1839, das der Erfindung der Daguerrotypie akzentuierend, eine Revolution westlicher Repräsentationssysteme studiert - von der Logosphäre über die Graphosphäre zur Videosphäre.

gezogen werden können; dies ist gerade kein paranormaler Effekt, der metaphysisch privilegierten Individuen zugesprochen werden könnte, sondern ein Bestimmungsmerkmal menschlicher Intelligenz **überhaupt**. Dies gründet in der Doppelnatur des Intellekts, einerseits auf den Druck anwesender Aufgaben und Signale mit präsentischen Reaktionen antworten zu können, andererseits dazu imstande zu sein, sich durch Erinnerung und Antizipation auf Nicht-Anwesendes als eine Quelle von Information und Orientierung zu beziehen. Es gehört zu den Grunderfahrungen der natürlichen Telepathie, daß menschliche Individuen die Stimmen von abwesenden, möglicherweise toten Vorfahren und Lehrern im Ohr tragen, die sich bei akuten Problemlagen aus den zerebralen Phonogrammspeichern melden und als Berater oder Psychagogen in einen laufenden Entscheidungsprozeß einmischen. Menschliche Intelligenz definiert sich durch ihre Erreichbarkeit aus der Ferne - die sich zunächst und zumeist als Ferne in der Zeit, d.h. der Vergangenheit darstellt, um später auch als Ferne im Raum zu erscheinen. Der Ernstfall der räumlichen Telepathie tritt ein mit der Erfindung der Schrift und der imperialen Kommunikation. Nun können Machtworte aus weit entfernten Zentren über lange Botenwege zu Empfängern an der Peripherie entsandt werden - unter der Hypothese der Konstanz der Botschaft während des Transports -, um an Ort und Stelle als anwesendes Zeichen einer abwesenden Macht decodiert zu werden. Die Schrift ist das Medium einer politischen Telepathie, die sich zur Ausbreitung von Wahrheiten in Großwelten eignet. Der Pathos-Faktor im Telepathie-Begriff muß deswegen so sehr betont werden, weil in Imperien Politik eo ipso Telepolitik sein muß und Fern-Handeln auf effektive Weise in ein Fern-Leiden übersetzen können muß.

Über große Entfernungen hinweg Menschen zu Instrumenten eines hauptstädtischen oder königlichen Willens machen zu können ist das Grundprinzip der Macht-Informatik im Schriftzeitalter. In ihm mußte sich der Telepathismus auch als die psychische Disposition der Hörbereitschaft gegenüber fernen Stimmen in ihrer geschriebenen Repräsentation entfalten. Zur Schrift gehört in psychopolitischer Hinsicht der sorgfältige, auf intimen Textgehorsam hin erzogene Mensch, der es von Jugend auf gelernt hat, das Lesen als Einübung in eine große, von fernen und abstrakten Imperativen strukturierte Welt zu praktizieren. Der **homo legens** oder homo lector ist die Leitfigur jenes psychohistorischen Regimes, in dem das geschriebene Wort Kunde gibt von der raumzeitlichen und logischen Tiefenstruktur der Welt. Auch die hochkulturelle Institution der Philosophie kann sich erst im Schriftzeitalter geltend machen, wenn es aus zahlreichen Motiven plausibel geworden ist, das Wesen des Denkens und des Wissens nicht mehr als Hinhorchen auf verinnerlichte Stimmen von Weisen und Ahnen zu deuten, sondern als die innere Lektüre einer Tiefenschrift oder eines Welttextes, in dem die Gesamtwahrheit über alles, was der Fall ist, codiert wurde. Weil aber die Schrift in ihrem eigenen Zeitalter sich primär als optischer Zusatz zu einem phonologischen Substrat deuten ließ, blieb sie ihrem Wesen nach phonozentrisch - das Lesen war nicht mehr als das Hinhören auf ein logisches Flüstern, mit dem eine ferne Wahrheit im inneren Ohr des Lesers vernehmlich wird. Insofern bedeutet auch die massenmediale Ordnung der Schrift eine Art und Weise, wie großgewordene Gesellschaften auf indirekten Wegen ihre sonosphärische Kohärenz organisieren. In Schriften hören die Verständigen das stumme Flüstern des Logos oder des Weltgeistes. Die Schrift sollte aber nicht nur als die Fortführung der präsentischen Stimmen in einem optischen Medium verstanden werden, sondern mehr noch als das synthetische Prinzip einer Großwelt, in der Menschen nicht mehr nach Dutzenden oder Hunderten, sondern nach Hunderttausenden und Millionen gerechnet werden. Der Schrift ist also eine Reichssprache zugeordnet, die - der Gleichung von Reich und Welt entsprechend - zugleich den Status einer Weltsprache bekleidet. Auf den Komplex Weltsprache bezieht sich auch die ursprüngliche Idee der Übersetzung von völkerübergreifenden Wahrheiten in andere Sprachen. Im Medium der Schrift artikuliert sich die Idee, daß es eine imperiale oder göttliche Stimme gebe, deren Klang auf dem Umweg über die optischen Kopien gleichzeitig zu allen einsichtigen Mitgliedern einer Gesellschaft gelangen könnte. Der Telepathismus der Schrift - als Wirkung eines Machtgeistes in die Ferne - verschränkt sich von Grund auf mit der Großformatigkeit der schriftgebrauchenden sozialen Systeme - sie stiftet verstehende Zusammenhänge gerade dort, wo das Zusammenhängen wegen der Größe der zu integrierenden Reiche zu einer Kunst werden mußte.

Es liegt im übrigen auf der Hand, warum die Schriftreligionen unseres Kulturkreises den Bahnen der imperialen Macht so leicht zu folgen vermochten - wenn sie nicht geradewegs, wie im Fall des Islam, mit deren Bahnung selbst in eins fielen. Wenn das Reich des geschriebenen Machtworts identisch ist mit der Sphäre der politischen Telepathie, - des Leidens an fernwirkenden Mächten -, so werden schriftreligiöse Botschaften sich mit erhöhter Plausibilität dort ausbreiten, wo heilige Schriften mit transzendenter Autorität die Befreiung von telepathischen irdischen Besessenheiten in Aussicht stellen: die religiöse Schrift folgt der politischen auf dem Fuß und schreibt die Bindungen der letzteren in Erlösungsbotschaften um. Die Evangelien als Briefe aus dem Absoluten an die Elenden des römischen Reiches sind Variationen des Grundtextes: in dieser Welt habt ihr Angst, ich aber habe die Welt überwunden; in moderner Übertragung ergibt das die **message**: diese Welt mag ein System telepathischer Obsessionen sein, es gibt aber eine transzendente Gegentelepathie, die den verwüstenden Wirkungen der politischen Fernherrschaft überlegen bleibt. In diesem Widerspiel der Schriften als politisches

Machtwort einerseits und religiöser Befreiungsbrief andererseits hat der okzidentale Euangelismus seine bis heute nachwirkende Grundlage.

Der vierte anthropologische Satz führt einen Aspekt der menschlichen Berührbarkeit durch Abwesendes weiter aus, indem er behauptet: der Mensch ist ein zum Umzug bestimmtes Tier. Damit ist gesagt, daß der Mensch nicht, wie die agrarischen Konservatismen aller Spielarten bis heute behaupten, primär ein ortsfestes Wohnwesen sei, sondern eher, wie Nomaden und Mystiker in verschiedenen Tonarten seit jeher gesagt haben, ein Bewegungswesen, das seiner Natur nach in mehrfacher Hinsicht unterwegs ist. Plato läßt seinen Sokrates in den Abschiedsreden der Apologie und des Phaidon mehrmals den Ausdruck **metoikesis**, wörtlich die Übersiedlung, die Umbehausung, den Wohnungswechsel gebrauchen, um den Übergang der Seele vom Körperaufenthalt in einen körperfreien Zustand zu bezeichnen, und es läge nahe, von hier aus auf eine allgemeine Umzugsdynamik von **homo sapiens** zu sprechen zu kommen - er ist das Wesen, das im Kommen und Gehen ist. Tatsächlich ist der Mensch, als das geburtliche, zur Welt kommende, zum Erwachsenwerden neigende Tier Träger einer gewissen ontologischen Mobilität, die nicht ein bloßes Herumzigeunern von A über B nach C und zurück impliziert, sondern eine Tiefenbewegtheit besonderer Art. Diese führt, wo immer sie zu gelingenden Bewegungen Anstöße gibt, vom Kleinen ins Größere, vom Schoß in die Welt, von der Horde in den Staat, vom Konkreten zum Abstrakten. Darin steckt **per se** immer schon eine Tendenz zu steigender Kommunikativität, wenn wir Kommunikation hier systemtheoretisch als jene Tätigkeit verstehen, die die Erreichbarkeit von Mitgliedern sozialer Systeme sicherstellt. In unserem Kontext ist an diesen Überlegungen vor allem die Möglichkeit interessant, den Begriff des Erwachsenwerdens auf eine nicht-triviale Weise medientheoretisch zu reformulieren. Erwachsene im anspruchsvollsten Sinn wären demnach diejenigen Mitglieder eines sozialen Systems, die einen kompletten psychophysischen Umzug an den großen und abstrakten Pol der menschlichen Bewegtheit vollzogen haben. Erwachsen ist der mediale Mensch, der den Geist seiner Gesellschaft in sich selbst individuell ausgebildet hat. Es genügt also in der Großwelt, wo Menschen nach Millionen zählen nicht mehr, sich als sexuell Erwachsener zu betätigen, um eine mittlere Position zwischen Vorfahren und Nachkommen zu erreichen, wie dies in der einfachen Reproduktion der Hordenmenschheit der Fall gewesen sein mag; zum Erwachsenwerden im Staat gehört auch das Hinaustreten auf die Bühnen, auf denen die symbolische oder geistige Fortführung der Gesellschaft geleistet wird. Allgemein wird man wohl sagen dürfen, je komplexer und umfassender eine Gesellschaft ist, desto schwieriger wird die Mitarbeit an der sonosphärischen Kohärenz des sozialen Systems. Weil aber auch Großgesellschaften für ihre Angehörigen als Innenwelten erfahrbar sein müssen, stellt sich in den Hochkulturen wie in den anschließenden Massengesellschaften das Problem, symbolisch strukturierte Großinnenräume zu erzeugen, die von den unzähligen Mitgliedern der Gesellschaft als eine Art von bewohnbarem Welthaus erfahren werden können. Als das Tier, das ins Größere umzieht, kommt dem Menschen von früh an eine eigentümliche übersetzende und übertragende Kraft zu. Von ihr ist eigentlich die Rede, wenn sich westliche Menschen, insbesondere seit der Renaissance, als schöpferische Wesen bezeichnen. Kreativität ist der pseudotheologische Deckname für die Fähigkeit des Menschen, beim Umzug ins Größere Bilder und Klänge aus dem kleineren Vertrauten gleichsam als altes Mobiliar mitzunehmen.

Schließlich ist eine fünfte anthropologische Definition in Erinnerung zu bringen, welche lautet: der Mensch ist ein autohypnotisches oder besser ein autoplastisches Tier. Er ist das Wesen, das sich einbildet, was es ist, und ist, was es sich einbildet. Von Jean Cocteau stammt das bekannte **mot d'esprit**, Napoleon sei ein Verrückter gewesen, der sich einbildete, Napoleon zu sein. Das Wort beleuchtet die Dynamik jener Realfiktionen, die vom Dasein des sich selbst erfindenden Tiers **homo sapiens** untrennbar scheinen. Was aber schon auf der Ebene individueller Selbsterfindungen ins Auge springt, gilt mit um so größerem Recht für die der Völker und der imperialen Einheiten. Eine Gesellschaft ist solange eine Gesellschaft, wie sie sich erfolgreich einbildet, eine Gesellschaft zu sein. Nun hat aber, wie aus den obigen Überlegungen hervorgeht, der Prozeß der Selbsteinbildung von Gesellschaften sein Erfolgsprinzip nicht so sehr in der Hervorbringung eines effektiven gemeinsamen Bildes von der Gesellschaft in jedem einzelnen ihrer Mitglieder, sondern mehr noch in der Erzeugung von sonosphärischer Kohärenz. Das kollektive Imaginäre ist ebensosehr eine Sache des kollektiven Sonoren. Zum Prozeß der aktiven oder demiurgischen politischen Einbildungskraft, als deren Werk Völker und andere gesellschaftliche Ensembles entstehen, gehört auch das Geschehen einer politischen Einhörungskraft, die so etwas wie ein soziales Tuning von Populationen ermöglicht. Wahrscheinlich müßte man das sogenannte Selbstbestimmungsrecht der Völker kulturtheoretisch neu formulieren als das Selbstbestimmungsrecht von Kulturen - wobei man sofort auf das Problem von Einstimmigkeit oder Mehrstimmigkeit, politischer Monophonie oder politischer Polyphonie aufmerksam würde. Tatsächlich kommt durch Rücksicht auf diese neuartige Disziplin der politischen Psychoakustik das Problem einer politischen Harmonielehre und die Frage nach den Bedingungen der Komponierbarkeit von komplexen Gesellschaften deutlicher in Sicht oder klarer zu Gehör, als wenn man dieselbe Problematik exklusiv nach der unmusikalischen Logik des Völkerrechts oder des Einwanderungsrechts analysiert. Um sich die Macht dieser autoplastischen Prozesse zu vergegenwärtigen, mag es nützlich sein, daran zu denken, daß die

Vereinigten Staaten von Amerika ein junges Werk politischer Selbstbestimmungskräfte darstellen - kaum älter als fünfundzwanzig Jahrzehnte, eine Weltmacht, die sich sozusagen erst vorgestern selbst erfand, um gestern nach vorn zu treten und heute zu dominieren. In ihrer Selbsterfindung schufen die Amerikaner weniger eine Weltsprache - welche für sie britisches Erbe war - als einen Weltsound und ein Weltimaginäres, von deren Breitenwirkung heute die globalisierte Massenkultur in allen Weltgegenden Zeugnis gibt.

2. Weltsynchronisation
Zum Übergang von den regionalen Imperien zur Weltgesellschaft durch Massenmedien

Mit diesen Hinweisen können wir die Ebene der anthropologischen Reflexion verlassen und Anschluß suchen an die geschichtliche Welt in ihrer gegenwärtigen Zuspitzung. Hier geht es vor allem um die Einsicht in das beispiellos Neue der Weltlage, die sich seit dem 18. und 19. Jahrhundert durch die unheilige Allianz von Welthandel, Weltverkehr und Weltnachrichtenwesen eingestellt hat. Ich glaube, daß jene Soziologen in der Sache die Wahrheit sagen, welche davon ausgehen, daß sich hinter dem Rücken der Nationalbevölkerungen in allen Weltgegenden eine Art de-facto-Weltgesellschaft bereits gebildet und in den ersten Zügen eingespielt hat. Der Begriff Weltgesellschaft freilich ist nicht ohne spezifische Paradoxien und Ironien, und es lohnt sich, einen Augenblick mit der Ausleuchtung seiner internen Struktur zu verbringen. Weltgesellschaft meint zunächst den Sachverhalt, daß alle Angehörigen der Gattung **homo sapiens** heute in politischen Aggregatzuständen vom Typus Nationalstaat integriert sind. Weil aber die Nationalstaaten ihrerseits auf einer allseits umrundeten Erde in das Stadium der universalen gegenseitigen Entdeckung eingetreten sind - wie assymetrisch diese Entdeckungsgeschichten auch verlaufen mögen -, ergibt sich für sie die Notwendigkeit, sich in eigens dafür geschaffenen Foren gegenseitig chronisch zu beobachten und zu kontaktieren. Aus diesem Bedürfnis sind unter anderem die Institutionen des Vereinte-Nationen-Komplexes entstanden. In diesem Kontext läßt sich ein erstes Schlaglicht auf die Grundfunktion von moderner massenmedialer Kommunikationstechnologie werfen. Weltgesellschaft kann es nur durch Massenmedien geben - und wenn die Begriffsverdoppelung nicht unter einem Manierismusverdacht stünde, müßte man korrekterweise sogar sagen: im Medium von Massenmedien. Weltgesellschaft ist etwas anderes als der semantische Inhalt des Gattungsbegriffs Menschheit. Einen inklusiven Begriff von Menschheit als Gattung verwendet unter anderem der Anthropologe Robert Carneiro vom American

Museum of Natural History New York, der eine Schätzung publizierte, wonach die Zahl der autonomen "politischen" Einheiten auf der Erde um das Jahr 1000 vor Christus sich auf etwa eine halbe Million verschiedener Horden, Dorfgemeinschaften und Häuptlingsherrschaften belief. Mit der Schaffung von Imperien und Großstaaten nach der Achsenzeit sei die Zahl der autonomen Einheiten bis 500 nach Christus auf weniger als die Hälfte der ersten Zahl gesunken. Infolge eines ungeheuren Konzentrationsprozesses, der sowohl Völkermorde und Assimilationen in großem Stil umspannte, sei schließlich diese Zahl bis zum heutigen Tag auf rund zweihundert Einheiten zurückgegangen - das sind jene politischen Gebilde, die die welthistorische Ralley überstanden haben und die heute in der Vollversammlung der Vereinigten Nationen mit Sitz und Stimme repräsentiert sind. Für die erwähnten 500000 kleinen autonomen Einheiten macht der Begriff Weltgesellschaft offensichtlich noch keinen Sinn; der innere Horizont jener Kleinkulturen hat noch nicht die Spannung, die der Begriff Weltgesellschaft anzeigt und der nicht weniger meint als dies, daß die Menschheit sich dazu anschickt, eine Form der Koexistenz zu organisieren, in welcher der gleichsam leere mathematische Mengenbegriff Menschheit zu einem qualitativen, also sozialen und organisatorischen Inhalt findet. Eben dies meint der Ausdruck Weltgesellschaft, und wenn soeben behauptet wurde, daß diese nur im Medium von Massenmedien, nur als Effekt einer großtechnologischen, informatischen Synchronisation möglich sei, so heißt dies, die Höhenlage bezeichnen, auf welcher sich eine sinnvolle Rede von Herausforderungen an die Informationstechnologie eigentlich zu artikulieren hat. Die große Aufgabe der massenmedialen wie der diskreten Informationstechnologien kommt erst in den Blick, wenn wir uns den neuen Aggregatszustand einer inklusiven menschheitsweiten Weltgesellschaft mit einem hinreichend tief angesetzten grundbegrifflichen Ernst vor Augen führen. Der Ausdruck Weltgesellschaft impliziert das Programm, extrem verschiedene regionale Kulturen mit höchst eigentümlichen und unübertragbaren Vergangenheiten in einem gemeinsamen Weltzeithorizont zusammenzuführen, durch welchen hindurch und aus dem heraus die verschiedenen Vergangenheitsströme in eine gemeinsame Zukunftsbewegung zusammengeführt werden könnten. Informationstechnologie hat in ihrem letzten Horizont nicht weniger zu leisten als die Kanalisation der Gattungszukunft. Sie organisiert den Kanal der Kanäle, in denen die Weltgesellschaft ihre Kohärenz erprobt. Mit dieser Formulierung verbinden sich zwei Beobachtungen: erstens daß die moderne Informationstechnologie das Schicksalsmedium künftiger Weltpolitik ist, insofern alle Politik der Zukunft in einem spezifischen Sinn den Stil von Weltprogrammkonferenzen annehmen muß; zweitens daß die Rede von einer utopielos gewordenen Welt töricht und selbstdestruktiv ist, weil sie sich weigert einzusehen, daß die angebliche Visions- und Utopielosigkeit des gegenwärtigen Weltaugenblicks nur eine unvermeidliche klimatische Randerscheinung beim Übergang des weltgeschichtlichen Prozesses in die operative Phase der Globalisierung darstellt. Während der langen Arbeitstage des Weltbürgertums in der sich herstellenden Globalwelt hat kaum einer der Beteiligten noch Lust, das ohnehin laufende Programm wie eine ferne und begehrenswerte Zielvision zu besingen. Man versteht dies leicht, wenn man bedenkt, daß man nur vor der Erfindung des Fernsehens vom Fernsehen vorbehaltlos schwärmen konnte; bei fünfundzwanzig Parallelprogrammen Tag und Nacht muß die Medienkritik naturgemäß tief ins skatologische Vokabular greifen - was nichts daran ändert, daß wir uns inmitten der verwirklichten, besser: der zum Teil verwirklichten Utopie befinden. Die Massenmedien sind **de facto** und **de iure** die Instrumente, durch die die semiosphärische Kohärenz der effektiv schon gebildeten, wie auch immer unhomogenen Weltgesellschaft Proben ihrer Wirklichkeit ablegt. In dem Begriff Weltgesellschaft verbirgt sich zugleich die Frage nach den Dominanten, die sich bei der Erzeugung einer hinreichend homogenen Weltzeichensphäre durchsetzen. Daß es solche Dominanten geben muß - gleichsam ein akustisches und optisches Weltwährungssystem -, ergibt sich aus einer einfachen Überlegung. Träten von den rund zweihundert autonomen politischen Einheiten der heutigen Weltkarte jede mit jeder in direkte bilaterale Kontakte ein, so wäre Weltkommunikation nur möglich als das Integral von 200 mal 200 Bilateraliten; man müßte dann 40.000 bilaterale Beziehungen in unendlich komplexe multilaterale Informationsnetze einarbeiten. Nimmt man hingegen an, daß es eine Art von massenmedialen Leitwährungen gibt, so läßt sich die Semiosphäre der politischen Einheiten in einer oder zwei Welt(bild-klang)sprachen übersetzen. Eben dies leisten bereits heute mit bemerkenswerter Effizienz jene Weltnachrichtenmedien, die durch alle nationalen Sendenetze hindurch eine planetarische Aktualitätensphäre erzeugt haben und permanent nähren. Insofern kann man den Informationsmedien dieses Typs eine geradezu weltsinn- oder weltformverändernde Macht zusprechen, weil sie die Temporalstrukturen der regionalen Kulturen weithin zu überwinden beginnen und alle Kulturen zunehmend in eine Synchronwelt einbeziehen, die durch den Primat der Gleichzeitigkeit vor den Traditionen geprägt ist. Aktualitäten sind die formale Weltsprache der Synchronwelt, sie sind gleichsam das Geld der Gleichzeitigkeit, der Stoff, aus dem das gleichgeschaltete Gattungsleben ist. Wenn amerikanische Gerichte in dem perversen Streit zwischen Mia Farrow und Woody Allen heute ein Urteil fällen, dann ist dies wenige Stunden danach in Tokio, Sydney, London und Pankow ungefähr gleich interessant. Durch die Vermittlung eines Sinns für Aktualitäten, Nachrichten, Neuigkeiten ziehen die Massenmedien Menschen aller Weltregionen in einen informatischen Blutkreislauf hinein, dessen Prinzip zwar Flüchtigkeit heißt, jedoch auch Kontinuität der Folge von Aktualitäten auf Aktualitäten. Die Stärke des Prinzips Aktualität liegt darin, daß es momenthafte Effekte von Anteilnahme virtuell aller Medienbenutzer auf dem

Planeten an einer Auswahl von Weltneuigkeiten hervorzurufen vermag; seine Schwäche besteht in seiner Selektivität und in seinen Selektionskriterien; Medienanalytiker haben die Vergesellschaftung der Aufmerksamkeit durch Massenmedien oft genug unter dem Aspekt kritisiert, daß der Aktualitätenmarkt sich dem Primat des Unfalls, des Skandals und der Katastrophe verschrieben hat - mit unabsehbaren Folgen für die psychosozialen Langzeitfolgen einer derartigen Bewußtseinsformung bei den Massen. Möglicherweise würden Besucher von einem anderen Stern nach der Landung auf Terra zu dem Schluß kommen, daß die Religion der Menschheit heute eine Art von Katastrophenkult sei, den die Angehörigen der Gattung einmal oder mehrmals täglich in ihren Wohnungen vor bilderflimmernden rechteckigen Hausaltären verrichten. Die Menschheit vereinigt sich - so mag es den Außerirdischen scheinen - in einer gemeinsamen sorgenvollen Ekstase angesichts der Offenbarungen des Schlimmen, des Gewaltsamen und des Gescheiterten, das die Botschaften eines allen gemeinsamen Absoluten übermittelt.

3. Weltmusik, Expertenkulturen, Panikregie
Paradigmen eines informatischen Weltmanagements

Gesellschaften, so sagten wir, bestehen durch Medien, die ihre semiosphärische Kohärenz, das heißt ihre Innenweltverfassung garantieren. In dieser Sicht sind Gesellschaften per se imaginäre und mehr noch psychoakustische Institutionen. Auch eine Weltgesellschaft macht hiervon keine Ausnahme, selbst wenn zu ihrer semiosphärischen Etablierung ein beispiellos hoher Aufwand an medientechnologischen Kunststücken vonnöten ist. Das Mirakel der Schrift, das heißt die **actio in distans**, die Vergegenwärtigung des Abwesenden in optisch anwesenden Zeichen, wird von den elektronischen Massenmedien auf einer quantitativ und qualitativ höheren Ebene wiederholt - mit einer nennenswerten Differenz gleichwohl. Insofern die Schrift das Leitmedium des imperialen Zeitalters darstellte, war ihre Aussendung, Verbreitung und Zustellung stets mit der Vorstellung eines Zentralsenders und eines Zentralsinns verbunden; Macht und Bedeutung können gleichsam von einer identischen und stabilen Mitte aus, - sagen wir König, Gott und Genie - emanieren und alle richtig verstehenden Empfänger in einem Konsensus zusammenführen. Der Schriftausbreitung liegt eine Art von Versammlungsphantasie zugrunde, - alle Leser bilden idealtypisch gesprochen ein Adressatenvolk, das von derselben Botschaft penetriert wird. Die modernen Massenmedien hingegen, die sich über einen freien oder halbfreien Informationsmarkt durchsetzen müssen, können nicht in der Idee eines Sinn-und Sendemonopols fundiert werden. Der Programmpluralismus der modernen Mediensituation macht alle Vorstellungen von einem Zentralsinn hinter den

Sendungen zunichte. Die Modernität dieses Zustands hat niemand hellsichtiger auf den Begriff gebracht als Franz Kafka. Schon zur Zeit des Ersten Weltkriegs hat er das Dilemma eines Systems von haltlosen Botschaften in einer kleinen Parabel dargestellt:

> Es wurde ihnen die Wahl gestellt, Könige oder der Könige Kuriere zu sein. Nach Art der Kinder, wollten alle Kuriere sein. Deshalb gibt es lauter Kuriere, sie jagen durch die Welt und rufen, da es keine Könige gibt, einander selbst die sinnlos gewordenen Meldungen zu. Gerne würden sie ihrem elenden Leben ein Ende machen, aber sie wagen es nicht wegen des Diensteides.

Nirgendwo ist der Verlust der informatischen Mitte so prägnant erfaßt wie in diesem Gleichnis. Seine Pointe liegt im Hinweis auf jenen mysteriösen Diensteid, der auch Kuriere in sinnloser Zeit, sagen wir kurzum die Journalisten, die Techniker und die Forschungsminister, an einen weiterhin gültigen Auftrag bindet. Auch nach dem Tod des großen Senders gehen Sendepflichten und Botenämter weiter, und das Durcheinanderjagen der Sinnlosigkeiten behält die wie auch immer gebrochene Würde einer schlechthin notwendigen profanen Mission.

Ich möchte im folgenden auf drei Aspekte der profanen Medienmission hinweisen, in denen sich Ernst und Unernst der neuen Zustände besonders deutlich profilieren: erstens die Rolle der Musik bei der Auskleidung der weltgesellschaftlichen Sonosphäre; zweitens die Funktion der Informatik bei der Synchronisation der globalen Expertensubkulturen; drittens die Aufgabe der Aktualitätensender bei der Regie der Panikpotentiale der Menschheit. Was das erste anbelangte, so gibt das Thema Anlaß, uns über eine evolutionär beispiellose Attacke der Soundmedien auf die Ohren der Weltbevölkerungen Rechenschaft abzulegen. Innerhalb weniger Jahrzehnte hat die Unterhaltungsmusik des Westens, nach einer Periode des Austauschs mit Musikformen des Ostens und Südens, ein Ensemble von vulgärmusikalischen Universalien herausgearbeitet, die inzwischen weltweit durchgesetzt sind. Die Weltpopulärmusik ist auf einem Punkt angelangt, wo man an eine erste Musik für den letzten Menschen glauben möchte; sie erzeugt potentiell an jedem Punkt des Planeten dieselben rhythmischen und harmonikalen Einigungsformeln zwischen den Hörern; sie etabliert in potentiell allen Lautsprechern des Planeten dieselben musikalischen Diktate, dieselben tonisierenden Effekte, dieselben Einstimmungen in dieselben Phrasen und dieselben tonalen Formeln. Unter missionsgeschichtlicher Optik könnte man hier von einer Ablösung des christlichen Euangelismus durch den musikalischen Eutonismus sprechen. Die euro-amerikanische Weltpopularmusik hat sich mit ihren allgegenwärtigen Primitivformeln wie eine para-euangelische Propaganda durchgesetzt, die gleichsam von nichts anderem redet als von den Menschenrechten der musikalischen Idiotie. In der Popularmusik ist die sonosphärische Kohärenz der Gattung in einem akustischen Menschheitsinnenraum eine vollendete oder fast vollendete Tatsache. An ihr läßt sich ablesen, daß tatsächlich das Medium die Botschaft ist, und daß die Botschaft am Ende nichts anderes sagt als: hier kommt etwas, was für alle gut zu hören und zu hören gut ist. Gute Nachrichten lassen sich in der medialisierten Synchronwelt nur asemantisch, also musikalisch übertragen. Nur was nichts sagt, sagt allen etwas. - Anders bei den Expertenkulturen. In ihnen hat sich das Prinzip der Weltsynchronisation durch Informationsmedien in der Weise durchgesetzt, daß Teilmengen der Weltbevölkerung, etwa alle Herzchirurgen, alle AIDS-Spezialisten, alle Afrikanisten, alle feministischen Literaturwissenschaftlerinnen, alle Museologen, alle Klimatologen, alle Turbinenbauer, alle Unterwasserjagdgerätehersteller, alle Teilchenphysiker, alle Datenschutzbeauftragten, alle Urbanisten usw. in einer Art von permanenter Konferenzschaltung zusammengefaßt sind oder sein könnten. Hierbei übernimmt die Informationstechnologie die Aufgabe, den physischen Tourismus der Personen durch den immateriellen Verkehr der Informationen zu ersetzen. Innerhalb der Expertenkulturen gilt das Gesetz der wenn nicht guten, so doch nützlichen und profitablen Nachricht für die Wenigen - sagen wir ein eupragmatisches Prinzip. Demnach können die Interessierten schnellstens im Bilde sein, wenn eine Innovation auf ihrem Feld zu melden ist. Durch Informatik wird eine permanente Fachmesse unter verstreuten und abwesenden Besuchern arrangiert - ein kontinuierliches Plenum der Experten, die auf ihre Weise ein diskretes Ende der Geschichte erreicht haben.

Soll nun noch gesagt werden, worin die riskanteste Aufgabe der modernen Informationstechnologie besteht, so wäre von der bisher selten öffentlich zur Sprache gebrachten Disziplin des Panik-Managements zu handeln. Daß diese demnächst ins Zentrum der politischen Informatik der Zukunft rücken wird, läßt sich durch eine einfache Reflexion begründen. In einer Synchronwelt, deren semiosphärische Kohärenz weitgehend durch die Anteilnahme riesiger Populationen an Aktualitäten gewährleistet wird, ist vorhersehbar, daß ein gewisser Typus von durchschlagenden schlechten Nachrichten ebendiese Populationen mit einer furchterregenden Leichtigkeit in panische Reaktionszustände versetzen können wird. Das Großrisiko der Zukunft sind weniger Weltkriege des klassischen imperialen Typs als Weltpaniken von einer bisher unerforschten psychopolitischen Dynamik. Hier tut sich ein Feld des informatischen Weltmanagements auf, von dessen Regeln sich heute wohl noch kaum jemand eine Vorstellung machen kann. Man darf jedoch annehmen, daß Schwarze-Freitag-Effekte zu den prägenden Ereignistypen des 21. Jahrhunderts zählen werden, und daß jede künftige Politik sich auf die Verarbeitung von aktualitätenerzeugten Ausnahmezuständen einstellen muß. Mit dieser Betrachtung haben wir freilich die Grenze erreicht, an der die Herausforderungen an die Informationstechnologie unmittelbar in Forderungen an eine veränderte weltpolitische Problem-Regie übergehen.

4. Das Projekt der Moderne als Glücksspirale
   Zur Idee einer globalen Semiosphäre, die als circulus
   virtuosus funktioniert

Durch die bisherigen Ausführungen hindurch hat sich ein Gedanke bemerkbar gemacht, der in expliziter Artikulation lauten könnte: das Projekt der modernen Welt ist nur solange weiterführbar, wie das Prinzip der hinreichend guten Nachrichten in Kraft bleibt. Weil die Neuzeit essentiell Forschungszeit, Innovationszeit, Bereicherungszeit und Experimentalzeit ist, kann sie ihr Weltprojekt nur solange offensiv verteidigen, wie es ihr gelingt, einen menschheitsweit effektiven Mehrwert an guten Nachrichten zu erwirtschaften. Mit anderen Worten: die Umwandlung der regionalen Kulturen in die weltgesellschaftliche Synchronseinsweise läßt sich nur als Erfolgsgeschichte denken - genauer als fortlaufende Geschichte von Erfolgsmeldungen über ein unerhört anspruchsvolles Unternehmen. Unter Erfolgsgeschichte ist freilich nicht ein Prozeß ohne Rückschläge vorzustellen, sondern ein Bilanzüberschuß von Gewinnen über Kosten. Daß nun die Kosten des Welt-Experiments des Kapitals ins Ungeheure reichen, ist eine Evidenz, die zunehmend auch ins Bewußtsein von hartgesottenen Positivisten eindringt. Aber gerade im Blick auf steigende menschliche und ökologische Kosten ist die Menschheit als Experimentiergemeinschaft zum Erfolg verdammt. Die Gangart der neueren Geschichte besitzt seit der Amerikanischen und der Französischen Revolution die Form eines sich selbst verstärkenden und sich selbst beglaubigenden Werbefeldzugs für einen vorbildlosen Aufbruch zu neuen Lebensformen. Die moderne Welt muß sich selbst von ihrem eigenen Gelingen in einem Maß einnehmen können, das ausreichend ist, ihr für die Weiterführung ihres Unternehmens zureichend vorantreibende Motive einzuflößen. Im Blick auf diese Zusammenhänge scheint es mir gerechtfertigt, das Projekt der massenmedial integrierten und über den Weltmarkt mit Lebens- und Glücksgütern versorgten Synchronmenschheit mit einer Glücksspirale zu vergleichen - was einerseits den Lotteriecharakter des Unternehmens beleuchtet, weil es a priori auf Assymmetrien bei der Gewinnverteilung aufgebaut ist, was andererseits aber auch den nachhaltigen und systematischen Zug des Prozesses betonen soll, der sich von jedem erreichten Niveau des Gelungenen aus zu höheren Gewinnebenen aufschrauben soll.

Die Modernisierung will ihrem Grundzuge nach ein Glückskreislauf, ein **circulus virtuosus** sein, in dem aus Gekonntem weiteres Können, aus Gelungenem mehr Gelingen, aus Reichtum weitere Bereicherung entspringt. Die Selbstbeobachtung und Selbstbeschreibung eines solchen Systems in seinem Nachrichtenwesen ist darum von sich selbst her eine Informatik des Gelingens. Wenn das System als ganzes aber auf die Verlustseite gerät, wenn es langfristig gesehen mehr Teufelskreise als Glückskreise zu beobachten und zu melden gibt, dann würde die Selbstverständigung der Gattung zu einer Informatik des Scheiterns führen. Alle Herausforderungen an die Informationstechnologie in unserer Zeit bündeln sich in der Frage, wie wir auch in den Turbulenzen der unmittelbaren Zukunft zu hinreichend guten Nachrichten kommen. Sobald deutlich wurde, daß hinreichend gute Nachrichten der Stoff sind, aus dem die semiosphärische Kohärenz der Weltgesellschaft gewoben wird, dann wird auch klar, für welche Meldungen wir die Voraussetzungen zu schaffen haben und welches die Wette ist, die wir mit dem besseren Teil unserer Einsichten halten.

Literaturverzeichnis

Kafka, Franz
Hochzeitsvorbereitungen auf dem Lande und andere Prosa aus dem Nach-
laß, Hg. von Max Brod, Frankfurt am Main, S. 66.

Debray, Regis
Cours de médiologie générale. (Ed. Gallimard) Paris, 1991.

Debray, Regis
Vie et mort de l'image. (Ed. Gallimard) Paris, 1992.

Debray, Regis
L'Etat séducteur. (Ed. Gallimard) Paris, 1993.

Herausforderungen für die Informationstechnik -
Zur Dringlichkeit eines Perspektivwechsels

Frieder Meyer-Krahmer

Fraunhofer-Institut für Systemtechnik und Innovationsforschung (ISI), Karlsruhe

1. Einleitung

Dieser Beitrag soll in die wesentlichen Überlegungen einführen, die der Konferenz
zugrundeliegen und ihre Struktur begründen. Dabei ist zum einen darauf hinzuweisen,
daß die Informationstechnik auf dieser Konferenz in einem weiten Sinne verstanden
wird: Wir wollen über die Herausforderungen sprechen, die an die Mikroelektronik, die
Informationsverarbeitung und die Software zu richten sind, aber auch über die Anforderungen, denen sich die Kommunikations- und Fertigungstechnik stellen muß. Beides
Beispiele für zunehmend informationstechnisch geprägte Techniken.

Worin bestehen die zukünftigen Herausforderungen für die Informationstechnik? - Diese
Frage ist nicht neu, aber die Antworten, die hierauf gegeben werden, haben sich im Zeitverlauf geändert. Sie spiegeln nicht nur den Wandel der Technik und der wirtschaftlichen Anwendungen wieder, sondern dahinter stehen auch unterschiedliche Zukunftsentwürfe der Informationstechnik. Vereinfacht man sehr stark, so lassen sich die Zukunftsentwürfe der Informationstechnik in den letzten Jahrzehnten in Deutschland grob
in drei Phasen aufteilen:

- Die siebziger Jahre waren vor allem durch solche Zukunftsentwürfe der Informationstechnik gekennzeichnet, die stark auf das technisch Machbare abhoben. Zwei
  prominente Beispiele sind das "papierlose Büro" und die "menschenleere Fabrik". Sie
  stehen für Zukunftsentwürfe, die vom technisch Machbaren auf die Durchsetzung
  technischer Konzepte schließen (vgl. Biervert u.a. 1991). Daß wir heute weder ein
  papierloses Büro noch eine menschenleere Fabrik antreffen, liegt daran, daß diesen
  Konzepten gravierende Fehleinschätzungen zum Anwendungs- und Nachfragepoten-
  tial und zu den spezifischen Anforderungen des Anwendungsumfeldes an technische
  Lösungen zugrundelagen.

- Die Zukunftsentwürfe der Informationstechnik in den achtziger Jahren hoben weniger
auf das technisch Machbare als auf die Konsequenzen und Folgen der Informationstechnik ab. Vorteilhafte wie auch nachteilige Folgen wurden thematisiert: Wettbewerbsvorteile versus Arbeitsplatzverlust, umfassender Informationszugang versus
Informationsüberflutung, grenzenlose Kommunikation versus totale Kontrolle kennzeichnen die Hoffnungen und Befürchtungen, die in diese Technik gesetzt wurden.
Ambivalenz der Technik - dies beherrschte auch im Jahre 1984 in Berlin die erste
internationale Konferenz von BMFT und OECD zur Informationstechnik. Sie hatte
den Titel "1984 und danach" und knüpfte mit diesem Motto an den Titel des berühmten Romans von George Orwell an.

- Zukunftsentwürfe der Informationstechnik in den neunziger Jahren bestehen darin,
daß sich das Interesse von Wirtschaft, Wissenschaft, Staat und Öffentlichkeit von
dem, was technisch machbar und daraus abgeleitet mit Hoffnungen und Befürchtungen verbunden ist, auf die Frage verschiebt, welchen Lösungsbeitrag die Informationstechnik zu vielen Problemen in Wirtschaft, Arbeitswelt, Verkehr, Umwelt,
Kultur, Gesundheit, Bauwesen und Stadtentwicklung liefern kann. Im Vordergrund
steht, welche Probleme in den verschiedenen Bereichen von Wirtschaft und Gesellschaft einer Lösung bedürfen, und - daraus abgeleitet - der Bedarf zur weiteren Entwicklung der Informationstechnik.

Zu diesem sich gegenwärtig vollziehenden Perspektivwechsel in der Diskussion um die
Informationstechnik möchte die Konferenz aktiv beitragen. Sie will sich von Veranstal-
tungen absetzen, in denen lediglich Visionen der technischen Möglichkeiten entworfen,
Anwendungsmöglichkeiten für neue Techniken gesucht und Folgen analysiert werden
(Zoche u. a. 1992). Hintergrund hierfür ist die Einschätzung, daß die künftige Bedeutung der Informationstechnik wesentlich davon abhängen wird, in welchem Ausmaß sie
zu den genannten Problemlösungen beiträgt.

Der eingangs genannte Perspektivwechsel ist darin begründet, daß die Dringlichkeit
eines solchen Wechsels dramatisch zugenommen hat. Neben den in den 80er Jahren sich
verschärfenden Schwächen der Bundesrepublik in der Informationstechnik wird deutlich, daß ihre bisherigen Stärken im internationalen technologischen Wettbewerb nicht
mehr ausreichen werden. Hausgemachte Defizite (wie die sog. Umsetzungsschwäche)
werden zu immer kritischeren Engpässen. Das die Anwendung der Informationstechnik
bestimmende Umfeld verändert sich zum Teil drastisch, was die Technikanbieter zunehmend stärker berücksichtigen müssen, um den Erfolg ihrer Innovationen sicherzustellen.

Die Dringlichkeit des Perspektivwechsels ergibt sich auch aus den absehbaren Anforderungen an das Innovationssystem der 90er Jahre in Deutschland und den Kennzeichen der Technologie am Beginn des 21. Jahrhunderts. Während ich die erstgenannten Veränderungen als bekannt ansehe, werde ich auf die letzten zwei Aspekte genauer eingehen.

Die Dringlichkeit des Perspektivwechsels resultiert nicht zuletzt auch daraus, daß der gegenwärtige Entwicklungspfad entwickelter Industriestaaten hinsichtlich des Verbrauchs an Ressourcen, der Belastung des Klimas und des Wegbrechens der Beschäftigung langfristig nicht fortgesetzt werden kann. Der staatlichen (Technologie-)Politik kommt die wichtige Rolle zu, das Einschwenken auf einen verträglicheren Pfad vorzubereiten. Hierzu müssen visionäre Anwendungen neuer Techniken mit neuen Forschungsaufgaben verbunden werden, ohne die bestehenden Verantwortlichkeiten der Akteure zu verwischen. Die staatliche Technologiepolitik kann durch eine intelligente Mischung von klassischer Forschungsförderung, Stimulierung der Nachfrage, Setzung von Rahmenbedingungen und langfristig stabilen Signalen für Wissenschaft und Wirtschaft einen wichtigen Beitrag leisten. Die veränderte Landschaft der staatlichen Akteure hat dem Bundesstaat ohnehin neue Rollen zugewiesen, die als Grundelemente eines solchen Umschwenkens genutzt werden können. Die Erfahrungen der Innovationsforschung zeigen, daß ein frühzeitiges und flexibles Einschwenken auf neue Entwicklungspfade für Wissenschaft und Technik von zentraler Bedeutung ist. Dieses frühe Einschwenken auf einen verträglichen Entwicklungspfad kann Deutschland und Europa auch eine Stärkung der Wettbewerbssituation bringen, deren Verlust derzeit so laut beklagt wird.

Nicht nur für die Unternehmen, auch für die staatliche Technologiepolitik stellt dieser Perspektivwechsel Neuland dar. Für die staatliche Technologiepolitik bedeutet er, daß bei der Programmplanung der eingefahrene Weg, Förderfelder über das Know-how der Experten, die in neuen Technologiefeldern Kompetenz besitzen, bestimmen zu wollen, zumindest ergänzt werden sollte (Lay 1993). Die wissenschaftlich "reizvollste" Teiltechnik ist nicht notwendigerweise auch diejenige, die das höchste Problemlösungspotential für Engpaßbereiche bietet oder das Technikfeld, das für Zukunftsmärkte das breiteste Produktpotential aufweist. Die Prioritäten in geplanten Förderprogrammen müssen von daher Fachkompetenz einbeziehen, die auf den ersten Blick weit entfernt ist von dem zu fördernden Technikfeld. Ergebnisse der Umwelt- oder Bevölkerungsforschung können z. B. notwendige Leitlinien für die Formulierung von Forschungszielen in Materialforschungs- oder Informationstechnikprogrammen sein. Problem- und anwendungsorientierte Leitprojekte stellen Vehikel dar, um einen solchen Perspektivwechsel auch technologiepolitisch umzusetzen. Die Entwicklung solcher Leitprojekte bedarf eines intensiven Dialogs zwischen denjenigen, die Probleme definieren können, und den Technologieproduzenten, um Lösungsbeiträge und damit die "Technologieattraktivität" hinreichend genau bestimmen zu können. Dieser Dialog wird für die Bereiche Individuum und Gesellschaft, Wirtschaft, Arbeit, zukunftsorientierter Strukturwandel und Kultur auf dieser Konferenz realisiert werden. Das Thema der Konferenz, der **Perspektivwechsel von den Auswirkungen der Informationstechnik zu den Anforderungen an diese Technik**, wird nach der Vertiefung in diesen Sektionen abschließend im Plenum in Vorträgen und in einer Podiumsdiskussion behandelt. Es geht um die Frage, wie die Herausforderungen für die Informationstechnik von Entscheidungsträgern in ihre Planungen einbezogen werden.

2. Künftige Anforderungen an nationale Innovationssysteme

Die Bedeutung nationaler Innovationssysteme für die Wettbewerbsposition der jeweiligen Länder und ihre Fähigkeit, neben dem wirtschaftlichen auch den öffentlichen Bedarf im Bereich Verkehr, Gesundheit, Energie und Umwelt zu decken, ist insbesondere in der evolutorischen Innovationsforschung immer wieder betont worden (Freeman 1982, Lundvall 1992, Nelson 1993, Mowery 1992). Neuere Untersuchungen von Pavitt, Patel (1988) weisen darauf hin, daß auch für international tätige Unternehmen die jeweilige "home base" einen erheblichen Einfluß behalten wird und nationale Innovationssysteme ihre Bedeutung infolgedessen nicht verlieren werden. Zum Innovationssystem gehören die Forschungsinfrastruktur (Universitäten, Großforschung und außeruniversitäre Forschungseinrichtungen), die industrielle Forschung und Entwicklung und - wie es im angelsächsischen und skandinavischen Raum aufgefaßt wird - das Umfeld: Hierzu zählen finanzierende, regulierende, normsetzende Institutionen sowie neben EG und Ländern auf Bundesebene die Politikfelder Forschung und Technologie, Wirtschaft, Finanzen als auch Umwelt, Verkehr und Kommunikation bis hin zur Wettbewerbspolitik. Ende letzten Jahres wurde vom Fraunhofer-Institut für Systemtechnik und Innovationsforschung (ISI) eine Fachtagung des Bundesministeriums für Forschung und Technologie zu "Anforderungen an das Innovationssystem der neunziger Jahre in Deutschland" durchgeführt (FhG-ISI 1993). Neben anderen **Kennzeichen eines leistungsfähigen Innovationssystems** wurden auf der Tagung insbesondere als wesentlich angesehen:

- Technikentwicklungen erfolgen verstärkt problem- und anwendungsorientiert. In die strategische Entscheidungsfindung zur Setzung von Forschungs- und Entwicklungsprioritäten sollte die künftige Nachfragesituation adäquat einfließen.
- Daraus ergibt sich die Notwendigkeit einer langfristigen und strategischen Orientierung der Entscheidungen aller Beteiligten aus Wirtschaft, Wissenschaft und Politik.

Die stärkere Problemorientierung gewinnt zunehmende Bedeutung zur Effizienzsteigerung des Innovationssystems und zur Erhöhung der Erfolgswahrscheinlichkeit von Innovationen. Die Anforderungen an das Innovationssystem werden komplexer: Erhöhte Problem- und Anwendungsorientierung der Technikentwicklung einerseits, verstärkte Anpassungsfähigkeit und Flexibilität der Forschungsstrukturen andererseits. Nicht nur für die Wirtschaft, sondern auch für die staatliche Technologiepolitik ist diese höhere Problem- und Anwendungsorientierung erforderlich und verlangt neue Rollen des Staates (wie dialogorientierte Politik, Moderation von strategischem Erfahrungsaustausch).

Trotz der insgesamt positiven Einschätzung des deutschen Innovationssystems wurde auf der Tagung auf drohende Defizite verwiesen (z.B. Fragmentierung der staatlichen Akteure, unzureichende Mobilität und Vernetzung, wenig ausgeprägte langfristig-strategische Orientierung), die zeigen, daß Wirtschaft, Wissenschaft und Staat in Deutschland für den hier beschriebenen Perspektivwechsel nicht ausreichend gerüstet sind. Natürlich zeigt sich hier auch eine enge Wechselwirkung zwischen dem deutschen Innovationssystem und dem Produktionsstandort Bundesrepublik für die Informationstechnik.

Nicht nur in der Bundesrepublik Deutschland, sondern auch in anderen industrialisierten Staaten hat ein Wertewandel eingesetzt, der zu neuen Leitbildern führt (wie Wachstum durch Intelligenz, Kreislaufwirtschaft, sustainable structures; vgl. Walz 1993). In diesen Marktwirtschaften werden weitere Parameter wirtschaftspolitischer Zielfunktionen wie Erhöhung der Ressourcenproduktivität, verringerte Beanspruchung der Umwelt einbezogen und Maßnahmen ergriffen, die auf eine Internalisierung externer Kosten abzielen (sei es in Form von Veränderungen des Preissystems, von Regulierungen oder Selbstverpflichtungen). Die Akzeptanz der Informationstechnik wird vor diesem Hintergrund in dem Maße verbessert, in dem ihr Lösungsbeitrag zu wirtschaftlichen und gesellschaftlichen Problemen deutlich wird.

Entscheidend ist jedoch, daß durch die Lösung der genannten Probleme und die sich wandelnden staatlichen Rahmenbedingungen neue Märkte entstehen (wie in Verkehr, Gesundheit, privaten Haushalten, Kultur). Das ISI hat in einer umfangreichen Analyse die Anwendungsmöglichkeiten der Mikroelektronik in insgesamt 13 Industriebereichen für den Umweltschutz untersucht (Angerer, Hiessl 1991). Auf dieser Basis wurde eine breite Palette unterschiedlicher Anwendungen aufgezeigt. Eine solche Vorgehensweise ist beispielhaft für die Beschreibung der vielfältigen Anforderungen an die Mikroelektronik zur Lösung komplexer Umweltprobleme und für ein differenziertes Aufzeigen neuer Marktpotentiale, des künftigen Forschungsbedarfs sowie der Richtung der Technikentwicklung.

Die Entwicklung neuer Märkte hängt auch in zunehmendem Maße von den Trends und Veränderungen in ihrem weiteren Umfeld ab, die in unterschiedlichen Szenarien abgebildet werden können. Neue (gruppenorientierte) Organisationskonzepte z. B. werden erforderlich als Reaktion auf Marktveränderungen (Kundennähe, Durchlaufzeiten, Time to Market, Produktinnovationen, -komplexität), die wachsende Bedeutung des Menschen als Humanfaktor und Wissensträger, die räumliche und zeitliche Entkopplung von Arbeitsprozessen im Büro und die zunehmende Verkopplung von Funktionsbereichen (unternehmensintern und -übergreifend). Dies führt zu unterschiedlichen Lösungsansätzen einer Dezentralisierung bei gleichzeitiger Aufgabenintegration. Hieraus resultieren z. B. Inseln von Gruppenarbeit, aber auch computerunterstützte integrierte Gruppenarbeit, deren Eintreten von der Entwicklung des Umfelds abhängt. Dies führt zu ganz unterschiedlichen Konsequenzen für die Informations- und Kommunikationstechnik (Abb. 1) (Zoche u.a. 1993). Beide Beispiele unterstreichen die Notwendigkeit einer sorgfältigen Analyse neuer Marktpotentiale mit ganz anderen Mitteln als sie von der klassischen Marktforschung bisher verwendet wurden.

Abb. 1:   Alternative Szenarien und Konsequenzen für die Informationstechnik -
das Beispiel "Gruppenarbeit"

Konsequenzen für die IuK-Technik (Auswahl)

Inseln von Gruppenarbeit

- Informationssysteme: unternehmensintern und funtionsorientiert

- Schwerpunkt auf lokalen Netzen

- privater Netzaufbau (Corporate Networks)

- einfache Informations- und Mehrbenutzer-systeme (Datenbanken, E-Mail)

- einfache Funktionalität der Geräte (ohne Video/Audio-Komponente)

computerunterstützte integrierte Gruppenarbeit

- Kommunikationssysteme: offen und objektorientiert

- Universell einsetzbare, öffentliche Netze

- Systeme zur Handlungs- und Entscheidungsunterstützung ("IT als Werkzeug") und zur Zusammenarbeit ("Koordinationstechnologie")

- neue Sicherheitskonzepte (Versionskontrolle, Zugriffsschutz)

- multifunktionale Geräte (Video/Audio, Joint-Editing)

3. Technologie am Beginn des 21. Jahrhunderts - Die Rolle der Informationstechnik

In den letzten Jahren sind zahlreiche Studien zur Einschätzung sogenannter "kritischer Technologiebereiche" in führenden Industrieländern, insbesondere USA und Japan, entstanden. Ziel dieser Bemühungen war, Forschungsaktivitäten und -ressourcen auf diejenigen Technologiebereiche zu konzentrieren, denen ein entscheidender Einfluß auf die künftige Problemlösungsfähigkeit der Volkswirtschaften zugesprochen wird. Auch in der Bundesrepublik Deutschland sind solche Versuche unternommen worden, deren erste Ergebnisse kürzlich in der Öffentlichkeit vorgestellt wurden. Es handelt sich um technische Entwicklungslinien und wichtige kommerzielle Anwendungen im zivilen Bereich bis zum Beginn des 21. Jahrhunderts, sowie mittel- und langfristige Perspektiven, die mit ganz unterschiedlichen Erhebungsmethoden ermittelt wurden. In einer Studie über die Technologie am Beginn des 21. Jahrhunderts, die das ISI in Zusammenarbeit mit den Projektträgern des Bundesforschungsministeriums erarbeitet hat, wird eine Liste von 87 Technologien vorgelegt, die wichtige Impulse für künftige innovative Produkte und Verfahren erwarten lassen (Grupp 1993). Die für diese Konferenz wesentlichen Ergebnisse lassen sich wie folgt zusammenfassen.

Die Informationstechnik wird eine der tragenden Säulen der Technologie am Beginn des 21. Jahrhunderts sein, auch hinsichtlich ihrer Wirkungen auf Wirtschaft und Gesellschaft. Anläßlich der Vorstellung der Forschungsergebnisse auf einer Tagung im April 1993 wurde von den Industrievertretern betont, daß die Informationstechnik eine interdisziplinäre Querschnittstechnologie sei, deren Fortschritte sich insbesondere in den Anwendungen niederschlagen. Die Studie zeigt, daß die Mikroelektronik künftig - bei hohen Temperaturen, hohen Frequenzen, hohen Datenübertragungsraten und Supraleitung - ein anderes Gesicht haben wird als heute. Mikrosystemtechnik, Software- und Simulationstechniken werden von herausragender Bedeutung sein. Die Nähe der Software und Simulation zu Molekularelektronik und Biotechnologie wird bis zum Beginn des 21. Jahrhunderts noch transparenter werden, wenn die Bedeutung der Lebensvorgänge für Software und Simulation voll erkannt ist.

Die Technologie am Beginn des 21. Jahrhunderts ist nach herkömmlichen Gesichtspunkten nicht mehr aufteilbar. So verschieden die einzelnen Entwicklungslinien auch sein mögen, sie wirken letztlich alle zusammen. Bei zunehmender Anwendungsnähe bleiben wichtige Bereiche in den nächsten zehn Jahren unverändert stark von der Grundlagenforschung dominiert (Bioinformatik, Aufbau- und Verbindungstechnik in der Mikrosystemtechnik, Fertigungsverfahren für Hochleistungswerkstoffe, Oberflächenwerkstoffe und andere). Die Erwartung eines Rückzugs aus der Grundlagenforschung im Laufe der nächsten Jahre, der sich aus der Erreichung angewandter Ziele ergibt, muß enttäuscht werden; wissensbasierte Technologie von morgen bedarf der fortwährenden Unterstützung durch langfristig anwendungsorientierte Grundlagenforschung (Grupp, Schmoch 1992). Damit wird nicht nur der (klassische) Transfer von der Grundlagenforschung zur industriellen Forschung bedeutsamer, sondern auch der entgegengerichtete Transfer von komplexen industriellen Problemstellungen in die Grundlagenforschung erhält eine neue Bedeutung.

Die Multi- und Interdisziplinarität der Technikentwicklung wird weiterhin zunehmen. Damit z. B. die Nanotechnologie als neue Basistechnologie zukünftige Innovationsprozesse und neue Technikgenerationen in voller Breite befruchten kann, ist das transdisziplinäre Zusammenwirken mit der Elektronik, der Informationstechnik, der Werkstoffwissenschaft, der Optik, der Biochemie, der Biotechnologie, der Medizin und der Mikromechanik eine wichtige Voraussetzung (mit dem neuen Schlagwort der "Transdisziplinarität" wird die eigenständige Fortentwicklung interdisziplinär entstandener Arbeitsgebiete bezeichnet). Die Anwendungen der Nanotechnik reichen in den Bereich der maßgeschneiderten Werkstoffe und der biologisch-technischen Systeme hinein, vor allem werden sie aber im Bereich der Elektronik gesehen.

Obwohl es sich hier um eine immanente Technikvorausschau handelt, die nicht der Philosophie unserer heutigen Tagung entspricht, wird in der Studie der wegweisende Versuch gemacht, nicht nur technisch-naturwissenschaftliche Bewertungskriterien, sondern auch ökonomische, soziale, rechtliche und ökologische Kriterien anzuwenden. Dabei wurden sowohl Angebots- wie auch Nachfragefaktoren und die nationale wie die internationale Sicht berücksichtigt. Diese Aufgabe wurde mit einem zweigeteilten Kriterienansatz erfüllt, der einerseits die Rahmenbedingungen (Technologievoraussetzungen) und andererseits die Lösungsbeiträge durch neue Technologie (Technologieattraktivität) beurteilen hilft. Die heutige Konferenz kann maßgeblich dazu beitragen, daß dieser Kriteriensatz und die relevanten Anwendungen weiter ausdifferenziert und detailliert werden, um zu einer gesamthafteren Bewertung künftiger Techniken zu kommen und zur strategischen Entscheidungsfindung von Wirtschaft und Politik beitragen zu können.

4. Von der Anwendungsvision zur Technik - Struktur der Konferenz

Anwendungsvisionen und Abschätzungen der langfristigen Entwicklung von Märkten und ihres Umfelds sind erforderlich, um mögliche Technologiepfade und -sprünge bewerten zu können. Wie ist das erreichbar? Der künftige Bedarf, die auf uns zukommenden Probleme und Herausforderungen und die daraus resultierende kaufkräftige Nachfrage sind zu identifizieren. Dazu muß ein ganz anderer Adressatenkreis von Fachleuten aus den betroffenen Gebieten einbezogen werden. Genau dieser Versuch wird mit der Konferenz unternommen. Im Kreis der aktiven Teilnehmer dieser Konferenz finden Sie ganz unterschiedliche Fachdisziplinen aus Wirtschaft, Wissenschaft und Gesellschaft. Dies ist ein komplexer Dialog zwischen verschiedenen Akteuren auf der Angebots- und Nachfrageseite. Wie unüblich ein solcher Dialog ist, können Sie dem Umstand entnehmen, daß ein erheblicher Teil der aktiven Teilnehmer sich nicht untereinander kennt. Ganz verschiedene "Akteurs-Szenen" mußten zusammengeführt werden. Eine solche Konferenz ist nur ein mögliches Forum für einen solchen Dialog. Sie stellt ein sichtbares Signal an die relevanten Akteure dar, stärker als bisher in dieser Richtung zu denken und zu handeln.

Wohin führt dieser komplexe Dialog? Als Anwendungsvisionen können sogenannte Leitprojekte oder Flaggschiffe dienen. Abb. 2 veranschaulicht, wie eine Focussierung der Gemeinschaftsleistung von Forschung, Wirtschaft und Staat mit Durchsetzungskraft angelegt werden kann. Dabei lassen sich durchaus visionäre Ziele - soweit können wir von Japan lernen - formulieren, aus denen vertikale Kooperationen und Pilotprojekte zwischen Zulieferern, Herstellern, Anwendern, Wissenschaft, Wirtschaft und Staat gebildet werden können. Die strategische Ebene der Kernkompetenzen muß dabei auch die Fertigungskompetenz einschließen, denn frühzeitiges Einbeziehen von Fertigung und Umsetzung werden immer wichtiger für unsere Wettbewerbsfähigkeit.

Abb. 2:   Anwendungsvisionen, Leitprojekte und vertikale Verbünde
(in Anlehnung an Danielmeyer 1993)

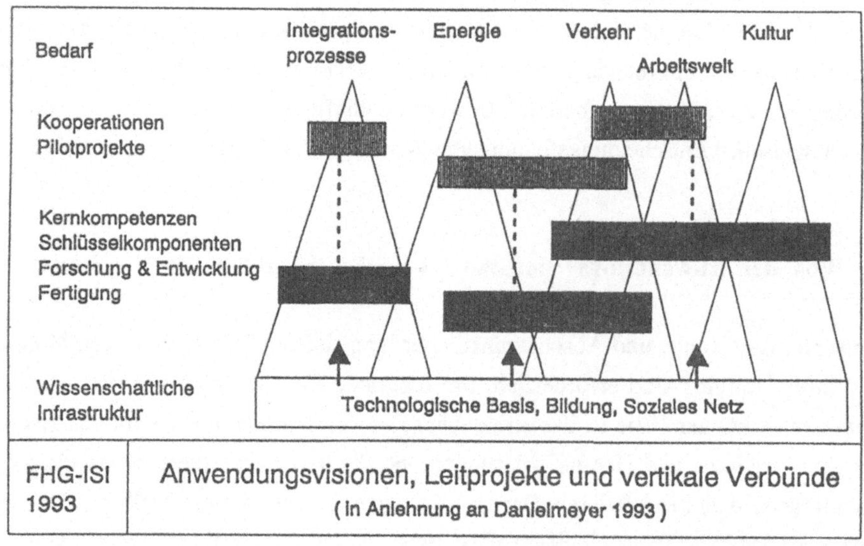

Die Vielfalt der Anwendungsvisionen ist groß. Während sich diese in der Bundesrepublik im wesentlichen auf neue Produktionsformen (fraktale Fabrik), Infrastruktur-Engpässe (integrierte Verkehrssysteme) und neue Leitbilder (Wachstum durch Intelligenz, Kreislaufwirtschaft) beschränken, wird in den USA und Japan (Nordhaus 1992 a, 1992 b, Takeuchi, Noya 1993) auch zunehmend für globale Großprojekte plädiert. Letztere setzen auf große Wachstumseffekte der Schumpeter-Dynamik (Krupp 1992), mit deren Hilfe z. B. Klimafolgen - Überschwemmungen, Rückgang der Nahrungsmittelproduktion - nicht vermieden, aber bewältigt werden können.

Vorhaben, die visionäre Anwendungen mit neuen Forschungsaufgaben verbinden, können auch durch die klassische Forschungsförderung, mehr aber durch Stimulierung der Nachfrage nach innovativen Lösungen für Pilot- und Demonstrationsprojekte unterstützt werden. Eine frühzeitige Einbindung der durch die informationstechnische Entwicklung Betroffenen ist damit eher sichergestellt als im traditionellen Denkschema: erst Forschung, dann Entwicklung, Fertigung und schließlich Vertrieb. Die Entwicklung solcher Anwendungsvisionen bietet auch die Möglichkeit, nicht gleich nach staatlicher Unterstützung zu rufen, sondern gemeinsame Orientierungen und Prioritäten für die kommenden Jahre auszuloten, ohne die bestehenden Verantwortlichkeiten der Akteure zu verwischen. Durch Setzung von Rahmenbedingungen und langfristig stabiler Signale für Wissenschaft und Wirtschaft kann und muß der Staat diesen Prozeß unterstützen und dort initiieren, wo die Marktkräfte nicht ausreichen (z. B. beim Ressourcenverbrauch).

Die Struktur der Konferenz orientiert sich deshalb an den Anwendungsgebieten der Informationstechnik. Wir werden morgen in ganz unterschiedlichen Bereichen Fachleute hören, die Anwendungsvisionen und Anforderungen an die Technik definieren. In den abschließenden Podiumsdiskussionen und in der Plenumsveranstaltung am darauffolgenden Tag erwarten wir erste Antworten der Informationstechnischen Industrie auf die Frage, wo und in welchem Maße sie sich technologisch und industriell in der Lage sieht, Lösungsbeiträge zu liefern, und welche Verbesserung der Rahmenbedingungen sie für erforderlich hält. Damit kann aber nur der Beginn eines Dialogs erreicht werden, der weiter verfeinert, ausdifferenziert und konkretisiert werden muß. Sie sollten diese Konferenz als offenen Prozeß ansehen, der uns nicht mit fertigen Patentrezepten nach Hause fahren läßt, sondern eher Anregung und Stimulanz für die Fortsetzung dieses komplexen, aber umso notwendigeren Dialogs ist.

Literaturverzeichnis

Angerer, G. H.; Hiessl, E. u. a.
> Umweltschutz durch Mikroelektronik - Anwendungen, Chancen, Forschungs- und Entwicklungsbedarf. VDE-Verlag, Berlin und Offenbach, 1991.

Biervert, B. u. a.
> Informatisierung von Dienstleistungen. Entwicklungskorridore und Technikfolgen für die privaten Haushalte, Westdeutscher Verlag, Opladen, 1991.

Bundesministerium für Forschung und Technologie
> Faktenbericht zum Bundesbericht Forschung, Bonn, 1990.

Danielmeyer, H. G.
> Die Rolle der Wirtschaft für den Forschungs- und Technologiestandort Deutschland, Expertengespräch, Bonn, 1993.

Fraunhofer-Institut für Systemtechnik und Innovationsforschung (Hrsg.; 1993)
> Anforderungen an das Innovationssystem der 90er Jahre in Deutschland. Dokumentation der Fachtagung des Bundesministeriums für Forschung und Technologie im Wissenschaftszentrum Bonn am 3. und 4. Dezember 1992.

Freeman, C.
> The Economics of Industrial Innovation; 2nd Edition, London, 1982.

Grupp, H. (Hrsg.)
> Technologie am Beginn des 21. Jahrhunderts, Schriftenreihe des Fraunhofer-Instituts für Systemtechnik und Innovationsforschung (ISI) 3, Physica-Verlag, Heidelberg, 1993.

Grupp, H.; Schmoch, U.
> Wissenschaftsbindung der Technik. Panorama der internationalen Entwicklung und sektorales Tableau für Deutschland; Physica, Heidelberg, 1992.

Krupp, H. (ed.)
> Energy Politics and Schumpeter Dynamcis. Japan's policy between short-term wealth and long-term global welfare. Springer-Verlag, Heidelberg, 1992.

Lay, G.
> Perspektivwechsel in der Planung von Forschungs- und Entwicklungszielen, FhG-ISI, Karlsruhe, 1993.

Legler, H.; Grupp,H. u. a.
> Innovationspotential und Hochtechnologie - Technologische Position Deutschlands im internationalen Wettbewerb; Physica, Heidelberg, 1992.

Lundvall, B.-Å. (Ed.)
> National Systems of Innovation: An Analytical Framework; Frances Pinter, London, 1992.

Mowery, D.
The US national innovation system: Origins and prospects for change, Research Policy 21, 1992, S. 125-144.

Nelson; R. (Ed.)
National Innovations System: A Comparative Study, im Erscheinen

Nordhaus, W.
An Optimal Transition Pass for Controlling Greenhouse Gases, in: Science, Vol. 258, 1992, S. 1315-1319.

Nordhaus, W.
Lethal Model 2: The Limits to Growth Revisited, in: Brookings Papers on Economic Activity 2, Washington, 1992, S. 1-43

Pavitt, K.; Patel, P.
The international distribution and determinance of technological activities, Oxford Review of Economic Policy 4, 1988, S. 35-55.

Porter, M. E.
The Competitive Advantage of Nations; Macmillan Press, London, 1990.

Takeuchi, K.; Noya, T.
Eine neue Globalstrategie zur Bewältigung des Treibhauseffektes, University of Tokyo (deutsche Übersetzung), 1993.

Walz, R.
Neue Technologien und Ressourcenschonung. Auswertung zentraler Veröffentlichungen insbesondere unter dem Aspekt der Entkopplung von Wirtschaftswachstum und Ressourcenverbrauch, der Rolle neuer Technologien und der Entwicklung neuer Leitbilder, FhG-ISI, Karlsruhe, 1992.

Zoche, P.; König, R.; Harmsen,, D.-M.; Lange, S.
Challenges to Information Technology - Herausforderungen an die Informationstechnik. Konzeption für eine internationale Konferenz, FhG-ISI, Karlsruhe, 1992.

Zoche, P.; König, R.; Harmsen, D.-M.
Szenarien zum zukünftigen Bedarf an kommunikationstechnischen Lösungen, FhG-ISI, Karlsruhe, 1993.

With Broadband B-ISDN and Multimedia to the 21st Century: Technical Vision or Market?

Takahiko Kamae

Nippon Telegraph and Telephone Corporation, Kawasaki-shi

1. Introduction

Commercial ISDN service began in 1988, and has been growing to nationwide service. ISDN service includes the basic rate interface (BRI), the primary rate interface (PRI), the packet service through both B and D channels, and switched H_0 and H_1 services. This ISDN is now referred to as the narrowband ISDN (N-ISDN), because the broadband ISDN (B-ISDN) was already defined and is being standardized at CCITT.

In this paper N-ISDN and B-ISDN are described mainly from the multimedia service viewpoints. The central part of multimedia communication service is visual communication. Various kinds of visual communication will be discussed. Networkcasting service may likely find a new market for N-ISDN and B-ISDN.

2. N-ISDN and B-ISDN

N-ISDN has two kinds of user-network interface (UNI). Various control information can be transmitted through the D channel between terminals. Even if various kinds of terminals are connected to a UNI, the control through the D channel makes it possible for a terminal similar to the terminal which originates a call to respond. This capability has an important role in multimedia communication through N-ISDN.

B-ISDN has two important features: multimedia capability based on Asynchronous Transfer Mode (ATM) technologies and the fiber-to-the-home (FTTH). In ATM every bit sequence representing communicated information is separated into a sequence of cells. FTTH will enable 156 Mb/s transmission in a subscriber loop. This bitrate is segmented into a sequence of cells. When a high bitrate is necessary, cells are captured at a high rate, while at a low rate when necessary bitrate is low like the case of telephone. In multimedia communication, required bitrate varies much dependent on presentation media such as voice, motion video and text. B-ISDN can support such a wide range of presentation media economically and efficiently thanks to ATM and FTTH.

3. Visual Communication Service in ISDN

The quality degradation of motion video used in N-ISDN cannot be avoided because of its bitrate limitation. The application is limited to video telephone and video conferencing, when the CCITT H.261 standard is used. However, the ISO/IEC MPEG-1 standard gives better picture quality when it is used in H_1 (1.5 Mb/s), although coding delay is big. Some kinds of entertainment, education and business presentation video can be transmitted using MPEG through H_1 with permissible quality.

Video telephone and video conferencing through B-ISDN will use the MPEG-2 compression method, which is being standardized at ISO/IEC JTC1. The pixel matrix will be 720(H) x 480(V) in case of NTSC, and the bitrate will be somewhere between 5 Mb/s and 10 Mb/s. Its good picture quality will make a large screen display possible. Customers can enjoy more real video telephone/video conferencing. High quality video will facilitate transmitting various commodity pictures to demonstrate commodity samples and catalogues.

Another variation of video telephone is the team workstaton (see H. Ishii 1990). For example, two pictures are multiplexed at the receiving terminal. In the team workstation, a multiplexed picture is transmitted to the other side and overlaid over the pictures similarly multiplexed there. The picture multiplexed at one side is a human image and the picture of a paper on the desk. At one side, a communication party writes something on the paper, and then its image is scanned by the camera which overhangs the central part of the desk surface. The picture is multiplexed with his/her picture and transmitted. At the other side, the other party can write something over the picture thus transmitted. Through the picture thus overlaid, two parties can do collaboration.

The idea of the team workstation can be extended to the Clear Board-1 and the Clear Board-2 (see Ishii/Kobayashi 1992 and Ishii et al. 1992). The multiplexed picture is rear projected. There is a half-transparent mirror over the projected screen. The second party watches the first party and what he/she writes as a multiplexed picture, and can write over the picture. The picture of the second party and what he writes is taken by the camera on the ceiling and transmitted.

In Clear Board-2, a transparent digitizer takes the place of a writing board in Clear Board-1. Either party can write on a transparent digitizer which is installed over a video projector. What is written on a digitizer is displayed instantaneously on a video projector. There is a half transparent mirror over the digitizer, which guides the user image to the TV camera on the ceiling. The user's image and the information written on the digitizer and coming out from the workstation are transmitted to the other party.

A video wall/window requires an eye contact display scheme suitable to a large screen (see Shiwa/Ishibashi 1991). An LCD screen becomes transparent during the vertical blanking period and passes observer's image to the TV camera. Otherwise the screen is translucent and makes the projected image visible.

These are examples of interactive video telephone. Digital video will have a vital role in telecommunications. In a daily life such non-verbal information as the tone and pitch of voice, the hand gesture, the face expression and the movement of lips and eyes is very important. Video telephone is a superior communication medium, because it can convey such non-verbal information.

4. Networkcasting

ATM facilitates an efficient single way transfer of information. Furthermore, a transfer path can be branched easily into two or more in ATM switches by taking two or more copies of an incoming ATM cell. This implies that various information may be broadcasted from an information source through an ATM network. Such information casting service through a network may be called networkcasting.

There may be two kinds of networkcasting: video networkcasting and multimedia networkcasting (see Kamae 1992). Video networkcasting is parallel to TV broadcasting, while multimedia networkcasting is parallel to newspapers and magazines. For example, existing media and networkcast media are classified in terms of distribution scale and time. Broadcast TV and newspapers distribute information to typically over several hundreds thousands people, at the same time, and thus they are called mass-media. Telephone, fax and postal mail deliver information only to a small group of people, typically to only one person, and thus they may be called mini-media. Networkcasting can be positioned between mass-media and mini-media. It may be suitable to distributing information to a small mass of people, typically several hundreds to several thousands, and thus it may be called midi-media.

5. Future Digital Video

Digital video is very important in broadcasting, telecommunication and packaged video such as CD and laser disks. Multimedia computers have been powerful, almost powerful enough to process motion video, and thus digital video will take a vital part in multimedia databases. Evolving technologies will fill the gap between ordinary TV receivers and multimedia personal computers (PC). An integrated digital video architecture is needed.

Video coding and compression process is generally much more complicated than decoding and compression process. In packaged video, the cost of video coding and compression is negligible, because digital video, once encoded and compressed, will be distributed to many receivers. The situation is similar in broadcasting and networkcasting. However, coders correspond almost one to one to decoders in telecommunications. The coding delay has to be minimized in telecommunications, while it does not cause a big problem in packaged video.

In an integrated digital video architecture, several subsets of the architecture could be defined for the transmitting/encoding side, however it will be desirable that the receiver/decoder should be equipped with the full set, because the decoder is generally much simpler than the encoder.

6. Concluding Remarks

Multimedia communication will be enhanced substantially by N-ISDN and B-ISDN. Digital motion video will take a central part in multimedia communication. Such technologies as eye contact display will be important. The personal computers/workstations having digital video capabilities will be major terminals for multimedia communicaton.

Networkcasting may facilitate information casting to a small mass of people. The growth of digital video applications different from broadcasting will increase the need for an integrated digital video architecture.

References

Ishii, H.
"Team Workstation: Towards a Seamless Shared Workspace",
Proc. CSCW 90, 1990, pp. 13-26.

Ishii, H. and Kobayashi, M.
"Clearboard: A Seamless Medium for Shared Drawing and Conversation
and Conversation with Eye Contact",
Proc. CHI 92, 1992, pp. 525-532.

Ishii, H. et al.
"Integration of Inter-Personal Space and Shared Workspace: Clearboard
Design and Experiments", Proc. CSCW 92, Nov. 1992.

Shiwa, S. and Ishibashi, M.
"A Large-Screen Visual Telecommunication Device Enabling Eye Contact",
SID-91 Digest, 1991, pp. 327-328.

Kamae, T.
"Human Interface Technologies - Present and Future",
NTT Review Vol. 4, No. 3, May 1992, pp. 92-98.

Innovation und Bedarf - eine Herausforderung für die Informations- und Kommunikationsindustrie

Hans Baur
Siemens AG, München

1. Die Zusammenhänge zwischen Innovation, Bedarf, Markt, Wirtschaftswachstum und Lebensstandard

Jeder von uns benutzt täglich unzählige Produkte, die man sich vor zweihundert Jahren bzw. vor wenigen Jahrzehnten überhaupt noch nicht vorstellen konnte. Über Jahrtausende war die Menschheit fast ausschließlich auf ihre eigenen Fähigkeiten und Muskelkräfte (neben tierischer Muskelkraft) angewiesen. Die entscheidende Ausweitung des menschlichen Wirkungsbereiches brachten erst die fundamentalen Innovationen der jüngsten Zeit, von denen ich die wichtigsten hier nennen möchte:

- Erstens der Ersatz und das weite Übertreffen der Muskelkraft durch stationäre und mobile Kraftmaschinen (Dampfmaschine, Patent von James Watt vom 5.1.1769),
- zweitens die Überwindung der zeitlichen und räumlichen Trennung durch die elektrische Telekommunikation (Magnetnadel-"Telegraph", Patent von Gauß u. Weber, 1833),
- drittens die Verstärkung der geistigen Leistungsfähigkeit des Menschen durch die elektronische Datenverarbeitung (programmgesteuerte "Universalrechenmaschine" von Konrad Zuse, 1941).

Die erste dieser drei Basisinnovationen ermöglichte die Mechanisierung der Arbeit und führte von der Agrar- zur Industriegesellschaft. Die zweite und dritte Innovation gemeinsam werden auch als Informationstechnik bezeichnet, und man spricht deshalb von unserer heutigen Gesellschaft als der "Informationsgesellschaft". Diese drei Basisinnovationen und ihre vielfältigen Weiterentwicklungen können sicherlich als entscheidende Grundlage für unseren hohen Lebensstandard angesehen werden.

Innovationen, Wirtschaftswachstum und Wohlstandsfortschritt sind keine unabhängigen Einzelvorgänge, sondern in einem Wirtschaftssystem durch Angebot und Nachfrage eng miteinander verknüpft. Alle Produkte und Leistungen, die zum Leben notwendig sind, die der Mensch sich wünscht und die ihm Nutzen bringen, sind Gegenstände des Bedarfs. Bedarf ist somit ein aus der großen Zahl von Einzelbedarfsfällen zusammengesetzter Parameter der Volkswirtschaft, der empirisch ermittelt, wissenschaftlich vorausberechnet, aber auch z.B. durch Werbung, Preissubvention und ähnliche Maßnahmen beeinflußt werden kann.

Um sich den Zusammenhang zwischen Bedarf und technischem bzw. wirtschaftlichem Fortschritt eines Landes zu vergegenwärtigen, ist das klassische Diagramm "Telefondichte und Bruttosozialprodukt" immer wieder gut geeignet (Abb. 1). Es zeigt: Je höher die Zahl der Telefone pro 100 Einwohner ist, desto größer ist das Bruttosozialprodukt (und umgekehrt). Eigentlich müßte man diese Betrachtung heute bereits erweitern und neben der Telefondichte auch die Nutzung von Fax-, Daten-, Bildkommunikation usw. erfassen. Dann würde man erkennen, daß die Leistungsfähigkeit einer Telekommunikationsinfrastruktur durch die zusätzlichen Nonvoicedienste wesentlich gesteigert und somit auch ein höheres BSP/Kopf erarbeitet wird. Leider fehlen dazu bisher die statistischen Daten. Abb. 2 zeigt aber, wie außerordentlich stark - nämlich mit 25% pro Jahr - die Nonvoicekommunikation in den letzten 10 Jahren angewachsen ist, und daß man auch in der Zukunft mit einem weiteren großen Wachstum rechnen kann. Mit über 30% pro Jahr ist das Wachstum der Mobilkommunikation besonders stürmisch. Es verdeutlicht, daß die Menschen immer "mobiler" werden und dabei auf die gewohnte Kommunikation nicht verzichten wollen. Natürlich sind auch die großen technischen Fortschritte und die dramatischen Kostenreduzierungen der Mobilkommunikation dafür verantwortlich.

Abb. 1:   Dichte der Telefonhauptanschlüsse und Bruttosozialprodukt

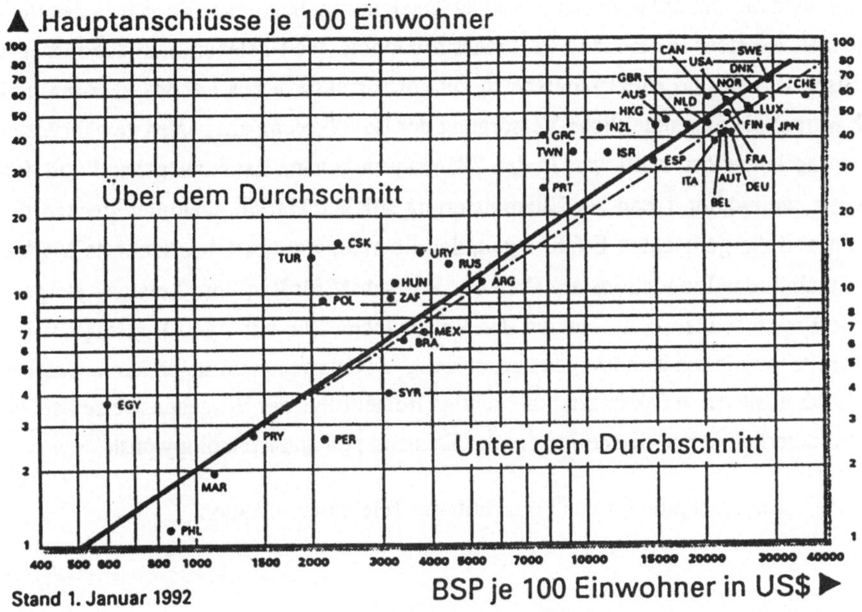

Abb. 2:   Zunahme der Telekommunikationsterminals (weltweit)

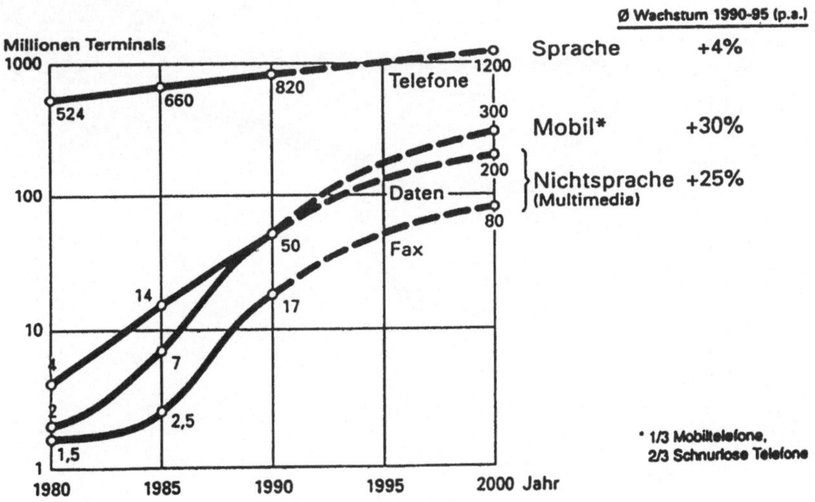

Neben technischen Innovationen und wachsendem Bedarf ist noch ein dritter Faktor für den Fortschritt der Telekommunikation bzw. das Wachstum der Wirtschaft verantwortlich, nämlich der Wettbewerb (Abb. 3). Der Telekommunikationsmarkt war in der Vergangenheit meistens in der Hand staatlicher Monopole, weil Telekommunikationsnetze wie Eisenbahnen und Elektrizitätsnetze zur Infrastruktur eines Landes gehören und durch Monopole die einheitliche Versorgung der Bevölkerung am besten gewährleistet schien und lange Zeit auch war. In den 70er Jahren begann dann, ausgehend von den USA, ein weltweiter Trend zur Liberalisierung solcher Märkte. Dahinter stecken die Absicht und die gemachten Erfahrungen, daß liberale, wettbewerbsorientierte Märkte grundsätzlich das Innovationsverhalten der Wirtschaft fördern, ihre Leistung steigern und die Preise senken, zum Nutzen der Verbraucher. Die auf Abb. 3 gezeigten Antriebskräfte verstärken sich übrigens gegenseitig, wobei man nicht sagen kann, welches jeweils der auslösende Faktor oder die richtige Reihenfolge der Vorgehensweise ist. Gut trifft es sicherlich der englische Ausdruck: "Demand pull and technology push".

Abb. 3:   Antriebskräfte für den Fortschritt der Telekommunikation

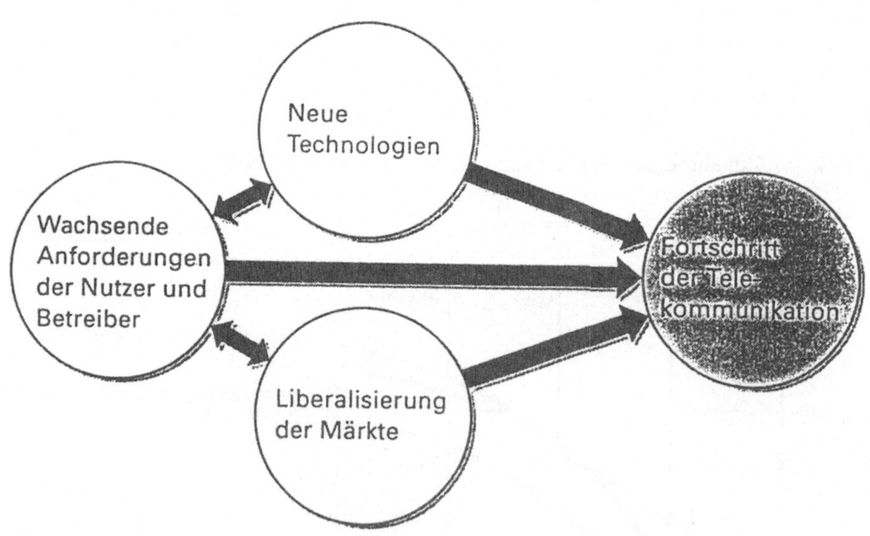

2. Innovationen in der Informations- und Kommunikationstechnik

Bei den Innovationen ist grundsätzlich zwischen Basisinnovationen und Weiterentwicklungen bzw. Verbesserungsinnovationen zu unterscheiden. Die Telekommunikation hat sich seit den ersten, revolutionären Basisinnovationen der Telegrafie und Telefonie im vorigen Jahrhundert zunächst relativ gleichmäßig weiterentwickelt. Ein großer Schub entstand erst in den letzten beiden Jahrzehnten durch drei bedeutende Basisinnovationen: die Mikroelektronik, die optische Nachrichtenübertragung über Glasfaserkabel und die Software.

Gegenüber den konventionellen, elektromechanischen Technologien und der Übertragung über Kupferkabel stiegen die Leistungsmöglichkeiten der Technik und ihre Wirtschaftlichkeit pro Funktion gewaltig an. Dies geschah jedoch nicht schlagartig, sondern nach der ersten Basisinnovation evolutionär, quasi Jahr für Jahr. Wie Abb. 4 am Beispiel der DRAM-Chips (Dynamic Random Access Memory) zeigt, wuchs die Integrationsdichte, d.h. die Zahl der Transistoren bzw. der logischen Funktionen pro Chip, in den letzten 20 Jahren um den Faktor 4000, der Preis pro Funktion (Bit) sank im gleichen Zeitraum auf 1/2000, d.h. jährlich um mehr als 30%. Dieser riesige Leistungsanstieg und der gleichzeitige krasse Preisverfall erklären einerseits, daß man mit Elektronik heute "fast alles machen kann", auf der anderen Seite aber auch, daß mit der Hardware, insbesondere Standardbausteinen wie diesen Speicherchips, kaum mehr Geld zu verdienen ist. Von höherem Marktwert sind noch die "mit Intelligenz gefüllten" Bausteine wie beispielsweise Mikroprozessoren und kundenspezifische Bausteine (ASICs). Allerdings braucht man, um sie fertigen zu können, das Know-how von den Speicherchips, die wegen ihrer extremen Integrationsdichte als "Technologielokomotive" anzusehen sind.

Abb. 4:   Leistungssteigerung der Mikroelektronik (Speicherchips DRAM)

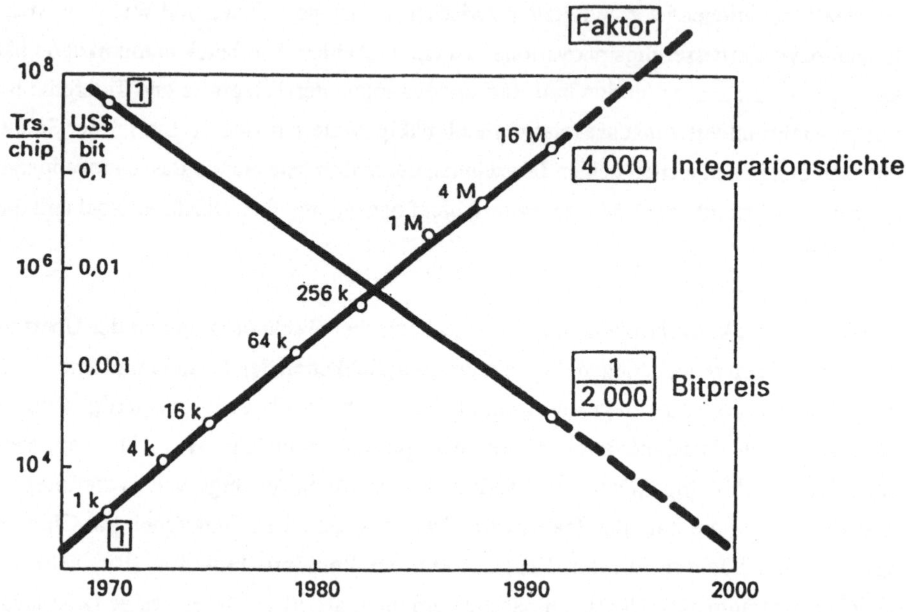

Eine ähnlich eindrucksvolle Entwicklung mit hohen Leistungssteigerungen und Kosten-reduzierungen in kurzen Zeitabständen zeigt Abb. 5 für die Glasfaserkabelübertragungs-systeme: Immer größere Bitraten können über größere Entfernungen übertragen werden. Damit stieg die Übertragungsleistung in Mbit/s x km in den letzten 13 Jahren auf das 400-fache an, die Übertragungskosten pro Mbit/s x km sanken auf 1/600. Eine Grenze der Entwicklungsmöglichkeiten ist noch längst nicht in Sicht, da das optische Licht theoretisch eine unvorstellbar hohe Bandbreite übertragen kann, die mit den heutigen Systemen erst zu etwa 1/100000 genutzt wird. Aber die Vorteile sind bereits so groß, daß Glasfaserkabel auf den Fernstrecken alle früheren Techniken verdrängen, und auch in den Teilnehmeranschlußnetzen ist ihr Einsatz im Vormarsch.

Abb. 5:   Leistungssteigerung der optischen Übertragungstechnik

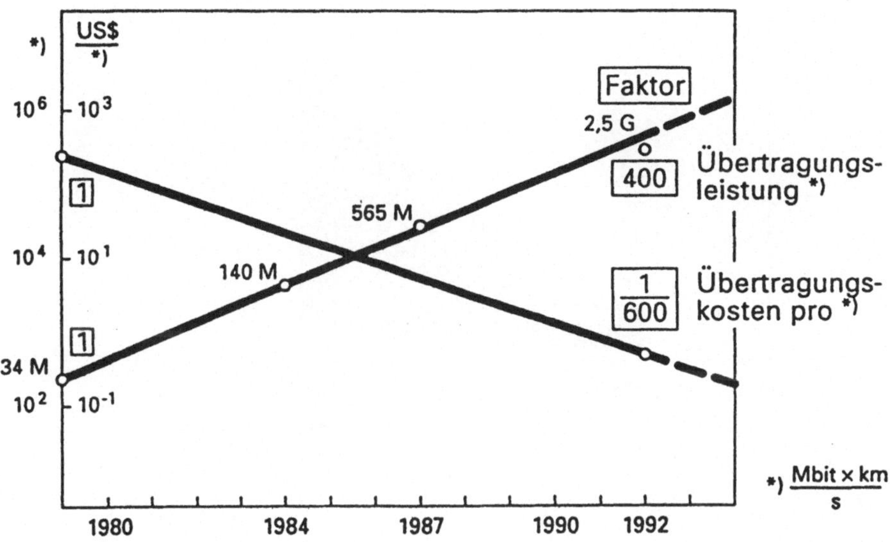

Die dritte wichtige Basistechnologie, die Software, hat leider keine so großen Effizienz-steigerungen aufzuweisen (Abb 6). Hier konnte durch systematische Strukturierung, höhere Programmiersprachen, automatisierte Testmethoden usw. lediglich eine Ver-dopplung der Effizienz (Zahl der von einem Programmierer in einem Jahr erarbeiteten Befehle) in 5-10 Jahren erreicht werden. Dies ist sehr bedauerlich angesichts der Tat-sache, daß heute bereits rund drei Viertel der Entwicklungskosten durch Software verursacht werden. Abb. 7 zeigt beispielsweise, daß die durch Software realisierten Leistungsmerkmale im EWSD-System (Öffentliche Vermittlungstechnik) in den letzten 10 Jahren um den Faktor 6 zugenommen hat. Bei privaten Kommunikationssystemen lag der Faktor in der gleichen Größenordnung, bei Endgeräten lag er etwa bei 10. Wir müssen uns daher intensiv um die Steigerung der Effizienz in der Softwareentwicklung bemühen. In der Zukunft wird die Bedeutung der Software noch weiter zunehmen, da die Hardware-Entwicklungskosten durch Verteilung auf wachsende Produktionsmengen relativ gesehen immer kleiner werden, für die vielfältigen Anwendungen aber stets neue, kaum rationalisierbare Software erarbeitet werden muß. Die Software stellt somit lang-fristig das Elektronikprodukt dar!

Abb. 6: Fortschritt der Software-Technologie

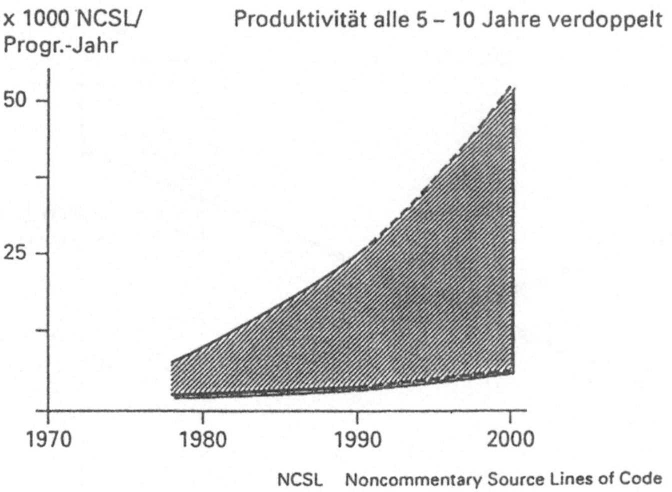

Abb. 7: EWSD-Anzahl der Leistungsmerkmale

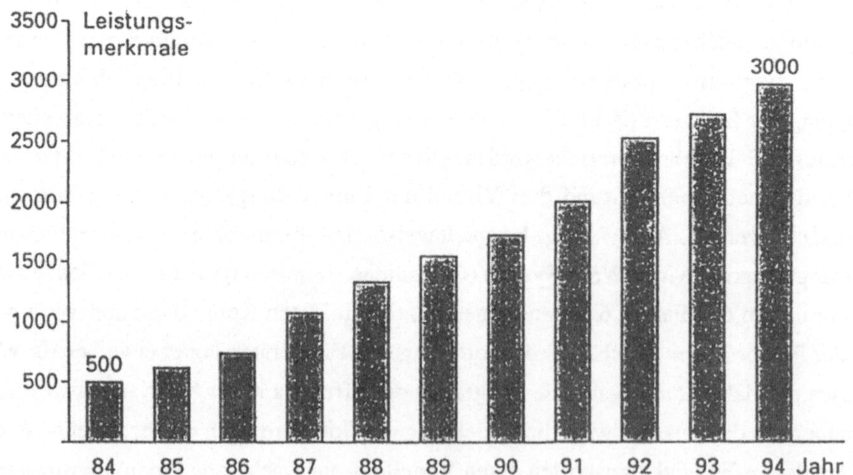

Mit den folgenden Bildern möchte ich drei weitere, wichtige Aspekte der Innovation unterstreichen, nämlich die Vielfalt, die Standardisierung und die Produktlebenszeiten. Abb. 8 deutet an (die Aufzählung ist keineswegs vollständig), daß in der Telekommunikation auf der Grundlage der erwähnten Basistechnologien in den letzten 20 Jahren immer rascher und vielfältiger neue Netzphilosophien und -prinzipien entstanden sind, die in beständiger Weiterentwicklung die Leistung der Telekommunikationsnetze beträchtlich erhöhen. Es gibt hier - wie auch in anderen Produktbereichen - im Prinzip so viele Entwicklungsmöglickeiten und auch entsprechende Innovationen, daß sie unmöglich alle realisiert werden können. Man muß deshalb sehr sorgfältig prüfen, ob eine bestimmte Entwicklung wirklich marktgerecht und langfristig richtig ist. Außerdem muß in der Telekommunikation durch eine möglichst weltweite Standardisierung sichergestellt werden, daß Geräte und Dienste kompatibel sind und miteinander kommunizieren können. Nur dann haben die Produkte Aussicht auf einen großen Erfolg im Weltmarkt. Allerdings darf die meist sehr zeitaufwendige, weltweite Standardisierung die Innovation nicht zu sehr behindern. In der Praxis gibt es deshalb Kompromisse, nämlich manchmal das "Vorpreschen" kleinerer, nicht standardisierter Lösungen, die quasi den Markt öffnen, dann regionale Standards wie beispielsweise GSM für den Mobilfunk in Europa, der sich aber im weiteren Verlauf auch weltweit durchsetzt, und schließlich weltweite Standards, wie beispielsweise für die digitale PCM-Technik vor ca. 25 Jahren und heute die Übertragungsverfahren STM/ATM, SDH/SONET usw.

Abb. 8:   Technologische Entwicklung der Telekommunikationsnetze

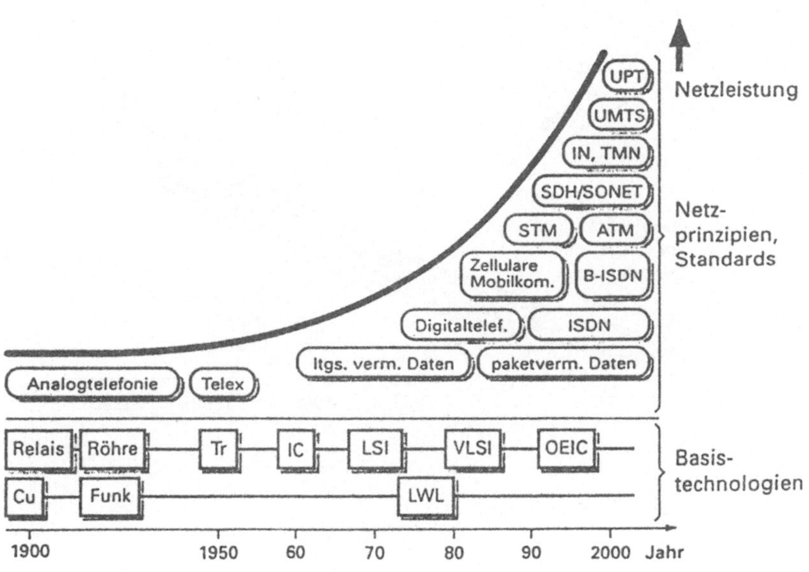

Der rasche technologische Fortschritt und der zunehmende Wettbewerb haben außerdem zu einer Verkürzung der Produktlebenszeiten geführt. Wie Abb. 9 am Beispiel der EDV-Branche zeigt, verkürzten sich die Produktlebenszyklen für größere Systeme im vergangenen Jahrzehnt von durchschnittlich 6 auf etwa 3 Jahre und für kleinere Systeme aus dem PC- und Workstation-Umfeld auf bis zu einem Jahr. Dabei stieg gleichzeitig die Entwicklungszeit wegen zunehmender Komplexität bei einigen Produkten so an, daß sie die Produktlebensdauer bereits übertrifft. Durch den Einsatz innovativer Entwicklungsmethoden und entsprechender CAE-Werkzeuge konnte der Anstieg der Entwicklungszeiten zwar etwas gebremst werden, einer weiteren Beschleunigung der Entwicklung - auch z.B. durch höheren Personaleinsatz - sind jedoch Grenzen gesetzt. Deshalb müssen die Innovationen immer weiter vorausschauend geplant und in Angriff genommen werden. Höhere Komplexität und Beschleunigung der Entwicklung bedeuten aber auch höhere Kosten. Die Folge davon ist eine erhebliche Verkürzung der Pay-off-Periode (Amortisierungszeit) und der Gewinnphase (Abb. 10). Im Vergleich zu anderen Branchen liegt die EDV-Technik hier besonders ungünstig. Aus all diesem folgt, daß die Informations- und Kommunikationstechnik unter einen starken Innovations- und Produktivitätsdruck geraten ist.

Abb. 9:   Entwicklungszeit und Lebensdauer von EDV-Produkten

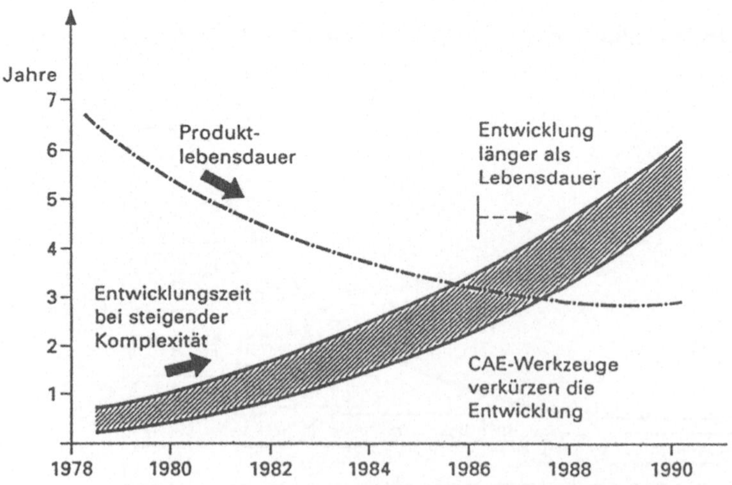

Abb. 10:   Produktlebensdauer (PLD) und Pay-off-Periode in verschiedenen Branchen

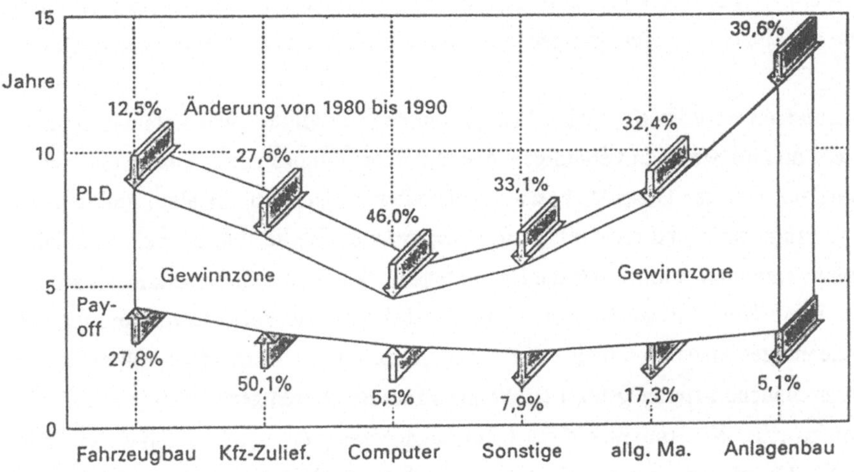

3. Wie reagiert die Herstellerindustrie auf die Herausforderungen von Innovation und Bedarf?

Die beschriebenen Vorgänge sind natürlich nicht die Erkenntnis eines einzelnen Unternehmens, sondern es gibt darüber zahlreiche Veröffentlichungen, wissenschaftliche Abhandlungen und Studien mit entsprechend umfangreichen Analysen und Schlußfolgerungen. Ich möchte Ihnen die wichtigsten Aspekte dieser Thematik, die Faktoren für einen guten Markterfolg sowie die Strategie unseres Hauses dazu kurz erläutern.

3.1 Innovationsbereitschaft

Wie wichtig die Innovation für den geschäftlichen Erfolg von Unternehmen ist, hat die Vergangenheit an zahlreichen Beispielen demonstriert. So wehrten sich gegen Ende des 19. Jahrhunderts die Segelschiffbauer gegen die Geschwindigkeitskonkurrenz durch dampfgetriebene Schiffe, indem sie soviel Tuch installierten, wie die Schiffe nur tragen konnten. Der Siebenmaster Thomas W. Lawson (1902-1907) wurde dadurch so instabil, daß er in einem Sturm kenterte, während er vor Anker lag. Die kommerziellen Segelschiffe hatten ihre technische Grenze erreicht, und Dampfschiffe beherrschten fortan die Meere. Mindestens ebenso krass wirkte sich ab Mitte der 50er Jahre der Technologiesprung von der Elektromechanik und den Vakuumröhren zu den Halbleitern aus. Nicht nur einzelne Produktgruppen, sondern ganze Branchen verschwanden dadurch.

Das oberste Gebot ist also (Abb. 11), gut laufende Produkte zwar stets weiter zu verbessern und im Markt zu verteidigen, aber auch ihre Grenzen zu erkennen und den Absprung zur nächsten Geschäftsbasis vorzubereiten, indem man die alten Produkte ständig in Frage stellt und rechtzeitig an neuen arbeitet. Heute sind es meistens nicht so revolutionäre Innovationen wie die Halbleitertechnik oder die Glasfaserkabel, sondern in erster Linie Weiterentwicklungen, mit denen aber ebenfalls ein größerer Sprung für den Kundennutzen eines Produktes erzielt werden kann. Ein Unternehmen sollte möglichst vorausschauend agieren (Abb. 12). Wenn es zum Reagieren gezwungen wird, ist es oft schon zu spät. Wir erarbeiten dafür langfristige Strategien, wie beispielsweise "Vision O.N.E" (Optimised Network Evolution) im Bereich Öffentliche Netze. Diese strategische Entwicklungsplanung umfaßt alle derzeitigen und künftigen Netzprodukte und stellt für uns selbst wie auch für unsere Kunden einen verläßlichen Leitweg dar, der in jeder Entwicklungsphase auf die geplante, künftige Netztechnik ausgerichtet ist und verlorenen Investitionsaufwand weitestgehend vermeidet.

Abb. 11:   Lebenszyklen von Technologien

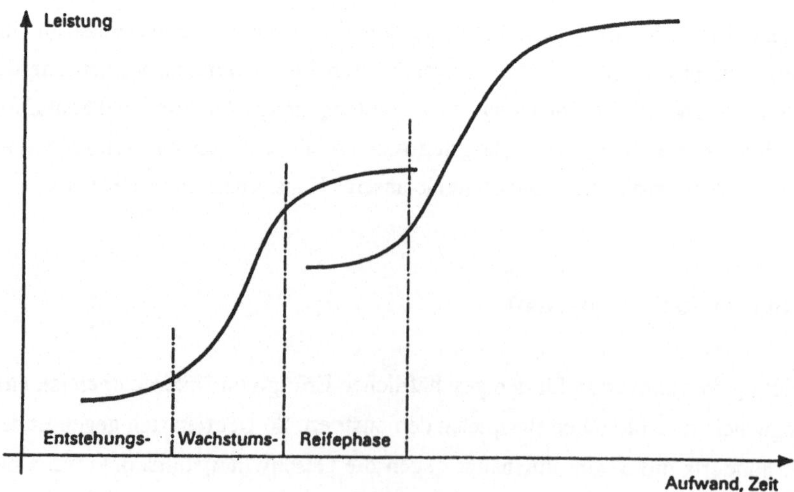

Abb. 12:   Faktoren für den Markterfolg (1)

<table>
<tr><td align="center">Innovationsbereitschaft</td></tr>
<tr><td>

• Gut laufende Produkte stets verbessern;
  Grenzen erkennen

• Neue Produkte langfristig planen/rechtzeitig einführen

• Über wichtige Basistechnologien selbst verfügen

• Strategische Allianzen bilden

• "Innovationswissen" ständig weiterentwickeln

</td></tr>
</table>

Siemens wendet für Forschung und Entwicklung im Gesamtdurchschnitt der Geschäftsbereiche 11% vom Umsatz auf - in den Elektronikbereichen noch darüber - und gehört damit zur Kategorie der High-Tech-Unternehmen. In der "Zentralen Forschung und Entwicklung" (ZFE) werden bei Siemens für alle Geschäftsgebiete gemeinsam die weit vorausschauenden Forschungen und Entwicklungen von Basistechnologien durchgeführt. Dabei konzentrieren wir uns hauptsächlich auf diejenigen Technologiefelder, die längerfristige Innovations- und Wachstumspotentiale sichern und für unser Unternehmen strategische Bedeutung haben. Nach unserer Überzeugung und entsprechend unserer Produktpolitik als Full-Scale-Supplier gehören dazu u.a. die bereits erwähnten Basistechnologien: Mikroelektronik, optische Informationstechnik und Softwaretechnologie.

Aber alles allein machen zu wollen, ist illusorisch. Die Technologieerzeugung in der gesamten Branche ist 10 bis 100 mal größer als sie selbst ein führendes Großunternehmen (aus personellen und finanziellen Gründen) schaffen kann. Deshalb sind strategische Allianzen notwendig. Ein herausragendes Beispiel dafür ist die Allianz von IBM, Toshiba und Siemens zur gemeinsamen Entwicklung der 256-Mbit-DRAM-Speicherchips. Die Bedeutung dieses Abkommens liegt in dem Know-how, das bei der Entwicklung und Produktion dieser neuen Halbleitergeneration gewonnen wird. Es kann später auf noch komplexere, systembestimmende Logikbauelemente übertragen werden, wovon die Informationstechnik und andere Geschäftsfelder erheblich profitieren.

Wie gerade dieses Beispiel zeigt, sind Innovationen heute im allgemeinen keine Geheimsache mehr. Das grundsätzliche Wissen darüber wird meistens weltweit publiziert, man muß sich allerdings darum bemühen, es zu sammeln, und selbst daran arbeiten. Das

Problem liegt letztlich darin, Innovationen in echte Produkte umzuwandeln. Dies ist zwar in einem hochindustrialisierten Land wie dem unsrigen immer technisch möglich, in jedem Falle stellt sich aber die Frage des Marktbedarfs und der zu erwartenden Rentabilität eines neuen Produktes.

Damit komme ich zu der nächsten, großen Herausforderung für die Informations- und Kommunikationsindustrie, nämlich der größtmöglichen Steigerung der Produktivität. Vereinfacht ausgedrückt kann man diese Herausforderung mit drei Schlagworten beschreiben, nämlich
- das richtige Produkt
- zu einem akzeptablen Preis
- möglichst früh

auf den Markt zu bringen.

3.2 Das richtige Produkt ... (Abb. 13)

Nur "das richtige", d.h. ein für den Kunden attraktives und qualitativ hochwertiges Produkt hat Aussicht auf einen großen Markterfolg. Unter Qualität ist zunächst diejenige des Entwurfs und der Fertigung zu verstehen, d.h. daß das Gerät langfristig fehlerfrei arbeitet. Aber auch die Qualität der Funktion im Sinne des Anwendernutzens ist von erheblicher Bedeutung. Mit anderen Worten: Ein Produkt ist dann besser als ein anderes, wenn es eine neuartige Anwendung ermöglicht oder eine verbesserte Funktion bietet, bedienungsfreundlicher, kleiner, handlicher und zuverlässiger ist.

Abb. 13:   Faktoren für den Markterfolg (2)

Das richtige Produkt ...

➡ Qualität, Zuverlässigkeit

➡ Größter Anwendernutzen

deshalb:

• Stärkere Kunden-/Marktorientierung

• Kundenmarketing, Produktplanung

• Marktuntersuchungen, Bedarfsanalysen, Feed-Back

Auf die Qualität und Zuverlässigkeit der Produkte "made in Germany" sind wir immer sehr stolz gewesen. Der ursprüngliche Abstand zu unseren Konkurrenten, vor allem in Fernost, ist aber längst geschwunden, in einigen Branchen hat er sich sogar umgekehrt. Anstrengen müssen wir uns auch darin, den funktionalen Nutzen unserer Produkte ständig zu vergrößern, d.h. "innovativ" zu sein. Denn der Weltmarkt ist reich an innovativen Ideen und bringt dem Anwender somit echte Vorteile. Die Frage ist also: Was braucht der Kunde wirklich, was bringt größten Anwendernutzen und ist somit marktgerecht?

In der Vergangenheit entstanden neue Produkte hauptsächlich durch die Ideen der Entwickler und die entsprechenden technischen Weiterentwicklungen, die dann dem Kunden angeboten wurden. D.h. das Geschäft war überwiegend "technology-driven". Es kam dabei darauf an, daß der Ingenieur erkennen muß, was mit einer neuen Technologie besser, billiger als bisher gelöst oder welche attraktive Funktion erstmals geboten werden kann. Diese Fähigkeit des Entwicklers wird auch in Zukunft eine wichtige Voraussetzung für den Geschäftserfolg bleiben, der entscheidende Unterschied liegt jedoch in der stärkeren Kunden- bzw. Marktorientierung. Das Geschäft ist heute "market-driven". Siemens hat deshalb z.B. in der Kommunikationstechnik die Marketingaktivitäten "Kundenmarketing" und "Produktplanung" erheblich verstärkt und führt eigene Marktuntersuchungen und Bedarfsanalysen durch. Dies geschieht für private Kommunikationssysteme und Endgeräte zusammen mit Großkunden, Nutzervereinigungen und Händlern, für Produkte der öffentlichen Netze zusammen mit den Netzbetreibern oder in Abstimmung mit diesen unmittelbar bei den Endkunden, den Teilnehmern. Die Ergebnisse, auch das Feed-Back nach der Einführung neuer Produkte, fließen über die Produktplanung in die Entwicklung und führen so zu optimalem Anwendernutzen der Produkte.

Die Kundennähe der Entwicklung ist in den einzelnen Geschäftsgebieten zwar etwas unterschiedlich. So wird z.B. Anwender-Software in den einzelnen Branchen von Siemens-Nixdorf teilweise unmittelbar beim Kunden entwickelt. Bei der öffentlichen Kommunikationstechnik überwiegt für die Grundkonzeption der Netze zunächst das System-Know-how der Fachleute, angesichts der wachsenden Vielfalt der Nutzung werden aber auch hier die Wünsche und das Feed-Back der Anwender immer wichtiger.

Selbstverständlich lassen sich nicht alle Wünsche der Anwender erfüllen. Damit kommen wir zu dem wichtigen Punkt:

3.3 ... zu einem akzeptablen Preis ... (Abb. 14)

Durch den rasanten Fortschritt der Technologie und die enorme Ausweitung der Vielfalt und Leistungsfähigkeit der Produkte sind die Aufwendungen für Forschung und Entwicklung in den letzten Jahrzehnten außerordentlich gestiegen. Ein elektronisches, öffentliches Vermittlungssystem wie das EWSD kostet beispielsweise rund zehnmal so viel (ca. 3-4 Milliarden DM) wie ein vergleichbares elektromechanisches System der 50er/60er Jahre. Da die Elektronik sehr automatisierungsfreundlich ist, lassen sich zwar durch entsprechende Investitionen in der Fertigung große Produktivitätssteigerungen erzielen. Um aber die hohen Entwicklungskosten und höheren Fertigungsinvestitionen abdecken zu können, sind erheblich größere Absatzmengen als früher erforderlich. Größere Produktionsmengen reduzieren die spezifischen Produktkosten (Scale-Effekt), und zwar bei den heutigen Techniken viel stärker als bei früheren, weil der Kostenschwerpunkt von der Fertigung zur Entwicklung gewandert ist. Dies hat bei der Herstellerindustrie zu einem äußerst harten, globalen Wettbewerb um Marktanteile sowie zu Kooperationen und Zusammenschlüssen geführt, um dadurch Entwicklungsaufwendungen teilen und Marktanteile zusammenlegen zu können.

Abb. 14:   Faktoren für den Markterfolg (3)

<table>
<tr><td colspan="2" align="center">... zu einem akzeptablen Preis ...</td></tr>
<tr><td>➡</td><td>Wachsende FuE-Kosten, globaler Wettbewerb;</td></tr>
<tr><td></td><td>deshalb:</td></tr>
<tr><td></td><td>• Kampf um Marktanteile</td></tr>
<tr><td></td><td>• Kooperationen und Zusammenschlüsse</td></tr>
<tr><td></td><td>• Stärkstmögliche Rationalisierung</td></tr>
<tr><td></td><td>• Fertigung, Entwicklung in kostengünstigen Ländern</td></tr>
</table>

Der Preis eines Produktes ist - neben der adäquaten Technik - fast immer ausschlaggebend für die Kaufentscheidung. Um in dem harten Wettbewerb zu bestehen, ist deshalb ein kostenbewußtes Denken und Handeln, d.h. stärkstmögliche Rationalisierung in allen Abschnitten der Wertschöpfungskette, eine wichtige Voraussetzung. Eine weitere Möglichkeit zur Kostensenkung ist die Verlagerung von Fertigungs- und Entwicklungsaktivitäten in kostengünstigere Länder. Vor allem das Geschäft mit einfacheren Massenprodukten gelangte so - zumindest mit der Produktion - zum großen Teil in die Billiglohn-

sonalkosten an den Produktionskosten wird immer kleiner, und die übrigen Produktionsfaktoren, Kapital und Know-how, sind unabhängig vom internationalen Standort einsetzbar. In unserem Fernsprechendgerätegeschäft gehen wir z.B. einen mittleren Weg: Durch intensive Rationalisierung der gesamten Wertschöpfungskette - von der Entwicklung bis zur Distribution - ist es uns gelungen, unser vorher defizitäres Geschäft mit der nationalen Fertigung in Bocholt wieder wettbewerbsfähig zu machen. Während Bocholt vorwiegend den europäischen Raum beliefert, nutzen wir z.B. für die "Dollarländer" auch Fertigungen in Fernost. Insgesamt liefern wir rund 10 Millionen Fernsprecher pro Jahr und sind damit nach AT&T und Matsushita die Nummer drei im Weltmarkt für Telefone.

Die nächste wichtige Forderung für den Markterfolg heißt :

3.4 ... möglichst früh ... (Abb. 15)

In dem globalen, sehr innovativen und wettbewerbsgetriebenen Markt der Informations- und Kommunikationstechnik wird die Zeit immer stärker zum entscheidenden Faktor. Denn wer - u.U. mit einem Zusatzaufwand an FuE-Kosten - zuerst mit einem neuen, bedarfsgerechten Produkt auf den Markt kommt, "sahnt ab" und diktiert für eine Zeitlang die Marktbedingungen. Die Zuspätgekommenen bleiben meist auf ihren hohen FuE-Kosten und den für die neue Produktgeneration getätigten Investitionen sitzen. Der Innovationswettbewerb wird dadurch zum Zeitwettbewerb.

Abb. 15: Faktoren für den Markterfolg (4)

... möglichst früh ...

➡ "Zeitführer" haben erhebliche Wettbewerbsvorteile; deshalb:

- Kleinere Entwicklungslose
  "Annahmeschluß" für neue Wünsche und Technologien
- An Standardisierung aktiv beteiligen
- Zeitmanagement für gesamte Wertschöpfungskette
- Organisation für schnelle Entscheidungen
- Unternehmergeist in allen Hierarchieebenen

Es ist deshalb falsch, laufend neue Kundenwünsche in die Entwicklung zu bringen und gleichzeitig neue technologische Möglichkeiten aufzugreifen, ohne daß dabei ein marktreifes Produkt zustandekommt. Bisher dauerte es beispielsweise über drei Jahre, bis eine neue Version des privaten Kommunikationssystems Hicom marktreif war. Wir haben deshalb das Verfahren grundlegend geändert. Es gibt einen Annahmeschluß für neue Wünsche, und neue Technologien werden erst eingesetzt, wenn sie ausgereift sind und beherrscht werden. Dadurch entstehen wesentlich kürzere Zykluszeiten. Der Kunde ist zufrieden, wenn ein neues Produkt innerhalb des nächsten halben Jahres kommt, und nicht erst nach zwei oder drei Jahren. Ein anderes Zeitproblem entsteht dadurch, daß man bei der Entwicklung oft auf internationale Standards warten muß. Man kann es teilweise dadurch entschärfen, daß man sich intensiv an der Standardisierung beteiligt und parallel entwickelt.

Zeit ist aber nicht nur strategisch zu sehen. Kleinere Entwicklungslose sind auch weniger komplex, beschleunigen den Arbeitsablauf, weil viele Wartezeiten wegfallen, und sind insgesamt wirtschaftlicher. Das klassische Kostenmanagement früherer Jahre wird deshalb zunehmend durch ein Zeitmanagement abgelöst, das auf den gesamten Wertschöpfungsprozeß ausgerichtet ist. Darauf basierende Fitneßprogramme, die im übrigen alle maßgeblichen Wettbewerber durchführen, sind gleichbedeutend mit Programmen zur generellen Steigerung der Produktivität.

Schnelligkeit im Gesamtprozeß erfordert insbesondere auch organisatorische Maßnahmen. Tiefgestaffelte Hierarchien mit sequentieller Entscheidung sind außerordentlich hinderlich. Siemens hat deshalb 1989 eine neue Unternehmensstruktur mit 17 selbständig operierenden Bereichen eingeführt. Dabei wurde Hierarchie abgebaut und natürlich eine bessere betriebswirtschaftliche Transparenz erzielt sowie das Controlling erleichtert. Die kürzeren Entscheidungswege und unser Bestreben, den Unternehmergeist unserer Mitarbeiter in allen Hierarchieebenen zu stärken, tragen sicherlich einen großen Teil zur Steigerung der Produktivität bei.

4. Ist Innovatïon auch eine Aufgabe von Staat und Gesellschaft?

Wenn Innovationen für die Industrie lebenswichtig sind, generell das Wirtschaftswachstum und unseren Wohlstand fördern, müssen sie selbstverständlich auch im Interesse von Staat und Gesellschaft sein. Die Japaner haben beispielsweise die große Bedeutung technologisch fortschrittlicher Industriezweige, wie der Mikroelektronik, frühzeitig erkannt und diese systematisch gefördert. Ihre derzeitige Stärke beruht maßgeblich auf dieser Wirtschaftsstrategie, als deren Architekt das MITI (Ministry of International Trade and Industry) eine entscheidende Rolle gespielt hat. Technische Innovationen sind also nicht die Aufgabe der Industrieunternehmen allein, sondern der Staat muß in dem heutigen, weltweiten Wettbewerb auch für innovationsfördernde Rahmenbedingungen im eigenen Lande sorgen (Abb. 16).

Abb. 16:   Innovation - auch eine Aufgabe von Staat und Gesellschaft?

<table>
<tr><td colspan="2">Günstige Rahmenbedingungen schaffen, z.B.</td></tr>
<tr><td>•</td><td>Vorwettbewerbliche Förderung von FuE (BMFT, EG)</td></tr>
<tr><td>•</td><td>Technische Weichenstellungen und Feldversuche
durch Netzbetreiber</td></tr>
<tr><td>•</td><td>Innovative Beschaffung</td></tr>
<tr><td>•</td><td>Technische Aufgeschlossenheit der Gesellschaft</td></tr>
</table>

Als zweckmäßige Maßnahmen dazu kommen u.a. vorwettbewerbliche Förderungsprojekte in Betracht, wie sie das BMFT oder die Europäische Gemeinschaft durchführen, jedoch keine Subventionen, die den Wettbewerb verzerren. Von besonderer Bedeutung ist die Anwendungsförderung neuer Techniken und die Aufbereitung des Marktes. Die Kommunikationsherstellerindustrie kann dies nicht alleine durchführen, sie braucht dazu die strategische Allianz mit den großen Netzbetreibern, d.h. deren frühzeitige technische Weichenstellung, die Durchführung von Feldversuchen und die Vorbereitungen für eine breite Anwendung der neuen Techniken. Für eine "innovative Beschaffung" bieten sich konkrete Projekte aus den Gebieten Optische Telekommunikationsnetze, Bildkommunikation, Bürokommunikation, System- und Netzsicherheit, Verkehrsleit- und Informationssysteme usw. an. Hilfreich ist auch der forcierte bzw. geplante Ausbau fortschrittlicher transeuropäischer Netze, wie GSM, Euro-ISDN, METRAN (Managed European Transmission Network) oder der ATM-Breitband-Versuchsnetze. Aber auch die USA und Japan haben sehr ehrgeizige Programme für die "Informations-Infrastruktur des 21. Jahrhunderts".

Wichtig ist ferner die Aufgeschlossenheit der Gesellschaft neuen Techniken und Telekommunikationsdiensten gegenüber. In Japan und in USA ist diese deutlich größer als bei uns. Wir sehen z.B. in Japan schwerpunktmäßig einen Technologie- und in den USA einen Dienste-"Treibermarkt". Dies war mit ein Grund dafür, daß wir uns trotz relativ teurer "Eintrittskarten" dort sehr engagiert haben. In den USA haben wir bereits gut Fuß gefaßt, in Japan sind wir dabei, es zu tun. Die aktive Beteiligung in diesen Märkten betrachten wir als eine Voraussetzung, um wirklich weltweit innovativ an der Spitze stehen zu können.

5. Zusammenfassung

Meine Damen und Herren, das Thema "Innovation und Bedarf" stellt eine große Herausforderung für die Informations- und Kommunikationsindustrie dar. Der rasante technologische Fortschritt und der globale Markt haben dazu geführt, daß der einfache Preiswettbewerb immer stärker auch zum Innovations- und zum Zeitwettbewerb geworden ist. Dabei müssen wir uns in Europa gegenüber den anderen Schwerpunktregionen USA und Japan sehr anstrengen. Ein Unternehmen kann heute nur erfolgreich sein, wenn es innovative Produkte mit großem Anwendernutzen preisgünstiger und schneller als bisher auf den Markt bringt und insgesamt produktiver ist. Um dieses zu erreichen, müssen wir viele unserer gewohnten Arbeitsabläufe grundlegend verändern. In unserem Hause haben wir durch organisatorische und geschäftliche Maßnahmen die Weichen für eine stärker innovative und produktive Unternehmenskultur in allen Geschäftsbereichen gestellt, und ich bin überzeugt, daß wir den globalen Wettbewerb auch künftig gut bestehen werden.

Nutzer, private Haushalte und Informationstechnik

Norbert Mundorf
Research Institute for Telecommunications and Information Marketing, Kingston

Peter Zoche
Fraunhofer-Institut für Systemtechnik und Innovationsforschung (ISI), Karlsruhe

1. Technisierung im Bereich der privaten Haushalte

Der sich vollziehende Prozeß der Technisierung des privaten Haushalts ist nicht nur
Ausdruck eines im Wandel begriffenen Stellenwertes der Familie, sondern seinerseits
Motor familialen Wandels. Hieraus ergeben sich Konsequenzen auf Wirtschaft und
Gesellschaft: "Immer mehr Dienstleistungen wie Waschen, Reinigen, Kochen, Reparieren, Transportieren und Unterhaltung werden durch Eigenarbeit in den privaten Haus-
halt verdrängt, wobei langlebige Haushaltsgeräte zum Einsatz kommen, die vom sekundären, warenproduzierenden Sektor angeboten werden" (vgl. Teichert 1992). Der
Begriff des "Do-it-yourself"-Wirtschaftssystems trägt diesem Entwicklungsprozeß
Rechnung; er schlägt sich nieder in volkswirtschaftlichen Befunden, nach denen seit den
60er Jahren der Konsum von Dienstleistungen relativ zum Gesamtkonsum zurückgeht
und parallel zu dieser Entwicklung erheblicher Zuwachs im Güterverbrauch langlebiger
Haushaltsprodukte beobachtbar ist. Kapitalinvestitionen werden zunehmend in Haushalten getätigt. Dieser Trend dürfte aufgrund ökonomischer Gesetzmäßigkeiten andau-
ern: "Während der Preis für materielle Güter aufgrund der gestiegenen Arbeitsproduktivität im sekundären Sektor innerhalb von zwanzig Jahren gesunken ist, sind
Dienstleistungen mit (annähernd) konstanter Produktivität relativ teuer geworden. Steigt
also der Preis für Dienstleistungen, so müßte der Dienstleistungsnachfrager mehr Zeit in
der Erwerbsarbeit verbringen, um das Dienstleistungsangebot erwerben zu können.
Deshalb wird der Konsument seine vorhandenen Gebrauchsgüter in Eigenarbeit einsetzen, um so gewisse Dienstleistungen selbst erstellen zu können. (...) Die technische
Entwicklung in den Haushalten hat zu einer ständigen Zunahme der "Selbstbedienungs"-
Alternativen gegenüber dem traditionellen Dienstleistungsangebot geführt" (vgl. Teichert
1992).

Die materielle Basis dieses Bedeutungsverlustes traditioneller Dienstleistungsangebote kann anhand statistischer Daten zur Verbreitung von technischen Geräten in privaten Haushalten nachvollzogen werden. Bei vielen Geräten zur Haushaltsführung ist von einer Vollversorgung auszugehen, beispielsweise bei Kühlgeräten (80%), Waschmaschinen (98%) oder Staubsaugern (100%). Auch bei Gebrauchsgütern für Verkehr und Nachrichtenübermittlung, die noch im Verlauf der 60er Jahre bestenfalls jedem dritten Haushalt zur Verfügung standen, kann heute von einer Vollversorgung der bundesrepublikanischen Haushalte in den alten Ländern ausgegangen werden (Pkw 97% und Telefon 98%), gleiches gilt für einige Gebrauchsgüter mit Unterhaltungs- und Bildungsfunktion (TV 96%, Radio 83%).

In Deutschland besteht zwischen alten (ABL) und neuen Bundesländern (NBL) ein teilweise erheblicher Unterschied in den Ausstattungen der privaten Haushalte. Die Jahre seit der Wiedervereinigung haben jedoch gezeigt, daß - wenn auch mit zeitlicher Verzögerung - die Orientierung des Kaufverhaltens in den NBL dem bisherigen Trend in den ABL folgt, eine möglichst umfassende Ausstattung mit technischen Geräten zur Unterstützung der Hausarbeit, zur Kommunikation, Information, Unterhaltung und Freizeitgestaltung zu erlangen.

Die wichtigsten Determinanten, die sich als bestimmend für Konsumorientierungen nach Technikausstattung in den privaten Haushalten herausgebildet haben, sind Einkommen, Zeitbudget (Handlungsspielräume für individuelle Zeitverwendung) und Haushaltstyp (vgl. Meyer/Schulze 1992).

In jüngeren Untersuchungen wurde eine gestiegene Technikakzeptanz ermittelt, die sich insbesondere aufgrund einer positiven Einstellung zu "Innovationen im Privathaushalt" ergibt. "Die jüngeren Interviewten (Heiratsdaten Mitte der 70er und Mitte der 80er Jahre) gehen davon aus, daß Computertechnik und Mikroelektronik alle Lebensbereiche erfassen wird. Die jüngste Befragtengruppe steht einer weiteren Elektronisierung des Haushalts am positivsten gegenüber. Sie ist prinzipiell nicht abgeneigt gegenüber einem Einsatz computergesteuerter Haushaltsgeräte oder der Fernüberwachung von Geräten bzw. Sicherheitsanlagen via Telefon" (vgl. Meyer/Schulze 1993). Auch in Familien mit einer tendenziell kritischen Allgemeineinstellung gegenüber Technisierungsprozessen wurden in der zitierten Studie hohe Akzeptanzwerte bezüglich einer zunehmenden Technikausstattung im Privathaushalt ermittelt. Dies läßt die Autorinnen zu der Schlußfolgerung gelangen, daß insgesamt "in den Haushalten durchaus eine Nachfrage nach weiterer technikgestützter Entlastung für die Hausarbeit besteht," und insofern auch künftig vom

Fortbestehen der Investitionsneigung privater Haushalte in neue Produktgenerationen auszugehen ist (vgl. Meyer/Schulze 1993).

Gisela Dörr beschreibt die Vorstellungen über den Haushalt der Zukunft folgendermaßen: "Knapp die Hälfte der Befragten stellt sich den zukünftigen Haushalt mit mehr und besserer Technik ausgestattet vor oder beschreibt sogar einen vollautomatischen Haushalt. Auch die 10% der befragten Frauen und Männer, die sich kritisch über zuviel Technik im Haushalt äußern, gehen implizit von der Annahme aus, daß der Haushalt der Zukunft noch stärker als heute mit Technik ausgestattet sein wird. (...) Die Technikkritiker wenden sich (...) nicht generell gegen Technik im Haushalt, sie wehren sich gegen zuviel Technik. Immerhin ein Fünftel der Befragten stellt sich den Haushalt der Zukunft als einen vollautomatisierten Haushalt vor" (vgl. Dörr). In der Art dieser Vorstellung bestehen bei den Befragten dieser Studie erhebliche geschlechtsspezifische Unterschiede: es sind überwiegend Männer, die eine generelle Vorstellung eines vollautomatisierten Haushalts äußern, während andererseits überwiegend Frauen in der Lage sind, spezifische Anwendungsmöglichkeiten vollautomatischer Haushaltstechnik auch zu konkretisieren. "Hier spiegelt sich (...) ein grundlegender Konflikt der Technikgenese wider: Die Anstöße für die Entwicklung von Haushaltstechnik haben sich nicht aus den Bedürfnissen derjenigen ergeben, die im Haushalt arbeiten, sondern orientieren sich in der Regel an Basisinnovationen der Technikentwicklung und den daraus resultierenden Einsatzmöglichkeiten für den Haushalt. (...) Produktideen für die Haushaltstechnik werden ganz überwiegend in den Forschungs- und Entwicklungsabteilungen der Gerätehersteller 'geboren'" (vgl. Dörr).

2. Informationstechnik im privaten Haushalt

In den letzten Jahren konnte man in den westeuropäischen Ländern und den USA eine zunehmende Tendenz zur Benutzung von Informationstechnologien in Privathaushalten beobachten. "Intelligenz" der Netze und Geräte, enorme Erweiterungen von Speicher-, Rechner- und Übertragungskapazitäten ermöglichen es, Tätigkeiten, die früher auf den Arbeitsplatz und die Geschäftswelt beschränkt waren, von unterwegs und vom Privathaus vorzunehmen. Immer mehr Funktionen werden in einem Gerät, Dienst oder System vereint. Im Einklang mit dieser Entwicklung ist in jüngster Zeit das Angebot von Informations- und Kommunikationsdiensten, die Privatverbrauchern und geschäftlichen Nutzern zur Verfügung stehen, rapide gewachsen.

Kommunikationstechnologien im Haus stellen ein wichtiges gesellschaftliches Phänomen dar, weil sie zunehmend alle Lebensbereiche durchdringen. In der Vergangenheit waren Informationstechnologien klar nach ihrer gesellschaftlichen Funktion getrennt: Radio, Fernseher und Stereoanlage dienten der privaten Unterhaltung zu Hause; Computer, Roboter und andere automatisierte Geräte waren eindeutig arbeitsbezogen; in einem dritten Bereich von Handlungen und Diensten, dem Transaktionsbereich zwischen Arbeit und Spiel, waren Einkaufen, Bankgeschäfte, Reisen, usw. zugeordnet.

Die Nutzung neuer Technologien kann zu einer Verwischung eindeutiger Grenzen zwischen den Bereichen Arbeit, Transaktion und Privatsphäre führen. Dies ist teilweise durchaus gewünscht und geplant, es geschieht in anderen Fällen aber auch schleichend, ungeplant und ungewollt. Noch sind Computer ein Hauptbestandteil der Arbeitswelt, sie werden aber zunehmend auch für Transaktions- und Haushaltstätigkeiten genutzt. Der Dienstleistungssektor stellt sich auf diese Entwicklung ein und beschleunigt sie gleichzeitig, indem er z.B. entsprechende technisch-organisatorische Vorkehrungen trifft, Teledienstleistungen im privaten Haus durchzuführen (z.B. Teleshopping, Telebanking, Teleeducation, Telecontrol). Es ist davon auszugehen, daß in nur wenigen Jahren in fast allen Haushalten ein Computer zur Verfügung stehen wird. Er ist seitens der Haushalte die Voraussetzung, um an den Möglichkeiten der Tele-Dienste teilzuhaben.

Aber anders als die Ausstattung mit Radios oder Fernsehgeräten, die auch von wirtschaftlich schwachen oder sozial benachteiligten Bevölkerungsgruppen gekauft und genutzt werden, lassen die bisherigen statistischen Informationen zur Verbreitung des Homecomputers vermuten, daß ältere Menschen und Personen mit niedrigem Einkommensniveau keinen Anreiz sehen, einen PC zu erwerben und anzuwenden. Unter den Renten- und Sozialhilfeempfängern hatte im Jahre 1991 nur 1% einen PC. In der Mehrzahl der bundesrepublikanischen Haushalte entwickelte sich jedoch im Verlauf der letzten Jahre die Verbreitung des PCs sprunghaft: In den Haushalten mittleren Einkommensniveaus von knapp 25% im Jahre 1988 auf nahezu 38% im Jahre 1991; in Haushalten höheren Einkommensniveaus im gleichen Zeitraum von 33% auf 55% (vgl. Statistisches Jahrbuch 1992).

In den USA hatten im Jahre 1991 29% aller Haushalte einen PC. Repräsentative Befragungen über die Nutzung dieser PCs ergaben, daß das Gerät bereits von mehr als einem Drittel der Anwender im eigenen Haus für Büroarbeiten genutzt wird. Auch dem PC-Einsatz für Ausbildungs- und Weiterbildungszwecke der Kinder kommt in den USA hoher Stellenwert zu (33% der Befragten). Im Vergleich zu Deutschland nutzen viele

Anwender den PC für die Abwicklung von Bankgeschäften (19%) oder den Ferneinkauf, z.B. von Tickets oder Kleidern (9%) (vgl. "Counting on Technology").

Die Daten belegen es: Der Einsatz informationstechnischer Systeme und informationstechnisch gestützter Anwendungen hat in den vergangenen Jahren viele private Nutzer und mit ihnen die privaten Haushalte erreicht. Kann aus der bisher so erfolgreich verlaufenen Einführung des PC auf den weiteren Erfolg informationstechnischer Innovationen in Netzstrukturen und Diensten geschlossen werden?

Die zunehmend mit Mikroelektronik angereicherten Vorrichtungen der Haushaltstechnik, der Haustechnik und der Sicherheitstechnik versprechen dem Privatanwender mehr Komfort im Hinblick auf Zeitersparnis, Sicherheit in der Anwendung und ökologische Verträglichkeit. Aber ist nicht angesichts gegenwärtiger technischer Entwicklungen in der Haushaltstechnik, dem vernetzten Heimcomputer, der Kommunikationstechnik und der Massenmedien, die auf ein komplexes, integriertes Gesamtkonzept des informatisierten Haushaltes hinsteuern, zu thematisieren, wie aus der Perspektive ausgewählter Anwendergruppen und spezifischer Nutzungsformen auf die Gestaltung solcher Entwicklungen und Konzepte eingewirkt werden kann? Dies erscheint schon deshalb notwendig, da bereits heute einige Schwierigkeiten und Probleme der Anwendungen erkennbar sind:[1]

- "Intelligente" Geräte sind nur für bestimmte Einsatzzwecke vorgesehen; bei nicht vorgesehenen Ereignissen oder Zuständen versagt das Gerät bzw. die Einrichtung.

- Das durch die Technik oft vermittelte Gefühl der Sicherheit, z.B. durch Alarmvorrichtungen oder "intelligente" Haushaltstechnik, die auch Bedienungsfehler toleriert (z.B. das Nichtausschalten eines Geräts), fördert einerseits die Nachlässigkeit beim Umgang mit solcher Technik, andererseits ein Gefühl des Ausgeliefertseins, da individueller Einfluß nicht oder nur wenig spürbar ist. Das Gefühl, daß es auf die eigene Kontrolle nicht ankommt, wird sicher nicht nur auf die hier vorgeführten Einsatzbereiche beschränkt bleiben.

- Komplexe, mikroelektronisch gesteuerte Haushaltsgeräte sind meist durch den Anwender nicht mehr selbst reparierbar. Bei einem Funktionsfehler fällt das Gerät oft völlig aus; der Benutzer muß bis zur vollendeten Reparatur darauf verzichten. Dies ist bei multifunktionalen Geräten oder Vorrichtungen besonders gravierend, da der

---

[1] Die folgenden Ausführungen sind umfassender dargelegt in FhG-ISI (1991), Zweiter Technikreport. Studie im Auftrag des Büros für Technikfolgenabschätzung des Deutschen Bundestages (TAB), FhG-ISI: Karlsruhe, 1991.

Benutzer dann auf alle Funktionen verzichten muß, die ursprünglich auf viele verschiedene Geräte verteilt waren.

- Der Schritt von der überwachten Sicherheit des Privatmenschen zur nicht gewollten Überwachung des Privatlebens ist nicht weit. Die gleiche Technik, die beispielsweise dazu benutzt wird, einen unbefugten Eindringling wahrzunehmen oder den Energieeinsatz zentral zu steuern und abzulesen, kann auch dazu eingesetzt werden, die dort wohnenden Menschen zu beobachten.

Die Nutzung des PCs als Kommunikationsendgerät verändert und erweitert die dem Menschen bisher zur Verfügung stehenden Kommunikationsmöglichkeiten. Angefangen von spielerischen Unterhaltungsfunktionen wie Telespielen oder digitalen "Gesprächskreisen" bis hin zum professionellen Einsatz in Form von Telearbeit und Telelearning sind viele Einsatzmöglichkeiten im Entstehen begriffen und denkbar. Um der Dynamik dieser Entwicklung gerecht zu werden und sie in gesellschaftsverträglichen Bahnen zu halten, ist die Klärung folgender Fragen notwendig:

- Wie muß der Einsatz von Computern im Haushalt und darauf aufbauenden Dienstleistungen aussehen, damit er bestimmten Bevölkerungsgruppen ein Mittel zur Unterstützung sein kann (Isolationsabbau, elektronisch vermittelte Kontakte, elektronisch vermittelte Dienstleistungen)?
- Wer kann mit der Computertechnik umgehen und wer muß mit dieser Technik umgehen, wenn die Entwicklung weiterschreitet?
- In welche Situation geraten solche Bevölkerungsgruppen, die die Computertechnik nicht nutzen können oder wollen? Wird dies ein reines Generationenproblem sein, oder ist es überwiegend die Frage von Geld und Bildung?
- Wie weit reichen die gesetzlichen Grundlagen (z.B. AGB des BGB), um die Teledienstleistungen zu regeln (z.B. Spontankäufe, Rückgaberecht, Lieferfristen)?
- Wie wird die Auswertung anfallender Daten geregelt, die z.B. Käufer- und Verhaltensprofile ermöglichen?
- Welchen Beitrag können Teledienstleistungen zu ökologischem Verhalten leisten (z.B. zum Energiesparen, zur Verkehrsvermeidung)?
- Wie können Teledienstleistungen wie Teleshopping gestaltet werden, damit sie für Bewohner in peripheren Räumen einen Beitrag zu gleichwertigen Lebensbedingungen leisten?

3. Schwerpunktthemen der Vorträge und Podiumsdiskussion

Die im Vorangegangenen beispielhaft formulierten Fragen waren Ausgangspunkt der
Entwicklung eines Tagungskonzeptes für die Vorträge und Diskussionen innerhalb des
Themenblocks *Nutzer, private Haushalte und Informationstechnik.*

Werner Rammert formulierte in einem Konzeptpapier hierzu: "Die Zukunftschancen
einer postindustriellen Gesellschaft hängen nicht mehr nur davon ab, wieviel Kraft sie
wie schnell für den technischen Fortschritt mobilisieren kann, sondern wieviel Kreativität sie für seine Gestaltung und Institutionalisierung freisetzen kann. (...) In diesem
Sinne sollen (...) Felder vorgestellt werden, in denen neue Anforderungen an die Informationstechnik definiert und sozial erprobt werden" (vgl. Rammert, "Konzeptpapier").

Hierzu wird im Einführungsreferat (vgl. Rammert, "Kultureller Wandel im Alltag ...")
am Beispiel der Informationstechniken untersucht, welche Bedeutung kulturelle Orientierungen und kulturelle Praktiken für den genauen Zuschnitt und für das Diffusionstempo technischer Entwicklungen gewinnen können: "Solange individuelle Nutzer und
private Haushalte nach dem Muster der Rationalisierung, wie wir sie von betrieblich
organisierter Arbeit her kennen, wahrgenommen und in die Projekte eingebaut werden,
ist mit vielen Friktionen und langsamer Verbreitung der neuen Informationstechniken zu
rechnen. (..) Vor allem in der Anfangsphase neuer Techniken ist die erfolgreiche Verbreitung auf die kreative Nutzung und Neuerfindung von Umgangsweisen mit der
Technik in kulturellen Bewegungen, wie Pioniergruppen, Fanclubs oder Hobbyzirkeln,
angewiesen. Sie loten in ihrem unkonventionellen Umgang häufig aus, welche Bedeutungen und Nutzungsweisen noch in eine neue Technik eingeschrieben werden könnten"
(vgl. Rammert, "Kultureller Wandel im Alltag ...").

Ruby Roy Dholakia wird am Beispiel des Vordringens informationstechnischer Anwendungen in amerikanischen Privathaushalten eine Analyse der Verhaltensmuster verschiedener Benutzergruppen vornehmen.

Herbert Kubicek wendet sich in seinem Vortrag gegen den seiner Ansicht nach
grundsätzlichen Mangel an Konzepten und Verfahren für die Orientierung an "gelegentlichen Nutzern" und belegt dies anhand der Bereiche Elektronischer Zahlungsverkehr
und Kundenselbstbedienung; am Beispiel der Entwicklung eines Bürgerinformations-
systems wird ein evolutionärer Enwicklungsansatz als Ausweg skizziert.

Die Podiumsdiskussion bringt unter der Leitung von **Bernd Biervert** soziale Akteure zu Wort, die auf den Feldern der gesellschaftlichen Konstruktion einer Informationstechnik beteiligt sind. Folgende Thesen von Biervert geben den Rahmen für die Diskussion um *Kommerzielle und private Visionen vom Umgang mit der Informationstechnik - Ein Widerspruch*:

"1. Das Potential zum Einsatz der neuen Techniken an der Kunden-/ Klientenschnittstelle ist noch nicht ausgeschöpft. Die Entwicklung innovativer Dienstleistungen hängt davon ab, ob die technischen Systeme mit den sog. Hintergrundbereichen kommunizieren können.

2. Die neuen Techniken für den Einsatz im Dienstleistungsbereich werden ohne ausreichende Informationen über ihre Nutzer entwickelt. Stattdessen werden für den Einsatz an der Kundenschnittstelle Standardprodukte hergestellt, Technikentwicklung findet in zu großer Entfernung vom Markt statt.

3. Private Haushalte sind kritische Nutzer der neuen Techniken; diese werden dann nicht genutzt, wenn ihr Einsatz ein für den Nutzer überzeugendes Konzept zur Technisierung der jeweiligen Dienstleistungen nicht erkennen läßt.

4. Der Einsatz der neuen Techniken führt nicht zu neuen Benachteiligungen, er verstärkt jedoch bestehende. Wer z.B. in Geldangelegenheiten unsicher ist, wird durch eine Einschränkung der persönlichen Beratung im Zuge der Informatisierung der Kundenschnittstellen stark betroffen sein" (vgl. Biervert, "Thesenpapier").

Literaturverzeichnis

Biervert, B.
"Thesenpapier", Tagungsmappe der CIT-Konferenz.

"Counting on Technology"
The Wall Street Journal, Oct. 21, 1991, R15.

Dörr, G.
"Frauen, Technik und Haushaltsproduktion", in: Meyer/Schulze (Hg.),
a.a.O., 1993.

Meyer S.; Schulze, E.
"Familie, Haushalt, Freizeit", in: "Anwendungen der Informationstechnik.
Entwicklungen und Erwartungen". vde-Verlag, Berlin, 1992.

Meyer, S.; Schulze, E.
"Technisiertes Familienleben. Ergebnisse einer Längsschnittuntersuchung
1950-1990". In: Meyer, Sibylle und Schulze, Eva (Hg.) "Technisiertes
Familienleben. Blick zurück und nach vorn", Edition Sigma Bohn. Berlin,
1993.

Rammert, W.
"Konzeptpapier", Berlin, 1992.

Rammert, W.
"Kultureller Wandel im Alltag und neue Informationstechniken", Tagungsmappe der CIT-Konferenz.

Statistisches Bundesamt
Statistisches Jahrbuch 1992 für die Bundesrepublik Deutschland, Wies-
baden, 1992.

Teichert, V.
"Technisierung und Arbeitsteilung in den privaten Haushalten. Technisch-
ökonomische Fragestellungen der Arbeitslehre", a+I/Technik, Nr. 8, 1992.

Kultureller Wandel im Alltag und neue Informationstechniken. Die Herausforderung der Technikentwicklung durch individuelle Nutzungswünsche und gesellschaftliche Gestaltungsvisionen

Werner Rammert
Freie Universität Berlin

1. Fragestellung und Perspektive

Wenn neue Techniken am Horizont auftauchen, folgen ihnen wie der Schatten dem Licht die Fragen nach den Wirkungen auf den einzelnen und auf die Gesellschaft. Das galt für die Atomwaffentechnik in den 50er, die Automationstechnik in den 60er und die Mikroelektronik in den 70er Jahren. Gegenwärtig haben sich die technologischen Debatten vervielfacht: Diskutiert werden die Herausforderungen der "Künstlichen Intelligenz", der Gentechnik, der medizinischen Reproduktionstechnik und der neuen Informations- und Kommunkationstechniken für die Gesellschaft.

Ich möchte in einem ersten Schritt vorschlagen, die Blickrichtung gemäß dem Motto dieser Konferenz umzukehren: In den Blick zu nehmen sind nicht mehr nur die Folgen einer neuen Technik für Individuum und Gesellschaft. Vielmehr soll das Augenmerk auf die Nutzungswünsche der Individuen und auf die Gestaltungsvisionen in der Gesellschaft gerichtet werden, wie diese ihrerseits die zukünftige Entwicklung der Informationstechnik herausfordern.

Mit dem Blick auf die Folgen übernähmen wir implizit einen technologischen Determinismus (vgl. Lutz 1990). Wir fänden uns mit der passiven Rolle als bloße Nutzer und mit der Anpassung an die vorgezeichneten technischen Entwicklungsbahnen ab und verhülfen mit dieser Haltung der Idee einer technologischen Eigendynamik letztendlich zur Wirksamkeit. Sehen wir jedoch die Technik als einen offenen Prozeß der Technisierung, der erst über in der Gesellschaft kursierende Visionen ausgerichtet ist und in konkreten Projekten von sozialen Akteuren Gestalt annimmt - wie es die technikgenetische Perspektive der gesellschaftlichen Konstruktion von Technik vorschlägt -, dann wachsen die Chancen, die gesellschaftlichen Herausforderungen für die Informationstechnik nicht nur zu formulieren, sondern die informationstechnische Entwicklung auch in gewünschte Richtungen zu steuern (vgl. Rammert 1992a).

Wenn es um die Beziehung zwischen technischem und kulturellem Wandel geht, wird die Technik in der Regel als prägende und vorauseilende Kraft und die Kultur als sich anpassende und nachhinkende Größe behandelt. Diese Auffassung liegt bekanntlich Ogburns These vom "cultural lag", dem Hinterherhinken der Kultur hinter den Erfindungen, zugrunde (Ogburn 1922). Sie gibt immer noch das Grundschema für alle Technikfolgenabschätzungen seit über 50 Jahren ab, in denen von technischen Ursachen auf soziale und kulturelle Folgen geschlossen wird. Und sie bildet den Kern des vorherrschenden Urteils, daß die technische Entwicklung vornehmlich durch ökonomisches Kalkül und militärisch-politische Interessen, jedoch kaum durch kulturelle Muster gesteuert werde (vgl. dazu kritisch Rammert 1992b).

Ich möchte Sie in einem zweiten Schritt dazu einladen, mit mir auch in diesem Fall den entgegengesetzten Weg einzuschlagen: Fragen wir nicht nach den Folgen der Informationstechnik für die Kultur, untersuchen wir stattdessen, welche Bedeutung kulturelle Modelle und Praktiken ihrerseits für den genauen Zuschnitt, den Erfolg und das Diffusionstempo einer Technik haben können!

Dabei beschränke ich mich auf zwei Fragen:

1) Welche Rolle spielen kulturelle Orientierungen bei der Genese und Gestaltung neuer Informationstechniken?
2) Welche Bedeutung kommt kulturellen Praktiken der Nutzer für Durchsetzung und Erfolg einer technischen Innovation zu?

Üblicherweise wird unterstellt, daß die Perfektion der Ingenieure und das Kalkül der Marktakteure allein bestimmten, wohin die Reise mit der Informationstechnik geht. Bevor jedoch die technologische Entscheidung für das leistungsfähigere System oder die ökonomische Wahl für das nützlichere und profitablere Produkt zum Zuge kommen können, sind die Schienen verlegt und die wichtigsten Weichen schon gestellt: Vor aller Selektion werden in der technikgenetischen Variationsphase die richtungsweisenden Visionen und Konzepte der Technik und ihrer Nutzung entworfen und auf die Entwicklungsbahn gebracht. Was es heißt, Techniken in diesem Sinne als soziokulturelle Konstruktionen aufzufassen und zu untersuchen, das wird im zweiten Teil meines Beitrags behandelt.

Es ist ein weit verbreiteter Glaube, daß vorrangig technisches Funktionieren und ein günstiges Preis-Leistungs-Verhältnis für die Durchsetzung und Verbreitung einer Technik sorgen. Das hieße, die Möglichkeit einer von Gesellschaft und Kultur "unbefleckten" Technik und die Existenz universaler wie neutraler Bewertungsmaßstäbe zu unterstellen. Das bedeutete, den berechenbaren, da ökonomisch rational wählenden Verbraucher vorauszusetzen. Wie die Nutzer hingegen die Informationstechnik unterschiedlich definieren und sie sich dementsprechend aneignen und wie sich verschiedene Nutzerkulturen herausbilden, damit werde ich mich im dritten Teil befassen.

Wenn - wie hier dargelegt werden soll - Genese und Gestaltung neuer Technik wesentlich durch kulturelle Modelle der Nutzung orientiert werden und wenn Aneignung und Verbreitung neuer Technik von kulturellen Mustern der Wahrnehmung und des Handelns abhängen, dann können wir im Hinblick auf ihren gesellschaftlichen Erfolg die These formulieren: Ein Schlüsselproblem für die erfolgreiche Durchsetzung der neuen Informationstechniken besteht darin, die in die Technik eingeschriebenen Nutzungsmodelle mit den Orientierungen und Praktiken der Nutzer im Alltag besser abzustimmen. Die Mechanismen des Marktes und die ergonomische Nachbesserung reichen dazu nicht mehr aus. Wie diese Koordination als kreativer und diskursiver Prozeß gesellschaftlich institutionalisiert werden kann, wird im Schlußteil skizziert.

2. Die kulturelle Orientierung von Genese und Konstruktion neuer Informationstechnik

Neue Techniken kommen nicht als fertige Sachen und feste Gebilde auf uns zu. Sie befinden sich im breiten Variationsstrom der Konzeptualisierung und experimentellen Konstruktion. Erst in konkreten Projekten der Technisierung kristallisiert sich heraus, welche Elemente auf welche Weise zu einem technischen System kombiniert und wie sie mit sozialen Elementen gekoppelt werden.

Diese prinzipielle Offenheit und Flexibilität der technischen Entwicklung gilt für die neuen Informationstechniken in noch stärkerem Maß als für die mechanischen Produktionstechniken. Transportieren und transformieren sie doch als "symbolische Maschinen" (Krämer 1988) Signale und Zeichen und nicht widerständige physikalische, chemische oder organische Stoffe. Können sie doch in ihrer Eigenschaft als Medien vielseitiger genutzt werden als rein instrumentelle Maschinen. Und kommt ihnen als computerunterstützten Systemen die Fähigkeit zu, variantenreicher und flexibler auf Umweltanforderungen zu reagieren.

Trotz dieser angenommenen Elastizität scheint die technische Entwicklung auf gleichsam "natürlichen Bahnen" fortzuschreiten, wie es Richard Nelson, Sidney Winter (1977) und Giovanni Dosi (1982) mit der ballistischen Metapher von "natural trajectories" ausgedrückt haben. Als ein Beispiel hierfür kann das Mooresche Gesetz gelten: Es hat von 1959 bis heute die jährliche Verdopplung der Komponenten auf einem Mikrochip treffend vorausgesagt. Was sich hier als technologische Gesetzmäßigkeit präsentiert, wäre auf ein zentrales soziologisches Gesetz zurückzuführen, nämlich dasjenige der "selffullfilling prophecy". Nur weil sich Unternehmer und Entwickler im Wettbewerb an diesen Daten als Zielgrößen orientieren, kommt der vorhergesagte Trend zustande (vgl. MacKenzie 1988).

Trotz der unterstellten Offenheit technischer Entwicklung beobachten wir immer wieder Tendenzen zur strukturellen Angleichung und zur Verfestigung von technischen Systemen. Thomas P. Hughes (1987) hat diese Trägheit gegenüber Umsteuerungsversuchen bei der elektrischen Energieversorgung untersucht und sie mit dem Begriff "momentum" für alle großen technischen Systeme verallgemeinert. Es zeichnen sich auch bei der Computerentwicklung und der Netzgestaltung Tendenzen ab, Modelle, Standards und Architekturen aus der Anfangszeit fortzuschreiben und einfach in andere Bereiche zu übertragen (vgl. Hellige 1991; Berger 1991; Schmidt/Werle 1993).

Was als technischer Sachzwang oder technologische Eigendynamik erscheint, das kann aus technikgenetischer Perspektive dekonstruiert werden. Wie schon der technische Fortschritt in einzelne technische Entwicklungspfade zerlegt werden kann, so lassen sich auch natürliche Entwicklungsbahnen der Technik in einzelne, häufig rivalisierende Projekte der Technikentwicklung auflösen. In diesen Projekten werden natürliche Prozesse und soziale Praktiken erst als technisch zu lösende Probleme aufgeworfen und definiert. In diesen Projekten werden von verschiedenen sozialen Akteuren mit unterschiedlichen Visionen die Konzepte der Technisierung entworfen und erprobt. In diesen Projekten werden die neuen Techniken doppelt mit Deutungen aufgeladen: Ein Nutzungsmodell wird ihnen eingeschrieben, und eine sinnvolle Nutzung wird ihnen durch Werbung und Gebrauchsanweisung angeheftet.

Bei dieser technikgenetischen Betrachtungsweise (vgl. ausführlich Rammert 1993a) zeigt sich zweierlei: Erstens, was durch Parameter technischer Perfektion oder durch

Kriterien ökonomischer Kraftersparnis verursacht zu sein scheint, ist eher als Resultat von Visionen und Konzeptualisierungen, von Definitionen und Deutungen, also von kulturellen Orientierungen, anzusehen. Zweitens, jede ingenieurmäßige technische Konstruktion ist von vornherein - ob bewußt oder nicht - die kulturelle Konstruktion einer neuen technischen Praxis.

Wie haben wir uns die kulturelle Orientierung der Technikgenese genauer vorzustellen? Visionen der Technisierung leiten die technische Konstruktion. Die Idee, die schematisierten Rechenoperationen von rechnenden Menschen durch Maschinenoperationen und die Anweisungen durch Programme zu ersetzen, lagen sowohl der Turing-Maschine wie auch dem von-Neumann-Computer zugrunde (vgl. Rammert 1992c; Heintz 1993). Die Vision eines spielerischen Umgangs und eines Mediums der Vernetzung leiteten die Rechnerentwicklung später auf die Bahn der Home und Personal Computer um (vgl. Mambrey/Tepper 1992). Die ökonomischen Kalkulationen des Computergiganten IBM hinderten ihn, seine Vision einer Welt voller Großrechner zugunsten der neuen Vision einer dezentralen und vielfach vernetzten Kleinrechnerwelt rechtzeitig aufzugeben. Hier zeigt sich, daß eine alternative Vision, obwohl sie nur von relativ schwachen ökonomischen Akteuren getragen wurde, einen Wirtschaftsriesen ins Wanken bringen kann.

Visionen bilden eher den Hintergrund von Projekten der Technikentwicklung; Konzepte malen die anvisierte Gestaltung der Technik deutlicher aus. In ihnen wird entworfen, ob zum Beispiel über eine Zahlen- oder eine Schreibmaschinentastatur, über Scanner, Bildschirmberührung oder Sprechen Eingaben gemacht werden. Für die Auswahl der optimalen Konstruktionsweise gibt es keine technischen Parameter; sie hängt vom Modell ab, das man sich vom Nutzer, seinen Fähigkeiten und Vorlieben macht. Es handelt sich also um eine kulturelle Konstruktion, die der Maschine oder dem technischen System eingeschrieben wird.

Letztendlich wird mit einer technischen Konstruktion - dazu zähle ich nicht nur die Geräte, sondern auch die Programme und die Netzarchitektur - ein Rahmen für soziale Beziehungen gestaltet. Es wird festgeschrieben, wer die Last der Arbeit hat, die Bank oder der Kunde, oder wer die Möglichkeit zur Intervention hat, die Geschäftsführung oder der Sachbearbeiter, oder wer Zugang zu welchen Informationen bekommt, der Personalchef oder der Betriebsrat.

Wie kulturelle Orientierungen in der Form von Visionen, Konzepten und paradigmatischen Rahmen auf die Bahnen der technischen Entwicklung Einfluß nehmen, dürfte bisher deutlich geworden sein. Welche Konsequenzen diese Einsicht für die praktische Entwicklung neuer Informationstechniken haben könnte, sei an einigen Problemfällen geschildert!

Häufig wird bedauert, daß technische Entwicklungen kaum von ihren Bahnen abzulenken und große technische Systeme nur schwer umzusteuern sind. Was als Problem technologischer Eigendynamik und ökonomischer Interesseneinbindung erscheint, zeigt sich im Kern auch als struktureller Konservatismus der Ingenieurkultur (vgl. Knie 1989). Mehr als Naturwissenschaftler neigen Ingenieure aus guten Gründen dazu, sich gegenüber Neuerungen, sofern sie über den anerkannten "Stand der Technik" hinausgehen, skeptisch und zögerlich zu verhalten. Soweit wie möglich greifen sie auf gesicherte Verfahren zurück und entwerfen häufig neue Techniken nach dem Schema der vorherrschenden Technik, um das Risiko des Scheiterns in der praktischen Bewährung gering zu halten. Statt neue Visionen der Techniknutzung zu ersinnen und alternative Entwürfe von Techniken zu erproben, werden neue Ideen allzu schnell in die alten Bahnen der Entwicklung gezwängt. So wurde die Telefontechnik anfangs als Verlängerung der Telegrafietechnik angesehen und auch so verwendet. So wurde der digitale Computer lange Zeit nur als Rechenmaschine aufgefaßt und auf dieser Bahn zu schnelleren und sicheren Leistungen gesteigert (vgl. Mambrey/Tepper 1992; MacKenzie 1991).

Viele Probleme mit neuen Informationstechniken entstehen auch durch die Tatsache, daß sie immer noch nach dem gewohnten Muster klassischer Maschinentechnik entworfen und nach dem Vorbild industrieller Produktionstechnik eingesetzt werden. Informationstechnische Systeme sind zwar auch wie mechanische Maschinen letztendlich determinierte Systeme. Sie unterscheiden sich jedoch durch ihre Komplexität und ihre Programmierbarkeit von diesen darin, daß sie unvorhersehbare und überraschende Ergebnisse produzieren können. Heinz von Foerster (1993:206f) zählt sie daher zu den nicht-trivialen Maschinen. Der Umgang mit ihnen läßt sich dementsprechend nicht ohne Qualitätsverlust zu unqualifizierter Maschinenbedienung trivialisieren. (Für wissensbasierte Systeme vgl. Cremers u. a.) Er verlangt interpretative Kompetenzen und überdurchschnittliche Kenntnisse des Kontextes.

Dementsprechend versagen auch übliche industrielle Einsatz- und Rationalisierungsstrategien. Geistige Arbeit läßt sich nicht ebenso problemlos wie körperliche Arbeit durch Maschinen substituieren. Informationsverarbeitung ist viel stärker als Stoffumwandlung in soziale Verständigungsprozesse eingebunden. Ich halte es für sinnvoll, den Computer nicht nur als Maschine, sondern gleichzeitig auch als Medium der Kommunikation (vgl.

Rammert 1990; Esposito 1993) aufzufassen. Beim Entwurf neuer informationstechnischer Systeme käme es neben der Verbesserung der Maschineneigenschaften wie Schnelligkeit, Speicherfähigkeit und Präzision, in erster Linie darauf an, seine medialen Eigenschaften zu entwickeln, das hieße, die Schnittstellen auf Interaktivität einzustellen, die Programme auf modellhafte Transparenz zu bringen und das Nutzermodell offener anzulegen (vgl. auch Cremers u. a. 1993). Aus einer wegen ihrer Trivialität und Berechenbarkeit langweiligen Maschine wäre ein anregendes und Überraschungen bietendes Medium mit größeren Freiheitsgraden zu gestalten. Wohlgemerkt, auch dieses verließe sich weitgehend auf eingebaute triviale Maschinen! Aber in ihrer lockeren Kopplung und in ihrer virtuellen Interaktivität lägen die feinen Unterschiede.

In jeder technischen Konstruktion wird schon ein Bild des späteren Nutzers entworfen. Je nach der Vorstellung, die man sich von seinen Kompetenzen und Bedürfnissen macht, wird ihm eine unterschiedliche Rolle zugewiesen. Unterstellt man ihm nur einfachstes Jedermannswissen und den Hang zur Bequemlichkeit, wird man die technischen Abläufe weitgehend automatisieren und vor seinen störenden Eingriffen abkapseln. Dieses kulturelle Modell entspricht dem "American way of engineering". Geht man vom rational-kalkulierenden und lerneifrigen Nutzer aus, wird man viele Wahlmöglichkeiten, Erklärungen und Unterstützungen in die Systeme einbauen. Zu diesem die Nutzer häufig überfordernden Modell scheint eher die deutsche Ingenieurkultur zu neigen. (Zur mangelnden "Benutzerfreundlichkeit" des deutschen Btx-Systems vgl. Mayntz u.a. 1979-83.) Auf spezifischere Nutzermodelle werde ich erst im nächsten Abschnitt eingehen. Hier wollte ich nur darauf hinweisen, daß bei informationstechnischen Systemen im Alltag die kulturellen Modelle, die man sich vom Nutzer und seinen Eigenschaften macht, noch viel entscheidender für die Gestalt und den Erfolg einer Technik sind als bei der Getriebetechnik im Auto oder bei der CNC-Technik an Maschinen.

Fassen wir die Überlegungen noch einmal zusammen! Neue Informationstechniken werden insofern kulturell orientiert, als Visionen einer Nutzung ihrer Entwicklung zu Beginn eine Kontur verleihen. Die unterschiedlichen Konzepte, nach denen sie ausbuchstabiert und erprobt werden, folgen häufig den eingefahrenen Spuren der professionellen Ingenieurkultur. Modelle der Nutzung und Vorstellungen vom individuellen Nutzer werden in die technische Konstruktion eingeschrieben, verleihen ihr ein spezielles Gesicht und einen besonderen Charakter. Sicherlich orientiert man sich bei der Gestaltung und bei der Wahl zwischen technischen Alternativen auch am ökonomischen Kalkül und an technologischen Parametern. Wie unsere technikgenetische Betrachtung aufgezeigt hat, kann es jedoch in den frühen Phasen der technischen Entwicklung nur

Mutmaßungen über die Wirtschaftlichkeit, die Leistungsfähigkeit und die Akzeptanz neuer Techniken geben (vgl. für Produktinnovation in Unternehmen Rammert 1988). Die Unsicherheit der wirtschaftlichen Nützlichkeit und die Offenheit technischer Leistungssteigerung wird erst durch kulturelle Modelle und Orientierungen begrenzt. Diese bilden die paradigmatischen Rahmen für die späteren technischen Entwicklungsbahnen.

3. Aneignung und Kultivierung der neuen Informationstechniken durch die Nutzer

Wie kommen die neuen Informationstechniken in den privaten Alltag? Der Entwicklungsingenieur wird darauf antworten, daß die neuen Geräte durch ihre technischen Leistungen den Nutzer überzeugen müssen. Der Betriebsökonom wird hervorheben, daß sie als Waren mit angemessenen Preisen an den Käufer und Konsumenten gebracht und als Dienste mit günstigen Tarifen dem Kunden angeboten werden müssen. Diese Bedingungen sind notwendig, aber nicht hinreichend. Wenn sich neue Informationstechniken im privaten Alltag erfolgreich verbreiten sollen, müssen sie nicht nur technisch perfekt funktionieren und einen annehmbaren Preis oder Tarif haben; sie müssen von den Nutzern als sinnvolle Produkte angenommen und problemlos wie eigensinnig in ihre alltägliche Praxis eingebaut werden können. Was jeweils als sinnvoll angesehen wird, hängt von kulturellen Orientierungen ab; was auf welche Weise angeeignet wird, das wird durch Praktiken und Lebensstile in unterschiedlichen soziokulturellen Milieus bestimmt.

Es scheint auch bei der informationstechnischen Entwicklung der Fall zu sein, daß die Ingenieure eher die Steigerung der technischen Leistungsparameter als den zukünftigen Nutzungskontext im Blick haben. Das hat zur Folge, daß die Eigenschaften der Hardware wie Schnelligkeit und Speicherfähigkeit im Vordergrund stehen, die Eigenschaften der Software und der Orgware wie Schlichtheit, Durchsichtigkeit oder leichte Anschließbarkeit in den Hintergrund rücken. Auch wenn sich heute individuelle Nutzer beim Kauf immer mehr von professionellen Leistungsstandards leiten lassen, bewähren sich informationstechnische Produkte auf Dauer erst durch einen unproblematischen täglichen Gebrauch.

Das Bild vom Nutzer, das explizit oder nur implizit in die Konstruktion der neuen Informationstechniken eingeschrieben wird, hat häufig wenig mit den wirklichen Nutzern im Alltag zu tun. Ihm liegt in der Regel ein kognitiv-rationalistisches Menschenbild zugrunde. Es unterstellt, daß der zukünftige Anwender sachlich im Sinne der Hersteller mit dem Produkt umgehen wird, daß er sich selbstverständlich die notwendigen Fähigkeiten, damit kompetent umzugehen, aneignen wird und daß er sich einsichtig den Bedienungsanweisungen fügen wird. Das mag vielleicht für die Nutzung in Betrieb und Büro gelten, im privaten Alltag begegnen wir jedoch einem bunteren Bild von eigenwilligen Nutzern. Da wollen sinnliche und emotionale Bedürfnisse befriedigt sein, zum Beispiel das Bedürfnis nach mehr Unterhaltung (vgl. den Beitrag von Dholakia). Da sollte Rücksicht auf die Kontrollgefühle der einzelnen genommen werden, wenn sie ein System nutzen. Da sollte genügend Raum für Kreativität und Spielfreude des Nutzers gelassen werden. Das Scheitern des deutschen Bildschirmtextsystems, das doch so gründlich technisch durchdacht war, könnte u.a. mit dieser Fehleinschätzung der Nutzerbedürfnisse zusammenhängen.

Die Neigung der Konstrukteure, mit dem Modell eines universellen Nutzers zu arbeiten, kollidiert mit einer sozial und kulturell differenzierten Alltagswirklichkeit. Die lokalen Praktiken unterscheiden sich erheblich. Ob jemand auf dem öffentlichen Platz ein Terminal bedient, ob jemand in der Bank ein Geschäft abwickelt oder ob jemand zuhause in Ruhe mit einem Auskunftssystem umgeht, das macht Unterschiede. Es verlangt bessere Kenntnisse über die spezifischen kulturellen Kontexte. Es legt eine Gestaltung der Schnittstellen und Oberflächen nahe, die auf unterschiedliche Erfahrungen im Umgang mit der Informationstechnik Rücksicht zu nehmen hat. Der "ständige Nutzer" mit eigenem PC verlangt weniger Sorgfalt als der "gelegentliche Nutzer", der im Rathaus oder auf dem Arbeitsamt auf ein Auskunftssystem stößt (vgl. den Beitrag von Kubicek). Der ältere Mensch wird zudem mit der engen Tastatur und dem flimmernden Bild nur schlecht zurechtkommen (Mollenkopf 1993).

Auch die ökonomische Sicht auf die Informationstechnik hat sich neu einzustellen. Es geht bei den neuen informationstechnischen Produkten nicht einfach nur um den Verkauf einer Ware an einen Verbraucher. Die Produkte werden erst dann zu einer nachgefragten Ware, wenn sie mit weiteren Produkten der Peripherie, mit angemessener Software und häufig mit einer funktionierenden Service- und Übermittlungsinfrastruktur verbunden werden. Im Unterschied zu Waschmaschinen und Autos, wofür zwar auch die infrastrukturelle Rahmung erforderlich ist, fehlt bei den informationstechnischen Produkten in der Regel die Sinnfälligkeit ihres Nutzens. Es müssen also vorher, wie beim Personal Computer, Deutungen geschaffen werden, wozu sie zuhause sinnvoll genutzt werden können (Rammert/Böhm/Olscha/Wehner 1991). Und es müssen sich Wissen und Kompetenzen darüber verbreiten, wie man mit diesem Gerät richtig umgeht.

Übliche Werbung, staatliche Fördermaßnahmen und technische Gebrauchsanweisungen reichen für diesen Zweck nicht aus. Wie Untersuchungen zeigen, haben kulturelle Pionierbewegungen wie die Hacker, Computerfreaks und selbst organisierte Computerclubs mehr zur Verbreitung des PC beigetragen als Aktivitäten der Firmen und Händler oder der staatlich verordnete Informatikunterricht (Allerbeck/Hoag 1989) (vgl. zur Nutzung des Telefons Rammert 1990b). Neue Techniken erfordern nämlich neue Haltungen und Praktiken. Dieser kulturelle Wandel kann nicht verordnet oder künstlich erzeugt werden. Er vollzieht sich über spontane und sich selbst verstärkende soziale und kulturelle Prozesse.

Das kulturelle Modell des "Massenverbrauchers" entspricht immer weniger der heutigen gesellschaftlichen Wirklichkeit. Das traditionelle Klassen- und Schichtenmodell vermag nicht mehr Einstellungen und Verhaltensweisen der einzelnen vorherzusagen. Es mehren sich die Diagnosen einer Individualisierung und Pluralisierung der Lebensstile (Beck 1986:121ff.). Am ehesten lassen sich noch soziokulturelle Milieus als neue Kristallisationen erkennen, die sich horizontal über Zuordnung zu existentiellen Haltungen und kulturellen Orientierungen herausbilden (Schulze 1992:541ff.). Die Nachfrage nach neuen technischen Produkten und die Umgangsweisen mit ihnen scheinen zunehmend durch milieuspezifische Muster geprägt zu sein (vgl. auch Hampel/Mollenkopf/Weber/Zapf 1991; Monse/Riße 1990).

Auch das Bild des "passiven Verbrauchers" läßt sich nicht mehr in seiner Allgemeingültigkeit vertreten. Gerade bei den neuen informationstechnischen Produkten, deren Aneignung für den täglichen Gebrauch höhere Anforderungen an den einzelnen stellt und für die noch neue Nutzungsweisen erfunden werden können, ist mit der Aktivität des Nutzers zu rechnen. Sie müssen dementsprechend so angelegt sein, daß sie Spielräume für individuelle Nutzungsstile offenhalten (Rammert 1993b). Zum Beispiel kann durch eine höhere Standardisierung der Kommunikation die individuell abgestimmte Nutzung begünstigt werden (Biervert/Monse/Behrendt/Hilberg 1991:218). Im Unterschied zum Beschäftigten im Betrieb steht der private Nutzer nicht unter dem Zwang, sich der neuen Technik einfach anpassen zu müssen. Er kann sie nach eigenen Geschmack auswählen und nach eigenen Gesichtspunkten nutzen. Dabei spielt das ökonomische Kosten-Nutzen-Kalkül eine vergleichsweise geringe Rolle; der private Umgang mit der Technik wird stärker von Werten, Haltungen und Lebensstilen geprägt.

Wie kommen die neuen Informationstechniken in den privaten Alltag? Wir haben gesehen, daß es nicht ausreicht, daß sie in den Augen von Ingenieuren funktionieren. Erst in der täglichen und verbreiteten Bewährung im Alltag der Nutzer wird das Etikett "Es funktioniert" einer neuen Technik angeheftet. Technisches Funktionieren schließt soziales Funktionieren ein.

Wir haben auch gesehen, daß es bei der Verbreitung einer neuen Technik nicht nur um den günstigen Verkauf einer Ware geht. Das Produkt muß von Nutzern mit unterschiedlichem Können, Wissen und Wollen angeeignet werden. Die Durchsetzung einer neuen Informationstechnik hängt daher von ihrer Öffnung für verschiedene Nutzerkulturen ab.

4. Soziale Voraussetzungen für den Erfolg neuer Informationstechniken

Unserer Ansicht nach scheitern neue Informationstechniken selten aus rein technischen oder rein ökonomischen Gründen. Die zögerliche Verbreitung und der wirtschaftliche Verlust in den Anfangszeiten hängen häufig mit der Ausblendung des kulturellen Wandels zusammen. Ein Schlüsselproblem für den gesellschaftlichen Erfolg einer neuen Informationstechnik besteht schlicht darin, die Nutzermodelle in den Technikentwürfen besser mit den Nutzerpraktiken im Alltag abzustimmen.

In sachlicher Hinsicht öffnet sich häufig eine Kluft zwischen der Perfektionierung der Maschinenmerkmale aus der Sicht der Entwicklungsingenieure und der Kultivierung des Maschinenumgangs aus der Sicht der individuellen Nutzer. Nicht die Fixierung des vermeintlich "one best way", nicht die Integration in ein umfassendes und standardisiertes Netz, sondern das Offenhalten für eine Vielfalt und Verschiedenartigkeit gangbarer Nutzungsoptionen und Programme scheint mir die angemessene Herausforderung für die Informationstechnik zu sein.

In zeitlicher Hinsicht erwachsen aus der Tendenz, ein fix und fertiges Produkt dem Käufer oder Kunden anzubieten, und der Neigung der Nutzer, seine Bedürfnisse erst im Umgang mit der neuen Technik zu bestimmen und zu verändern, Reibungen und Widerstände. Es sollten also nicht Zeit, Geld und Vertrauen verspielt werden, indem eine Informationstechnik zuerst ingenieurmäßig effektiv und betriebswirtschaftlich rentabel entwickelt und anschließend ergonomisch nachgebessert, in der Form verschönert und mit Sinn für den Nutzer aufgeladen wird. Eine zeitliche Verschränkung der technischen und kulturellen Konstruktionsaspekte, wie sie durch stufenweise Festlegungen bei einer evolutionären Systementwicklung erreicht wird (vgl. u.a. Floyd 1987), in der Spielräume für Experimentieren und Lernen offengehalten werden, stellt in meinen Augen eine zweite Herausforderung für die Informationstechnik dar.

In sozialer Hinsicht entstehen Fehlentwicklungen aus der Distanz und aus der mechanisch oder marktförmig vereinfachten Beziehung zwischen Entwicklern und Verbrauchern. Ingenieure konstruieren meistens mit simplifizierten Nutzermodellen. Diese folgen in der Regel einem universalistischen und kognitiv-rationalen Menschenbild. Die individuellen Nutzer differieren nicht nur nach Einkommen, Alter und Geschlecht. Auch die soziokulturellen Milieus lassen sich nicht als feste Verbraucherkategorien benutzen. Sie geben nur den jeweiligen kulturellen Rahmen ab, in dem sich die individuellen Nutzer die neue Informationstechnik aktiv aneignen. Werte wandeln sich, und neue Nutzungsformen werden erfunden. Der Markt als Vermittler zwischen Entwickler-, Hersteller- und Verbraucherperspektive reicht nicht mehr aus. Die Steigerung der wechselseitigen Reflexivität von Entwicklerpraxis und Nutzerpraxis - sei es durch sensiblere Formen der Wahrnehmung oder sei es durch neue Formen der Beteiligung der Nutzer an der Entwicklung und Gestaltung der Produkte oder sei es durch Diskussion und Streit über Leitbilder und Systementwürfe -, halte ich für die größte Herausforderung für die Informationstechnik.

Literaturverzeichnis

Allerbeck, K.R.; Hoag, W.J.
"Utopia is Around the Corner" - Computerdiffusion in den USA als soziale Bewegung. In: Zeitschrift für Soziologie, Jg. 18, H. 1, 1988, S. 35-53.

Beck, U.
Die Risikogesellschaft. Auf dem Weg in eine andere Moderne. Suhrkamp, Frankfurt, 1986.

Berger, P.
Gestaltete Technik. Die Genese der Informationstechnik als Basis einer politischen Gestaltungsstrategie. Campus, Frankfurt, 1991.

Biervert, B.; Monse, K.; Behrendt, E.; Hilberg, M.
Individualisierung von Dienstleistungen. Entwicklungskorridore und Technikfolgen für die privaten Haushalte. Westd. Verlag, Opladen, 1991.

Cremers, A.B. u.a.
Die Arbeit von Experten und die Technik in der Zukunft. Interdisziplinäre Technikfolgenforschung und ihre Relevanz für die Gestaltung der Entwicklungsprozesse von wissensbasierten Systemen. (5. Meilenstein, Schlußbericht eines Verbandprojekts) Bonn, 1993.

Dholakia, 1993, in diesem Band

Dosi, G.
Technological Paradigms and Technological Trajectories. In: Research Policy, Vol. 11, 1982, S. 147-166.

Esposito, E.
Der Computer als Maschine und Medium. In: Zeitschrift für Soziologie (im Erscheinen), 1993.

Floyd, C.
Outline of a Paradigma Change in Software Engineering. In: Bjerknes, G. u.a. (Hrsg.). Computers and Democracy. Aldershot,, Avebur, 1987, S. 186-203.

von Foerster, H.
Wissen und Gewissen. Suhrkamp, Frankfurt, 1993.

Hampel, J.; Mollenkopf, H.; Weber, U.; Zapf, W.
Alltagsmaschinen. Die Folgen der Technik in Haushalt und Familie. Sigma, Berlin, 1991.

Heintz, B.
Die Herrschaft der Regel. Zur Grundlagengeschichte des Computers. Campus, Frankfurt, 1990.

Hellige, H.D.
Die Entstehungsphase der Computerkommunikation im Zeichen militärischer "Central Command and Control Systems". In: Forschungszentrum Arbeit und Technik, Universität Bremen, 1991.

Hughes, T. P.
>   The Evolution of Technological Systems. In: Bijker, W. und Pinch, T.
>   (Hrsg.): Die Entstehungsphase der Computerkommunikation im Zeichen
>   militärischer "Central Command and Control Systems". Universität Bremen,
>   1987, S. 51-82.

Knie, A.
>   Das Konservative des technischen Fortschritts. Zur Bedeutung von Kon-
>   struktionstraditionen, Forschungs- und Konstruktionsstilen in der Technik-
>   genese. FS II 89-11. Wissenschaftszentrum, Berlin, 1989.

Krämer, S.
>   Symbolische Maschinen. Die Idee der Formalisierung im geschichtlichen
>   Abriß. Wiss. Buchgesellschaft, Darmstadt, 1988.

Kubicek, H., 1993, in diesem Band

Lutz, B.
>   Technikforschung und Technologiepolitik: Förderstrategische Konsequen-
>   zen eines wissenschaftlichen Paradigmawechsels. In: WSI-Mitteilungen,
>   Nr. 10, 1990, S. 614-622.

MacKenzie, D.
>   "Micro" versus "Macro". Sociologies of Science and Technology. Working
>   paper No. 2, PICT Edinburgh, 1988.

MacKenzie, D.
>   Notes Towards a Sociology of Supercomputing. In: d. La Porte, T. (Hrsg.):
>   Social Responses to Large Technical Systems. Kluwer, Dordrecht, 1991, S.
>   159-175.

Mambrey, P.; Tepper, A.
>   Metaphern und Leitbilder als Instrument. Beispiele und Methoden. Arbeits-
>   papier Nr. 651, GMD St. Augustin, 1992.

Mayntz, R. u.a.
>   Wissenschaftliche Begleituntersuchung Feldversuch Btx in Düsseldorf/
>   Neuß. Düsseldorf, 1979-83.

Mollenkopf, H.
>   Technik im Haushalt älterer Menschen. Möglichkeiten und Hindernisse für
>   eine selbständige Lebensführung. In: Meyer, S./Schulze E. (Hrsg.) Techni-
>   siertes Familienleben. Blick zurück und nach vorn. Sigma, Berlin, 1993,
>   S. 233-249.

Monse, K.; Riße, D.
>   Individualisierung und Konsumstile. Technikkonzepte und Handlungs-
>   optionen privater Haushalte. In: Mitteilungen des Verbunds Sozialwiss.
>   Technikforschung, Heft 7, 1990, S. 49-67.

Nelson, R. R.; Winter, S.
>   In Search of a Useful Theory of Innovation. In: Stroetmann, K. A. (Hrsg.):
>   Innovation, Economic Change and Technology Policies. Birkhäuser, Basel,
>   1977, S. 215-245.

Ogburn, W. F.
Social Change: With Respect to Culture and Original Nature. New York, 1922.

Rammert, W.
Das Innovationsdilemma. Technikentwicklung im Unternehmen. Westdt. Verlag, Opladen, 1988.

Rammert, W. (Hrsg.)
Computerwelten - Alltagswelten. Wie verändert der Computer die soziale Wirklichkeit? Westd. Verlag, Opladen, 1990a.

Rammert, W.
Telefon und Kommunikationskultur. Akzeptanz und Diffusion einer Technik im Vier-Länder-Vergleich. In: Kölner Zeitschrift für Soziologie und Sozialpsychologie, Jg. 42, Heft 1, 1990, 1990b, S. 20-40.

Rammert, W.; Böhm, W.; Olscha, C.; Wehner,J.
Vom Umgang mit Computern im Alltag. Fallstudien zur Kultivierung einer neuen Technik. Westdt. Verlag, Opladen, 1991.

Rammert, W.
Gesellschaftliche Innovation durch eine reflexive Informatik. Zur Steuerung der informationstechnischen Entwicklung. In: Langenheber, W./Müller, G./ Schinzel, B. (Hrsg.): Informatik cui bono? Springer, Berlin/Heidelberg, 1992a, S. 49-57.

Rammert, W.
Wer oder was steuert den technischen Fortschritt? Technischer Wandel zwischen Steuerung und Evolution. In: Soziale Welt, Jg. 43, Heft 1, 1992b, S. 7-25.

Rammert, W.
From Mechanical Engineering to Information Engineering: Phenomenology and Social Roots of an Emerging Type of Technology. In: Dierkes, M./Hoffmann, U. (Hrsg.): New Technology at the Outset. Social Forces in the Shaping of Technological Innovations. Westview Press: Bolder/ Campus, Frankfurt, 1992c, S. 193-205.

Rammert, W.
Technik aus soziologischer Perspektive. Westdt. Verlag, Opladen, 1993a.

Rammert, W.
Mit dem Computer zuhause in den digitalen Alltag? Vision und Wirklichkeit privater Computernutzung. In: Meyer, S./Schulze, E. (Hrsg.): Technisiertes Familienleben. Blick zurück und nach vorn. Sigma, Berlin, 1993b, S. 277-296.

Schmidt, S.; Werle R.
Koordination und Evolution. Technische Standards im Prozeß der Entwicklung technischer Systeme. In: Technik und Gesellschaft, Jahrbuch 7. Campus, Frankfurt, 1993.

Schulze, G.
  Die Erlebnisgesellschaft. Kultursoziologie der Gegenwart. Campus, Frankfurt, 1992.

The Plugged-in Home:
Marketing of Information Technology to U.S. Households

Ruby Roy Dholakia
The University of Rhode Island, Kingston

1. Introduction

Informatics have entered all spheres of household technologies in form of technological devices plugged into American homes. Some of these are functional technologies which facilitate the daily household activities such as cooking and cleaning. Others are entertainment and information-oriented devices that cater to the relaxation, education and information needs of specific household members.

Many of these technologies make their first appearance for business uses but soon find applications for non-business users as well. The micro computer's capabilities and use, for instance, are no longer confined to offices and with portable and laptop computers, the distinctions between work and home are being increasingly lost. Similarly, as entertainment softwares are added to computer applications, the differences between work and play are also becoming increasingly blurred. Because of these kinds of technological developments, household systems are being transformed and these transformations are in turn affecting the further development of technology.

At RITIM - the Research Institute for Telecommunications and Information Marketing - at the College of Business Administration, The University of Rhode Island, we are engaged in a series of research projects to understand the nature of interactions between households systems and technologies. The primary objective of our research efforts is to understand how new technologies are being adopted and utilized by households and how the marketing of these new technologies are furthering the goals of household members.

2. Research Framework

Our investigation of the relationships between household systems and technologies, specifically telecommunications and information technologies, is influenced by the following schematic model (see Fig. 1). Household behaviors regarding technology acquisition and utilization are determined by several factors. These include demographic and psychographic characteristics of the household as well as availability of specific resources for and orientations toward technology. Several characteristics distinguish our research.

Fig. 1:   Technology in the Household

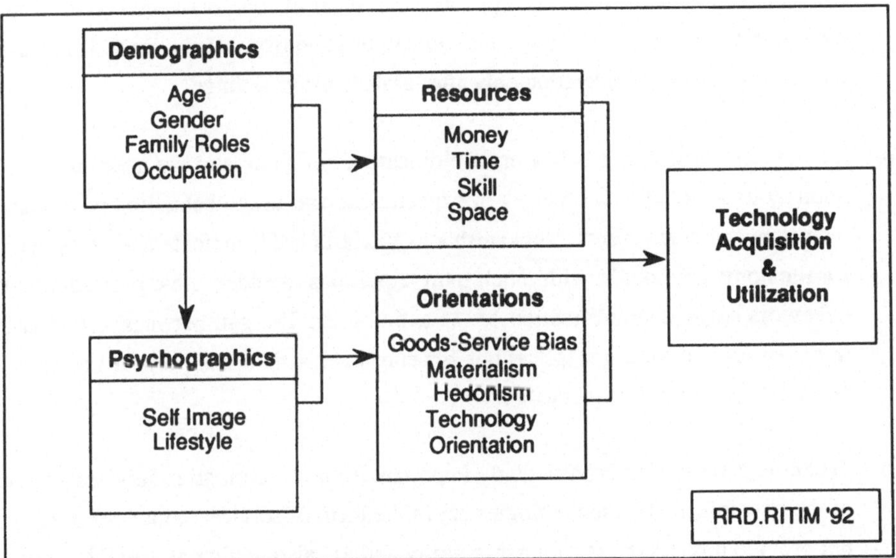

2.1 Emphasis on Technology Utilization as well as Acquisition

Historically, marketing has been more concerned with acquisition rather than utilization. Most of our understanding of consumer behavior has been limited to processes leading to purchase behavior. Technology, however, can be meaningfully studied only if we extend our focus beyond purchase to utilization. The focus of our research, therefore, is on technology acquisition as well as technology utilization. It is related to consumer behavior processes before and after purchase of a technology.

The emphasis on technology utilization is needed for several reasons:

a) For newer technologies, specifically information technologies, utilization of technology is critical to the design and delivery of market offerings that have consumer appeal. Metalfe (1988) has commented that in a world of costly information and limited cognitive capacity, there are two ways to know the economic properties of a new technology - by experimenting with the technology or by observing the experience of others (p. 567). In most cases, experimenting takes place only after acquisition of a technology. For many new information technology products and services, therefore, knowing the properties seem to occur only after acquisition rather than prior to it. In testing one of the telecom new services for the intelligent network, Bellcore (in New Jersey) found the local or long distance origin of an incoming call to be an important determinant of subscriber evaluations. This attribute emerged as a consideration only after trials in usage settings.

b) Expectations and usage behaviors are dynamic, not static and we need to continuously understand how changes in expectations and usage behaviors take place over time and across users. Venkatesh and Vitalari (1987) indicate that computers for the home are bought with much more ambitious intended uses; post-adoption behaviors suggest simplification of the actual uses. The gap between actual and intended use has strong implications for consumer satisfaction, repeat behaviors and word-of-mouth communication.

c) Technology utilization is particularly important for new information services. Many of the new information technologies are in the form of services. Since services do not provide possession or ownership utility and are also neither as tangible nor as visible as technologies that assume a more physical form, consumer interactions with services are affected (Dholakia 1992; Lovelock 1981). Services can be understood only if consumption is included along with production (Shostack 1977). We need to emphasize consumer utilization as well as acquisition to understand household interactions with new technologies.

2.2 Resource Availability

In examining market responses to various products and services, consumer resources are of great interest. Marketers have focused attention primarily on money or income constraints and more recently on time resources. In our framework, consumer resources have been expanded to include space and skill in addition to money and time. These resources are available and required in different amounts and combinations to acquire and utilize technologies.

2.3 Orientations to Technology

In examining individual propensities to adopt innovations, specific orientations to technologies are also of interest. Our research suggests several new concepts such as goods-service bias, materialism, hedonism, technology orientation that appear to affect acquisition and utilization of new household technologies.

3. Selected Findings

The next few pages selectively summarize some of the emerging relationships between variables of interest to our research on technology in the household.

Acquisition and Utilization

Over the last two or three decades, U.S. households have been offered a plethora of choices. One cannot escape noting the sheer number of specific information technology products and services that has entered the American households. According to data generated by LINK RESOURCES of New York, over 40 percent of U.S. households have an answering machine, over 70 percent subscribe to basic CABLE TV, over 80 percent have video cassette recorders and multiple telephones and over 90 percent have one or more color television sets (See Tab. 1). In terms of variety and penetration levels of most household technologies, the U.S. represents a mass consumption market like no other.

Tab. 1:   Penetration of Entertainment and Information Technologies in U.S.
            Households

PRODUCTS & SERVICES	USA	GERMANY
TV set with remote	83%	85%
Cable TV subscription	74%	59%
Videocassette recorder (VCR)	82%	50%
Videodisc player	6%	1%
Hi-Fi Stereo System	52%	66%
CD Player	31%	53%
Multiple Telephones	86%	15%
Answering Machine	43%	14%
Cellular Telephones	9%	10%
Fax Machines	4%	5%
Personal Computers		

Source: LINK Resources Corp. 1992.
(Sample=300 in Germany; 2500 in USA)

While informatics have entered all the spheres of household technologies, certain hierarchies of technologies can be inferred from the choice behaviors. Technologies such as videocassette recorders and cable TV have reached very high levels of penetration. Other technologies such as computers and modems have much more limited penetration. Analysis of the penetration of the various devices suggest that past investments in technologies have been primarily for entertainment and convenience reasons. Investment in video equipment such as color TV, VCR, cable TV, videogame consoles exceed the investment in information equipment such as PCs, fax machine and modems.

There are two important implications for the marketing of new technologies to U.S. households with such high levels of penetration of entertainment and information technology products and services. First, there is reluctance to adopt new technologies that make old investments obsolete, even if the newer technologies offer better quality. Videodiscs, for instance, did not receive ready and large acceptance because of consumers' investment in VCRs and videotapes (Secunda 1990).

Second, because of consumers' preference for entertainment technologies, there is a definite resistance for technologies that are more information rather than entertainment oriented. Multimedia trials by AT&T suggest that "future services must be TV entertainment-based" (Keller 1993). Finally, data on consumer usage suggests that actual extraction of benefits from technologies is very limited. Data on VCR usage as well as use of PCs indicate that use of these devices is much lower than expected usage. For VCR, the primary use is to play pre-recorded tapes (Lin 1990) while for PCs the predominant use tends to be word processing (Reese 1990; Venkatesh and Vitalari 1987). Consumers who are unable or unwilling to derive the technological benefits tend to influence the diffusion process of the new technologies. This has very specific implications for information technologies - particularly the *form* in which they are developed and made available to the market.

Resource Availability

Efforts to market information technologies have been influenced by various factors. Our analysis suggests that American consumers need several resources in order to adopt and utilize information technologies. These include time, money, space and specific skills. These resources are unevenly distributed in the U.S. population.

a) Money as Resource

Data on penetration of various entertainment and information technology products show that the adoption of the newer technologies increases dramatically with the average annual income (see Tab. 2). Expenditures on related services such as monthly telephone bills also increase. Additional research on pricing of new information technology products suggests that the average price for a new product has been falling while achieving lower levels of penetration (Carey 1993). The combination of higher income and lower price thresholds creates significant barriers for the adoption and diffusion of new products.

Existing research on the relationship between money (income) resource and the acquisition of new communication technologies seems to suggest that the proportion of income allocated to communication technologies is constant. This has been described as the "Relative Constancy Principle" (McCombs and Eyal 1980). According to this principle, substitution takes place **within** the bundle of goods and services categorized as communication and entertainment while the proportion of income allocated to other categories of expenditure is unaffected. Although Wood (1986) criticized the use of the Relative Constancy Principle to predict the acceptance of new technologies, some believe that the proportion of income allocated to information and communication technologies is a constraint. Given the increased supply of communication and information technology products and services, consumer choice of new technologies can only occur by displacing some of the existing technologies.

Furthermore, income is no longer an increasing resource among U.S. households. Between 1980 and 1990, the median earnings for year-round full time workers actually declined for men and rose only slightly for women (Waldrop and Exter 1991). Women, however, still earn only 68 percent of men's income and it is a particularly constrained resource for women-headed households. This suggests that there are limits to the adoption and integration of newer technologies into U.S. households unless there are significant price changes in both existing and newer alternatives.

Tab. 2:   Household Income and Ownership of Selected Electronic Products (in %)

INCOME CATEGORIES

	Less than $20,000	$20,000 - $29,000	$30,000 - $39,000	$40,000- $49,000	$50,000 - $99,000	More than $100,000
ANSWERING M/C	26.0%	37.0%	48.0%	48.0%	59.0%	60.8%
PERSONAL COMPUTER	9.0%	19.1%	24.0%	37.0%	43.0%	54.0%
FAX M/C	1.0%	1.0%	1.0%	4.0%	8.0%	17.6%
VCR	61.0%	84.0%	90.0%	94.0%	95.0%	94.1%
VIDEO-GAME CONSOLE	19.0%	36.0%	6.0%	41.0%	44.0%	35.3%
CD PLAYER	14.0%	27.0%	30.0%	39.0%	47.0%	52.9%

Source: LINK Resources Corp. 1992.
(Sample=2500 in USA)

b) Time as Resource

Products and services have to be considered in terms of how they impact household resources, including time (Bellante and Foster, 1984). According to many researchers, time is of greater value to specific market segments than even money (Hornik and Schlinger 1981). Time affects the adoption and utilization of technology in many ways: it may stimulate the choice of a specific technology; it may prompt the acquisition of a specific technology; it may affect the spatial location of a technology and it may impact the ways in which other resources are used (Kaufman and Lane 1993, p.2).

Research on consumer durables and working wives have suggested that consumers respond to imbalances in their time resources (Strober and Weinberg 1980). When a technology enables polychronic use of time i.e. when multiple activities can be performed such as knitting and listening to music, it can lead to higher consumer utilization and satisfaction. Kaufman, Lane and Lindquist (1991) have argued that polychronic or multiple time use is the preferred strategy for many consumers.

Sometimes a technology is monochronic in its involvement (rather than polychronic). Venkatesh and Vitalari (1987) report time trade-offs as a result of adopting and using computers at home. In the early periods of use, computers lead to lower time spent on other activities, especially activities that are similar such as watching TV (p.174). The AT&T trials suggest that kids talked less on the phone when they used the interactive TV (Keller 1993).

Frequently, designers of a new information technology assume and expect polychronic behavior on the part of consumers when such behaviors are not possible and sometimes not even desirable (e.g. reading an electronic map while driving at the same time). In these cases, the adoption and utilization of the technology is affected by its positive or negative relationship with consumers' availability and use of time.

c) Skill as Resource

Vitalari and Venkatesh (1986) have included training and computer literacy as one of the skill requirement for further development of information technology in the home. Others have argued for "visual literacy" because of the dominant influence of the TV paradigm.

While skill requirements may be reduced by developing "smart" technologies, a certain level of skill has become a prerequisite for the use of many new household technologies.

The availability of skills and the motivation to utilize available skills vary. Reese (1990), for instance, found that clerical/service workers reported very low usage of the computer at home despite heavy use of the computers at work. These workers obviously did not lack the skill to use the computer at home, but other factors negatively influenced their use of the computer at home. Venkatesh and Vitalari (1987) report a higher intention to use the computer for business and education purposes than actual use. Actual use is higher for word processing and games. They argue that "home management applications require elaborate software and higher skill levels as compared with word processing, which is clearly the most popular use, and less demanding in terms of task orientation" (p. 170). In these cases, potential adopters are likely to underestimate the level of skill required to maintain a certain level of interaction with new technologies.

The motivation to acquire and learn requisite skills also vary. In the trial of multimedia services, AT&T found that "eight-year olds were teaching their parents how to use the services" (Keller 1993). The motivation to acquire new skills is also affected by the technology's mode of entry into the household. There are several modes of entry as new technologies may be introduced into a household in the form of a gift, through the workplace, or as an outright purchase. The relationships between the mode of entry and the learning and utilizing of skills need further exploration.

d) Space as Resource

Given the high level of penetration of consumer durables in U.S. households, space is becoming an important constraint on consumer behavior. Despite, or perhaps because of, the larger sizes of the average american home, space has not been a consideration in the adoption and diffusion of consumer products. In fact, it has facilitated the ownership of multiple units of a product such as telephones and TV sets.

As technological devices and appliances fill American homes, questions arise regarding the adoption and location of new ones. Presence of "wire clutter" is a common phenomenon. Data on penetration of cable television in U.S. suggests that while most households own multiple televisions, the cable connection is likely for only one TV set, primarily the one in the most public space - the living room. The second connection appears to be in the most private space - the bedroom. Recent research on HDTV provides additional insights. While a large screen TV is best capable of demonstrating the benefits of HDTV, adoption potential appears to be limited because of consumer perceptions regarding spatial requirements of HDTV (Dupagne and Agostino 1991).

Consumer Orientations

In addition to consumer resources such as money, time, skill and space, motivational drivers are also necessary. These include specific orientations to technology that shape consumer expectations and valuation of technologies. Two such orientations are described next.

a) Product Bias

In the information technology market, customer needs can be frequently fulfilled by either goods or by services. For instance, consumers can choose between answering machines and voice messaging services. In an analysis of the television industry in the United Kingdom, Arnold (1985) comments on the faster growth of VCRs over Prestel (videotext) services, both of which enhance the use of the television set and compete for the discretionary budget of household consumers. Dholakia (1992) and Dholakia and Venkatraman (1993) have argued that in competitive contexts where goods and services provide similar benefits, there is likely to be a market bias in favor of the tangible, physical good. This will explain why market penetration of Customer Premises Equipment (CPE) such as Memory phones will be higher than intelligent network services such as Speed Calling.

b) Hedonic Orientation

One way to classify consumers is with respect to their cognitive or sensory innovative tendencies (Venkatraman 1991). Venkatraman and MacInnes (1985), for instance, found that cognitive and sensory consumers did not differ in their predisposition to buy functional/hedonic new products, but they differed in their demographics as well as in their decisionmaking criteria.

The TV paradigm suggests that the U.S. consumer, at least, would like entertainment technologies over information technologies and the interactive appliance of the future would have to "look like a TV not a computer" (Keller 1993).

Demographics

Extensive research on the diffusion of innovations has generated profiles of innovators and early adopters. Research on the adoption of information technology appears to be supportive of these profiles. For instance, several studies have reported the PC adopter to be young, with higher incomes and higher education (Dickerson and Gentry 1983; Venkatesh and Vitalari 1987; Venkatraman 1991).

Gender and gender roles are also important. Several research shows that computers are more attractive to boys than girls (Venkatesh and Vitalari 1987; Arch and Cummings 1989). Computer usage is also reported to be higher among men than among women (Mundorf, Westin, Dholakia and Brownell 1992/3). Gender roles are changing but not enough research has been conducted to examine the relationship between technology acquisition and use and gender roles. While there is some support for the more traditional and separate gender roles and adoption of technology, some changes may be created by the nature of software or interface devices.

4. Marketing Challenges

There are several challenges that marketing must face in order to achieve the vision of an information society. First, one must adopt **a market development approach**. This implies a long term point of view with the emphasis on creating a market through provisioning of appropriate resources. The lack of skill, for instance, must be addressed before a technology can be utilized and opportunities must be provided to learn the skill. It also implies that the interactions with the technology be available before a purchase decision becomes necessary so that constraints such as money and time do not become barriers.

Changes are also required in strategic orientations. In the past, universal service has been a major goal. Newer information technologies cannot meet this goal often and it becomes necessary to adopt **segmented and niche strategies.** These strategies create conflict at various levels including conflict with regulatory bodies and consumer protection groups.

The market preference for physical, tangible goods implies that R&D efforts have to focus on **opportunities where there are strategic advantages**. This is particularly true for development of new information services which must compete with tangible goods. The development of "voice activated dialling" for instance can be easily incorporated in a physical, tangible product and the voice activated dialling service will be easily threatened. Uniqueness, therefore, has to be defined in the overall competitive context that includes service and equipment providers.

The declining threshold of prices for new products suggest that pricing strategies have to be quite nimble and **must attempt to achieve market penetration in short periods of time.** This, by itself, is a dramatic shift in strategy and requires a very different market orientation.

5. Conclusion

There are many devices and services that inform and entertain the average U.S. consumer. Further advances will require a shift in market orientation and strategy since there are many reasons why the consumer will not be able to absorb all the new products and services entering the marketplace. Consumer characteristics in terms of resources, orientations and demographics must be considered in order to develop technology products and services that have a higher change of being adopted as well as utilized. Along with advances in technological development, we will need similar developments in market orientations and strategies.

References

Arch, E.C. and Cummins, D.E.
    Structured and unstructured exposure to computers: sex differences in attitude and use among college students. Sex Roles, 20. 1989, pp. 245-254.

Arnold, W.
    Competition and Technological Change in the Television Industry. MacMillan Press, London, U.K., 1985.

Bellante, D. and Foster, A.C.
    Working wives and expenditures on Services. Journal of Consumer Research. 11, 09/1984, pp. 700-707.

Carey, John
    "Lessons from Failure: New Information Technologies Yesterday, Today and Tomorrow," presented at University of Rhode Island Honors Colloquium, 1993.

Dholakia, R. R.
    Competition Between Goods and Service: Setting the Research Agenda. In Research in Marketing, J. Sheth (ed.), vol. 11, 1992, pp. 81-113.

Dholakia, R. R. and Venkatraman, M.
    Marketing Services That compete with Goods. Journal of Services Marketing, 7, 2. 1993, pp. 16-23.

Dickerson, Mary Dee and Gentry, James W.
    "Characteristics of Adopters and Non-Adopters of Home Computers," Journal of Consumer Research, 10. 09/1983, pp. 225-235.

Dupagne, Michael and Agostino, Donald E.
    "High-Definition Television: A Survey of Potential Adopters in Belgium," Telematics & Informatics, 8, 1/2, 1991, pp. 9-30.

Hornik, J. and Schlinger, M.J.
    "Allocation of Time to the Mass Media" Journal of Consumer Research, 1981, 7, 4, pp. 343-355.

Kaufman, C.F., Lane, P.M. and Lindquist, J.D.
    Exploring more than 24 hours a day: A preliminary investigation of polychronic time use. Journal of Consumer Research, 18, 3. 12/1991, pp. 392-401.

Kaufman, C.F., Lane, P.M.
    Time and Technology: Acquisition and Use of Household Innovation. Working Paper: RITIM, URI. Kingston, 1993.

Keller, John J.
    "AT&T's Secret Multimedia Trials Offer Clues to Capturing Interactive Audiences," The Wall Street Journal, Wednesday, July 28, 1993, B1, B6.

Lin, Carolyn A.
"Audience Activity and VCR Use" in Social and Cultural Aspects of VCR Use Julia R. Dobrow (ed.) 75-92. LEA, Hillsdale, New Jersey, 1990.

Lovelock, C.H.
"Why Marketing Management Needs to Be Different for Services". In J.H. Donnelly and W.R. George (eds) Marketing of Services. American Marketing Association Proceedings Series. Chicago, 1981.

McCombs, M.E. and Eyal, C.H.
"Spending on Mass Media," Journal of Communication, 30. 1980, pp. 153-158.

Metcalfe, J.S.
The Diffusion of Innovation: An Interpretative Survey. in G. Dosi et al. (ed.) Technical Change and Economic Theory. Pinter Publishers, London, U.K., 1988.

Mundorf, N., Westin, S., Dholakia, N. and Brownell, W.
Reevaluating Gender differences in new communication technologies. Communication Research Reports, 9, 2. 1992,.3 pp. 171-181.

Reese, Stephen
"Information Work and Workers: Technology Attitudes, Adoption and Media Use in Texas," Information Age, 12, 3. 1990, pp. 159-164.

Secunda, Eugene
"VCRs and Viewer Control over Programming: An Historical Perspective" in Social and Cultural Aspects of VCR Use Julia R. Dobrow (ed.) 9-24. LEA, Hillsdale, New Jersey, 1990.

Shostack, G.L.
"Breaking Free from Product Marketing," Journal of Marketing, 41, 04/1977, pp. 73-80.

Strober, M.H. and Weinberg, C.B.
Strategies used by Working and nonWorking wives to reduce time pressures. Journal of Consumer Research, 6. 03/1980, pp. 338-348.

Venkatesh, A. and Vitalari, N.
Computing technology for the home: Product strategies for the next generation. Journal of Product Innovation and Management, 3. 1986, pp. 171-186.

Venkatesh, A. and N. Vitalari
A Post-Adoption Analysis of Computing in the Home. Journal of Economic Psychology, 8. 1987, pp. 161-180.

Venkatraman, M.
The Impact of Innovativeness and Innovation Type on Adoption. Journal of Retailing, 67. 1, Spring 1991, pp. 51-67.

Venkatraman, M. and MacInnis, D.
    An Investigation of the Epistemic and Sensory Exploratory Behaviors of Hedonic and Cognitive Consumers. in E.C. Hirschman and M.L. Holbrook (eds) Advances in Consumer Research, Provo, Association for Consumer Research. Utah, 1985.

Waldrop, J. and Exter, T.
    The Legacy of the 1980s. American Demographics, 13, 3. 03/1991, pp. 33-38.

Wood, W.C.
    "Consumer Spending on Mass Media: The Principle of Relative Constancy Reconsidered," Journal of Communication, 36. 1986, pp. 39-51.

Sicherheit in der Informationstechnik
- Integrität von Personen und Dokumenten -

Günter Müller
Universität Freiburg

Peter Zoche
Fraunhofer-Institut für Systemtechnik und Innovationsforschung (ISI), Karlsruhe

1. Die gesellschaftliche Dimension der Informationstechnik

Die triviale Feststellung, daß Informations- und Kommunikationssysteme (IuK) zur Sprach-, Text-, Bild- oder Datenübertragung bereits heute vielfältig genutzt werden, wird häufig mit dem Satz fortgeführt, daß damit in verstärktem Maße Leben und Arbeit sowohl des Einzelnen als auch der Gesellschaft geprägt werden. In solchen Veränderungsprozessen entstehen vielfältige Reibungen und Probleme. Ein Verweis auf verantwortungsvolles Handeln der Techniker kann diese allein nicht bewältigen. Der Umgang und der Einsatz von Informationstechnik erfordern andere Fähigkeiten und Eigenschaften als die Planung und der Bau ihrer Komponenten. Ein Dialog unter den beteiligten Interessengruppen erscheint angebracht. Dieser ist jedoch nicht konstruktiv umsetzbar, solange Technikfaszination der einen Seite auf Angst und Vorurteile der anderen Seite treffen. Der Ruf nach Sachlichkeit ist dann nur noch formal richtig, aber oft folgenlos, was sich auch in manchen Diskursvorhaben zur Technikfolgenabschätzung zeigt.

Im Rahmen der Konferenz *Challenges to Information Technology - Herausforderungen für die Informationstechnik* werden vor allem Aspekte des Beziehungsgeflechtes gesellschaftlichen und technischen Fortschrittes behandelt, die sich auf folgende zwei Fragenkomplexe bündeln lassen: 33)

- In welcher Weise ist die Entwicklung technischer Systeme und einzeltechnischer Anwendungen konkret durch gesellschaftliche Einflußnahme gestaltbar und wie sind gesellschaftliche Anforderungen und Belange zu ermitteln, damit sie in die Produktion der Technik zum Wohle der Gesellschaft einfließen können?

- Wo ergeben sich in Folge des technischen Fortschrittes neue, bisher weitgehend vernachlässigte Märkte zur Herstellung innovativer Produkte und zur Etablierung neuer Erwerbsmöglichkeiten?

Die Absicht dieser Schwerpunktsetzung liegt in dem Anspruch begründet, technisch Machbares nicht dadurch unkritisch zur Zukunftsprognose zu erheben, indem Reflexionen über mögliche Rückwirkungen des gesellschaftlichen Umfeldes auf die Optionen der technischen Entwicklung unterbleiben.

Die Orientierung an dieser Leitlinie dürfte von genereller Bedeutung sein. Für den Bereich der IuK ist ihr besondere Relevanz zuzuschreiben:[33]

- Im Telekommunikationsbereich ist eine rasante Verkürzung von technischen Innovationszyklen zu konstatieren, die sowohl auf Anbieter- als auch auf Anwenderseite rasche Handlungsänderungen erfordert. Für Unternehmen, die im Telekommunikationsbereich tätig sind, stellen sich viele Entscheidungen als im Zeitverlauf zunehmend irreversibel dar.

- Telekommunikation setzt wichtige Impulse, die wirtschaftliche und organisatorische Veränderungen hervorrufen und somit gesellschaftlichen Wandel ermöglichen. - Informations- und Kommunikationstechniken durchdringen in zunehmendem Maße verschiedene wirtschaftliche und gesellschaftliche Bereiche. Leistungssteigerungen in den Endgeräten sowie die Digitalisierung der Vermittlungstechnik eröffnen neue Anwendungsfelder und ermöglichen die Vernetzung und Integration dezentraler IuK-Anwendungen.

Diese Entwicklung führt zu tiefgreifenden Veränderungen in einzelnen Teilbereichen. Wachsende Verschränkung, das Zusammenwirken mehrerer IuK-Systeme und Anwendungsbereiche sowie die gemeinsame Nutzung von IuK-Infrastrukturen bringen eine hohe Komplexität der Wirkungen hervor. Damit gewinnt auch das Problem der Sicherheit informationstechnischer Lösungen zunehmend an Gewicht: "Viele Bereiche von Wirtschaft und Verwaltung sind bereits heute von dem einwandfreien Funktionieren der Informationstechnik abhängig. Mit dem zunehmenden Einsatz der Informationstechnik steigen auch die damit verbundenen Risiken durch unrichtige, unbefugt gesteuerte, fehlende oder rechtsgutgefährdende Information."[5] Stichworte für die angeführten Entwicklungen sind Fragen der Wissens- und Informationskonzentration bisher nie erreichter Fülle, aber auch der Informationsüberflutung, der totalen Erreichbarkeit und Kontrollmöglichkeit des Menschen, der computergestützten Manipulation von Bild-, Ton- und Textdokumenten, der realen oder virtuellen Überwindung räumlicher, örtlicher und zeitlicher Grenzen in Minutenbruchteilen, der zunehmenden Wahrnehmung sog. "externer virtueller Realitäten".

Ob wir es nun lieben oder nicht, die Internationalität des Wirtschaftens sorgt dafür, daß Computertechnologien unser tagtägliches Dasein, unsere Kultur, aber auch die Entwicklung unserer Strategien für die Zukunft beeinflussen. Dies geschieht sichtbar und offen, aber auch schleichend und verdeckt. Abstraktes Lesen und Schreiben wird durch Symbole und - technisch gesprochen - "multimediale Kommunikation" ersetzt, die in immer kürzeren Zeitspannen weitere Sinne in der zwischenmenschlichen Kommunikation ansprechen wird. Rückschläge auf dem Weg zur Informatisierung der Gesellschaft sind Ausdruck - je nach Position - des mangelnden Verständnisses des Stellenwertes der Informationstechnik oder des tiefempfundenen Eifers zur Rettung bewahrenswerter oder gewohnter kultureller Errungenschaften. Versuche, die von der technischen Entwicklung gestellten Fragen abzuweisen, haben ebenso häufig dieselbe Ursache, wie die Überfrachtung der Technik mit Hoffnungen. Beide Fälle erreichen oft pseudoreligiösen Eifer. Der Informationstechnik werden ursächliche Zusammenhänge mit festen kausalen Auswirkungen, wie z.B. Arbeitslosigkeit, gläserner Mensch, zugeordnet. So richten sich Ängste und Hoffnungen unvermittelt gegen die Technik.

Neue Techniken werden daher auf Dauer nicht durchsetzbar sein, wenn es nicht gelingt, erkennbare Probleme der Anwendung zu lösen. Dabei sind Anforderungen, die sich hieraus an die Entwicklung und Gestaltung informationstechnischer Systeme und an deren gesellschaftliche Organisation ergeben, bisher in unzureichendem Maße und nur punktuell (z.B. die Diskussion zur Datenschutzgesetzgebung oder zu Sicherheit und Mißbrauch großtechnischer Systeme) aufgegriffen worden.[2] Bei der Behandlung von "Sicherheit in der Informationstechnik" ist die gesellschaftliche Bedeutung von IuK von mindestens drei Analysebereichen ausgehend gleichzeitig und parallel zu erfassen, um "Sicherheit" nicht nur aus eigenem Recht heraus gelten zu lassen:[14]

- **Produktivität und internationaler Wettbewerb**
  Es handelt sich um die Steigerung von Effizienz und Effektivität und damit eine quantitative Größe zur Beurteilung des Produktionsprozesses und der Arbeitsgestaltung.

- **Informatisierung und Zwang zur Wahl**
  Tagtägliche Vorgänge sind ohne IuK nicht mehr handhabbar, bzw. unökonomisch. Der Wunsch nach mehr Information gerät zur bitter empfundenen Medizin, wenn die Einzelperson Subjekt und Objekt dieses Prozesses wird und dies nicht per bewußtem Willensakt geschieht.

- **Selbsteinschätzung und Freiheit**
  Mit der bloßen Hochrechnung des "Alten" auf das "Zukünftige" ist die Gefahr der Fehleinschätzung nicht gebannt. Die IuK hat zweifellos die Nachteile hierarchischer Strukturen offenkundig werden lassen und zur erheblichen Aufweichung von Autorität und zur Verdeutlichung des Prinzips Verantwortung geführt. Spielräume von räumlicher, zeitlicher und inhaltlicher Dimensionen sind offenbar geworden, die die Selbsteinschätzung des einzelnen - positiv wie negativ - beeinflussen.

Die gesellschaftlichen Auswirkungen der IuK-Techniken zeigen in allen Analysebereichen auf die Frage einer Veränderung von Macht und zwar

- **in dem Grad der Delegation von Verantwortung und**
- **im Hinblick auf die Autonomie des Individuums.**

Zur Gestaltung dieser Veränderungen hat die Gesellschaft die Option, (1) diese Veränderungen unsichtbar und unmerkbar zu verdrängen, (2) aus Angst zu ignorieren oder (3) die Technik und deren Einsatz bewußt zu gestalten.

Falls wir es mit der dritten Option und der Gestaltung ernst meinen, so ist die antizipative wissenschaftliche, politische und technische Durchdringung dieser Fragestellung unumgänglich.

2. Integrität von Personen und Dokumenten

Integrität wird als Zusicherung definiert, daß die Daten, die gesendet wurden, die selben sind, die empfangen wurden, also weder Einfügungen, Duplikate, Änderungen oder Wiederholungen der Sendung enthalten. Die fortschreitende Verbreitung digitaler Speicher- und Kommunikationstechniken und ihr Einsatz in multimedialen Systemen begründen die wachsende Relevanz von Fragen der Integrität von Personen und Dokumenten. Multimediale Systeme offerieren nicht nur Texte und Daten, sondern Sprache, Musik, Zeichnungen, Bilder und Videos zur Bearbeitung, Speicherung und Kommunikation. Diese Anwendungen sind immer weniger auf sog. "stand-alone-PCs" beschränkt, sondern auf die Kommunikation in vernetzten Strukturen ausgerichtet. Wie sind die Kommunikationspartner auf den Austausch multimedialer Informationen vorbereitet? Erkennen sie die Echtheit eines Dokumentes? Können sie bearbeitete, weiterbearbeitete oder gefälschte Teile identifizieren? Sind sie imstande, mit den Wirkungen von

Manipulationen oder Fälschungen umzugehen? Kann die Gefährdung von Menschen, ihre Unversehrtheit ausgeschlossen werden? - Es geht angesichts dieser Fragen, so heißt es in einer Vorschlagsliste von Themen zur Technikfolgenabschätzung an den Deutschen Bundestag, "um einen Trend epochalen Ausmaßes, der das kulturelle Selbstverständnis einer Gesellschaft berührt und der nur mit einer kritischen Zusammenschau richtig gewürdigt werden kann."[5]

In unserem Alltag begegnen wir bereits heute einer Vielzahl von Dokumenten, Texten, Tonaufzeichnungen usw., bei denen sich die Frage der Integrität stellt. So beschreibt eine Reportage über die aktuell genutzten Möglichkeiten der elektronischen Bildmanipulation, daß elektronische Bildverarbeitung (EBV) nichts anderes als die gezielte Verselbständigung der Dinge jenseits ihrer photochemischen Bedingungen ist. Für diese Tätigkeiten standen 1991 allein in der Bundesrepublik zirka 650 EBV-Anlagen zur Verfügung, die jeweils bis zu zwei Millionen Mark kosten.[26] Für den Kreis der Anwender elektronischer Bildverarbeitungssysteme aus Industrie und Werbung gelte die Maxime "Erlaubt ist, was gelingt". Zur "Schizophrenie des Alltags" gehöre, "daß unsere eigene zerebrale Bildverarbeitung sich längst an zwei verschiedene photographische Wahrnehmungsmuster gewöhnt hat: an die realistischen Fiktionen der Werbung und an die "authentische" Realität der Nachrichtenbilder."[26] Aber kündigt sich angesichts fortschreitender Digitalisierung nicht zugleich ein Endes dieses Gewöhnungsprozesses an, ausgelöst durch Probleme, die von Fragen des Copyrights bis zur Frage der Beweisfähigkeit von Photos reichen, deren Manipulation keine Spuren mehr hinterläßt"?

3. Technische Abstraktionsebenen einer Sicherheitsarchitektur

Sicherheit, verstanden als Maßnahmen und Möglichkeiten zur Abwehr von Bedrohungen, muß vorausschaubares Verhalten von Anwendungen und Informationen über verschiedenartige Hardware, Software und Netzwerkinfrastrukturen zulassen und garantieren.

Dieses Ziel ist nicht nur technisch zu erreichen, sondern erfordert eine Schichtenarchitektur, die das Zusammenspiel von Mensch und Technik konzeptionell beschreibt. Darunter wird ein methodisches Vorgehen verstanden, das dazu dient, eine Sichtweise der technischen und nicht-technischen Anforderungen so zu klassifizieren, daß daraus Anforderungen an das technische System abgeleitet werden können. Als wesentliches Argument wird hier deutlich, daß Sicherheit keinesfalls nur technisch verstanden werden kann, sondern nur in dem Zusammenspiel von potentiellen Angriffsarten, den Sicherheitspolitiken und dem Empfinden der Nutzer erreicht werden kann.

1) Die Komponente "Werkzeugkasten"

Das als "Werkzeugkasten" dargestellte Architekturmodell[15] ist nicht generell für IuK-Systeme anwendbar, sondern im vorliegenden Fall auf Telekommunikationssysteme bezogen, seine Schichtenarchitektur ist gleichwohl von allgemeiner Bedeutung.[18] Es ist der Versuch, Sicherheitsdienste, die Mechanismen zur Ausführung von Diensten und die Objekte, z.B. einzelne Benutzer, zumindest theoretisch auseinanderzuhalten, um die eingangs beschriebene Zielsetzung mit technischen Vorrichtungen zu unterstützen. Die Handhabung der Audit- und Alarmfunktion ist quer zu den Diensten zu sehen und ermöglicht zusammen mit dem Sicherheitspolitikmanagement, daß der technische Ablauf nach nicht-technischen Vorgaben kontrolliert werden kann. Zur besseren Verständlichkeit seien die wesentlichen Dienste auf dieser Ebene nachfolgend skizziert: [19]

a) **Vertraulichkeit:** Subjekte, Objekte oder Funktionen weisen diese Eigenschaft auf, wenn sie nur berechtigten Subjekten, Objekten oder Funktionen zur Kenntnis gelangen können. Eng damit verbunden ist die Anonymität, bei der ein Subjekt, ein Objekt oder eine Funktion die Nichtangabe seines /ihres Namens gegenüber anderen Subjekten, Objekten und Funktionen praktiziert.

b) **Integrität:** Ist ein Subjekt, Objekt oder eine Funktion unversehrt, so darf es im System keine anderen Subjekte, Objekte oder Funktionen geben, die das Subjekt, das Objekt oder die Funktion auf syntaktischer Ebene verletzt haben. Mit der Integrität verbunden ist auch die Korrektheit, die zusätzlich keine Verletzung auf der semantischen Ebene fordert.

c) **Authentifikation und Identifikation:** Subjekte, Objekte oder Funktionen weisen diese Eigenschaft auf, wenn sie in zugesicherter Form und Qualität innerhalb eines zugesicherten Zeitraums andere Subjekte, Objekte und Funktionen in ihrer Funktion und Berechtigung klassifizieren.

d) **Verbindlichkeit:** Subjekte, Objekte und Funktionen sind verbindlich, wenn garantiert ist, daß ihre Verwendung bzw. Ausführung unter Kontrolle steht. Verbindlichkeit in diesem Sinne hängt eng mit Verläßlichkeit zusammen, die davon ausgeht, daß entsprechend der zuvor getroffenen Vereinbarungen auch gehandelt wird.

e) Zugriffskontrolle: Subjekte, Objekte und Funktionen weisen diese Eigenschaft auf, wenn Änderungen an ihnen bzw. ihre Verwendung nachgewiesen werden kann.

2) Die Komponenten "Angriffsarten" und "Sicherheitspolitiken"

Während im "Werkzeugkasten" die "Dienste" und "Mechanismen" zur Verfügung stehen, erfordert die Identifikation und Bewertung von Angriffsarten zusätzlich Kenntnisse über nicht-technische Zusammenhänge und die Kenntnis der gespeicherten Objekte. Diese definieren jedoch als Anforderungen das technische System, d.h. die "Plattform" oder "Schnittstelle".

Sicherheitspolitiken sind nach dem Grad der Gewißheit von Angriffsarten definiert. In **Abb. 1** soll in einem Vorgriff auf das nächste Kapitel am Beispiel der Standardisierung erläutert werden, welche Funktionen und Plattformen unter den Aspekten und Unterscheidungskriterien gegenwärtig diskutiert werden.[7,9,19,34]

Abb. 1:   Dienste und Sicherheitspolitiken in der Standardisierung

TCSEC :	Sicherheit	= Vertraulichkeit
ITSEC :	Sicherheit	= Vertraulichkeit + Integrität+Verfügbarkeit = Identifikation+Zugriffskontrolle+Authentifikation+Audit
CTCPEC :	Sicherheit	= 16 Dienste+ Unbeobachtbarkeit+ Anonymität+ Nichtverbindbarkeit
ISO :	Sicherheit	= CTCPEC

Während der amerikanische Vorschlag (TCSEC) nur den Schutz des Computersystems vorsieht, erweitert der europäische Vorschlag (ITSEC) die Funktionalität, um auch benutzerbezogene Interessen zu wahren. Außer beim kanadischen Vorschlag (CTCPEC) kann daher ausschließlich von zentralen Tendenzen gesprochen werden. Allerdings schützt auch CTCPEC nicht die einzeln auswählbaren Aktionen des Anwenders. Darüber hinaus definiert die Standardisierung Angriffsarten, denen durch verfügbare Dienste begegnet werden kann. Im Allgemeinen geht man von folgender Liste aus, die die Grundmanipulationen aufzählt:

- **Modifizieren:** das unzulässige Ändern von Daten bzw. Vorgängen
- **Einfügen:** das unzulässige Einfügen von Daten bzw. Vorgängen in bestehende Vorgänge
- **Löschen:** das unzulässige Vernichten von Daten bzw. Vorgängen
- **Ausforschen:** die unzulässige Kenntnisnahme von Daten bzw. Vorgängen (Browsing)
- **Weitergeben:** das unzulässige Durchsickernlassen von Daten und Vorgängen in einen Bereich, für den sie nicht bestimmt sind (Leaking)
- **Ableiten:** der unerwünschte Rückschluß auf geschützte Daten aus bekannten Daten (Inferencing)
- **Leugnen:** das Abstreiten, der Urheber eines Vorgangs zu sein bzw. an einer Kommunikation beteiligt gewesen zu sein (Masquerading)

Abgeleitet aus diesen Diensten, Mechanismen und Objekten, sowie aus den anwendungsunabhängigen Angriffsarten, können wie in **Abb. 1** für den Bereich von Telekommunikationsdiensten spezielle Anforderungen zusammengesetzt werden (z.B. für Mobilkommunikation), die jedoch in nicht-technischen, sozialorientierten Verfahren festgestellt werden müssen.

4. Ist Sicherheit erreichbar?

Sicherheit im Bereich von IuK-Technik und -Diensten wird meist als eine ingenieurwissenschaftliche Herausforderung betrachtet, wobei beantwortet werden sollte: [1,16,30]

- **Was ist Sicherheit?**
- **Läßt sich Sicherheit formal und universell fassen?**

Besonders der Beantwortung der letzten Frage kommt bei der Gestaltung von Informationssystemen erhebliche Bedeutung zu, da man bei einer positiven Beantwortung den Nachweis erbringen könnte, daß ein System "sicher" sei.

Intuitiv stößt man bei der Annäherung an eine Definition von Sicherheit auf den Begriff der Bedrohung, sowie Methoden und Verfahren zu deren Abwehr. Aus diesen beiden Begriffen "Methoden" und "Maßnahmen" setzt sich der Grad der erreichbaren Sicherheit zusammen. Eine Erweiterung und Differenzierung ergibt sich, wenn man die Möglichkeit des Eintritts einer Bedrohung und die Bewertung des kausalen Schadens vornimmt. Sind zwischen der Bedrohung und dem Schaden sowie den Maßnahmen kausale

Zusammenhänge gegeben, spricht man von "vollständiger" Sicherheit, wenn gegen die Bedrohungen voll wirksame Gegenmaßnahmen ergriffen werden können. Ist das Schadenspotential hingegen nur durch eine vergangenheitsorientierte Wahrscheinlichkeit bestimmt, dann wird ein Erwartungswert des Schadensfalles ermittelt und mit einem akzeptierten Grenzwert verglichen. Sicherheit ist nicht vollständig, sondern beschreibt ein "statistisches" Mittel. Bei der IuK-Technologie sind jedoch beide Ansätze - der "deterministische" und der "stochastische" - nur Denkhilfen, aber liefern keine praktisch relevanten Verfahren, um eine objektive Beurteilung zur Sicherheit abzugeben, da hier neben der **objektiven** vor allem die **subjektive** von den Teilnehmern empfundene Sicherheit bedeutsam ist[18]; in der Wissenschaft stößt man schnell auf sogenannte "Sicherheitsmodelle".

Diese Modelle unterscheiden sich nach der Art der Bedrohung, die sie behandeln, sowie nach den mathematischen Grundlagen, die zu ihrer Formulierung verwendet werden. Für unseren Zweck soll diskutiert werden, weshalb formale Modelle überhaupt aufgestellt werden, wenn für IuK neben der objektiven vor allem die subjektiven Kriterien eine Rolle spielen. Das Aufstellen eines Modells läßt den sachlichen Umgang mit Komplexität erst zu und ermöglicht oft, die Komplexität an den Beschränktheiten des Modells zu erkennen. Das Modell ist nicht die Realität, aber die zukunftsorientierte Festlegung von Bedrohungen basiert eben auf Erfahrungen der Vergangenheit. Dies soll am Beispiel eines Extrems gezeigt werden:

Abb. 2:   Sicherheitsmodelle[28]

1970 -	High-Water-Mark Modell (Weissmann) (1969)
1975 -	Bell-LaPadula Modell (1973-1976) HRU-Modell (Harrison, Ruzzo, Ullman) (1976) Informationsflußmodell (Denning) (1976) SRI Modell (Feiertag) (1977) Integritätsmodell von Biba (1977) Take-Grant Modell (Jones) (1978)
1980 -	Schutzmodell (Kreissig) (1980) Vollständiges Schutzmodell von Dion (1961) DBMS Sicherheitsmodell (Graubart, Woodward) (1982) Goguen-Mesequer Modell (1982)
1985 -	MMS Sicherheitsmodell (Landwehr, Heitmeyer, McLean) (1984) Schematisches Schutzmodell (Sandhu) (1986) Clark-Wilson Modell (1987) Hierarchisches Integritätsmodell (Lee) (1988) SeaView Modell (Denning, Luni) (1988) Hierarchisches Matrix Modell (Benson, Appelbe, Akyiidiz) (1988/89) Modell für den sicheren Informationsfluß (Foley) (1989) "Neues" Sicherheitspolitikermodell (Terry, Wisenman) (1989) Generalisiertes Informationsmodell (Lin) (1989) Erweitertes Integritätsmodell (Badger) (1989) Modell der Chinesischen Mauer (Brewer, Nash) (1989)
1990 -	Erweiterung des Modells der Chinesischen Mauer (Meadows) (1990)

Man könnte sich z.B. eine Regel vorstellen, daß bei dem Eindringen eines Unberechtigten sofort die Kommunikation abbricht und die Spuren der bisherigen Kommunikation für diese Transaktion zerstört werden. Es gibt sicher Anwendungen für eine solche Regel, wenn man sich auch nicht vorstellen kann, daß hiermit die Mehrzahl der IuK-Informationsbeziehungen erfaßbar wäre und gewissermaßen der eigentliche Zweck der IuK mehr behindert als gefördert würde.

Sicherheit entsteht demnach aus einem intuitiven Verständnis und hat ihren subjektiven Charakter darin, daß die als bedeutsam angesehenen Bedrohungen durch besondere Maßnahmen ausgeschlossen werden, während das verbleibende Risiko nicht erfaßt wird.

Für Organisationen und Gesellschaften, die eine gemeinsame IuK Infrastruktur bereitstellen, ist diese Subjektivität nicht handhabbar und muß durch eine gesellschaftliche "Objektivität", d.h. Konsens oder globale Akzeptanz des Restrisikos erweitert werden. Dies wird häufig als Reduktion oder Einschränkung von "Verletzlichkeit" gesehen, wobei Einzelne die Mehrheit und umgekehrt nicht beherrschen und die Verläßlichkeit von Mensch, Technik und Stabilität der Gesellschaft gewährleistet ist. Dies kann eine erheb-

liche Einschränkung der Freiheit des Einzelnen bedeuten und kann auch durch propagierte oder angenommene Fehlerfreiheit der Technik nicht argumentativ vertreten werden, da es diese Fehlerfreiheit bei IuK nicht geben kann, wenn Systeme zusammen in
vernetzten Strukturen operieren müssen:

- **Kumulationsschäden** entstehen durch vielfache, voneinander unabhängige Handlungen
- **Multiplikationsschäden** vervielfachen sich durch einen oft nicht nachvollzieh-
  baren Ausgangsfehler
- **Kopplungsschäden** sind sehr häufig und haben durch die zunehmende Vernetzung
  einen erheblichen Anteil an der Industriespionage
- **Hohe Einzelschäden** gibt es auch bei der IuK. Zerstörungen oder Verlust großer
  Datenmengen ist oft von größerem Nachteil als die mißbräuchliche Mitverwendung
  oder der unberechtigte Zugang.

Schlußfolgernd kann aus der wissenschaftlichen Sicherheitsdiskussion nur der politischen Forderung scheinbar zugestimmt werden, daß bei Informationssystemen alle
Fehler- und Mißbrauchsmöglichkeiten vorweggenommen und faktisch ausgeschlossen
werden müssen. Dies entspricht jedoch nicht der Realität des Faktischen und zeigt die
wissenschaftlich notwendigen, aber gesellschaftlich unbrauchbaren Ansätze der formalen Sicherheitsdiskussion. Sicherheit ist kein Selbstzweck und kann bei IuK nicht vollständig erreicht werden. Sicherheit ist subjektiver und damit kultureller Natur. Es handelt sich um einen abgeleiteten Wert.

5. Gestalterische Rahmenbedingungen zur Etablierung von Sicherheit

Sicherheit im objektiven Sinne und damit der Ausschluß von Manipulationen, Betrug
und Fälschung von Informationen ist nicht erreichbar. Die Verletzung von Rechten ist
nicht auszuschließen, ebensowenig kann ein Verbot von IuK mit dem Ziel von gesell-
schaftlichem und zivilisatorischem Fortschritt vereinbar sein.

Das Handbuch für die sichere Anwendung der Informationstechnik des Bundesamtes
für Sicherheit in der Informationstechnik (BSI) definiert Integrität von Informationen
bzw. Daten dann als gegeben, "wenn die Informationen nur von Befugten in vorgese-
hener Weise verarbeitet werden, z.B. durch Erzeugen, Ändern oder Löschen von Daten"
und erläutert an anderer Stelle über diese Definition hinausgehend "(...) und nicht unzu-

lässig modifiziert werden können".[4] Unter dem Begriff "Integrität" werden häufig auch die Unversehrtheit, die Vollständigkeit, die Widerspruchsfreiheit und die Korrektheit verstanden (vgl. auch Abschnitt B. dieses Beitrages). "Vollständig bedeute, daß alle Teile der Informationen verfügbar sind. Korrekt sind Informationen, wenn sie den gemeinten Sachverhalt unverfälscht beschreiben." Das BSI-Sicherheitshandbuch[7] wirft folgende "Fragen zur Grundbedrohung 'Verlust der Integrität'" auf:

- Können Menschen durch die Auswirkungen veränderter Programmläufe gefährdet werden?
- Erfordern gesetzliche Auflagen die Integrität der Daten?
- Ist die ordnungsgemäße oder vorgeschriebene Verarbeitung von besonderer Wichtigkeit?
- Ist die unerwünschte Modifikation von Daten eine Gefahr?
- Welche Folgen kann die unerwünschte Modifikation von Daten haben?
- Welche Schäden z.B. finanzieller Art kann die Eingabe oder Ausgabe von falschen oder unvollständigen Daten zur Folge haben?
- Welche Schäden z.B. finanzieller Art kann die Übermittlung von falschen oder unvollständigen Daten zur Folge haben?
- Wie wichtig ist die Integrität von Informationen und Abläufen für den Nutzer?"

Welcher gesetzliche Schutz ist durch diese Akzentuierung des Integritätsproblems gegeben? Hierzu schreibt Podlech 1988 unter Bezugnahme auf die Verfassung und die dort ausgeführten Rechtsnormen der menschlichen Würde, des Rechtsstaats- und Demokratieprinzips, daß das "Angebot von Informationen, durch deren persönliche Selektion, Aufnahme und Verarbeitung Menschen lernen, nicht so in technischen Systemen gefiltert, arrangiert und präsentiert werden darf, daß eine selbstverantwortliche Selektion, Aufnahme und Verarbeitung gestört und Lernen damit unmöglich wird. (...) Zum anderen dürfen die eine Person repräsentierenden Informationen nicht zu Waren werden, die, durch die dargestellte Person unbeeinflußbar, nach ökonomischen Regeln im Marktgeschehen zirkulieren. Der Entfremdung der Arbeitskraft darf nicht die Entfremdung der Information folgen."[24]

Eine Lösung der subjektiven Sicherheit kann daher nur in der Entwicklung von Sicherheitskulturen im unauflösbaren Spannungsfeld der Integrität von Individuum und Gesellschaft liegen.

Gesetzliche Grundlagen zum Schutz der von Daten Betroffenen sind durch das Bundesdatenschutzgesetz und die Datenschutzgesetze der Länder geschaffen.[25] Diese Gesetze schreiben vor, in welchem Rahmen erhobene personenbezogene Daten gespeichert, verarbeitet und weitergegeben werden dürfen und geben den Betroffenen gewisse Rechte über die sie betreffenden Daten , wie z.B. das Recht auf Auskunft oder das Recht auf Löschung. Die Einhaltung der Datenschutzgesetze wird durch Datenschutzbeauftragte überwacht. In einigen Fällen sind auch in Spezialgesetzen (z.B. Röntgenverordnung) Regelungen für den Datenschutz aufgeführt oder können daraus abgeleitet werden.

Bei der Schaffung formaler Grundlagen für die Sicherheitsbewertung spielte das US-amerikanische Department of Defense (DoD) eine führende Rolle, als es 1983 die "Trusted Computer System Evaluation Criteria" (TCSEC), das sogenannte "Orange Book", herausgab. Dem wachsenden Aufkommen von verteilten Systemen und verteilten Anwendungen wurde 1987 durch eine Erweiterung, der "Trusted Network Interpretation of the Trusted Computer System Evaluation Criteria", dem sogenannten "Red Book", Rechnung getragen. In Deutschland wurde erst 1990 ein dem Orange Book vergleichbarer Standard geschaffen, der im Rahmen des EG-Zusammenschlusses mit ähnlichen Standards anderer EG-Staaten vereint wurde, woraus sich die Information Technology Security Evaluation Criteria (ITSEC), die seit Juni 1991 in einer vorläufigen Form vorliegen, ergaben. Auch hier werden Rechnersysteme klassifiziert, um Anwendern mit bestimmten Sicherheitsanforderungen die Auswahl eines geeigneten Systems zu erleichtern.[3,11,20,25]
Beide Ansätze, sowohl die Klassifikationskriterien als auch die Datenschutzgesetze, berücksichtigen allerdings kaum die Rolle des Endbenutzers, sondern beschränken sich auf Systemschutz.

Durch die Datenschutzbeauftragten vertreten, finden wir überwiegend die Devise: Verbot der Datenverarbeitung mit gesetzlich untermauertem Erlaubnisvorbehalt,[18] nach dem Motto, je weniger Daten zu speichern und verarbeiten erlaubt sind, um so sicherer. Was nicht gesetzlich geregelt ist, darf nur gemacht werden, wenn es für die Aufgabenerfüllung absolut notwendig ist. Maßstab für die Zulässigkeit der Verarbeitung von Daten ist der Grundsatz der Verhältnismäßigkeit. Mit dieser Sichtweise sieht sich der Datenschutzbeauftragte als Anwalt für die informationelle Selbstbestimmung des Endbenutzers.

"Ziele ohne Kriterien sind kopflos und Kriterien ohne Ziele sind kraftlos",[12] mag als Kommentar zum bisher im gesellschaftlichen Bereich Erreichten gesagt werden. An Kriterien wird jedoch intensiv gearbeitet, wenn das Wettrennen mit der Technikentwicklung auch unter der Erfahrung leidet, daß die Kriterien - wie der Hase hinter dem Igel - immer hinter der Technik hinterherlaufen und oft bei Erscheinen veraltet sind.

Entsprechend den Vorgaben des IT-Sicherheitsrahmenkonzeptes sind in den letzten Jahren in Deutschland drei sogenannte "Grundlagenwerke der IT-Sicherheit" entstanden, denen teilweise auch international erschienene Dokumente entsprechen und die zur Steigerung der IT-Sicherheit in der Bundesrepublik Deutschland beitragen sollen:[23,32,34)

- Ein **IT-Sicherheitshandbuch** soll die sichere Anwendung der Informationstechnik unterstützen.
- **IT-Sicherheitsevaluationskriterien** sollen als Grundlage für die Bewertung (Evaluation) der Sicherheit von Systemen der Informationstechnik dienen.
- **Evaluationshandbücher** sollen Ziele und Prozeß der Evaluation sowie die Anforderungen der Evaluationskriterien für Hersteller, Prüfer und Anwender verdeutlichen.

Im Oktober 1990 begann innerhalb der internationalen Normung (SC 27) die Diskussion um "Evaluation Criteria for IT Security", und ein entsprechendes Normungsprojekt wurde initiiert.[23) Die entstehende Norm soll aus drei Teilen bestehen, einer Einleitung und je einem Teil zu den Themen Funktionalität (Functionality) und Qualitätssicherung (Assurance, offiziell übersetzt mit "Vertrauenswürdigkeit"). Die als erste Entwürfe für Teil 2 und 3 in den Normungsprozeß eingebrachten Dokumente stimmten fast wortwörtlich mit den entsprechenden Teilen der ITSEC überein und haben sich bisher nur redaktionell geändert.

Allerdings sind die Entwürfe bislang nicht über den Status eines "Working Draft", der ersten von vier Stufen auf dem Weg zu einem ISO-Standard, hinausgekommen. Ein Grund dafür sind die für März 1992 erwarteten, aber erst zur Herbstsitzung des SC 27 in Gaithersburg (USA) vorgelegten Kommentare der amerikanischen Vertreter. Sie bleiben aber zumindest derzeit formal im Rahmen der bisherigen Struktur des Normungsprojektes.

Neben den USA haben auch andere Staaten modifizierende Kommentare eingereicht. Belgien hat die Ergänzung der "generischen Oberbegriffe" um "Anonymität" gefordert, Kanada ihre vollständige Umstrukturierung entsprechend der Struktur der kanadischen Kriterien. Die Kommentare aus Japan deuten an, daß auch dort IT-Sicherheitsevaluationskriterien entworfen werden, auch wenn über ihre Struktur bislang kaum Informationen vorliegen.

Als Ergebnis der Diskussion in Gaithersburg werden die "generischen Oberbegriffe" in Teil 2 (Funktionalität) voraussichtlich geändert; dabei werden auch "Unbeobachtbarkeit" und "Pseudonymität" zumindest in der Form eines informativen Anhangs enthalten sein. Funktionalitätsklassen wird der Teil 2 voraussichtlich nicht oder nur als Beispiele enthalten. Geplant ist derzeit, sie in einem internationalen Register zu verzeichnen; die Regelungen für eine Aufnahme in das Register sollen in einem neuen Normungsprojekt entwickelt werden.

Künftige Entwicklungen in der internationalen Normung werden vermutlich auch durch zwei gemeinsame Arbeitsgruppen zwischen kanadischen, amerikanischen und europäischen Experten zu den Themen "Funktionalität" (Functionality) und "Evaluationsmethoden" (Evaluation Methods) beeinflußt werden.

Kriterien, Verfahren und Organisationen im Bereich der Sicherheit erfahren heftige Kritik, die sich hauptsächlich in folgenden Forderungen niederschlägt:[23]

- Anwendungsbereiche sind zu eng, bzw. zu weit gefaßt;
- Funktionalitätsklassen schützen Maschinen und nicht die Entwicklung partizipativer Teilnahme des Einzelnen in einer zunehmend informatisierten Gesellschaft;
- Die praktische Verwert- und Kontrollierbarkeit einzelner Kriterien wird fachlich und systemorientiert erheblich bezweifelt;
- Das BSI könne seine konfligierende und Interessenkollisionen nicht ausschließende Vielfachfunktion als Evaluierungs-, Akkreditierungs- und Zertifizierungsstelle, sowie die Rolle als Entwickler und Zulassungsinstanz nicht ausfüllen.

6. Individuelle Verantwortung durch subjektive Sicherheit

In den "Guidelines for the Security of Information Systems"[21] wird mit der Formulierung allgemeiner Zielvorstellungen und Grundsätze ein sehr weitreichender Problemhorizont der Sicherheit informationstechnischer Systeme abgesteckt. Die Problemlösungsvorschläge (Policy Development, Education and Training, Enforcement and Redress, Exchange of Information, Co-operation) sind jedoch vage, wenn man die Seite der Realisierung und Umsetzungsmechanismen betrachtet. Jedoch sind die Grundsätze der Multidisziplinarität, der Integration und der Verantwortlichkeit angedeutet und erkannt. Über die für Top-Down-Gestaltungsperspektiven üblichen politischen und juristischen Umsetzungsinstrumentarien hinaus (Harmonisierung technischer Standards, Entwicklung rechtsverbindlicher Regeln, Normen und Sanktionsformen etc.) sind die anwendungsnahen Gestaltungsmöglichkeiten noch offen.

Es verbleibt die Einsicht, daß trotz Standardisierung die individuellen Sicherheitserfordernisse wohl über die Standardisierung alleine nicht erreicht werden können, ebensowenig behebt die gute Motivation der staatlichen Maßnahmen bei der Definition von Kriterien den sozialen Zwang nach Konsensbildung oder die Bewältigung von gesellschaftlichen Konflikten.

Als Lösung verbleibt nur die Individualisierung nach einfachen Kriterien, die sich aus übergeordneten rechtlichen Grundprinzipien ergeben. Bei Beachtung des Grundgesetzes der Bundesrepublik Deutschland zeigen sich für den Bereich innovativer Technikeinführung einige grundlegende konzeptionelle Rahmenbedingungen, deren Einbeziehung in die Technikgestaltung eine erfolgsversprechende Bedingung darstellt. Informationstechnik per se stellt noch keine Lösungsmöglichkeit für komplexe technische Problemstellungen dar. Es reicht nicht, nur einfach Technik einzusetzen, es kommt vielmehr maßgeblich auf das "Wie" des Technikeinsatzes an. Innovative Technikgestaltung muß, um gesellschaftlich akzeptierbar, verfassungskonform und wirtschaftlich erfolgreich zu sein, folgenden allgemeinen Kriterien genügen[18]:

a) Das **Recht auf informationelle Selbstbestimmung** wird den Individuen der Gesellschaft durch Verfassungsgerichtsurteil zur Volkszählung aus dem Jahre 1983 zugesichert. Das Bundesdatenschutzgesetz sichert die Rechte des Betroffenen bei der Speicherung personenbezogener Daten (z.B. Recht auf Auskunft, Berichtigung, Löschung oder Sperrung) und soll damit der oft herangezogenen Metapher des "gläsernen" Menschen oder des "Strichcodes auf der Stirn" entgegenwirken.

b) Nachvollziehbarkeit

Sämtliche Aktionen im Zusammenhang mit schutzwürdigen Daten sollten später
nachvollzogen werden können. Alle Aktionen sollen somit leicht kontrollierbar sein,
damit ein Mißbrauch von Daten auch nachträglich entdeckt werden kann. Es muß
von neutralen Instanzen geprüft werden können, wer wann welche Daten erzeugt,
geändert, weitergegeben oder versandt hat.

c) Bindewirkung

Vereinbarungen, die mittels Informationstechnik getroffen werden, müssen rechts-
wirksam sein und gerichtlich durchgesetzt werden können.

d) Gestaltbarkeit

Die Technik muß als Teil des gesellschaftlichen Prozesses auch von Anwendern
bzw. Nutzern gestaltbar sein. Mögliche Gestaltsbarkeitskriterien wie die Korrigier-
barkeit bestimmter (Teil-) Funktionen oder die Nutzungskomplexität müssen dabei in
Betracht gezogen werden.

Sicherheit kann nicht allein ex-ante oder antizipativ in IuK Technik festgeschrieben
werden, sondern ist das Ergebnis eines gesellschaftlichen Prozesses ex-post und geleitet
von konsensfähigen Kriterien. Standardisierung, Sicherheitspolitiken und wissenschaftliche Forschung im technischen wie im gesellschaftlichen Bereich werden die Triebkräfte dieser Herausbildung von Sicherheitskulturen bleiben. Der Erfolg - auch der ökonomische - der IuK-Technologie hängt maßgeblich von der Gestaltung dieses Prozesses
ab.

7. Zusammenfassung

Die Frage nach der "Integrität" von Personen und Dokumenten läßt sich nicht ohne
Bezugnahme auf die Integrität der potentiell "betroffenen" Personen beantworten. Die
Formulierung von Anforderungen an die "Integrität" von Personen und Dokumenten
bedarf der Bezugnahme auf individuelle und gruppenspezifische Leitbilder und Vorstellungen darüber, was überhaupt als Maßstab einer "Unversehrtheit" im Sinne einer noch
zumutbaren Beeinträchtigung der Integrität zu gelten hat. Auch die "Integrität" von
Dokumenten bedarf einer kulturellen Betrachtungsweise, weil jedes Dokument nur insoweit als eine unversehrte Ganzheit zu betrachten ist, wie sein Sinnzusammenhang
authentisch bleibt. Der Sinn eines Dokumentes kann nicht nur "textimmanent" in seiner

Bedeutung erfaßt werden, sondern auch in seinem kontextgebundenen Sinn für bestimmte Adressaten".[10]

Weil die Vorstellungen und Normen des Zumutbaren kulturellen Wandlungsprozessen unterliegen und von spezifischen Kontextbedingungen des Anwendungsfeldes der Informationstechnik abhängen, kann es keine "ewigen", allgemeingültigen Bewertungskriterien geben, mit denen sich die Grenze zwischen noch erträglichen und nicht mehr zumutbaren Beeinträchtigungen der persönlichen "Unversehrtheit" präzise und ein für alle Mal bestimmen ließe.

Eine normative Orientierung auf verfassungsrechtliche Grundlagen wie Podlech sie anschneidet, kennzeichnet u.E. das Dilemma, daß zwar die grundsätzliche Problematik "menschlich-kommunikativ entkleideter Multimediabeziehungen" (vgl. den CIT-Konferenzbeitrag von Endo[33]) erkannt wird, jedoch durchführbare, einzelrechtliche Regelungen bezüglich elektronischer Daten häufig fehlen.

Rihaczek[33] gibt zu diesem "Henne-Ei-Dilemma" das Stichwort der elektronischen Unterschrift als Kryptotext. Damit gibt er gleichzeitig das Stichwort, daß Informationstechnik ein sehr dynamisches, räumlich und zeitlich vernetztes System darstellt, für das keine objektiven Regeln in einer Konkretion und Allgemeinheit zugleich existieren, sondern entsprechender Regelungsbedarf immer aufs Neue herausgefordert werden muß. Dies wirft die Frage nach den Akteuren bzw. Arbeitsgruppen, den von ihnen formulierten Risiken und Gestaltungszielen und vorhandenen und geforderten Gestaltungsmitteln auf. Für die Ermittlung von Risiken und Handlungsbedarf "sind neue Verfahren der Technikfolgenforschung (TA) zu entwickeln", die soziale Technikanalyse und soziale Technikgestaltung mit dem realen Prozeß der Technikentstehung und -durchsetzung in Einklang bringen.[29]

Roßnagel,[33] der im Rahmen der CIT-Konferenz über ein TAG-Projekt telekooperativer Bearbeitung von Rechtsstreitigkeiten berichtet, fordert vor diesem Hintergrund zur Abwehr der Verletzlichkeit der Integrität in der "papierlosen Rechtspflege" die Einrichtung öffentlicher Schlüsselsysteme, in denen elektronische Dokumente signiert und verschlüsselt werden. Allerdings zeigt Cordes[33] auch hierbei die Vergeblichkeit "vollständig" oder "perfekt" sein zu wollen.

In einem Arbeitspapier zur CIT-Konferenz konzentriert sich Florian[10] auf den Aspekt der Sichheitskulturen als Vermittlungsfeld der Integritäten von Individuum und Gesellschaft. Darin bestätigt er die Dynamik und generelle Zweckoffenheit von IT-Systemen: "Meine These ist, daß die Sicherheit informationstechnischer Systeme im allgemeinen und die Integrität von Personen und Dokumenten im besonderen eine Bezugnahme auf branchenbezogene, professionelle und betriebliche 'Sicherheitskulturen' verlangt." Kubicek weitet diese Blickrichtung aus, in dem er darlegt: "Es geht nicht nur um die Sicherheit von Daten als Repräsentationen von Objekten, sondern auch um den Schutz von Informationen im Sinne der den Daten zugeordneten Bedeutungen. Es soll nicht nur um die Interessen der Betreiber von DV-Systemen gehen, sondern um den Schutz der Interessen aller (...)"; insofern müsse eine zentrale Frage auch lauten: "Wo muß unter Sicherheitsaspekten heute ganz auf den Einsatz von IT verzichtet werden?"

Das Dilemma dieser Diskussion insgesamt zeigt sich im Gegenteil dieser Feststellung, daß subjektive Sicherheit Änderungen unterworfen ist und damit das, was heute als richtig erkannt wird, morgen als Fehler der Vergangenheit gesehen werden kann. Sicherheit im Objektiven wie im Subjektiven bleibt eine wichtige Frage, sie ist jedoch kein Selbstzweck, sondern kann nur im Kontext anderer gesellschaftlicher Faktoren beurteilt werden (Gates, B., Spiegel, Nr. 21, Mai 1993).

Literaturverzeichnis

[1] Bell, D. Elliott
Secure Computer Systems: A Refinement of the Mathematical Model, TR-2547, Vol. III, The MITRE Corporation, Bedford, MA, December 1973.

[2] BMI
Rahmenkonzept zur Gewährleistung der Sicherheit bei Anwendung der Informationstechnik (IT) - IT-Sicherheitsrahmenkonzept, beschlossen vom Bundeskabinett am 23.11.1989, Vorlage des Bundesministeriums des Innern, DuD 1989, 291 ff.

[3] BMI
Der Bundesminister des Innern (ed.): Information Technology Security Evaluation Criteria (ITSEC), Harmonised Criteria of France, Germany, the Netherlands, the United Kingdom, Version 1, May 2, 1990; Department of Trade and Industry: Information Technology Security Evaluation Criteria (ITSEC), Harmonised Criteria of France, Germany, the Netherlands, the United Kingdom, Version 1.1, London, January 10, 1991; Informal EC advisory group SOG-IS: Information Technology Security Evaluation Criteria (ITSEC), Harmonised Criteria of France, Germany, the Netherlands, the United Kingdom, Version 1.2, June 28, 1991.

[4] Bundesamt für Sicherheit in der Informationstechnik
IT-Sicherheitshandbuch, Handbuch für die sichere Anwendung der Informationstechnik.

[5] Bundestagsdrucksache 134/90:1

[6] Chaum, D.
Untraceable Electronic Mail, Return Addresses, and Digital Pseudonyms, CACM 1981, 84-88.

[7] Clark/Wilson
A Comparison of Commercial and Military Computer Security Policies, Proc. 1987 IEEE Symp. on Security and Privacy, Oakland, California, April 27-29, 1987, S. 184-195.

[8] Chokhani, S.
Trusted Products Evaluation, Communications of the ACM Vol. 35, 1992, Nr. 7, 64-76.

[9] Corbett
ITSEC in Operation - an Evaluation Experience, Proc. 4th Annual Canadian Computer Security Conference, Ottawa, Kanada, May 1992, 439-460.

[10] Florian, M.
Sicherheitskulturen als Vermittlungsglied der 'Integritäten' von Indviduum und Gesellschaft, Arbeitspapier, Universität Dortmund, 1993.

11) ISO7498-2

Information processing systems - Open Systems Interconnection - Basic Reference Model - Part 2: Security Architecture, International Standard ISO IS 7498-2, First edition 1989-02-15.

12) Kubicek, H.

Computernetze und die bürgerlichen Freiheitsrechte. In: Spektrum der Wissenschaft 9/1992, S. 117-120.

13) Kersten, H.

Neue Aufgabenstellungen des Bundesamtes für Sicherheit in der Informationstechnik, DuD 1992, 293 ff.

14) Lenk, K.

Informationstechnik und Gesellschaft, Siemensbroschüre 1984, S. 90 ff.

15) Martin, R.J.

IBM Security Architecture, A Model for Searing Information Systems, November 30, 1992.

16) McLean, John

Reasoning About Security Models aus Proc. 1987, Symposium on Security and Privacy, Oakland, CA, April 27-29, 1987, 123-131.

17) Millen, J.K.

Models of Multilevel Security, aus: Advances in Computers Academic Press, vol. 29, 1989, 1-45.

18) Müller, G.; Kohl, U.

Safercom - Datenschutz und Datensicherheit für verteilte Klinikanwendungen, Anwenderbericht 1993 (zu beziehen bei G. Müller).

19) Mund, S.

Sicherheitsanforderungen - Sicherheitsmaßnahmen, in: Weck, G.; Horster, P. (Hrsg.) VIS, DuD-Fachbeiträge 16, Vieweg, 1993, S. 225 ff.

20) National Computer Security Center

Trusted Network Interpretation of the Trusted Computer System Evaluation Criteria, NCSC-TG-005 Version 1, July 31, 1987, nach seiner Umschlagsfarbe "Red Book" genannt.

21) OECD

Guidelines for the Security of Information Systems, ICCP Policy, Paris OECD/GD 92 (190).

22) Pfitzmann, A.; Pfitzmann, B.; Waidner

Datenschutz garantierende offene Kommunikationsnetze, Informatik-Spektrum 1988, 118-142.

23) Pfitzmann, A.; Rannenberg, K.

Staatliche Initiativen und Dokumente zur IT-Sicherheit, in: Computer und Recht, 1993, S. 170 ff.

24) Podlech, A.
Unter welchen Bedingungen sind neue Informationssysteme akzeptabel?. In:
Steinmüller, W. (Hrsg.): Verdatet und vernetzt. Sozialökologische Hand-
lungsspielräume in der Informationsgesellschaft, Frankfurt am Main, 1988,
S.212 f.

25) Präsidiums-Arbeitskreis
Datenschutz und Datensicherung der Gesellschaft für Informatik: -Stellung-
nahme zu den Kriterien für die Bewertung der Sicherheit von Systemen der
Informationstechnik (ITSEC)V 1.2, DSB 1992, 7-12 und DuD 1992, 233-
236.

26) Sager, P.
Verrückte Wahrheit. Die Bildmanipulation kennt kaum noch Grenzen. In:
Zeitmagazin Nr. 11/1991, S. 10-21.

27) Schützig
Evaluierung komplexer Systeme - Folgerungen für Sicherheitskriterien, VIS
1991 - Verläßliche Informationssysteme, Informatik-Fachberichte 271,
Berlin, März 1991, S. 116-132.

28) Steinacker, A.
Sicherheitsmodelle für informationstechnische Systeme - Leitlinien für die
Entwicklung? - in: DuD, Nr. 1, 1992, S. 17 ff.

29) Steinmüller, W.
Die Offenheit der Informationstechnologien und ihre Risiken. In: Rudolf
Wilhelm, Diskurs-Protokoll zur Technikfolgenabschätzung der Informationstechnik II-1, S. 25-27, VDI/VDE-Technologiezentrum Informationstechnik GmbH, Berlin, 1990.

30) Ulbricht, Brigitte
Modellierung von Sicherheit für Systeme der Informationstechnik, REMO-
Arbeitspapier, 1990.

31) Voydock; Kent
Security Mechanisms in High-Level Network Protocols, ACM Computing.

32) Zentralstelle für Sicherheit in der Informationstechnik (Hrsg.)
IT-Evaluationshandbuch - Handbuch für die Prüfung von Sicherheit von
Systemen der Informationstechnik (IT) - 1. Fassung vom 22. Februar 1990,
Köln.

33) Zoche, P.; Harmsen, D.-M., König; R., Lange, S.
Challenges to Information Technology - Herausforderungen für die Informationstechnik. Konzeption für eine internationale Konferenz im Juni 1993
in Dresden, FhG-ISI, Karlsruhe, 1992.

34) ZSI (Hrsg.)
IT-Sicherheitskriterien für die Bewertung der Sicherheit von Systemen der
Informationstechnik, 1. Fassung vom 11. Januar 1989, Köln: Bundesanzei-
ger[5] Bundestagsdrucksache 134/90:1.

35)   Aus Platzgründen können technische Details teilweise nur andiskutiert werden. Der hieran interessierte Leser sei auf die folgenden Texte verwiesen: Meyer/Rannenberg, Eine Bewertung der "Information Technology Security Evaluation Criteria", Proc. Verläßliche Informationssysteme (VIS 1991), März 1991, Darmstadt, Informatik-Fachberichte 271, Heidelberg 1991, S. 243 ff.; Rihaczek, The Harmonized ITSEC Evaluation Criteria, Computers & Security 10. Jg., 1991, 101 ff.; Brunnstein/Fischer-Hübner, Möglichkeiten und Grenzen von Kriterienkatalogen, Wirtschaftsinformatik 1992, 391 ff.; Gehrke/Pfitzmann/Rannenberg, Information Technology Security Evaluation Criteria (ITSEC) - a Contribution to Vulnerability? Proc. of the FIP 12th World Computer Congress, Madrid, September 1992, Hrsg. Aiken, North Holland 1992, S. 579 ff.

Artifact-mediated Human Communication:
Humans Getting Closer or Not

Takaya Endo

Nippon Telegraph and Telephone Corporation (NTT), Kanagawa

1. Introduction

Historically, various kinds of telecommunication terminals and computer systems, such as telephones, facsimiles, videotext, video telephone, video conferencing, electronic mail, computer conferencing, etc., have been used to connect people with each other over long distance. They have extended the activity fields in everyday life.

Nowadays, computer support of human interaction with multimedia information is rapidly accelerating. First of all, interactive digital video technologies that make possible the storage and real-time interactive use of digitally encoded video, will help us to broaden the communication bandwidth and to reduce cognitive gaps. New blends of video, audio, graphics, animations, hypertext and hypermedia with display windowing are emerging, and together with computer and human control effect a high bandwidth multisensory interface.

Artificial interactive environments are being explored where human behavior is perceived by computer, which interprets what it observes and responds through sophisticated visual and auditory displays. These areas are called artificial reality or virtual reality.

The scope of thinking about the way people interact with computers and with people is broadening to include the social consequences of using computers in a sociotechnical world [1]. The problem of getting individuals to begin, using or increasing their usage of an electronic form of communication, essentially represents a social not a technical issue. Individuals need to believe that the electronic form of communication provides some benefits that can not be realized with more traditional modes of interaction such as memos, the telephone, or face-to-face communication. Moreover, such information and beliefs must be shared by more than one user. Computer-Supported Cooperative Work (CSCW) tools designed to enhance group productivity extend the social consequences associated with human-computer interactions. CSCW applications aim to augment work groups through communications enhancement. The focus on group processes rather than individual tasks distinguishes CSCW from the more traditional office automation efforts.

Thus, whether we like it or not, computers are steadily penetrating our traditional and everyday lifestyles in various visible or invisible forms amid an environment characterized by the distribution of a wide variety of information. Moreover, under these conditions and circumstances, diverse type of artifact-mediated human communication take place.

2. Human Communication and its Fundamental Structures

In the traditional idea, better communication was most frequently grasped as "heart-to-heart" (i-shin-den-shin in Japanese) communication [2]. In this article, an attempt will be made to focus on the concept "heart-to-heart" and give rough examinations of the interface between human and computer, the communication between humans via artifacts, the possibilities of new interfaces, etc., with the view to providing a direction and an implication in the future development of human interface technology. By the way, what state does the concept "heart-to-heart" represent? Among people, those who know each other deeply are said to be on a "heart-to-heart" basis. If a person uses his body movement, hand motion, or his facial expressions to appeal to the heart of another, then the two people can be said to be on a "body-to-heart" (the pronunciation is the same as i-shin-den-shin in Japanese) basis, and if they had deeply understood with each other the result might be said to be on a "heart-to-heart" basis. In a similar sense, a remote robot in mechatronics area or a teleexistence using virtual reality technology may be said to be on a "body-to-body" (the pronunciation is the same as i-shin-den-shin in Japanese) basis. In any case, this paper will try to look at trends of the matter concerning the concept "heart-to-heart".

What sort of communication is made between individuals which are considered to be on the "heart-to-heart" basis? This chapter will attempt to look into the matter concerning the viewpoint "heart-to-heart", including the human-human interaction through machinery, that is artifact-mediated human communication.

As a model of interaction between human and computer, the Tripe Agent Model has been proposed. When an individual seated in front of a computer is engaged in some task, the system as a whole is said to consist of User, User Dialog Machine, Task Machine, and Task [3].

Then, what sort of dialogue model can be considered, when an individual is carrying on a dialogue with another individual through machinery while they are engaged in a task?

When a person is actually sitting in front of a display, he is not only carrying on a dialogue with his partner but also simulating his task in a number of ways inside the display or in his head. Moreover, such a person is not only carrying on a dialogue on the event occurring currently around him but also being busy conducting dialogues with his inside by remembering experiences concerning his previous tasks, responses of the machinery and the system when previous tasks were carried out, or reactions obtained during previous dialogues with his partners. This suggests the necessity of considering a socially distributed cognition (SDC) mechanism which encompasses the present and past human communications as well as personal cognition processes inside himself and cognitive utilization of knowledge buried inside the task, the machinery and the system [4].

In consideration of all this, it is now possible to come up with a model, as illustrated in Fig.1, consisting of Self Dialogue Loop, Task Dialogue Loop, and Partner Dialogue Loop, as a human interface dialogue model (HIDIM) for making investigations on artifact-mediated human communication.

Fig. 1:   Human interface dialogue model (HIDIM)

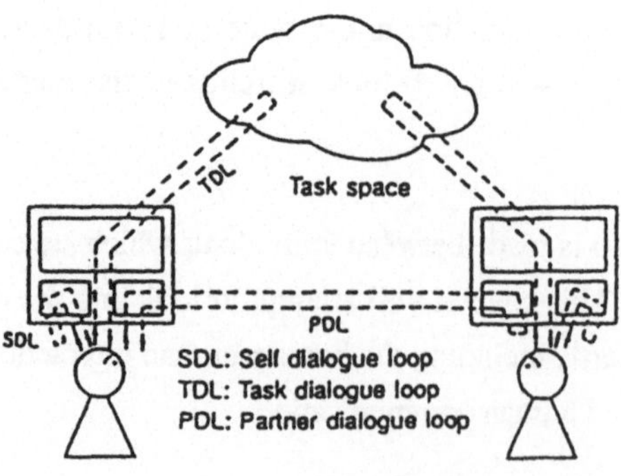

The way in which this model is conceptualized is fundamentally different from that of, for example, a conventional video telephone. In the latter case, the interface is largely designed with primary emphasis placed on the partner dialogue loop. To realize "heart-to-heart" basis communication environment, it is insufficient only to design the one dialogue loop in HIDIM. With HIDIM, the portions depicted as computer screens in Fig.1 also suggest the fundamental framework for designing the interface of the artifact-mediated human communication environment. To realize "heart-to-heart" basis communication environment, we have to design three dialogue loops harmoniously.

3. A New Communication Media for Better Cooperative Work

It is projected that the design of future human communication environments, similar to the design of CSCW research, will proceed in a direction toward interdisciplinary collaboration with anthropology, social sciences and many other disciplines. In the process, it is expected to integrate various emerging trends. These include a trend toward the creation of shared work space (SS) through the use of multimedia technologies and cognitive science, a trend toward coordinated communication (CC) which involves an effort to coordinate people's activities using speech act theory or coordination techniques, and a trend toward informal interaction (II) as a way of supporting communication between people, including the informal transmission of information using visual and acoustic technologies [5]. The most common is the SS trend in which people are seen as working together on a common representation. SS is conceived of in various modes: as synchronous meeting room tools, as synchronous tools used over a distance, and as asynchronous tools. CC trend, in which people are seen to be organized to communicate in a structured fashion for some purpose. II trend, in which people, even in formal organizations, are seen to engage in informal, unplanned, and unstructured interaction. The technologies employed are multimedia networks providing audio-video connections between different locations.

After observing office activities, even in a heavily computerized individual workplace, it is noted that people often work both with computers and on the physical desktop with traditional writing tools, books, files, etc., and frequently move back and forth. Group members should be able to use a variety of heterogeneous tools, such as computer-based and manual tools in the shared workplace simultaneously. Such a space is called the open shared workspace. This workspace must support direct face-to-face interactions among co-workers by allowing any member to directly point to and draw on other members workspaces in real-time, and to be able to exchange electrical forms of information with each other [6].

To realize this concept, new communication media called TeamWorkStation (TWS) [6] and ClearBoard (CB) [7] were designed to establish an open shared workspace by fusing distributed group members workspaces, including both computers and desktops. These adopt video as their basic media because it is the most powerful media for fusing a variety to traditionally incompatible visual media, such as papers and computer files. In these systems, several translucent overlay techniques that handle individual workspace images including hand gestures as well as face-to-face images with gaze awareness are used to create a multi-user interface for real-time collaboration. This idea will play a crucial role in making people feel at ease with "heart-to-heart" basis communication environment even at long distances, and in extending cooperative work through wide-band telecommunication networks.

Thus, designing and providing three dialogue loops harmoniously, we have got a "heart-to-heart" basis communication environment, in principle. But we had not got a "heart-to-heart" communication itself. We have to consider real processes of human communication in more deeply.

4. Harmonious Development of Technology and Human Being

The concept of a socially distributed cognition (SDC) mechanism, whose basic structural element is the HIDIM, will be considered here in the context of the fundamental mechanism of artifact-mediated human communication in society.

Many different cognitive activities occur in each of three dialogue loops of HIDIM. As one example, a predilection for a certain argument may result indirectly in the exclusion of other arguments. The activities of partners may act as an external restriction on the coordination process when trying to map interdependent relationships. Thus the internal and external considerations made in the cognitive process of each individual member can influence collaborative work arrangements and organizational dynamics in a variety of ways. One example of an internal consideration is a tendency to identify with one's own argument or proposed method. An example of an external consideration is to put oneself in another person's position. The examples cited here of internal and external considerations in collaborative activities can have the effect of impeding or accelerating the progress of the work involved.

The nature of the internal and external considerations that are made in the cognitive process is assumed to vary depending on the individual's self-consciousness (i.e. self-concept and preferred behavioral mode) in relation to the external world. The nature of these considerations is also thought to vary depending on the task involved and the method chosen to accomplish it.

Because of the influence of these considerations on the SDC mechanism, any computer system intended to support the mechanism would have to incorporate certain necessary functions. A function for information visualization should be provided in order to make it easy to understand the cognitive division of task in collaborative work and the state of external considerations. A transparency function should be provided to facilitate an indirect understanding of the presence of various internal considerations and also prevent group members from being shackled by them. Conversely, a non-transparency function should be provided as well as to allow deference to be given to the state of internal considerations. A two-way mirror function should also be provided as a mechanism for supporting individual motivation related to internal and external consideration; this function would serve to pay deference to the state of internal considerations while striking a balance between them and external considerations. By incorporating such functions in the system, it should be possible to provide "heart-to-heart" communication environment and ease of use on a higher level.

5. Concluding Remarks

Artifact's progress must be considered as a means and not an end. It must not go beyond its role, which is to support human being progress in ways appropriate to it. We have been eagerly devoting our labours to this means and applying almost all the forces of our intelligence to it. Now is the time to devote our effort to an end.

Although we must not be becoming enslaved by our own invented artifacts, we have learned some ideas through researching and designing artifacts by grasping better communication as "heart-to-heart" communication, and by pondering the invisible meaning of the HIDIM. Firstly, it is better to design triple loops of HIDIM harmoniously to provide "heart-to-heart" basis human communication environments. Secondly, it is important to develop artifacts harmoniously with working people to provide acceptable SDC mechanisms by considering internal and external considerations. Lastly, we realized the importance of harmonious development of ourselves as the masters of artifacts.

References

[1] Endo, T.
Human interfaces in Telecommunications and Computers, IEICE Trans. COMMUN. Vol. E75-B, No. 1, Jan. 1992.

[2] Endo, T.
Can a Robot and a Man Communicate Heart to Heart ? -- A New Perspectives of Human Interface Technologies --, Journal of Robotics and Mechatronics, Vol. 4, No. 1, 1992.

[3] Card, S.K.
Human Factor and Artificial Intelligence, in P.A.Hancock and M.H.Chignell(Ed); Intelligent Interfaces, NORTH-HOLLAND, 1989.

[4] Endo, T.
Human Communication and Its Fundamental Structures, Technical Report of IEICE, HC 92-50, 1992.

[5] Moran, T.P. andAnderson, R.J.
The Workaday World As a Paradigm for CSCW Design, CSCW'90, 1990.

[6] Ishii, H.
Toward an Open Shared Workspace: Computer and Video Fusion Approach of TeamWorkStation, COMMUNICATIONS OF THE ACM, 1991.

[7] Ishii, H. and Kobayashi, M.
Integrating of interpersonal space and shared workspace: ClearBoard design and experiments, CSCW'92, (11), 1992.

"Sicherheitskulturen" als Vermittlungsfeld der "Integritäten" von Individuum und Gesellschaft

Michael Florian
Universität Dortmund

Das weite Verwendungsfeld informationstechnischer Systeme - von privaten Haushalten und Nutzern über den öffentlichen und kulturellen Bereich bis hin zum Einsatz in Wirtschaft und Politik - stellt die sichere Gestaltung der Anwendung von Informationstechnik vor die Aufgabe, Regulierungsmechanismen zu finden, die konkret genug sind, um die spezifischen Sicherheitsprobleme unterschiedlicher Anwendungsbereiche einer übergreifenden Gestaltung zuzuführen, die zugleich aber auch allgemein genug sein müssen, um die Besonderheiten verschiedenartiger Anwendungskontexte in einem einheitlichen Gestaltungsrahmen vergleichbar und regulierbar zu machen. Mit sehr weit gespannten Problemhorizonten ist oft die Gefahr verbunden, sich entweder in der Fülle unterschiedlicher und widersprüchlicher Details zu verlieren, oder in der Weite des generalisierenden Blickes wichtige Besonderheiten einzelner Anwendungsfelder zu übersehen.

In den "Guidelines for the security of information systems" (OECD: Paris 1992) wird mit der Formulierung allgemeiner Zielvorstellungen und Grundsätze ein sehr weitreichender Problemhorizont der Sicherheit informationstechnischer Systeme abgesteckt. Die Problemlösungsvorschläge (Policy Development, Education and Training, Enforcement and Redress, Exchange of Information, Cooperation) bleiben aber hinter den Erwartungen zurück, wenn man sie unter dem Aspekt der Realisierung und Umsetzungsmechanismen betrachtet. Besonders die Grundsätze der Multidisziplinarität, der Integration und der Verantwortlichkeit erscheinen noch sehr unbestimmt, was die Möglichkeiten ihrer Verwirklichung angeht. Über die für Top-Down-Gestaltungsperspektiven üblichen politischen und juristischen Umsetzungsinstrumentarien hinaus (z.B. Harmonisierung technischer Standards, Entwicklung rechtsverbindlicher Regeln, Normen und Sanktionsformen etc.) sind die anwendungsnahen Gestaltungsmöglichkeiten insgesamt noch zu vage gehalten.

- Sollen die "Guidelines" nur einer multilateralen Verständigung auf zwischenstaatlicher Ebene dienen oder sollen sie bei der Risikobewältigung bis in die oft schwierigen

Technikgestaltungsbeziehungen zwischen Herstellern, Betreibern und Aufsichtsdiensten hinein praktisch wirksam werden?

- Lassen sich die "Guidelines" ohne weiteres in *allen* Anwendungsfeldern gleichermaßen verwenden, wie der Titel "security of information systems" beansprucht? Oder steckt ihre Anwendungsstärke nicht vielmehr eher in Bereichen technisierter Dienstleistungsarbeit (z.B. bei der Bürokommunikation, der Abwicklung von Geschäftsprozessen oder beim Transfer von Dokumenten), während der Problemhorizont der "Guidelines" für eine sichere Gestaltung des Einsatzes informationstechnischer Systeme in riskanten industriellen Anlagen nicht ausreicht?

- Was folgt aus der Einsicht, daß es trotz technischer Standardisierung keine einheitliche Sicherheitslösung geben kann, weil sich die Sicherheitsbedürfnisse von Sektor zu Sektor, von Firma zu Firma, von Abteilung zu Abteilung und von einem technischen System zum anderen beträchtlich unterscheiden (vgl. "Guidelines", S.31)?

- Variieren die "Sicherheitsbedürfnisse" nur in zufälliger Weise zwischen einzelnen Benutzern, verschiedenen Abteilungen, Betrieben, Branchen etc. oder ist deren Kontingenz und Bandbreite durch gemeinsame professionelle, betriebliche und abteilungsbedingte Erfahrungen, Vorstellungen und Praktiken begrenzt, die man auf der Ebene der professionellen und der betrieblichen Organisierung von Sicherheit als Ausdruck verschiedener "Sicherheits*kulturen*" begreifen könnte?

- Welche Maßnahmen erscheinen notwendig und sinnvoll, um einen "sozialen Konsens" (ebd., S.35) über die richtige Verwendungsweise informationstechnischer Systeme zu erzielen, welche Akteure und Akteursgruppen sollen diesen Konsens tragen?

- Wie läßt sich die Zusammenarbeit der Systembenutzer verbessern und das Verantwortungsbewußtsein des betrieblichen Managements wecken, mit dem Ziel einer sicheren Gestaltung und Anwendung der eingesetzten Informationstechniken?

Als zentrales Thema der Dresdener Konferenz ist der Perspektivenwechsel von den "*Auswirkungen* der Informationstechnik" zu den "*Anforderungen* an diese Technik" herausgestellt worden (z.B. in dem Beitrag von Meyer-Krahmer). Die Betrachtung der Sicherheit informationstechnischer Systeme, so meine Leitthese, verlangt in diesem Zusammenhang zugleich eine Erweiterung herkömmlicher Sicherheitskonzepte: Weg von der isolierten Betrachtung einzelner Sicherheits*aspekte* (z.B. Daten- *oder* Arbeits- *oder*

Maschinen-Schutz) und weg von einer übertriebenen Arbeitsteilung und Spezialisierung sicherheitsbezogener Domänen in Wissenschaft und Praxis, hin zu einer integrativen und multidisziplinären Betrachtungs- und Gestaltungsweise der Sicherheit technischer Informationsverarbeitung in Mensch-Technik-Organisation-Umwelt-Systemen. Mit dem Fokus auf industrielle *Arbeitsorganisationen* als einem bedeutenden kommerziellen Einsatzfeld informationstechnischer Systeme, in denen neben der "Integrität" von Personen und Dokumenten auch ökonomische Güter und das gesundheitliche Wohlbefinden der Beschäftigten gefährdet werden können, setzt sich der folgende Beitrag für ein erweitertes Verständnis der "(Un-)Sicherheiten" bei der Betrachtung der "Integrität von Personen und Dokumenten" ein. Dazu einige Thesen.

These 1
Mit möglichen Zielkonflikten, Problemverlagerungen und paradoxen Nebenwirkungen beim Einsatz vernetzter informationstechnischer Systeme deutet sich eine *Krise* traditioneller Sicherheits- und Schutzkonzepte an: Zersplitterte Zuständigkeiten und verteilte Verantwortung, funktionale Arbeitsteilung und professionelle Domänen scheinen nicht mehr geeignet, die steigenden Anforderungen an eine Abstimmung und Kooperation zwischen unterschiedlichen Akteuren des Risikomanagements befriedigend lösen zu können.

Schon fast wie selbstverständlich wird heute die Zunahme von industriellen Störungsrisiken auf die wachsende Komplexität und Verkettung von Produktions- und Materialflußsystemen zurückgeführt (vgl. z.B. bei Kühn u.a. 1990, S.104, 157, 159). Vieles spricht dafür, daß der Einsatz neuer, vernetzter Informationstechnologien zu einer Problemverschiebung führen kann, deren Risikopotentiale mit den herkömmlichen Mitteln hoch arbeitsteiliger, auf professioneller Zersplitterung basierender traditioneller "Sicherheitskulturen" nicht mehr befriedigend zu bewältigen sind. Mit abnehmender Standardisierbarkeit und zunehmender Kontextgebundenheit von Vernetzungsrisiken offenbaren sich die Grenzen einer ausschließlich sicherheitstechnisch oder normativ ausgerichteten Konzeption zu Bewältigung von Unsicherheiten. "Übertriebene" technische oder normative Sicherheitsmaßnahmen, mit denen die Verfügbarkeit einer Technik über ein "akzeptables" Maß hinaus eingeschränkt wird, erhöhen meist die Systemkomplexität und -intransparenz und werden häufig gerade von jenen unterlaufen, die durch sie eigentlich geschützt werden sollen. Ein allzu hoher Aufwand an Sicherheitstechnik kann zu einem abnehmenden Sicherheitsbewußtsein und schließlich zu einem fahrlässigen Umgang mit verborgenen Gefahren einer an sich harmlos erscheinenden, *weitgehend* abgesicherten Technik führen (vgl. Hoyos 1992; Florian 1993b).

Unter "Informationssicherheit" wird üblicherweise ein definierter Systemzustand verstanden, bei dem nicht nur Klarheit und Einmütigkeit über die Einschätzung des verbleibenden Risikopotentials besteht, sondern bei dem zugleich die "Restrisiken" allgemein akzeptiert werden. In Abhängigkeit von den Besonderheiten des Anwendungskontextes der Informationstechnik werden unterschiedliche Bedrohungen von verschiedenen Akteuren auf eine differenzierte Weise bewertet. Dabei können Teilaspekte der Informationssicherheit - z.B. die Vertraulichkeit, Integrität oder Verfügbarkeit als relevante IT-Sicherheitskriterien (vgl. ZSI 1989) - durchaus wechselseitig miteinander (oder mit Maßstäben der Arbeitssicherheit) in Konflikt geraten.

So birgt der informationstechnische Schutz vor Datenmißbrauch unter Umständen das Risiko einer Innovationsblockade, weil Zugriffschancen zu wichtigen Informationen aus Datenschutzgründen zwar reduziert werden müssen, Innovationsprozesse aber meist von einem ungehinderten Zugang zu allen relevanten Informationen leben. Auch die an sich begrüßenswerten Erfolge der *Arbeits*sicherheit auf dem Gebiet humaner und sozialverträglicher Gestaltung von Arbeit und Informationstechnik können zuweilen zu paradoxen Effekten führen, wenn man sie aus dem Blickwinkel der *Funkions*sicherheit (Verfügbarkeit) oder der *Daten*sicherheit betrachtet. So kann ein Fortschritt bei der Nutzungs- und Anwendungsfreundlichkeit informationstechnischer Systeme (Stichworte: Benutzerbeteiligung, Software-Ergonomie, Ausweitung von Zugriffschancen, Vereinfachung von Umgangsweisen, Dezentralisierung, verteilte Intelligenz) zugleich Risiken eines dabei möglicherweise erleichterten Daten*mißbrauchs* erzeugen. Die Entlastung von Routinen durch den Einsatz von Informationstechnik schafft nicht nur Spielräume für eine intelligentere und flexiblere Arbeitsweise der Benutzer, sie erhöht zugleich auch das Risiko "intelligenter" Mißbrauchs- und Manipulationsweisen. Die durch Informatisierung vermittelte Distanzierung der Akteure von den "materiellen" Abläufen auf der operativen Ebene kann im Störungsfall zu einer mangelnden Systemtransparenz beitragen und zu einer Verunsicherung bei den Beteiligten führen.

Gewachsene "Sicherheitskulturen" und traditionelle Risikobewältigungsmuster werden durch die informationstechnische Vernetzung tendenziell überfordert, z.B. wenn ein klassisches Betätigungsfeld der Arbeitssicherheit - der Unfall - beim Einsatz neuer Technologien nur noch als ein "grobes und problematisches Kriterium für die Beurteilung der Sicherheit eines Arbeitssystems" (Hoyos 1992, S.132) gilt. Die "soziokulturelle Vernetzung" der am Risikomanagement Beteiligten droht, hinter den informationstechnischen Vernetzungsmöglichkeiten zurückzubleiben. Die "Sicherheit" moderner industrieller Arbeitssysteme läßt sich offenbar immer weniger allein auf der operativen Ebene gewährleisten und die bislang voneinander getrennten Aspekte der "Arbeitssicherheit", "Funktionssicherheit" und "Datensicherheit" müssen deshalb integrativ aus der Perspektive der *"Systemsicherheit"* (vgl. Florian 1990, 1993a; Hoyos 1992) betrachtet werden.

These 2
Die Sicherheit informationstechnischer Systeme im allgemeinen und die Integrität von Personen und Dokumenten im besonderen verlangt eine Bezugnahme auf "Sicherheitskulturen", in deren Einflußbereich Unterscheidungen zwischen Sicherheit und Gefahr, Chancen und Risiken getroffen werden.

Unter "Sicherheitskultur" wird hier ein historisch überliefertes Bedeutungssystem verstanden, das aus dem kollektiven Umgang mit Unsicherheiten, Gefahren und Risiken einer sozialen Gruppierung resultiert (vgl. im folgenden Florian 1993a, S.49ff). Sicherheitskulturen kommen in spezifischen symbolischen, mentalen und praktischen Formen der Realitätswahrnehmung und -bewältigung zum Ausdruck und dienen dazu, in einer sozialen Gemeinschaft oder Gruppierung sicherheitsrelevante Wahrnehmungsmuster, Bewertungsstile und Wissensbestände sowie Handlungspraktiken und Artefakte zu erzeugen, mitzuteilen, zu erhalten und weiterzuentwickeln.

Im Anschluß an Konzepte der Unternehmens- und Organisationskultur (vgl. im folgenden Steinmann und Schreyögg 1991, S.529ff; Staehle 1990; S.465ff) kann davon ausgegangen werden, daß Arbeitsorganisationen eigene unverwechselbare Vorstellungs-, Bewertungs- und Orientierungsmuster entwickeln, die das Verhalten ihrer Mitglieder nachdrücklich beeinflussen und dadurch bis zu einem gewissen Grade zu einheitlichen und kohärenten Orientierungen, Wert- und Sinnvorstellungen führen. Sicherheitskulturen entstehen aus sozialen Lernprozessen im Umgang mit Unsicherheiten. Erfolgreiche Problemlösungen und Bewältigungsformen werden hierbei gegenüber den weniger erfolgreichen ausgewählt, tradiert und Neulingen in entsprechenden Sozialisations- und Lernprozessen vermittelt. Sicherheitskulturen können sich auf der Ebene von Industriezweigen (z.B. Branchenkulturen im Bergbau, im Maschinenbau oder in der chemischen Industrie) oder in einzelnen Betrieben (Unternehmenskulturen) herausbilden, aber auch als "Subkulturen" (z.B. auf der Basis gleicher professioneller oder beruflicher Ausbildung bzw. auf der Grundlage gleicher Funktionsbereiche oder Tätigkeiten) wirksam werden.

Spezifische professionelle, branchen-, betriebs- und abteilungsbezogene Sicherheitskulturen sind einerseits durch *(sicherheits)technische Artefakte* und *institutionalisierte bzw. organisierte Kulturformen* "objektiv" und "offiziell" (z.B. durch technische Sicherheitsvorrichtungen, sicherheitstechnische Regelwerke und Vorschriften, offizielle und professionelle Wissensbestände, Aufsichtsdienste, geschulte Sicherheitspraktiken). Andererseits finden sie auch in "informellen" *kollektiven Praktiken* von traditional gewachsenen Gruppierungen einen eher "inoffiziellen" Ausdruck. Schließlich werden sie auch durch klassifizierende, *kollektive Sinnvorstellungen* repräsentiert, mit denen Menschen ihre unsichere Wirklichkeit definieren, indem sie zwischen sicher und unsicher, gefährlich und nützlich, wahrscheinlich und unwahrscheinlich sowie zwischen wahr und falsch, möglich und unmöglich, wichtig und unwichtig unterscheiden lernen.

In Arbeitsorganisationen, die sich durch eine hochgradig "organisierte" Verarbeitung von Wissen kennzeichnen lassen, ist (Un)Sicherheit ein Resultat sozialer Prozesse, in denen individuelle und kollektive Akteure unterschiedlicher professioneller oder berufsbezogener Teilkulturen aus verschiedenen Abteilungen der Organisation in Zusammenarbeit mit externen Akteuren mehr oder weniger produktiv zusammenwirken. Die (Un)Sicherheit der Informationstechnik in Mensch-Organisation-Technik-Umwelt-Systemen ist ein Ergebnis dieses wechselseitigen Zusammenspiels zwischen Menschen, Organisationen und Technologien.

These 3
Der "Sinn" und Problemlösungsgehalt, der dem Einsatz von Informationstechnik von einzelnen Akteuren und von sozialen Gruppierungen als Trägern spezifischer "Sicherheitskulturen" bei der Entwicklung und Anwendung zugeschrieben wird, muß einen entscheidenden Bezugspunkt für die Beurteilung und Gestaltung der Sicherheit informationstechnischer Systeme bilden.

Angesichts vielschichtiger Anwendungsprobleme informationstechnischer Lösungen (vgl. z.B. die kritische Einschätzung technikzentrierter Konzepte des Computerintegrated Manufacturing) ist in den letzten Jahren ein Trend hin zu einer stärkeren Berücksichtigung der *Anforderungen* an Informationstechnik zu verzeichnen. Anforderungen an die Gestaltung und Anwendung informationstechnischer Systeme bilden sich aber nicht in einem soziokulturellen Vakuum, sondern entstehen im Kontext langjährig gewachsener sozialer und kultureller Beziehungen innerhalb und zwischen "Gemeinschaften", d.h. sozialen Gruppen, Kollektiven oder Netzwerken. Als Ausdruck der gruppenspezifischen Sicht der Dinge sind diese Anforderungen ein Bestandteil betrieblicher Mikrokulturen und "Mikropolitik", d.h. der offenen und verdeckten Austausch- und Konfliktbeziehungen, die jede relevante Innovation zu beeinflussen versuchen, soweit diese eine Veränderung des Status Quo der bestehenden Kräfteverhältnisse bewirken kann.

Der Verlust der "Unschuld" technischer Rationalitätsansprüche ist in den letzten Jahren vor allem durch Implementationsprobleme und Akzeptanzschwierigkeiten deutlich geworden und wird inzwischen unter dem Aspekt der Benutzerbeteiligung und des Zusammenspiels zwischen Menschen, Organisationen und Technik "organisations-politisch" aufgegriffen (vgl. z.B. die Betrachtung von Informationstechnik als "Organi-sationstechnologie" bzw. "Organisationsmittel" oder "soziotechnische Gestaltungs-ansätze" der simultanen Optimierung von Technikeinsatz und Organisation).

These 4
Die Frage nach der "Integrität" von Personendaten und Per-sonenbildern läßt sich nicht ohne Bezugnahme auf die Inte-grität der potentiell "betroffenen" Menschen beantworten.

Die Formulierung von Anforderungen an die "Integrität" von Personen und Dokumenten bedarf der Bezugnahme auf individuelle und gruppenspezifische Leitbilder und Vor-stellungen darüber, was überhaupt als Maßstab einer "Unversehrtheit" im Sinne einer noch zumutbaren Beeinträchtigung der Integrität zu gelten hat. Auch die "Integrität" von Dokumenten bedarf einer soziokulturellen Betrachtungsweise, weil jedes Dokument nur insoweit als eine unversehrte Ganzheit zu betrachten ist, wie sein Sinnzusammenhang authentisch bleibt. Der Sinn eines Dokumentes kann nicht nur "textimmanent" in seiner Bedeutung erfaßt werden, sondern auch in seinem kontextgebundenen Sinn *für* bestimmte "Adressaten".

Soweit die Vorstellungen und Normen des Zumutbaren kulturellen Wandlungsprozessen unterliegen und von spezifischen Kontextbedingungen des Anwendungsfeldes der Informationstechnik abhängen, kann es keine "ewigen", allgemeingültigen Bewertungs-kriterien geben, mit denen sich die Grenze zwischen noch erträglichen und nicht mehr zumutbaren Beeinträchtigungen der persönlichen "Unversehrtheit" präzise und ein für alle Mal bestimmen ließe. Die bestehenden technischen Standards, gesetzlichen Normen und expliziten Verhaltensregeln im Umgang mit informationstechnischen Systemen sind das Ergebnis sozialer Verhandlungen und Kompromisse, in die üblicherweise verschie-denartige Interessen und Anforderungen mit unterschiedlicher Gewichtung eingehen. Das Bedrohungs- und Schädigungspotential, durch das die Integrität von Personen und Dokumenten gefährdet ist, hat nur dann eine Chance auf gesellschaftliche Anerkennung der Legitimität eines Schutzanspruches, wenn es dem *Datenschutz* gelingt, sein Anliegen in die Bewertungsmaßstäbe des *Arbeits-und Gesundheitsschutzes* sowie der *Sicherheits-technik* zu integrieren.

- Was ist eigentlich das Bedrohliche und der potentielle Schaden, der von einer Gefähr-dung der Integrität von Personen und Dokumenten durch den Einsatz von Informa-tionstechnik ausgehen kann?

Die Frage nach der Sicherheit läßt sich nur als Frage nach den spezifischen Bedro-hungen und Schäden, Gefahren und Risiken operationalisieren.

- Inwieweit wird die Bedrohung oder Schädigung der "Integrität" tatsächlich als eine Beeinträchtigung des psychosozialen Wohlbefindens und als Einschränkung der Persönlichkeitsentwicklung erfahrbar und empfunden, und deshalb auf eine Art und Weise verhandelbar, die z.B. an anerkannte Auffassungen von Gesundheit anknüpfen kann?

These 5
Datensicherheit und Datenschutz decken nur einen Aspekt der Sicherheit informationstechnischer Systeme ab und sollten nicht isoliert von der Arbeits- und Funktionssicherheit dieser Systeme betrachtet werden.

Beim Einsatz von informations- und kommunikationstechnischen Systemen in Arbeits-organisationen stellt die *Daten*sicherheit nur *eine* Komponente der "Systemsicherheit" als Ganzes dar. Die "Integrität" der im Wirkungsfeld von Informationstechnik tätigen Menschen ist nicht nur durch Mißbrauch oder Fehlerhaftigkeit persönlicher Daten bedroht. Technische Störungen und Fehlfunktionen ebenso wie menschliches Versagen an den Schnittstellen zwischen Technik, Organisation und Arbeit können das gesund-heitliche Wohlbefinden bedrohen, auch wenn sie sich nicht ohne weiteres einem geziel-ten "Mißbrauch" der Informationstechnik zurechnen lassen. Erforderlich ist deshalb eine Gesamtbetrachtung der Daten-, Arbeits- und Funktionssicherheit informationstech-nischer Systeme, die auf einer interdisziplinären Zusammenarbeit zwischen Daten-, Arbeits- und Gesundheitsschutz sowie technischer Instandhaltung und Störungsbeseiti-gung aufbauen muß und dabei mindestens den gleichen Integrations- und Vernetzungs-grad erreichen sollte wie die informationstechnisch gekoppelten Systeme selbst.

Einen möglichen Ansatzpunkt für eine übergreifende Einordnung der "Integrität" von Personen und Dokumenten bietet die "soziotechnische" Systemgestaltung, die sich vor

allem auf eine Erweiterung technisch-organisatorischer Gestaltungsspielräume konzentriert. Die Bildung relativ unabhängiger Organisationseinheiten mit inhaltlich zusammen-
hängenden Aufgabenzuschnitten, die Herstellung einer Einheit von Produkt und Organisation sowie die Einrichtung von Möglichkeiten zur Selbstregulation von Systemstö-
rungen (vgl. Ulich 1988, S.51) lassen sich auch als ein Instrument interpretieren, mit
dem die Beteiligung der Benutzer an der Kontrolle der Integrität ihrer Daten und Informationen verbessert werden kann.

Bei isolierter Betrachtung der Vertraulichkeit, Verfügbarkeit und Integrität von Daten
und Informationen geraten möglicherweise die Voraussetzungen aus dem Blickfeld,
welcher Stellenwert der Datensicherheit innerhalb der besonderen Rahmenbedingungen
des jeweiligen Anwendungskontextes informationstechnischer Systeme tatsächlich von
den Akteuren (Betreibern, Anwendern, Benutzern, "Betroffenen", Experten) zugerech-
net wird. In der betrieblichen Anwendungspraxis der Informationstechnik läßt sich der
zweckmäßige *Ge*brauch vom *Miß*brauch informationstechnischer Daten und Informationen nicht immer eindeutig trennen. Zwischen den beiden Polen befindet sich eine
Grauzone von Verwendungsweisen, deren Legitimitätsansprüche sich ohne eine Bezugnahme auf soziale Prozesse der Aushandlung und Anerkennung von Nutzungschancen
kaum klären lassen. Die Beurteilung der Vertraulichkeit, Verfügbarkeit und Integrität
muß an den soziokulturellen Beziehungen ansetzen, in denen über das, was in einem
bestimmten organisatorischen Kontext jeweils als "vertraulich", "verfügbar" und "inte-
ger" *gilt* oder gelten soll, möglicherweise gestritten und verhandelt wird, bevor es als ein
legitimer (vorläufiger) Maßstab festgehalten werden kann.

- Wie kann bei einer sicherlich wünschenswerten Festlegung von Zweckmäßigkeits-
  grenzen und zulässigen Gebrauchsweisen verhindert werden, daß die Leistungs- und
  Innovationsfähigkeit der Organisation durch die Starrheit von Regeln vielleicht
  gefährdet wird?

- Wie verträgt sich die aus datenschutztechnischen Gründen erwägbare Eingrenzung
  von Zugriffschancen mit den - aus der eingeschränkten Umgangsweise mit dem
  System - möglicherweise resultierenden Erfahrungs- und Wissensverlusten (z.B. bei
  Prozeß- und Verfahrenstechnologien)?

- Wo lassen sich Grenzen ziehen, an denen ein allzu restriktiver Datenschutz keine
  zusätzlichen Sicherheitsleistungen mehr erbringt (weil es keinen hundertprozentigen
  Datenschutz geben kann, wie findige Eindringlinge mit genügend "krimineller" oder

"explorativer" Energie immer wieder belegen), die Leistungsfähigkeit der Informationstechnik aber auf ein kritisches Maß eingeschränkt wird ("proportionality principle")?

- Wie wird das Verhältnis zwischen der "Lernfähigkeit" von Organisationen und den Mißbrauchsgefahren von seiten verschiedener Akteure bewertet, wenn organisatorische Lernprozesse meist aus einer für Innovationen notwendigen Erweiterung des freien Zugangs zu Wissensbeständen resultieren?

Ich möchte bezweifeln, daß es für diese Problemstellungen *eine* allgemeingültige Lösung geben kann, die in jedem Einzelfall alle relevanten Alternativen berücksichtigt und zu einer befriedigenden Rezeptur zu bündeln vermag. Wenn Sicherheit kein unveränderlicher Ziel-"Zustand" ist, sondern ein permanenter *Prozeß*, in dessen Verlauf unzweckmäßige und unangenehme (Neben- und Spät-)Folgen identifiziert und durch geeignete Maßnahmen ausgeschlossen werden, dann muß der Prozeß selbst stärker in das Zentrum der Aufmerksamkeit gerückt werden: das *Aufdecken* verborgener Gefahren und Risiken, die *Verhandlung* über die Wertigkeit zu schützender Güter und die Auswahl abzuwehrender Bedrohungen und geeigneter Maßnahmen, sowie schließlich die *Verständigung* über das zu tragende "Restrisiko" und den möglichen Risikogehalt von Sicherheitsmaßnahmen. Das Sicherheits- und Risikomanagement, d.h. die Art und Weise, wie der Umgang mit Gefahren und Risiken informationstechnischer Systeme praktisch als ein Prozeß der Beteiligung, Kooperation und gemeinsamen Verantwortung *organisiert* und gezielt *gestaltet* wird, hat maßgeblichen Einfluß auf das, was an Bewältigung von Unsicherheiten, Gefahren und Risiken in diesem System erreicht werden kann.

So wichtig eine Einigung auf allgemeine "Prinzipien" der sicheren Gestaltung von informationstechnischen Systemen vor allem auch für die Selbstverständigung der regulierenden juristischen und politischen Institutionen über potentielle Gestaltungschancen ist, die bloße Existenz eines in generalisierten technischen Standards oder eines in normativen Regeln funktionsgerechter Umgangsweisen fixierten und durch Sanktionen gestützten Kodexes kann die Daten-, Arbeits- und Funktionssicherheit technischer Systeme allein nicht gewährleisten. Wenn dies für die herkömmliche Maschinentechnik gilt, warum soll das für die Informationstechnik anders sein, die auf Symbolverarbeitungsprozessen beruht, deren Fehlerfreiheit noch nicht einmal zuverlässig getestet, geschweige denn mit einer präzisen Wahrscheinlichkeitsaussage graduell bewertet werden kann?

These 6
Es ist derzeit kein Sicherheitskonzept für informationstechnische Systeme in Sicht, das auf eine Bezugnahme auf soziokulturelle Prozesse der Bewertung des Bedrohlichen, der Auswahl geeigneter Maßnahmen zur Risikobewältigung und der selektiven Billigung verbleibender Restrisiken verzichten könnte.

In der sozialwissenschaftlichen Risikoforschung scheint sich in jüngster Zeit bei allen Unterschieden im Detail ein weitreichender Konsens darüber abzuzeichnen, wie der Unterschied zwischen *Gefahren* und *Risiken* zu begreifen ist. "Gefahren" existieren danach unabhängig von den Handelnden, während "Risiken" im entscheidungsgeladenen Kontext von "Handlungsabsichten" oder "Selbstzurechnungen" entstehen (für ein auf Handlungsintentionen ausgerichtetes Risikoverständnis vgl. z.B. Beck 1989 und Bonß 1991, S.264ff, für einen attributionstheoretischen Risikobegriff vgl. Luhmann 1990, S.148ff). Von Gefahren ist man gewissermaßen "schicksalhaft" betroffen, während Risiken bewußt eingegangen werden und deshalb ein zurechenbares Wagnis darstellen, für das man gegebenenfalls als Akteur zur Verantwortung gezogen werden kann (vgl. Bonß 1991, S.264f). Auf der Grundlage eingespielter professioneller und sozialer Praktiken werden unspezifische Unsicherheiten als konkrete "Gefahren" interpretiert, und Gefahren werden mittels selektiver sozialer Thematisierung zu eingegrenzten, potentiell kalkulierbaren "Risiken" erklärt (vgl. Evers und Novotny 1987) - wodurch sie überhaupt erst politischen Anerkennungs-, Ausgleichs- und Vermeidungsregeln zugeführt werden können (vgl. Beck 1989, S.4).

Sofern die kollektive und individuelle Wahrnehmung von Gefahren als ein kulturell und sozial strukturierter, selektiver Prozeß zu begreifen ist (vgl. Douglas und Wildavsky 1982; Evers und Novotny 1987; Beck 1986 und 1989; Florian 1993a) und ein sozialer Konsens notwendig wird, um aus dem fast unbegrenzten Spektrum an potentiellen Unsicherheiten eine begrenzte Anzahl von Gefahren auszuwählen und zu einem legitimen Gegenstand politischer Behandlung zu machen, werden wissenschaftliche Expertisen über die (Un)Sicherheit informationstechnischer Systeme selbst zu einem Bestandteil jenes gesellschaftlichen Prozesses, in dessen Verlauf *Unsicherheiten* als *Gefahren* definiert und *Gefahren* durch ihre Thematisierung und Eingrenzung und damit auch potentielle Berechenbarkeit zu *"Risiken"* erklärt werden.

Ein Grunddilemma der Sicherheit informationstechnischer Systeme ist, daß sich die "Sicherheit" jeder zweifelsfreien Objektivierung erfolgreich zu entziehen vermag. Zugleich muß aber der Nachweis der Unbedenklichkeit der Informationstechnik erbracht werden, um ihre Anwendbarkeit zu fördern. Die *(Un-)*Sicherheit der Informationstechnik präsentiert sich damit zunächst als Skepsis über die "Vertraulichkeit", "Verfügbarkeit" und "Integrität" *wissenschaftlicher* Daten und Informationen *über* die Sicherheit informationstechnischer Systeme. In der an großtechnologischen Risiken entflammten öffentlichen Risikokommunikation wurde die Autorität "gesicherter" wissenschaftlicher Erkenntnisse relativiert, die mangelnde Verfügbarkeit fundierter Wissensbestände aufgedeckt und die Integrität des Expertenwissens bezweifelt. So sind in den letzten Jahren Grenzen einer Modellierbarkeit von Sicherheit deutlich geworden, besonders was die Schwierigkeiten betrifft, die (formalen) Modelle für ein "sicheres" System mit einer äußeren Realität abzugleichen, die nicht klar definiert ist und auf einer eher "intuitiven" Vorstellung von Sicherheit beruht (vgl. z.B. Steinacker 1992 über das REMO-Projekt zur Entwicklung eines Referenzmodells für sichere Systeme der Informationstechnik).

> "Aus der Unvollständigkeit eines Modells gegenüber der Realität und der Schwierigkeit, eine 'äußere Realität' eines sicheren Systems zu definieren, ergibt sich, daß ein Modell für 'sichere' Systeme nur die Aspekte einer intuitiven, daher subjektiven Vorstellung von Sicherheit berücksichtigen kann. (...) Der Begriff 'Sicherheit' kann nur in einer Art und Weise definiert werden, die dem intuitiven Verständnis näher kommt als diejenigen Interpretationen, die sich immer auf die Begriffe Vertraulichkeit, Verfügbarkeit, Integrität beziehen (z.B. IT-Sicherheitskriterien):
>
>> Sicherheit ist die Eigenschaft eines Systems, die dadurch gekennzeichnet ist, daß die *als bedeutsam angesehenen Bedrohungen*, die sich gegen die schützenswerten Güter richten, durch besondere *Maßnahmen* so weit ausgeschlossen sind, daß das verbleibende Risiko *akzeptiert* wird" (ebd., S.20; Hervorhebungen durch M.F.)

Auch wenn der Begriff der "Intuition" oder "Subjektivität" sich zu stark auf *individuelle* Definitionen von (Un)Sicherheit konzentriert und dabei zunächst wenig geeignet erscheint, die sozialen und kulturellen "Kontextbedingungen" individueller Sicherheitsvorstellungen zu berücksichtigen, bietet dieses Sicherheitsverständnis dennoch einen Ansatzpunkt, die grundsätzliche "Konstruiertheit" von Sicherheitskonzeptionen bei der Entwicklung der Sicherheit informationstechnischer Systeme stärker zu berücksichtigen. Aus dieser Perspektive müssen die technischen Standards ebenso wie die Regeln der "richtigen" Umgangsweise sich der Angemessenheit ihrer Normierung vergewissern bezüglich der Sicherheitsauffassungen in der praktischen Anwendung, die von den Individuen und Akteursgruppen bei der praktischen Anwendung von Informationstechnik vertreten werden.

Soziokulturelle Bezugspunkte der Sicherheit informationstechnischer Systeme sind hierbei: Erstens Vorgänge der *Bewertung* von Un-Sicherheiten und Gefahren, Chancen und Risiken, d.h. die Festlegung schützenswerter Güter und potentieller Bedrohungen, zweitens Versuche der *Bewältigung* von Gefahren und Risiken durch Eingrenzung erfolgversprechender Maßnahmen gegen die (an)erkannten Bedrohungen und drittens Vorgänge der *Billigung* ("Akzeptanz") sogenannter "Restrisiken", die keiner "sinnvollen" Bewältigungsmaßnahme zuführbar erscheinen.

Diese Trias aus Bewertung, Bewältigung und Billigung ermöglicht es, Unsicherheiten als ein *Prozeßgeschehen* zu beschreiben. Im Anschluß an das von Richard S. Lazarus entwickelte "transaktionale" Streßkonzept läßt sich die zentrale Bedeutung der Bewertungs- und Bewältigungsprozesse auf das Problemfeld der Bewertung und Bewältigung von Risiken informationstechnischer Systeme übertragen.

> Auf eine ähnliche Weise, wie "Streß" im Anschluß an das "transaktionale" Konzept als eine bestimmte Art der Beziehung ("Transaktion") zwischen einem Subjekt und seiner jeweiligen Umwelt verstanden wird (vgl. im folgenden Lazarus und Launier 1981; Krohne 1990, S.264ff; Florian 1993a, S.40ff), sind *"Gefährdungen"* der "Integrität" von Personen zu begreifen als Ausdruck einer *"gestörten" Beziehung zwischen einer Person (oder einer Gruppe von Menschen) und deren Umwelt.* Eine Gefährdung ist eine Form der Beziehung zu einer gefährlichen Umwelt, die von den beteiligten Personen mit Blick auf ihr subjektives Wohlbefinden als bedrohlich bewertet wird und die zugleich objektive Anforderungen enthält, durch die die Möglichkeiten und Fähigkeiten der Bewältigung drohender Schädigungen oder Verluste beansprucht oder sogar überfordert werden.

> Die subjektive Einschätzung, daß das eigene Wohlbefinden möglicherweise gefährdet ist, läßt sich global danach unterscheiden, ob (1) bereits eine *Schädigung* oder ein *Verlust* eingetreten ist (Schaden), (2) lediglich eine *Bedrohung* als Antizipation einer möglichen Schädigung bzw. eines möglichen Verlustes vorliegt (Gefahr) oder (3) eine *Herausforderung* vorliegt, bei der gegenüber dem möglichen Schaden der potentielle Nutzen oder Gewinn hervorgehoben wird (Risiko). Zur Bewältigung gehören alle Anstrengungen, mit äußeren oder inneren Anforderungen (sowie den zwischen diesen bestehenden Konflikten) fertig zu werden.

> Die Offenheit der Folgen gefährlicher Situationen, die aus der prinzipiellen "Möglichkeit" der Realisierung oder Abwendung von Schädigungen resultiert, ist auf seiten der beteiligten Akteure durch Prozesse der (kognitiven) *Bewertung* und der *Bewältigung* von Gefahren vermittelt. Die Beurteilung eines potentiell "kritischen" Ereignisses erfolgt dabei über die Bewertung dieses Ereignisses für das persönliche Wohlbefinden (als irrelevant, nützlich oder gefährlich), über die Bewertung der verfügbaren Bewältigungsfähigkeiten und -möglichkeiten sowie über Neubewertungen des gesamten Geschehens.

Das "transaktionale" Konzept der individuellen Bewältigung von Gefährdungen und Störungen weist allerdings einige Schwächen auf, besonders was die Entstehung subjektiver Bewertungspräferenzen innerhalb sozialer Zusammenhänge betrifft. Individuelle Akte der Wahrnehmung und Erkenntnis, der Bewertung und Bewältigung von Unsicherheiten sind stets sprachlich-symbolisch vermittelt, weshalb sie im Rahmen kultureller Symbolsysteme verortet und im Kontext sozialer Kooperation und Gruppenbildung betrachtet werden müssen.

Jegliche "Transferleistungen" zwischen derartig unterschiedlichen "Systemen" wie "Menschen", "Organisationen" und "Technik" beruhen entgegen dem Augenschein keineswegs auf einer *unmittelbaren* "Interaktion". Jeder definierte, aber auch jeder unbeabsichtigte "Austausch" von Informationen in Form von Zeichen und Signalen ist stets "kulturell imprägniert", in dem Sinne, daß die (un)zulässigen Zeichen und Signale auf der Seite der Technik vorgesehen oder in die Technik (auch ungewollt) hineinkonstruiert worden sind und auf der Seite der Operateure symbolisch repräsentiert sein müssen, damit ein Reiz überhaupt als Zeichen oder Signal entschlüsselt werden kann. Ohne die "kulturelle" Ebene symbolischer Repräsentation - und zwar sowohl in der vergegenständlichten Form der mit spezifischen, gefahrenanzeigenden Zeichen und Signalen ausgestatteten Technik, als auch in der einverleibten Form mentaler Gefahrenmodelle - ist eine gefährdungsfreiere Beziehung zwischen Menschen, Organisationen und Technik kaum realisierbar.

Fazit: Ein erfolgreiches Sicherheits- und Risikomanagement läßt sich auf bestimmte, professionelle und organisatorische "Sicherheitskulturen" fördernde Bedingungen zurückführen, die von entsprechend produktiven Kommunikations- und Kooperationsformen innerhalb der Gruppenbeziehungen abhängen und nicht zuletzt auch aus einer effektiven Kommunikation und Zusammenarbeit zwischen den beteiligten Funktionsgruppen einer Arbeitsorganisation resultieren. "Sicherheit" erscheint damit als ein über eine "interkulturelle" Koordination und Kooperation zu organisierendes, soziotechnisches und -kulturelles Phänomen. Ein Schlüsselproblem erfolgreicher Risikobewältigung ist hierbei das *Lernen von und in Organisationen.* Ein wichtiger Meilenstein auf dem Weg zu einer verbesserten Sicherheit informationstechnischer Systeme ist die vielbeschworene interdisziplinäre Anschlußfähigkeit zwischen ingenieur-, natur-, informations- und sozialwissenschaftlichen Konzepten. Von der gegenseitigen Befruchtung zwischen ingenieurwissenschaftlichen Methoden und sozialwissenschaftlichen Verfahrensweisen der "Organisationsentwicklung" und des "Projektmanagements" sind in Zukunft wichtige Innovationsimpulse für die Gewährleistung der Sicherheit zu erwarten.

Literaturverzeichnis

Beck, Ulrich
Risikogesellschaft. Auf dem Weg in eine andere Moderne. Frankfurt/Main, 1986.

Beck, Ulrich
Risikogesellschaft. Überlebensfragen, Sozialstruktur und ökologische Aufklärung. In: Aus Politik und Zeitgeschichte Nr. 36 1989, S.3-13.

Bonß, Wolfgang
Unsicherheit und Gesellschaft - Argumente für eine soziologische Risikoforschung. In: Soziale Welt 42 1991, S. 258-277.

Florian, Michael
"Vernetzte informationstechnologische Arbeitssysteme" als Gegenstand industriesoziologischer Risikoforschung. Neue Anforderungen an die Methoden oder business as usual? Information & Kommunikation 1/90. Schriftenreihe des IuK-Instituts für sozialwissenschaftliche Technikforschung, Dortmund, 1990.

Florian, Michael
Vorschläge für einen akteursorientierten Perspektivenwechsel der Sicherheitsforschung in vernetzten Systemen. In: Hans-Jürgen Weißbach und Andrea Poy (Hg.): Risiken informatisierter Produktion. Theoretische und empirische Ansätze. Strategien zur Risikobewältigung. Opladen: Westdeutscher Verlag, 1993, S.33-68.

Florian, Michael
"Kulturelle" Kollisionen. Kommunikationsrisiken und Risikokommunikation beim Einsatz Fahrerloser Transportsysteme. In: Ina Wagner (Hg.): Kooperative Medien. Informationstechnische Gestaltung moderner Organisationen. Erscheint im Herbst 1993 im Campus Verlag, Frankfurt am Main/New York.

Douglas, Mary und Wildavsky, Aaron B.
Risk and culture. An essay on the selection of technical and environmental dangers. Berkeley etc., 1982.

Evers, Adalbert; Novotny, Helga
Über den Umgang mit Unsicherheit. Die Entdeckung der Gestaltbarkeit von Gesellschaft. Frankfurt/Main, 1987.

Krohne, Heinz Walter
Streß und Streßbewältigung. In: Schwarzer, Ralf (Hg.): Gesundheitspsychologie. Ein Lehrbuch. Göttingen, 1990, S.263-277.

Lazarus, Richard S.; Launier, Raymond
Streßbezogene Transaktion zwischen Person und Umwelt. In: Nitsch, Jürgen R. (Hg.): Stress. Theorien, Untersuchungen, Maßnahmen. Bern/ Stuttgart/Wien, 1981, S.213-259.

Luhmann, Niklas
> Risiko und Gefahr. In: Luhmann N.: Soziologische Aufklärung 5. Konstruktivistische Perspektiven. Opladen, 1990, S.131-169.

Meyer-Krahmer, Frieder
> Herausforderungen für die Informationstechnik - Zur Dringlichkeit eines Perspektivwechsels. Einführungsvortrag zur Internationalen Konferenz "Herausforderungen für die Informationstechnik", Dresden, 15.-17. Juni 1993.

Organisation for Economic Co-Operation and Development (OECD)
> "Guidelines for the security of information systems", Paris, 1992.

Staehle, Wolfgang H.
> Management. Eine verhaltenswissenschaftliche Perspektive. 5., überarbeitete Auflage, München, 1990.

Steinacker, Angelika
> Sicherheitsmodelle für informationstechnische Systeme - Leitlinien für die Entwicklung? In: Datenschutz und Datensicherheit 1/92, S.17-21.

Steinmann, Horst; Schreyögg, Georg
> Management. Grundlagen der Unternehmensführung. Konzepte, Funktionen und Praxisfälle. 2., durchgesehene Auflage, Wiesbaden, 1991.

Ulich, Eberhard
> Arbeits- und organisationspsychologische Aspekte. In: H. Balzert et a.: Einführung in die Software-Ergonomie. Berlin/New York, 1988, S.49-66.

OECD-Leitlinien für die Sicherheit von Informationssystemen

Hanspeter Gassmann
OECD, Paris

1. Einleitung

Seit 25 Jahren hat die elektronische Datenverarbeitung Riesenfortschritte gemacht, zumindest was die Technik und die Programmierung angeht. Außerdem sind ihre Kosten dauernd und rapide gesunken, und dieser langfristige Trend wird wohl auch für die nächsten Jahre anhalten. Mit zunehmender Breitenanwendung der Rechner, ihrer kontinuierlich fortschreitenden Vernetzung und der gleichfalls immer mehr zunehmenden Zahl der Benutzer werden die Probleme der gesellschaftlichen "Verdauung" dieser Breitentechnik zunehmend akuter. Vor 20 Jahren waren es die Probleme des Datenschutzes, die in vielen Ländern die Gemüter bewegten. George Orwell´s Nachkriegs-Novelle "1984" wurde von vielen Leuten ernst genommen, und das "Big Brother is watching you"- Syndrom hat großen Einfluß ausgeübt. In den siebziger Jahren wurden in vielen europäischen Ländern neue Datenschutzgesetze eingeführt, die, obwohl von vielen Datenbenutzern inzwischen als zu bürokratisch angesehen und als zu kompliziert und bürgerfern empfunden, doch zu bestimmten Regeln geführt haben, die den Mißbrauch von digitalen personenbezogenen Daten auf ein erträgliches Maß beschränkt haben.

Allerdings wurden diese Gesetze noch zu einem Zeitpunkt verabschiedet, wo große Rechner die Regel waren: der PC und Vernetzung waren noch nicht bekannt. Ob diese Datenschutzgesetze noch der heutigen Technik entsprechen, wäre einer Prüfung wert, wenn auch die Datenschutzbeauftragten immer bemüht waren, ihre de-facto Regulierung der jeweils neuen Technik anzupassen.

Ein zweites Problem der gesellschaftlichen Kontrolle über die Informationstechnik ist das der Informationssicherheit, oder die Sicherheit von Informationssystemen. Dieser Begriff ist zu unterscheiden von dem der Datensicherheit. Datensicherheit wurde schon zu Zeiten der ersten Datenschutzgesetze angewandt, und bezieht sich auf die physische Sicherheitsvorkehrungen in einem Datenzentrum. Der Begriff Sicherheit von Informationssystemen bezieht ein viel breiteres Spektrum von Massnahmen ein, da zu der Datensicherheit auch Programmsicherheit, Netzwerksicherheit und auch Sicherheit gegenüber Mitarbeitern hinzukommen.

Je mehr Banken, Industrie, öffentliche Verwaltungen, auch das Militär Rechner benutzten, desto größer wurde das Problem der Sicherheit der Daten, die in den Rechnersystemen bearbeitet, gespeichert und vernetzt wurden. Wenn noch bis vor einigen Jahren jeder Rechenzentrumsmanager seine eigenen Maßnahmen ergriff, um seine ihm anvertrauten Daten zu schützen, wurde doch sein Problem immer mehr ein allgemeines Problem. Dazu kam, daß ein neuer intellektueller Sport erfunden wurde: junge Rechnerfreaks versuchten, in komplizierte Rechnersysteme einzudringen: die Zunft der Computer-Hacker formierte sich, und einige spektakuläre Aktionen - wie etwa die des deutschen "Chaos Clubs"- machten Schlagzeilen, nicht nur in Deutschland, sondern auch in anderen Ländern.

Filme kamen dazu, wie etwa "War games", und um das Faß voll zu machen, wurden Rechner-Viren erfunden. Diese heimtückischen Viren, oder Würmer, "fressen" sich in Rechner-Programme hinein, zerstören Datensets, pflanzen sich fort, stecken ganze Rechnersysteme an. Je vernetzter, desto verwundbarer: eine neue Horrorstory war geboren. Viele Rechenzentrumsleiter, vor allen bei Banken, hatten mehr und mehr schlaflose Nächte, und viel Geld wurde ausgegeben, um neue Gegenmaßnahmen zu erfinden und anzuwenden.

Die Rechnervernetzung dehnte sich bald jenseits der Grenzen eines Landes aus; das war natürlich vor allem im militärischen Bereich der Fall, aber bald kamen auch der internationale Luftverkehr und das weltweite Bankensystem nicht mehr ohne solche vernetzte Rechnernetze aus.

2. Notwendigkeit einer internationalen Aktion

Ausgangspunkt der Überlegungen im OECD-Ausschuß für Informations-, Computer- und Communikationstechnik (ICCP) war die Tatsache, daß solche Informationssysteme in steigendem Maße weltweit operieren; daraus ergibt sich die Notwendigkeit, in möglichst vielen Ländern einheitliche Bestimmungen und Verhaltensregeln zu schaffen, die die Sicherheit von Informationssystemen garantieren. Mit diesen neuen OECD-Leitlinien wurde nicht eine eigentliche technische Standardisierung angestrebt, da es klar war, daß der Stand der Technik sich auch in Zukunft laufend verändern würde, eine ad-hoc technische Standardisierung sich dementsprechend als zu statisch erweisen würde. Es wurde im Gegenteil ein Konzept erarbeitet, das einerseits eine klare Definition der

Prinzipien enthält, auf denen Informationssicherheit beruht, auf der anderen Seite auch Empfehlungen beinhaltet, wie solche Prinzipien in den einzelnen Ländern von Regierungen, anderen Institutionen und Privatfirmen zu verwirklichen sind.

Im November 1992 hat der Rat der OECD die neuen Leitlinien über Informationssicherheit verabschiedet. Diese dienen dem Zweck, eine größtmögliche internationale Harmonisierung der Maßnahmen herbeizuführen, die von Regierungen und privaten Institutionen und Firmen ergriffen werden, um die Sicherheit von Informationssystemen zu gewährleisten.

Diese Leitlinien wurden in fast zweijähriger Arbeit von einer internationalen Expertengruppe erarbeitet, der nicht nur Regierungsvertreter, sondern auch Vertreter der Industrie, des BIAC (Business and Industry Advisory Committee) und des TUAC (Trade Union Advisory Committee) der OECD, sowie der Kommission der Europäischen Gemeinschaften angehörten. Durch laufende Konsultationen wurde somit ein Prozeß geschaffen, der zu einem relativ schnellen und hoffentlich guten und dauerhaften Ergebnis führte.

3. Die OECD-Leitlinien

Die Leitlinien bestehen aus drei verschiedenen Teilen:
1) Die eigentliche Empfehlung des OECD-Rates vom 26. November 1993 (vier Seiten);
2) Die eigentlichen Leitlinien für die Sicherheit von Informationssystemen (neun Seiten);
3) Erklärende Begleitnote (Explanatory Memorandum) zu den Leitlinien (44 Seiten).

Die eigentlichen Leitlinien bestehen aus sechs Abschnitten:

I) **Ziele**; Hauptziel ist vor allem, einen allgemeinen Rahmen zu schaffen, um die Verantwortlichen im öffentlichen und privaten Sektor bei der Entwicklung und Umsetzung von Maßnahmen zur Gewährleistung der Sicherheit von Informationssystemen zu unterstützen.

II) **Geltungsbereich**; die Leitlinien sollen auf alle Informationssysteme angewendet werden, die sich im Besitz öffentlicher oder privater Träger befinden und von diesen für öffentliche und private Zwecke betrieben oder genutzt werden.

151

III) **Definitionen**; insbesondere die der drei Fundamente der Informationssicherheit, nämlich der Verfügbarkeit, der Vertraulichkeit und der Integrität.

IV) **Sicherheitsziel**; das Ziel der Sicherheit von Informationssystemen erstreckt sich auf den Schutz der Interessen von Informationssystembenutzern vor Schädigungen infolge mangelnder Verfügbarkeit, Vertraulichkeit und Integrität.

V) **Grundsätze (Principles) der Leitlinien**; es gibt deren neun:

1) Grundsatz der **Verantwortlichkeit:**
Die Verantwortlichkeit und Rechenschaftspflichten der Eigentümer, der Anbieter und Benutzer von Informationssystemen sowie von durch die Sicherheit von Informationssystemen betroffenen Dritten sollten ausdrücklich festgelegt werden.

2) Grundsatz der **Sensibilisierung:**
Um Vertrauen in Informationssysteme zu fördern, sollten die Eigentümer, Anbieter und Benutzer von Informationssystemen und auch Dritte in der Lage sein, sich Kenntnis zu verschaffen und informiert werden über das Vorhandensein von Maßnahmen, Praktiken und Verfahren zur Gewährleistung der Sicherheit von Informationssystemen.

3) Grundsatz der **Ethik:**
Informationssysteme sollten in einer Weise angeboten, benutzt und ihre Sicherheit so gestaltet werden, daß die Rechte und Interessen Dritter gewahrt werden.

4) Grundsatz der **Pluridisziplinarität:**
Maßnahmen, Praktiken und Verfahren zur Gewährleistung der Sicherheit von Informationssystemen sollten allen einschlägigen Erwägungen und Auffassungen konkret Rechnung tragen, die technischer, administrativer, organisatorischer, operationeller, kommerzieller, erzieherischer und rechtlicher Natur sind.

5) Grundsatz der **Verhältnismäßigkeit:**
Entwicklungsstand, Kosten, Maßnahmen, Praktiken und Verfahren im Bereich der Sicherheit sollten angemessen sein und im richtigen Verhältnis stehen zum Wert der Informationssysteme und zum Grad der Abhängigkeit von ihnen, sowie zu Schwere, Wahrscheinlichkeit und Ausmaß etwaigen Schadens, da die Sicherheitsanforderungen sich nach dem jeweiligen Informationssystem richten.

6) Grundsatz der **Integration**:

Die Maßnahmen, Praktiken und Verfahren für die Sicherheit von Informationssystemen müssen koordiniert und integriert werden, sowohl untereinander als auch
mit anderen Maßnahmen, Praktiken und Verfahren einer Organisation, um ein einheitliches und kohärentes Sicherheitssystem zu schaffen.

7) Grundsatz des **rechtzeitigen Handelns**:

Die öffentlichen und privaten Parteien auf nationaler wie internationaler Ebene sollten zu rechten Zeit und in koordinierter Weise Maßnahmen ergreifen, um Verlet-
zungen der Sicherheit von Informationssystemen vorzubeugen bzw. entsprechend
zu begegnen.

8) Grundsatz der **periodischen Überprüfung**:

Die Sicherheit der Informationssysteme muß in regelmäßigen Abständen überprüft
werden, da die Informationssysteme und die entsprechenden Sicherheitserfordernisse sich mit der Zeit verändern, und entsprechender Anpassungsbedarf besteht.

9) Grundsatz der **Demokratie**:

Die Sicherheit von Informationssystemen sollte vereinbar sein mit der legitimen
Benutzung und Verbreitung von Daten und Informationen in einer demokratischen
Gesellschaft. Diese Grundsätze wurden nach sorgfältiger Abwägung und Diskussion als eine optimale Liste festgelegt, die den Verantwortlichen für die Sicherheit
von Informationssystemen als Richtschnur und Anhaltspunkte dienen sollen.

VI) **Umsetzung**: dieser Abschnitt enthält allgemeine Leitlinien, wie die vorgenannten
Grundsätze in die Praxis umgesetzt werden sollen in Form von Maßnahmen, Praktiken, Verfahren und auch Institutionen rechtlicher und administrativer Art. Dazu
gehören:

1) Sicherheitspolitik in Form von Gesetzen, Verordnungen, Regelungen und internationale Vereinbarungen;

2) Erziehung und Ausbildung, die besonders die Sensibilisierung für die Erforder-
nisse und Ziele der Sicherheit von Informationssystemen betrifft, und die sich nicht
nur an die direkten Benutzer dieser Systeme wendet, sondern sich auch an Fachleute wie Systementwickler, Systemprüfer und Rechtsvollzuginstanzen richtet;

3) Rechtsvollzug und Wiedergutmachung;

4) Informationsaustausch und Publizität der Leitlinien;

5) Zusammenarbeit auf nationaler und internationaler Ebene, zwischen Regierungen untereinander und zwischen diesen und dem privatem Sektor.

4. Schlußbetrachtung

Manchen technischen Experten mögen diese Leitlinien als zu allgemein vorkommen. Es ist jedoch notwendig, die Problematik der Informationssicherheit über den Horizont des Technischen hinauszuheben, damit auch Führungskräfte in Regierung und Firmen sich der Gefährdung von Informationssytemen bewußt werden, und dies nicht nur als technisches Problem betrachten, das sie ruhig den Verantwortlichen des Rechnerwesens überlassen können.

Daher ist es nun wichtig, diese Leitlinien und Grundsätze weltweit bekanntzumachen, damit sie wirksam werden, denn ihre Befolgung hängt wesentlich vom Grad ihres Bekanntseins ab. Deshalb werden nun in den Mitgliedsländern der OECD-Konferenzen, Seminare und Lehrgänge veranstaltet, um diese Leitlinien zu propagieren. Es wird der Hoffnung Ausdruck gegeben, daß auch diese Konferenz diesem Ziel dient und dazu beitragen kann, die Sicherheit von Informationssystemen zu fördern, da unsere Wirtschaft, ja unser Leben in zunehmendem Maße von solchen Systemen abhängt.

Integrationsprozesse in Produktion und Dienstleistung - Der Beitrag der Informationstechnologie zur Modernisierung der Wirtschaft

Rainer König, Brigitte Preißl

Fraunhofer-Institut für Systemtechnik und Innovationsforschung (ISI), Karlsruhe

1. Einleitung

Die Wirtschaft unterliegt einem ständigen Wandel, der sowohl die Rahmenbedingungen (Infrastruktur und Politik) als auch die Funktionsweise von Märkten und die Produktionsprozesse selbst betrifft. Als herausragende Veränderungen in diesen Bereichen müssen für die neunziger Jahre gelten: Die Schaffung des EG-Binnenmarktes, die Öffnung der Märkte Osteuropas, die Globalisierung der Wirtschaftsaktivitäten, der Strukturwandel von der Industrie- zur Dienstleistungsgesellschaft und eine veränderte interindustrielle Arbeitsteilung. Zentrales Thema für die deutsche Wirtschaft ist die Integration Ostdeutschlands; hier gestaltet sich der Übergang von der Plan- zur Marktwirtschaft schwieriger als vielfach erwartet. Diese Entwicklungen stellen die Wirtschaftspolitik vor die Aufgabe, Infrastruktur-und Regulierungsmaßnahmen neuen Anforderungen des nationalen Struktur- und Systemwandels sowie der internationalen Integration anzupassen. Für die Unternehmen bringen sie verschärfte Konkurrenz um Absatzmärkte sowie die Notwendigkeit, ihre Tätigkeit geographisch und vom Angebotsspektrum her auszudehnen, mit sich. Hinzu kommt die schwierige Lage der öffentlichen Haushalte, durch die Unsicherheiten bezüglich der zu erwartenden Steuerlast, der Reaktion der Kreditmärkte und der Kontinuität öffentlicher Aufträge entstehen. Zusätzlich ist dieser Prozeß mit Problemen belastet, die die gerechte Verteilung von Lasten und Gewinnen betreffen. Angesichts geringer Wachstumsaussichten für die nächsten Jahre werden sich die Schwierigkeiten hier eher verstärken. Diese Situation verlangt von der Wirtschaft insbesondere, die vorhandenen Produktivitätsreserven auszuschöpfen. Standen in den letzten Jahrzehnten die Beschäftigungswirkungen neuer Technologien an zentraler Stelle der arbeitsmarktpolitischen Diskussion, so werden es in den 90er Jahren die Beschäftigungsprobleme sein, die durch Strukturbrüche im Zuge der Veränderung der internationalen Arbeitsteilung sowie durch die Deindustrialisierung in den fünf neuen Ländern entstehen.

Die Informationstechnologie (IT) greift auf allen Ebenen in die wirtschaftliche Leistungserstellung ein, sie verändert dabei Produkte ebenso wie Produktionsprozesse und Märkte. Dadurch birgt sie ein noch kaum erschlossenes Potential zur Bewältigung der oben skizzierten Aufgaben.

2. Wirtschaftliche Relevanz der IT

Das vorliegende Papier beschäftigt sich mit dem Beitrag, den die Informationstechnologie (IT) in diesem Zusammenhang leisten kann und fragt nach den Bedingungen für die Entfaltung dieses Potentials.

Die Verbindung zwischen den oben genannten strukturellen Veränderungen und der zunehmenden Anwendung von Informationstechnologien gründet sich auf folgende Eigenschaften der IT:

- Die universelle Anwendbarkeit der IT gibt ihr den Charakter einer Schlüsseltechnologie, deren Verbreitung Strukturen und Abläufe in allen Bereichen von Wirtschaft und Verwaltung tangiert[1].

- Ein produktiver Einsatz von IT verlangt, daß Institutionen, organisatorische Konzepte und Regeln in der Gesellschaft sowie die rechtlichen Rahmenbedingungen reformiert werden. Der technologische Wandel treibt damit wirtschaftliche und gesellschaftliche Veränderungen voran und schafft neue Gestaltungsmöglichkeiten (siehe EDV-Tarifverträge, Datenschutzgesetz, Postreform) (vgl. Bundestagsdrucksache 11/5436, 1989).

- Durch die Nutzung von IT werden sowohl die Prozesse der Erstellung von Gütern und Dienstleistungen grundlegend verändert, als auch die Kommunikationsbeziehungen zwischen den Akteuren auf eine neue Basis gestellt (vgl. Monse/Reimers). Dies hat weitreichende Konsequenzen für die sektorale und regionale Arbeitsteilung in der Wirtschaft (vgl. Piore/Sabel und Grillespie/Hepworth).

---

1 Vgl. z.B. Deutscher Bundestag: Zukunftskonzept Informationstechnik, Bundestagsdrucksache 11/5436, 1989; Cantzler 1990; Sträter et al. 1986; siehe auch den Beitrag von L. Soete in diesem Band.

- Durch die Entwicklung und Anwendung neuer IT entstehen neue Märkte. Dies gilt einmal für die Technologie selbst, die einer schnellen Veränderung unterliegt und damit einen kontinuierlichen Austausch von Komponenten (Hardware, Software, Endgeräte, Peripheriegeräte, Netze usw.) mit sich bringt und neue Produkte (Faxgeräte, Notebook-PCs etc.) schafft. Zum anderen entstehen neue Dienstleistungen sowohl im Rahmen der Ausgestaltung der Technik (z.B. Softwareberatung, Kommunikationsmanagement) als auch in ihrer Anwendung (Mehrwertdienste).

- Die Komponenten der IT bilden Systeme, die spezielle Anforderungen an die Gestaltung der Inputs und der Teilsysteme stellen. Systembestandteile müssen kompatibel sein und die zu verarbeitenden Informationen müssen strengen formalen Anforderungen genügen. Dies zwingt zu Anpassungen von organisatorischen Strukturen und Prozessen an die strenge Logik der Informatik, ohne die die Vorteile der IT nicht zur Geltung kommen können[2]. Dadurch ist die Chance gegeben, sowohl die internen Abläufe in Unternehmungen und Verwaltungen neu zu strukturieren, als auch die Außenbeziehungen auf veränderte Marktbedingungen strategisch abzustimmen. Diese Veränderungen fördern und begleiten den Strukturwandel, der durch die eingangs beschriebenen Einflüsse gefordert ist.

- Der Netzwerkcharakter der IT impliziert global angelegten und konzipierten Informationsaustausch. Zugehörigkeit zum und Ausschluß vom Netz werden zu zentralen Kategorien. Stichworte wie Open Network Access (ONA) und Electronic Data Interchange (EDI) stehen für zwei wesentliche Aspekte internationaler IT-Strategien: Die Öffnung des Netzzugangs für möglichst viele Teilnehmer und die Standardisierung der verwendeten Protokolle und Zeichen (vgl. Mansell 1992). Das IT-Netz ist grundsätzlich auf globale Expansion und Integration angelegt.

- Da die Funktionalität und die Attraktivität der IT-Netze mit jedem neu angeschlossenen Teilnehmer wachsen, besteht ein starker Anreiz, Netzzugang und IT-Nutzung zu verbilligen. Dies fördert sowohl die Ausbreitung des technischen Fortschritts als auch die Etablierung in diesem Sinne effizienter Regulierungssysteme. Die Vorteile, die durch Größe und Teilnehmerzahl des Netzes für einzelne Nutzer entstehen, werden auch als externe Effekte des Netzes bezeichnet. Diese Effekte basieren auf subadditiven Kosten der Zusammenarbeit bei Aufbau und Nutzung von Netzen und auf

---

[2] Vgl. Freeman, Christopher: The Factory of the Future: The Productivity Paradox, Japanese Just-in-Time and Information Technology, PICT Policy Research Papers, No. 3, May 1988.

dem Nutzenzuwachs durch eine Vergrößerung der Zahl der erreichbaren Teilnehmer. Kommunikation wird damit zunehmend geprägt von Komplementarität und Externalität. Die (internationale) Kooperation von Geschäftspartnern wird dadurch einmal über den Zwang, sich auf ein Kommunikationssystem zu einigen, zum anderen über die daraus resultierenden externen Effekte gefördert[3] (vgl. Katz/Shapiro).

- Durch IT-Netze erweitert sich der geographische Aktionsradius, insbesondere in der Dienstleistungserstellung (vgl. Miles). Die Transaktionskosten grenzüberschreitender Geschäfte werden gesenkt, damit wächst deren Attraktivität.

- Die hohe Informationsverarbeitungskapazität der IT macht komplexe Vorgänge handhabbar. Jeder reale Vorgang kann in Informationen übersetzt und in eine virtuelle Welt übertragen werden. Dort können all seine Ausgestaltungsmöglichkeiten in Kombination mit an ihn gekoppelten oder mit ihm in Interaktion stehenden Vorgängen "durchgespielt" werden. Es ergeben sich dadurch neue Möglichkeiten flexibler Planung und Produktion[4].

- IT-Netze und -Systeme erfordern hohe Investitionen. Die Produktivität jeder neuen Investition ist abhängig von der Qualität der vorhandenen Ausstattung. Umgekehrt ist die effiziente Nutzung vorhandener Systeme oft von der Investition in weitere Teilsysteme oder in nachfolgende bzw. angrenzende Bereiche (Software, Qualifizierung der Anwender) bestimmt. So entstehen Investitionswellen, die grenzüberschreitend wirken und von relativ geringfügigen Veränderungen im Infrastruktur- und Regulierungsbereich ausgelöst werden können (vgl. Ambak).

---

3   Siehe auch den Beitrag von C. Antonelli in diesem Band.
4   Vgl. BMFT (Hrsg.): Technikfolgenabschätzung - Chancen und Risiken von CIM, Düsseldorf 1991.

3. Herausforderungen für die IT

Die Herausforderungen, vor die die Wirtschaft die IT stellt, lassen sich vor diesem Hintergrund wie folgt zusammenfassen: Das spezifische Potential der IT für die Verarbeitung komplexer Informationen in flexiblen, global standardisierten Netzen soll so entfaltet werden, daß

- Güterproduktion und Dienstleistungserstellung in Technik und Organisation den Anforderungen internationaler Konkurrenzfähigkeit genügen,
- neue Produkte und Dienstleistungen den notwendigen Strukturwandel fördern,
- diese neuen Produkte und Dienstleistungen zusätzliche Beschäftigungsmöglichkeiten eröffnen,
- die internationale Integration nationaler Volkswirtschaften, zunächst vor allem im europäischen Binnenmarkt, gelingt,
- Strukturwandel und Systemtransformation als sozial ausgewogene Prozesse verlaufen.

Die IT stellt dabei jedoch keine fertigen technischen Lösungen und Dienstleistungen bereit. Vielmehr ist es gerade ein spezifisches Charakteristikum der IT, daß sie dem Anwender lediglich Möglichkeiten eröffnet, die dieser in dem von ihm zu verantwortenden Bereich zur Problemlösung nutzt (vgl. Benassi). Die Flexibilität, die IT in der Zusammensetzung, Ausgestaltung und Nutzung der einzelnen Systemkomponenten bietet, führt dazu, daß die Technologie nicht als "Endprodukt" geliefert wird, sondern sich erst in der Anwendung fertig herausbildet (vgl. Rosenberg). Der Beitrag, den IT bei der Bewältigung der Probleme der neunziger Jahre leisten kann, hängt also entscheidend davon ab, wie gut das Zusammenwirken von Technikentwicklung und Anwendung funktioniert. Ein bekanntes Beispiel für das Mißlingen dieser Abstimmung ist Btx. Hier entsprach offensichtlich das technisch "fertig" entwickelte Produkt zunächst nicht dem Bedarf der Anwender. Die Technik wurde nicht angeeignet und für eigene Problemlösungen nutzbar gemacht.

Die Diffusion von IT schließt Lernprozesse ein, die bei Anwendern durchlaufen werden und schließlich zur optimalen Ausnutzung des Potentials der IT für jeden spezifischen Anwendungsfall führen (vgl. Loveridge). Die Beobachtung, daß Technikentwicklung und Konkretisierung des Bedarfs als simultane Prozesse ablaufen, ist nicht neu und nicht auf IT begrenzt (vgl. Silverberg und Rosenberg). Interessant ist bei IT-Gütern und Dienstleistungen das hohe Ausmaß an Flexibilität, das sie den Anwendern bieten. Neu ist auch die Abhängigkeit des Erfolges einer Anwendung von der Zahl und Qualität der übrigen an dasselbe System angeschlossenen Nutzer und deren konkreter Ausgestaltung der vom System her gegebenen Optionen (vgl. Antonelli 1992, S. 5-27). Dieses hat jedoch zur Konsequenz, daß einmal das Angebot so gestaltet werden muß, daß Spielräume in den Bereichen vorhanden sind, in denen vielversprechende praktische Anwendungsmöglichkeiten liegen. Zum anderen müssen Anwender in die Lage versetzt werden, die Ausgestaltung der Technik zu bewältigen und damit durch IT gegebene Potentiale kreativ zu entfalten. Daß dies nicht nur eine Frage der Technik selbst und der Qualifizierung ihrer Anwender ist, zeigen umfangreiche Regulierungsdiskussionen. Dabei geht es unter anderem um die Schaffung eines Regulierungsrahmens, der ausreichend Anwenderflexibilität und Angebotsvielfalt bietet, um eine optimale Nutzung der IT-Potentiale und die Einleitung von Lernprozessen bei Anwendern nicht zu behindern. Gleichzeitig müssen Kompatibilität und Standardisierung ebenso geregelt werden wie der diskriminierungsfreie Zugang zu Netzen, um möglichst wenige Nutzungsbarrieren zu errichten (vgl. Preißl). Ein Beispiel für die Schaffung günstiger Voraussetzungen zur Ausschöpfung des Potentials von IT ist die Freigabe der Nutzung von Mietleitungen im Zuge der Deregulierung. Sie ermöglicht Kooperationen von Anwendern und erlaubt die Realisierung vielfältiger neuer Diensteangebote durch eine flexiblere und wirtschaftlichere Ausnutzung der Netzkapazität.

Herausforderungen an die IT sind daher Herausforderungen an alle Akteure der Wirtschaft, sich der Möglichkeiten der Technologie zu bedienen und damit eine Weiterentwicklung der IT, die Anwenderbedürfnisse und gesellschaftlichen Problemlösungsbedarf berücksichtigt, voranzutreiben. Nicht zuletzt gilt es, Probleme präzise zu definieren und daraus Anforderungen an die IT zu formulieren.

3.1 Gesamtwirtschaftliche und überbetriebliche Aspekte

Betrachtet man die Wirtschaft als Kreislauf von Produktion und Konsum von Gütern und Dienstleistungen, dessen Funktionsweise auf der Kommunikation von Akteuren (Wirtschaftssubjekten) beruht, so stellt in einem Zustand vollständiger Vernetzung das IT-Netz eine Doppelung der Wirtschaft dar. Alle Vorgänge werden in Form von Informationen abgebildet und dokumentiert. Die daraus entstehenden mehr oder weniger vollständigen Abbilder der Realität erlauben simulatorische Manipulationen, die wiederum Realität vorprägen können. Eine Vervielfachung der Informationsverarbeitungskapazität bedeutet, daß eine sehr viel größere Zahl von Vorgängen dokumentiert und damit kontrolliert werden kann. Entscheidungen über komplexe Aktivitäten werden auf der Ebene des informationstechnischen Spiegels der Realität getroffen und dann in reale Produktionsaktivitäten umgesetzt. Diese Sichtweise erklärt den **Zusammenhang zwischen aktuellen Phänomenen wirtschaftlichen Wandels und der informationstechnischen Integration**. IT-Netze ermöglichen die Ausweitung wirtschaftlicher Aktivitäten in quantitativer, qualitativer und geographischer Hinsicht, ohne daß übergroße Komplexität die Handhabbarkeit einschränkt. Kooperation und Dezentralisierung sowie Globalisierung und Ausdifferenzierung von Arbeitsteilung werden ohne Kontrollverlust möglich. Mit der Europäisierung und Internationalisierung der Produktion stehen die Unternehmen vor der Aufgabe, ein breiteres Produktspektrum in flexibler Zusammensetzung und zu möglichst niedrigen Kosten bereitzustellen. Inputs müssen billig (d.h. auch u.U. international) beschafft und flexibel disponiert werden. Die damit verbundenen Auslagerungs- und Dezentralisierungsprozesse gehen einher mit der elektronischen (Re-)Integration der beteiligten Subunternehmen. Die mit wachsender Vernetzung auftretenden externen Netzwerkeffekte stimulieren Kooperationen zwischen Partnern unterschiedlicher Branchen und unterschiedlicher Stufen der (nunmehr zergliederten) Wertschöpfungskette. Es entstehen neuartige Verbundvorteile. Unternehmen sind als komplexe Gebilde zu denken, für deren Entscheidungen die Entscheidungsparameter der jeweiligen Kommunikationspartner maßgeblich sind (vgl. Monse: ArBYTE - Modernisierung der Industriesoziologie). Die durch elektronische Quasiintegration ausgelösten neuen Kooperationsformen lassen sich theoretisch nicht mehr mit den von unabhängigen Wirtschaftssubjekten ausgehenden Modellen analysieren. Neben die viel diskutierten Probleme der Aggregation mikroökonomischen Handelns zu gesamtwirtschaftlichen Zusammenhängen tritt das Problem der Identifizierung von Verhaltensgleichungen für vernetzte Gruppen.

Ebenso wenig wie die eindimensionale Frage nach den **Konsequenzen des Einsatzes von IT** für das volkswirtschaftliche Zielsystem (Technikfolgenabschätzung) ist die Perspektive des **Beitrages von IT** bei der Bewältigung von Herausforderungen für sich alleine geeignet, den zum Teil simultan, zum Teil in mehrdimensionalen Rückkopplungen zwischen verschiedenen Ebenen des gesellschaftlichen Wandels verlaufenden dynamischen Prozeß der Entwicklung von Technik und Wirtschaft zu erfassen. Allzu leicht werden um der Stringenz des Arguments willen Sichtweisen grob vereinfacht, sehr komplexe Wirkungszusammenhänge zu simplen Ursache-Wirkungs-Effekten verzerrt. Aus gesamtwirtschaftlicher Sicht schafft etwa der Einsatz von IT Probleme, die durch sie selbst wiederum leichter zu lösen sind (z.B. Strukturwandel); IT erzeugt Druck zur Internationalisierung, fördert und ermöglicht sie. Ausländische Konkurrenz erfordert Rationalisierungsanstrengungen, die mit IT-Einsatz umgesetzt werden, der wiederum eine stärkere Einbindung in internationale Wirtschaftsbeziehungen stimuliert. Daher lassen sich ebenso viele Probleme finden, die durch IT gelöst werden können, wie solche, die durch IT geschaffen bzw. verstärkt werden.

Analytisch ist es jedoch möglich, bestimmte Linien des Wirkungszusammenhangs zu isolieren und so zu Aussagen über die **Potentiale von IT in Schlüsselbereichen des volkswirtschaftlichen Zielsystems** zu gelangen. Dabei sind aktuelle Problembereiche wie Umweltschutz, Vollbeschäftigung, Verbraucherschutz und Verteilungsgerechtigkeit ebenso anzusprechen wie die Rahmenbedingungen der Produktion, wie etwa Wettbewerbspolitik, Verwaltungseffizienz oder das staatliche Bildungswesen.

Informationsnetze erleichtern die Herausbildung funktionsgerechter Institutionen und Verfahren im Umweltschutz, wenn z.B. die Schadstoffemission von Unternehmen durch Fernmeldeeinrichtungen direkt von der zuständigen Behörde überwacht werden kann. Informationsnetze verknüpfen verschiedene Sektoren und Bereiche der Gesellschaft und führen zu einem differenzierten Zusammenwirken unterschiedlicher Akteure. Die Erhaltung der natürlichen Reproduktionsgrundlagen erfordert Regulierungsmaßnahmen, deren Gestaltung, Umsetzung und Überwachung mit Hilfe von IT handhabbar wird (vgl. Freeman in "Futures"). Voraussetzung ist, daß IT-Systeme nicht nur innerhalb geschlossener Benutzergruppen oder innerhalb bestimmter am Wirtschaftsprozeß beteiligter Gruppen funktionieren, sondern übergreifend einsetzbar sind. Hier ist die eingangs erwähnte Eigenschaft der IT, die Struktur von Inputs aus verschiedenen Bereichen und damit die Sprache verschiedener gesellschaftlicher Subsysteme zu vereinheitlichen, hilfreich.

Kontraproduktiv im Sinne nationaler Wirtschaftspolitik sind Verlagerungen von Entscheidungen und Aktivitäten ins Ausland, die damit dem Zugriff des inländischen wirtschaftspolitischen Instrumentariums entzogen sind. Die internationale Vernetzung fördert solche Prozesse (vgl. Klebe/Roth).

Der Strukturwandel, der in der **Substitution "klassischer" Schlüsselsektoren** durch neue zum Ausdruck kommt und in der Bundesrepublik Deutschland von einer Ausdifferenzierung und Expansion der Dienstleistungserstellung geprägt ist, wird in hohem Maße von IT selbst verursacht und vorangetrieben. Die Kommunikationsinfrastruktur und die IT erhalten eine ähnliche Bedeutung wie die Verkehrsinfrastruktur und die Investitionsgüter herstellende Industrie in früheren Phasen wirtschaftlichen Wandels.

Informationstechnische Geräte und Ausrüstungen sowie IT-Dienste bilden wachsende Anteile an den Produktionsinputs; das Wachstum des Dienstleistungssektors wird wesentlich durch IT-basierte Dienste gespeist.

Zusätzlich zum Strukturwandel, der durch den Ausbau der IT-anbietenden Industrien und Dienstleistungsbranchen entsteht, beschleunigt der Einsatz von IT in den anwendenden Wirtschaftszweigen strukturelle Veränderungen, z.B. durch Produktinnovationen (Einführung von IT-Elementen) und den Ausbau produktbezogener Serviceangebote (on-line-Stördienst) sowie durch die Etablierung neuer Arbeitsteilungssysteme und durch interne organisatorische Anpassungsprozesse (vgl. Miles in "Futures").

IT-Systeme stimulieren den Aufbau neuer Vertriebs- und Marketingstrukturen. Anbieter können über elektronische Medien umfassend große Kreise potentieller Kunden informieren. Umgekehrt können Informationen über spezifische Nachfragekonstellationen, -veränderungen leicht eingeholt werden. Der Markt als Ort des Zusammentreffens von Angebot und Nachfrage erhält einen höheren Grad an Transparenz; dadurch werden Prozesse im Rahmen des Strukturwandels beschleunigt.

Für den **Arbeitsmarkt** ergeben sich durch Strukturwandel und Rationalisierungsschübe Probleme, die in einem komplexen Zusammenhang mit Produktion und Diffusion von IT stehen. Die durch Strukturveränderungen freigesetzten Arbeitskräfte können theoretisch in neu entstehenden Industrien für IT-Güter und in IT-Dienstleistungsunternehmen aufgefangen werden. Daß hierbei Brüche aufgrund nicht genügend abzustimmender regionaler Verteilung und persönlicher Qualifikationen zu erwarten sind, ändert nichts an der Gültigkeit des Arguments, zeigt aber, daß der Problemlösungsbeitrag der IT eher mittel- als kurzfristig zum Tragen kommt[5] und nur bei Einsatz begleitender beschäftigungs- und bildungspolitischer Instrumente wirksam werden kann. Die Größenordnung der Arbeitslosenzahlen, die einerseits durch Freisetzung im Strukturwandel entstehen und andererseits durch Wachstum im IT-Bereich verringert werden können, ist nicht eindeutig zu bestimmen. Ebenso umstritten bleiben die Rationalisierungswirkungen, die IT in bestehenden Betrieben des Produktions- und Dienstleistungssektors auslöst. Die Diskussion um das Produktivitätsparadoxon deutet zwar darauf hin, daß die Vorteile der IT-Anwendung eher in qualitativen Verbesserungen als in Kosten-

---

[5] Vgl. Ifo-Institut für Wirtschaftsforschung: Impact of Information Technologies on Future Employment in the European Community, Study for the Commission of the European Communities, Munich 1991. Meyer-Krahmer, Frieder u.a.: Sektorale und gesamtwirtschaftliche Beschäftigungswirkungen moderner Technologien, Meta-Studie II, DIW Bd. 1 und 2, Berlin 1988.

senkungen (d.h. u.a. in Personaleinsparungen) liegen (vgl. Freeman 1988), aber hier sind die Effekte in einzelnen Branchen und Unternehmen zu unterschiedlich, die Erfahrungen zum Teil noch nicht langfristig genug und die empirischen Untersuchungen zu speziell, um zu allgemeingültigen Aussagen kommen zu können. Erfahrungen im englischen Bankensystem deuten etwa darauf hin, daß massive Entlassungsschübe, die auf Einführung von IT zurückgehen, erst mit Verzögerungen von 10 bis 15 Jahren auftreten.

Welchen Beitrag die IT zur Lösung von Beschäftigungsproblemen schließlich tatsächlich leistet, ist daher zur Zeit nicht exakt zu beantworten. Dies hängt von der Definition der IT ab, von der Fristigkeit der Betrachtung, den Annahmen über den durch IT verursachten Wachstumsanteil und den - bisher völlig unzureichend untersuchten - Diffusions- und Anwendungsmustern der IT in Unternehmen und Verwaltung.

Die im Ausland zum Teil weiter fortgeschrittene Diffusion der IT wirkt im europäischen Binnenmarkt in doppelter Weise auf die Wirtschaft der Bundesrepublik Deutschland. Einmal gehen ausländische Anbieter selbstverständlich davon aus, bei ihrer Geschäftstätigkeit im deutschen Markt umfassende IT-Anwendungen vorzufinden. Dadurch entstehen für deutsche Unternehmen Demonstrationseffekte, die zu einer Beschleunigung der IT-Diffusion führen. Die externen Effekte der IT-Anwendung im Ausland unterstützen die Entstehung grenzüberschreitender Aktivitäten, die unter IT-Einsatz stattfinden. Dies gilt insbesondere für eine Reihe von Dienstleistungen. Die Integration nationaler zu internationalen elektronisch unterstützten Märkten vertieft die internationale Arbeitsteilung. Dabei stehen den möglichen Größenvorteilen Nachteile durch Autonomieverlust, Abhängigkeit von internationalen Konjunkturzyklen und Schwerfälligkeit der Organisationen gegenüber.

Funktionsfähiger Wettbewerb zielt einmal auf die Wirkung des Preismechanismus im Markt, zum anderen auf die kontinuierliche Umsetzung von Produktivitätsverbesserungen unter dem Druck der Konkurrenz. Daß funktionsfähiger Wettbewerb nicht unbedingt atomistische Konkurrenz voraussetzt, ist allgemein anerkannt. Durch IT eröffnen sich im Markt neue Funktionsweisen des Wettbewerbs, die neue Marktmorphologien entstehen lassen und sich insbesondere auf die **Innovationsdynamik** auswirken. In Netzwerken, die kooperierende, aber auch konkurrierende Gruppen verbinden, müssen in einem vorwettbewerblichen Bereich Vereinbarungen getroffen werden, die die Anwendung der neuen, produktivitätsverbessernden Technologie erst möglich machen (vgl. Antonelli 1992). Der Marktführer hat durch einen Vorsprung bei der Einführung einer neuen Technik nur dann einen Vorteil, wenn viele andere Marktteilnehmer - Kunden, aber auch Geschäftspartner und Konkurrenten - seine IT-basierte Neuerung mit einführen; denn nur dann entstehen kompatible Systeme und attraktive Netze. Zudem breiten sich Innovationen in vernetzten Systemen schneller aus, die Dynamik des technischen Fortschritts nimmt zu. Dabei hat das innovierende Unternehmen den Vorteil, beim Aufbau von Netzen und Systemen Standards setzen zu können, die Konkurrenten akzeptieren müssen, wenn sie nicht das Risiko des parallelen Aufbaus konkurrierender Systeme eingehen wollen. Die Schaffung stabiler IT-Netze bindet Ressourcen und bringt Partner über längere Zeit zusammen, da ein Wechsel mit hohem Aufwand verbunden wäre. Eine Konsequenz der Vernetzung ist damit, daß nicht mehr einzelne Unternehmen miteinander konkurrieren, sondern in Netzwerken kooperierende Gruppen. Netzwerk-Externalitäten eröffnen neue Muster der Verbreitung von Innovationen.

Einzelne Unternehmenstypen sind in unterschiedlichem Maße in der Lage, Zugang zu Netzwerken zu finden. Je nach Marktmacht gelingt es mehr oder weniger gut, eigene Vorstellungen in die Netzgestaltung einzubringen. Im Extremfall gibt es einen Marktführer, der den Aufbau von Netzen und Systemen dominiert, die von allen anderen zu akzeptieren sind. In jedem Fall geht mit der Einrichtung von IT-Systemen eine Neugestaltung der Wettbewerbsstrukturen einher.

3.2 Zwischen- und innerbetriebiche Aspekte

Die beschriebenen Trends bei der Entwicklung der wirtschaftlichen Rahmenbedingungen und Märkte erfordern **veränderte Organisationskonzepte und -strukturen** nieder. Gerade bei Großunternehmen führt die wachsende Orientierung am Markt bzw. am Kunden zu großen Führungs- und Koordinationsproblemen. Im Spannungsfeld von Globalisierungs- und Lokalisierungskräften entstehen dazu "transnationale Unternehmen", bei denen eine Holding als strategische Clearingstelle fungiert, während Landesgesellschaften lokale Vorteilspositionen ausnutzen. Funktionale Spezialisierung ("economies of scale") weichen einer funktionalen Integration ("economies of scope"). Neue Produktionskonzepte einer modular aufgebauten Fabrik sollen den veränderten Rahmenbedingungen der Märkte und den im Taylorismus unterschätzten Humanressourcen wieder mehr Rechnung tragen.

Stichworte wie 'lean production', aber auch allgemeinere Bestrebungen zur Rationalisierung und Straffung von Produktionsabläufen deuten auf Tendenzen zur zunehmenden **Auslagerung von produktionsorientierten Diensten** in spezialisierte Betriebe bzw. in der Produktion vor- und nachgelagerte Stufen hin. Zwischen Zulieferern und Produzenten auf der einen und Produzenten und Absatzmittlern auf der anderen Seite, aber auch mit Geschäftspartnern, die Dienstleistungen für die Produktion erbringen, setzen sich neue Formen der Zusammenarbeit durch, die ohne I+K-Technik nicht zu realisieren wären (vgl. Monse 1993). Insbesondere gewinnen in der Koordinierung der verschiedenen ausgelagerten Aktivitäten Merkmale wie Schnelligkeit, Flexibilität, Zeitgenauigkeit und dialogorientierte Entwicklung an Bedeutung; sie sind eng an die Verfügbarkeit leistungsfähiger I+K-Netze geknüpft. Die Spielräume in der Gestaltung der Arbeitsteilung zwischen Unternehmen sind daher abhängig von der Flexibilität der kommunikationstechnischen Vernetzung[6].

Die wachsende Vielfalt möglicher Kooperationsformen auf Beschaffungs- und Absatzfeldern wird auch unter dem Begriff **"strategische Allianzen"** zusammengefaßt, mit dem Kooperationen zwischen zwei oder mehreren Unternehmen in demselben oder auch verwandten Technologiefeldern bezeichnet werden, die dem Ziel dienen, die Wettbewerbsposition zu stärken oder abzusichern. In diesem Zusammenhang gewinnen in der Koordinierung der verschiedenen ausgelagerten Aktivitäten Merkmale wie Schnelligkeit, Flexibilität, Zeitgenauigkeit und dialogorientierte Entwicklung an Bedeutung; sie sind eng an die Verfügbarkeit leistungsfähiger IT-Netze geknüpft. Die Spielräume in der Gestaltung der Arbeitsteilung zwischen Unternehmen sind daher abhängig von der Flexibilität der kommunikationstechnischen Vernetzung.

Eines der auffälligsten Merkmale der Wirtschaft der DDR war die fast völlige Vernachlässigung des Aufbaus von IT-Netzen und -Systemen. Der bisherige Verlauf des Transformationsprozesses der ostdeutschen Wirtschaft läßt auf einen anhaltenden Abbau der industriellen zugunsten der Dienstleistungsproduktion schließen. Die Diffusion von IT-Systemen wird daher nach anderen Mustern verlaufen als in der westdeutschen Wirtschaft. Die Notwendigkeit, schnell effiziente Verteilungs- und Vertriebssysteme aufzubauen, einen Rückstand in der Infrastruktur und in der Qualifikation der Beschäftigten aufzuholen, erzeugen spezifische Anforderungen an IT.

---

6   Zur Organisation der Zusammenarbeit in Netzwerken vgl. Ducatel, Ken: Are Information Technology Networks really Networks? Erscheint demnächst in: Technologie, Information et Société (1993).

Die folgenden Aufsätze zum Thema "Integrationsprozesse in Produktion und Dienstleistung" greifen Aspekte des wirtschaftlichen Wandels auf verschiedenen Ebenen auf. Der Beitrag von **Luc Soete** befaßt sich mit Aspekten des Strukturwandels, die die ganze Volkswirtschaft betreffen. Er verweist darauf, daß trotz des hohen technologischen Potentials der neuen IT die Effizienzsteigerungen in den Anwendungsbereichen weit hinter den Erwartungen zurückblieben. Dabei skizziert er auch Erklärungsansätze für das relative Zurückfallen der europäischen IT-Industrie im internationalen Kontext. **Cristiano Antonelli** befaßt sich mit den Beziehungen zwischen Unternehmen und der Wirkung von Externalitäten im Diffusionsverlauf von IT. Er stellt vor diesem Hintergrund auch die Frage nach Leitsektoren für IT-Anwendungen. **Peter Brödner** und **Knut Bleicher** thematisieren die Beziehungen zwischen Unternehmen und die Anpassungsprozesse aus Sicht des einzelnen Unternehmens. Brödner formuliert im Hinblick auf die aktuellen Umstrukturierungsprobleme die These, daß die IT keineswegs die Lösung sei, sondern Teil des Problems, und Bleicher warnt vor dem Risiko eines Neotaylorismus. Schließlich geht **Mathias Weber** auf die besonderen Herausforderungen der Transformation der ostdeutschen Wirtschaft mit einem Bericht aus der Praxis ein.

Literaturverzeichnis

Ambak, J.C.
>
> Telematics - Aims and characteristics of a new technology. In: Soekkha, H.M. (Hrsg.) Telematics - Transportation and Spatial Development, Utrecht/Tokyo 1990, S. 11-20.

Antonelli, Cristiano
>
> The Economic Theory of Information Networks. In: Antonelli, C. (Hrsg.): The Economics of Information Networks, a.a.O., North Holland, 1992, S. 5-27.

Benassi, Mario
>
> Innovazione e complessità organizzative nella diffusione dei servizi telematici avanzati. In: Benassi, M.; Buratti Mosca, N.; Torrisi, S. (Hrsg.): La diffusione dei servizi telematici, Milano, 1989, S. 95-162.

BMFT (Hrsg.)
>
> Technikfolgenabschätzung - Chancen und Risiken von CIM. Düsseldorf, 1991.

Cantzler, F.
>
> Quantitative und qualitative Beschäftigungswirkungen neuer Technologien. München 1990, S. 22.

Deutscher Bundestag
>
> Zukunftskonzept Informationstechnik. Bundestagsdrucksache 11/5436, 1989.

Ducatel, K.
>
> Are Information Technology Networks really Networks? Erscheint demnächst in: Technologie, Information et Societé (1993).

Freeman, C.
>
> The Factory of the Future: The Productivity Paradox, Japanese Just-in-Time and Information Technology. PICT Policy Research Papers, No. 3, May 1988.

Freeman, C.
>
> Technical Change and future trends in the world economy. In: Futures, July/August 1993, p. 621-636, hier S. 629.

Gillespie, A.E.; Hepworth, M.E.
>
> Telecommunication and Regional Development in the Information Economy: A Policy Perspective. PICT Policy Research Papers No. 1, March 1988.

Ifo-Institut für Wirtschaftsforschung
>
> Impact of Information Technologies on Future Employment in the European Community. Study for the Commission of the European Communities, Munich 1991.

Katz, M.; Shapiro, C.
>
> Network Externalities, Competition and Compatibility. In: American Economic Review 75 (3), S. 424-440.

Klebe, T.; Roth, S.

Informationen ohne Grenzen - Globaler EDV-Einsatz und neue Macht-
strukturen. In: Dies. (Hrsg.): Informationen ohne Grenzen. Hamburg,
1987.

Loveridge, R.

Incremental Innovation and Appropriative Learning. In: Loveridge, R.; Pitt,
M. (Hrsg.) The Strategic Management of Technological Innovation. London
1990.

Mansell, R.

Information, Organization and Competitiveness - Network Strategies in the
1990´s. In: Antonelli, Cristiano (Hrsg.) The Economics of Information Networks. North Holland 1992, S. 217 - 228.

Meyer-Krahmer, F.

Sektorale und gesamtwirtschaftliche Beschäftigungswirkungen moderner
Technologien, Meta-Studie II, DIW Bd. 1 und 2, Berlin, 1988.

Miles, J.

Information Technology and the Services Economy. In: Oxford Surveys in
Information Technology, Vol. 4, 1987, S. 25-56, hier S. 27.

Miles, J.

Services in the New Industrial Economy. In: Futures, Vol. 25, No. 6, July/
August 1993, p. 653-672.

Monse, K.

Zwischenbetriebliche Vernetzung in institutioneller Perspektive. In: Malsch,
T.; Mill, U. (Hrsg.) ArBYTE - Modernisierung der Industriesoziologie, S.
295-314.

Monse, K.; Reimers, K.

Interorganizational Networking and the Institutional Gap. In: Clement, A.;
Kolm, P.; Wagner, I. (Hrsg.) Proceedings of the IFIPTC Working Conference on Networking. Vienna, Austria, June 1993 (erscheint demnächst).

Preißl, B.

Strategic Use of Communication Technology - Diffusion Processes in Networks and Environments (erscheint demnächst).

Piore, M.; Sabel, C.

Das Ende der Massenproduktion. Berlin, 1985.

Rosenberg, N.

Inside the Black Box: Technology and Economics. Cambridge, 1982.

Rosenberg, N.

Factors affecting the diffusion of technology. In: Exploration in Economic
History, 10, 1972.

Silverberg, G.

Adoption and diffusion of technology as a collective evolutionary process.
In: Freeman, C.; Soete, L. (Hrsg.) New Explorations in the Economics of
Technical Change. London/New York, 1990, S. 177-192.

Sträter et al.
    Sozialräumliche Auswirkungen der neuen Informations- und Kommunikationstechniken. München, 1986.

Information Technologies Promoting Structural Change

Luc Soete
University of Limburg

Introduction: From Old IT to New EC Paradoxes

Information (and communication) technology have been recognized for a long time now as providing a substantial **potential** for increased growth and productivity. Many studies, going back to the late 70's have tried to estimate that potential and likely impact on employment growth and displacement, and have all pointed towards the size of this potential. Terms such as the emergence of an information technology "revolution", a new technological paradigm, etc. have been suggested by many authors - some of which are present at this Conference - to highlight the radical and pervasive nature of information technology.

Radical in the more or less continuous reduction in the costs of processing of information, and increase in the storage and memory capacity, as well as speed of electronically encoded information. As Flamm (1988) has observed the size of this reduction in costs is historically unprecedented, and the physical limits to further cost reduction associated with e.g. the material most commonly used in semiconductors (silicium) still more than twenty years ahead. Pervasive in so far that information is used in practically all commodities and services so that even the definition of "IT-producing" sectors becomes something of a moving target. The old core IT producing sectors such as the sectors producing electronic components such as semiconductors and microprocessors, computer equipment, telecommunications equipment and electronic consumer and capital goods, are probably as "IT-core" as are IT service-producers, such as computer services and telecommunications services. But the distinction between "core" and other IT-using industrial or service sectors (where the information-processing functionality is at the service of some other function as in robots, cash machines, financial services, etc.) is becoming increasingly a fuzzy one, in so far as most of the IT applications developments occur in these user sectors.

It certainly is a distinction which has had too much of a policy influence. The early national and EC policy responses have indeed often consisted of focussing exclusively on the growth of this technological potential within the IT sector itself. In doing so they have directed attention away from the difficulties, bottlenecks (legal, institutional, social, organisational, etc.), financial uncertainties, etc. associated with the diffusion of such a radical and pervasive set of technologies. The importance of these various impediments to the emergence of such a new "techno-economic" paradigm (Freeman and Perez, 1988) has increasingly become recognized because of **both** the often disappointing realisation of the potential benefits of the use of new information technologies **and** the disappointing performance of the European ICT sector. The productivity or Solow paradox is from this perspective a truly "European paradox". Despite the technological potential of IT, both the efficiency gains in most of Europe's IT using sectors have been disappointing as well as the growth of Europe's IT-producing industrial and service sectors.

The completion by the end of 1992, of the large European Single Market, represents also a well-documented, significant rationalisation and increased efficiency **potential** resulting from the opening up of all sectors to intra-EC competition. Since the EC report on "The costs of Non-Europe", many studies have estimated the additional growth and employment creation which could be associated with this structural transformation. As in the case of IT, the realisation of this, more economically driven, structural growth potential appears again at least in the short run not to become realized, rather the contrary, the EC has entered precisely at the time of the long awaited realization of its large harmonized single market, one of the deepest recessions in its history. As in the case of IT, it seems therefore increasingly appropriate to talk about an integration or harmonization EC paradox. And as in the case of IT, such a paradox points to the non-automatic nature of the realization gains of such a new growth potential, closely associated with a process of structural change and regional transformation.

Combined these two "growth paradoxes" could well represent the basis for a new period of high, long term growth in the EC, going well into the 21st Century and generating a large number of new job opportunities. But they might as well never become realized, and pass by Europe, as many today less developed countries have experienced in previous periods of industrialisation. Reaping these long term benefits and advantages from the new information technologies and the further harmonisation of the internal EC market is therefore a crucial challenge for most EC countries, with significant implications for their international competitiveness.

The importance of the social and organisational 'incorporation' of such structural changes, can be best illustrated with reference to some of the literature on innovation management, where successes and failures in innovation were generally more closely related to organisational and social factors than just excellence in technology. When dealing with a pervasive set of technologies such as IT with a significant impact throughout the economic system, it will be even more obvious that the introduction of such technologies will have to be accompagnied by many social and institutional changes. Thus, many analyses of the skills, training, working conditions and educational implications and requirements of the effective diffusion and assimilation of IT, point to the widespread existence particularly in Europe of institutional bottlenecks, shortages of adequately trained manpower, lack of retraining and educational provisions, work organisation problems, etc. which all impede on the realisation of the potential output and productivity gains, associated with IT.

The precise diffusion path of IT is from this perspective, as in the case of other processes of technical change not *a priori* determined. At one extreme, one could imagine more rapid diffusion of IT to lead to a **"progressive"**, virtuous growth process: the increased productivity effects are matched by increased quality effects in the social, environmental and economic sphere. It is as if all the IT-promises as they also can be heard here through many of the contributions presented; are becoming fulfilled. At another extreme, more rapid diffusion might, however, also lead to a **"regressive"** process: the increased productivity leads to employment displacement, not sufficiently compensated for through demand and income elasticities for domestic goods and rapidly growing dualism in the labour market.

In this paper we elaborate briefly on some of these major policy challenges. We remain at a rather general level, subsequent papers by Antonelli; Brödner; Bleicher and Weber elaborating in more detail on some of the specific issues associated with productivity growth, use of IT in production, management, and IT services.

1. IT-Investment and Growth

It has often been suggested that a main source of the relatively low productivity growth is the relatively low level of investment, itself closely associated with a low savings ratio. The contrast between the US and Japan both in investment and savings ratio levels provides ample support for this claim. Recent interpretations of the so-called 'new growth theories', as well as less formal modelling exercises have provided much stronger theoretical foundation for such arguments, in so far as low investment rates would lead to an older, and therefore less efficient (from a technological point of view) capital stock, and thus to slower productivity growth. This line of argument can of course easily be extended from simple arguments about the quantity of investment, to arguments about the qualitative mix of such investment, and in particular the component of more externality, "increasing return" associated investment, such as e.g. investment in information technology.

If e.g. one recognizes that in the production of a country's GDP both inputs which are not so much subject to (quality) changes due to technological change and inputs which are subject to such changes do play a role, one may wish to separate those out, allowing for a more direct estimate of the impact of e.g. IT investment and the associated human capital on growth. In this way one might well capture some of the dynamic, increasing returns features of IT: a typical network technology, encompassing most of the ideas about technology shareability popular in the new growth tradition. Modelling research at MERIT, Technibank, and other European research institutes considering explicitly the IT sector from this perspective is still under way, but as Antonelli (1992) has shown this is a promising avenue of empirical research.

From a policy perspective too, the insights gained from considering more explicitly the increasing returns associated with investments (both in physical and human capital), such as those in IT, are particularly useful. Once introduced in macro-economic growth analysis, it now becomes indeed very clear that policies with respect to IT, not just R&D support policies, cannot be equated with other traditional static efficiency improving micro-policies, such as competition policy, but do have a much more significant dynamic growth impact. Furthermore, interpreted in this way, 'new growth theory' brings to the forefront the close interaction between growth and technological 'investment' (such as IT), and the way policies in one area might have a significant influence on this interaction. Such models highlight in other words the crucial importance of e.g. the savings ratio or the cost of capital on technological investment, such as IT. From this perspective they seem to provide a simple but powerful explanation for the high Japanese R&D and IT investments and the policy concerns raised in many EC countries about the negative impact of the high cost of capital for technological investment and long term economic growth[1].

We do not want, given also Antonelli's paper at this Conference, to elaborate much on the empirical support for such arguments. However, as a broad hint, Tab. 1 gives an overview of the (growing) importance of information technology in investment and employment in manufacturing. From Tab. 1, it appears that the role of information technology differs both among countries and across time. Countries that can be defined as 'high-tech' in terms of e.g. R&D intensity, appear to be also the countries with the strongest relative commitment to information technology. Japan and Germany hold the strongest positions, while over time the share of information technology in investment and employment appears also to have increased most clearly in those countries over the 1980s.

---

[1] From this perspective "new" growth theory seems also to provide strong support for the argument popular in the US and European business communities about the growing financial advantages of the large Japanese corporations who thanks to vertical integration with financial groups - so-called keiretsu's - appear to have far more access to long term, so-called "patient capital" for investment in technology and R&D. See a.o. Ferguson's (1990) article about the coming of the US keiretsu. Such arguments point again to the broad interaction of technology with economic variables and instruments. Thus, the organisation of capital markets, the role and close connectedness of banks with industrial firms, as well the regulatory framework governing financial markets have all major impacts on the level and growth of corporate R&D investment, and the overall growth performance of nations (Ostry, 1990).

Tab. 1:   The role of the IT sector in aggregate economic indicators

A. The share of IT employment in total manufacturing employment (in %)

	1975	1980	1985	most recent
Australia	n.a.	2.3	4.2	4.3 (1988)
Canada	3.3	3.2	4.1	4.2 (1988)
Finland	2.1	2.1	2.8	3.3 (1989)
FR Germany	n.a.	5.6	6.1	6.5 (1989)
Italy	n.a.	1.9	2.0	1.9 (1988)
Japan	7.0	8.6	11.4	11.7 (1989)
Netherlands	n.a.	11.0	12.3	12.4 (1988)
Norway	3.2	3.4	4.1	4.2 (1989)
Sweden	5.0	4.9	5.8	5.4 (1989)
United Kingdom	5.5	5.4	6.2	6.2 (1989)
USA	5.7	7.9	9.2	6.3 (1989)

B. The share of IT investment in total manufacturing investment (in %)

	1975	1980	1985	most recent
Australia	n.a.	1.9	n.a.	2.3 (1984)
Canada	1.6	2.2	4.3	3.5 (1988)
Finland	0.7	2.2	3.3	2.3 (1989)
FR Germany	7.2	6.6	9.7	8.8 (1988)
Italy	3.1	2.5	3.4	2.2 (1987)
Japan	2.5	9.2	18.1	15.5 (1989)
Netherlands	n.a.	n.a.	n.a.	n.a.
Norway	1.9	1.8	4.5	2.3 (1989)
Sweden	n.a.	n.a.	n.a.	n.a.
United Kingdom	3.8	4.9	8.3	6.6 (1988)
USA	3.6	8.5	14.0	8.3 (1989)

2. IT-Diffusion, Organisational and Institutional Change

Complementary to the 'new' growth tradition, and the importance given to investment - both tangible and intangible - in getting the dynamic growth "snow-ball" under way, the contributions in the "structural change", Schumpeterian tradition[2], often based on detailed case studies of the emergence and diffusion of particular new technologies, bring to the forefront the complexity of the mechanisms governing the development and diffusion of technological change[3]. In Schumpeterian tradition, a radical pervasive set of technologies such as IT will typically be characterized by so-called creative capital destruction features. Within this framework one may consider IT as an example of discontinuous change or possibly even a change in techno-economic paradigm, as opposed to "normal", continuous technological progress within existing paradigms[4].

From this perspective, a cluster of radical technical innovations such as IT does lead to major disruptions not just in the production sphere but also in the broad social, institutional and organisational sphere. As a consequence it is far from paradoxical that the economic and social potential of such technologies will only be realised over fairly long historical periods and that during this "learning" process, changes in management strategies as well as in the institutional environment will influence the success of enterprises and national economies. From such a perspective, such new generic technologies require also fundamental changes in societal attitudes and institutions, without which their diffusion and potential productivity gains will not be realized.

Given the broad scope of such changes, we do not attempt to draw here specific policy conclusions. Rather, we try to illustrate within the context of new information and communication technology, the wide spectrum of organisational and institutional change which will be required both within firms and society at large in order to reap the potential benefits associated with the new technology.

As already mentioned in the Introduction, many authors have stated that information technology is so pervasive and has so many new features that it is the latest "hurricane"

---

[2] See in particular Freeman, Clark and Soete (1982), Freeman and Soete (1987) and Dosi, Freeman, Nelson, Silverberg and Soete (1988).

[3] One may think in particular of the contributions of David (1989, 1990), Dosi and Orsenigo (1989), Freeman (1989), Metcalfe and Gibbons (1989), Metcalfe (1990) and Silverberg (1989).

[4] See in particular the contributions of Freeman (1987, 1989) and Perez (1983, 1988).

in Schumpeter's successive "creative gales of destruction".[5] Whereas incremental innovations do not give rise to major problems of structural adjustment, the introduction of such a radically new technology system gives rise to many such problems. It does so because - and the list is not exhaustive - it requires a re-design and new configuration of the capital stock, a new skill profile in the labour force, new management structures and work organisation, a new pattern of industrial relations and a new pattern of institutional regulation at national and international level, for example in relation to the global telecommunications network or traded information services.

The profound nature of this transformation well beyond manufacturing is now generally recognized. The personal computer, the word processor, data banks, electronic mail, multi-media and many other new information services are bringing about an equally important transformation in the pattern of service activities, many of which are becoming capital-intensive for the first time and in some cases R&D-intensive. Such pervasiveness of a cluster of new technologies, brings of course to the forefront the question of the diffusion process across sectors of the economy. With a pervasive technology, this is one of the main problems of structural adjustment. It is hardly surprising that in contrast to the computer industry itself, which has been able to make the most effective use of its own technology, most manufacturing and service industries which have little previous experience with this radically new technology should experience innumerable difficulties and "snarl-ups" as they attempt to use it. They frequently lack the necessary skills as well as the management competence. It is no longer a question of an incremental improvement in an established trajectory with which they were familiar but of a break with the past.

In his book on "The Advent of the Automatic Factory", written in 1952, John Diebold showed much foresight about these problems. Diebold pointed to the new skills that would be required, especially in design and maintenance, on an large scale. He also pointed out that computerisation involved the "design of the whole range of products as well as processes". This would not be possible without changes in "structures of most firms to facilitate the flow of information between R and D, design, production and marketing". This in turn would require changes in "the structure of management to facilitate horizontal movement of people and information". The simple availability of com-

---

5 One of the authors most explicitly making this argument is Freeman. See a.o. Freeman (1987, 1989 and 1991).

puter hardware was only the most elementary first step and the whole process would be a matter of decades not years.

Events have proved Diebold right, by and large. It is only in the 1980s that computerised automation in the form of Flexible Manufacturing Systems, Computer Integrated Manufacturing, Computer Aided Design, etc. has started to take off and it undoubtedly has a long way to go. This applies a fortiori to computerisation in the service sector. In this complex diffusion process it is necessary to adapt computer technology (especially software) and telecommunication technology to the specific needs of each sector and each enterprise. These findings confirm many of the earlier findings of innovation research in the 1960s and 1970s - that the understanding of user needs was the most important condition for successful innovations. However, in the case of information technology this requirement of "user - friendliness" is particularly important and attended by special problems. In the first place the user often finds great difficulty in conceptualizing and specifying the precise nature of the requirement. Secondly, the provider rarely has the possibility of understanding this requirement immediately from the outside. Thirdly, the technology itself is still extremely fluid. Finally, the introduction of IT frequently brings with it the need for reorganisation of management itself and/or production systems.

The historical analogy with the diffusion of electric power drawn by a number of authors[6] is particularly revealing here. The key technical innovations were made between the 1860s and 1880s. With the establishment of effective generating and transmission systems in the 1880s and 1890s (which also involve a wave of social, legal and organisational innovations) the emphasis shifted to diffusion of applications of electric power throughout the economy both in industry and households. In this phase, although technical innovations continued at a high rate and big improvements were made in the available hardware, the key problem was the organisational change in firms, change in skills, factory lay-out and in attitude of engineers, managers and workers. Warren Devine (1983) has described this change in words which might also be applied to the diffusion of computerised automation[7].

> "Replacing a steam engine with one or more electric motors, leaving the power distribution system unchanged, appears to have been the usual juxtaposition of a new technology upon the framework of an old one... Shaft and belt power distribution systems were in place and manufacturers

---

[6] See amongst others Freeman (1987, 1989), David (1989) and Freeman and Soete (1990).
[7] A similar historical analogy has been developed by David (1989).

were familiar with their problems. Turning line shafts with motors was an improvement that required modifying only the front end of the system... As long as the electric motors were simply used in place of steam engines to turn long line shafts, the shortcomings of mechanical power distribution systems remained."

It was not until after 1900 that manufacturers generally began to realise that the indirect benefits of using unit electric drives were far greater than the direct energy saving benefits. Unit drive gave far greater flexibility in factory layout, as machines were no longer placed in line with shafts, making possible big capital savings in floor space. For example, the US Government Printing Office was able to add 40 presses in the same floor space. Unit drive meant that trolleys and overhead cranes could be used on a large scale, unobstructed by shafts, countershafts and belts. Portable power tools increased even further the flexibility and adaptability of production systems. Factories could be made much cleaner and lighter, which was very important in industries such as textiles and printing, both for working conditions and for product quality and process efficiency. Production capacity could be expanded much more easily. The full expansionary benefits of electric power on the economy depended, therefore, not only on a few key innovations in the 1880s, but on the development of a new production and design philosophy. This involved the redesign of machine tools and much other production equipment. It also involved the relocation of many plants and industries, based on the new freedom conferred by electric power transmission and local generating capacity.

The analogy between electrification and computerisation is a useful one because it illustrates the long time scales involved in any type of technical change which affects a very broad range of goods and services, where many products and processes have to be redesigned to realise the full potential of the new technology. As the cluster of new technologies crystallise and develop, the inter-related advantages become more and more apparent and the logic of the new "system" comes to seem self-evident. A flow of new technical and organisational innovations helps to resolve the main problem and bottlenecks. But in the early stages there are great difficulties and risks in adopting the new equipment because it is not yet an integrated system, and adoption involves a piece-meal trial and error process of learning by doing and using.

These considerations mean that it would be quite unreasonable to expect sudden increases in productivity in sectors far removed from the new technology. Such increases could be expected to emerge only after a fairly long process of familiarisation, of developing customised equipment, new skills and new management attitudes and structures.

doing and by inter-acting and the time lags involved in moving from the potential productivity gains of a radical new technology system to their actual realisation.

The overall point will be clear. In the process of the actual translation of potential productivity gains to actual productivity gains, the focus on just physical or intangible investment will not be enough. There will be crucial 'learning' and other adaptation lags, which might well explain why the diffusion process has been a slow and uneven process. Simple, generally applicable and ready-made policy solutions are clearly not available in this area. However, while we therefore subscribe to the view, that policy in this area should be of an experimental nature readily acceptable to the changing broad policy issues new technologies raise, the arguments put forward here point towards the need for more diffusion-oriented policies, going beyond the traditional contours of science and technology policy. It is to that issue that we turn now.

3. Challenges to IT-Policy in Europe

The emergence of a radical, new pervasive set of technologies, such as IT, has quite naturally led policy makers to focus on the technological performance and achievements of that sector. "Strategic" from more than one angle, it seems indeed logical to ensure that the national or European IT sector has the technological capability to compete at the world level. With respect to the particular situation within the EC, there has been the additional and strongly felt need to bring national domestic European firms each with a limited primarily national technological capacity together, particularly at the technological level and to develop a long-term strategic "vision" for such a European IT industry. This is not the place to discuss the success or failure of such EC-sponsored technological co-operation and networking inititatives. What is clear, though, is that such programmes have not been able to halt the decline of the European IT industry, nor to increase the use of European produced/owned IT equipment.

A Brief Parenthesis

The European IT industry has lost more or less accross the whole spectrum of IT products world market share. As a matter of fact, the EC no longer has a "comparative advantage" (measured through the so-called "Revealed Comparative Advantage Index") in IT. Fig. 1, 2 and 3 illustrate the changes in such RCA indices over the last twenty years for the broad aggregate manufacturing sectors and the two relevant 4-digit ISIC

years for the broad aggregate manufacturing sectors and the two relevant 4-digit ISIC IT-sectors. Fig. 1 points to the long term emergence of a significant RCA in Japan in fabricated metal products (ISIC 38) and machinery and computers and office machinery in particular (ISIC 3825). In the case of the US, Fig. 2 points to a weakening but continuing comparative advantage in computers and a growing, emerging comparative advantage in electronics (both ISIC sectors have indices above 1). Finally with respect to Europe, and possibly most strikingly, Fig. 3 illustrates how Europe has strengthened its comparative advantage in practically all sectors **except in ISIC 38, and the two IT sectors in particular**. Both in computers and electronics Europe appears not to have a comparative advantage (RCA-indices below 1). Figures for individual EC countries not presented here, illustrate that this lack of comparative advantage in IT is rather widespread. **Only in the case of the UK in computers and office machinery (apparently since Fujitsu bought up ICL) and Ireland (only subsidiaries of foreign MNCs), do European countries appear to have a comparative advantage in IT.** Furthermore, most other EC countries see their RCA index in the IT sectors decline: Belgium with respect to 3832; France with respect to 3825; Germany, Italy and Portugal with respect to both 3825 and 3832; the Netherlands with respect to 3832. In other words, the only areas where Europe seems to have increased and built up a comparative advantage seem to be dominated by the activities of foreign, non-European firms. The large European countries with strong domestic firms appear all to have lost much of their competitive strength over the last 20 years in the broad electronics sectors considered above.

Fig. 1:   Revealed Comparative Advantage (RCA)
            - Japan -

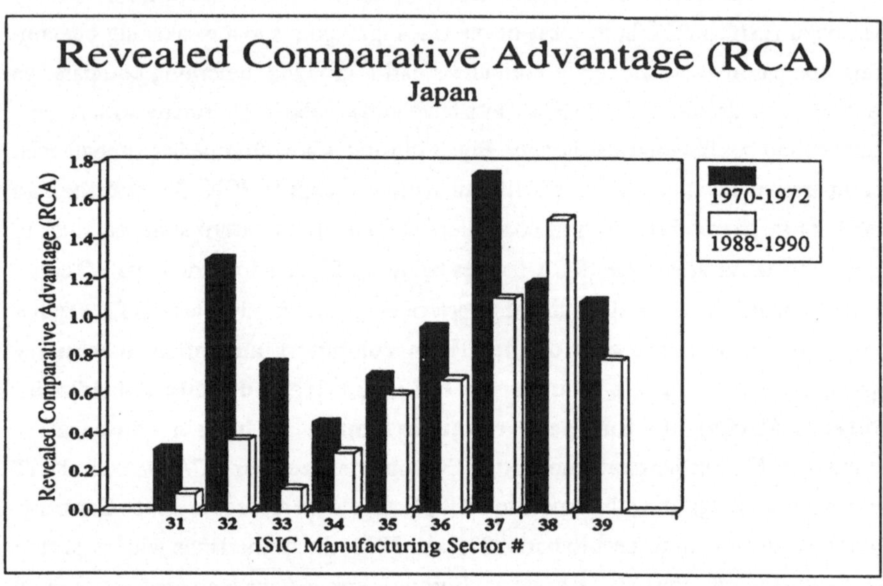

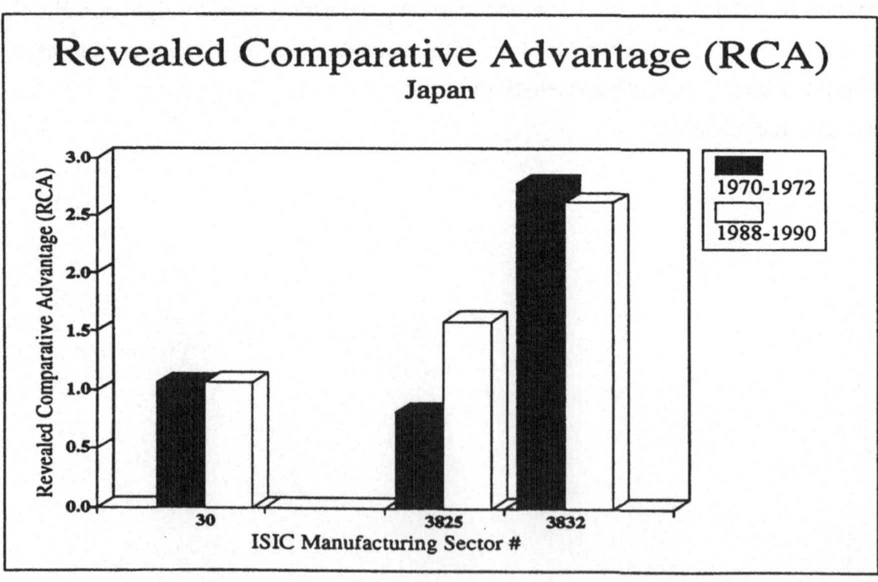

Fig. 2:   Revealed Comparative Advantage (RCA)
- United States -

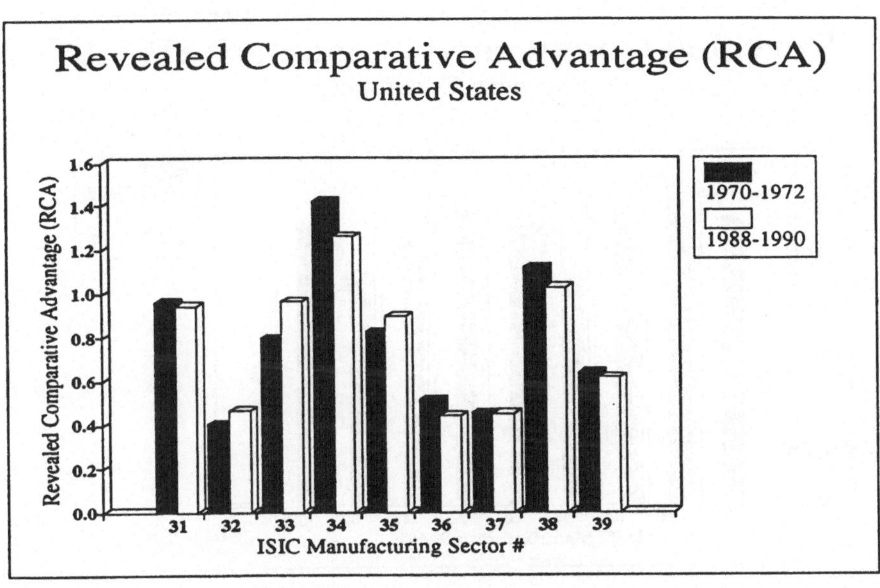

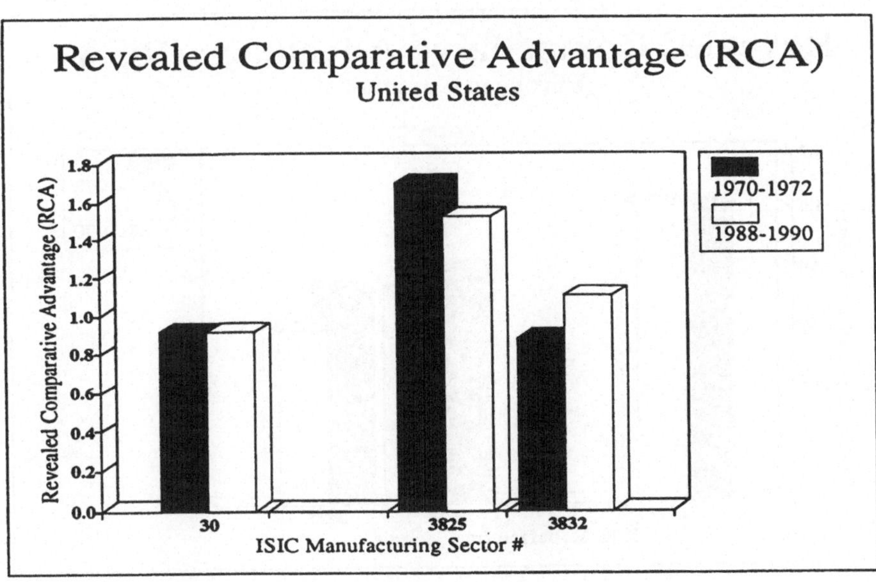

Fig. 3:   Revealed Comparative Advantage (RCA)
                   - European Community -

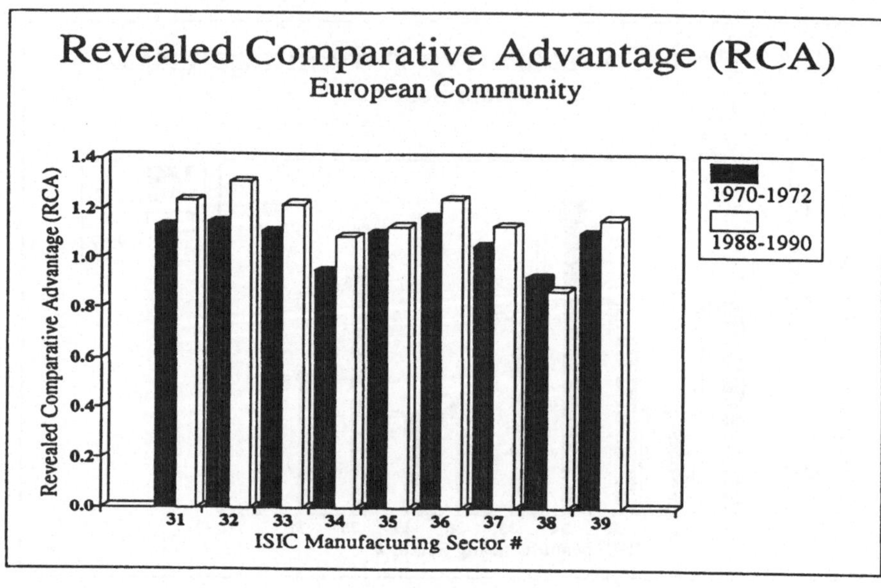

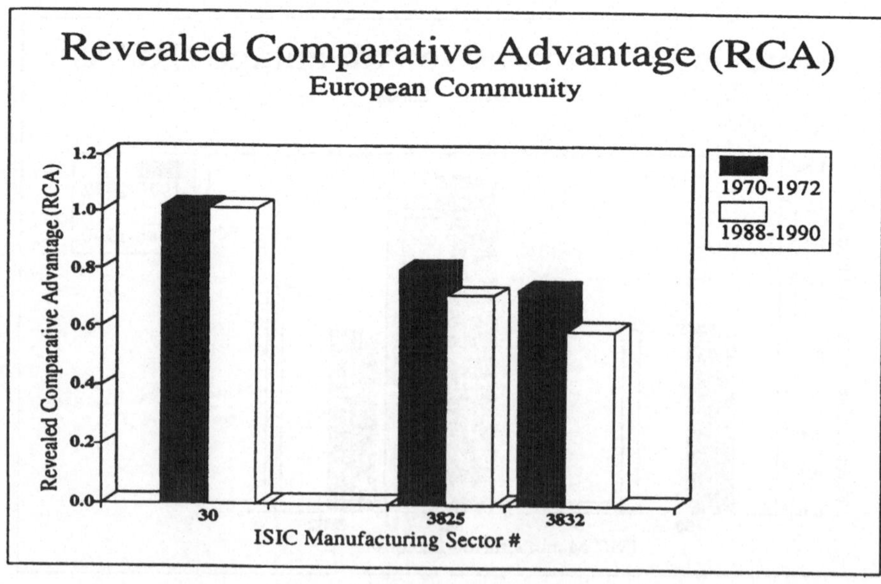

It will be clear from this brief parenthesis that whatever usefulness EC technology support programmes might have had, they have obviously not been able to stop the decline in competitiveness of European IT firms. Worse, by focussing on existing, well established large so-called "national champions", such programmes might have well prevented European new-comers from entering the European IT market. But even assuming that such programmes have set out to do what they were aiming for, it will be clear that such European awareness programmes must respond to a temporary need. Once firms have become aware of their European position, of their European partners, of the possible "strategic" technological strength of such partners, such policies have achieved what they were set out to achieve. If they continue, and become of a more permanent nature they run the danger of becoming actual inducement mechanisms to European cartelization and a source of more or less permanent 'sectoral' subsidization. High-tech lame ducks can become in the long term much more costly than low-tech lame ducks. In the end commercial success as measured through the IT sector's market share within a competitive environment and through the rate of diffusion of European IT equipment and products within a global competitive environment must be the yard stone against which the success of such policies will need to be judged.

A New Focus on European Demand

Not surprisingly, policy makers have started to realize that European technology policy in the IT area is in urgent need of a redirection. From what has been said it will be evident that there is an urgent need in European technology policy for a much more outspoken emphasis on European **demand**. From this perspective European technology policy should focus less on the technological success in being the "first" European nation to invent or innovate, but rather pay particular attention to the conditions within Europe for more rapid adoption and efficient exploitation of new technology. From an organisational point of view such diffusion oriented technology policies will also imply an effort to co-ordinate policies over the whole range of factors affecting technology diffusion currently dealt with by different DGs and member countries' ministerial departments: industry/university linkages; communication infrastructures; skills assessment; access to public R & D; venture capital; information services, etc.

A New Focus on European IT Infrastructure

Similarly, the EC has a particularly important role with respect to the provision of so-called "strategic" infrastructure: infrastructure with the potential of bringing about the "creative" network externalities mentioned above, such as e.g. broad-band communication. Such provision includes the setting of standards, the development of codes regulating access and intellectual property, as well as infrastructural investment support and the bringing together of industry, government and private users. There is little doubt that all of these are essential for the growth of telematic services on a European scale. European data banks and network services (such as EDI) have lagged behind the United States. The EC has again probably devoted too much attention to R&D (RACE), than to European competition policy, the opening of markets and the required institutional and legal changes. The issues are obviously extremely complex and go beyond the scope of this short paper. However, and limiting ourselves to telecommunications, the aim of European policy can again not just be the creation of a unique and harmonized European telecommunications infrastructure. The latter aim is subject to the broader aim of strengthening European growth and development. Thus as some recent studies have shown, it is not necessarily the case that a unique, harmonized telecommunication network (ISDN, B-ISDN, etc.) is an absolute pre-requisite need all over Europe. IT technology allows for more flexibility, even at the infrastructural level. A more crucial aim appears the full realisation of the various growth "externalities", related to telecommunications infrastructure. From this perspective a correct assessment of the highly diversified users needs is probably as important as the availability of a unique, standardized telecommunications network infrastructure.

IT and Environmental Demand

One of the major social benefits of IT is that it makes possible the substitution of information intensity for energy-intensity and materials-intensity. Many examples of energy saving through the use of IT are already in use and the energy-intensity per unit of output has fallen substantially in the EC in the 1970s and 1980s. However, the threat of environmental degradation on a global scale is now much more serious so that much more needs to be done and to be done urgently to reduce energy consumption. The richer industrialised countries have obviously a particular responsibility in this field.

This is an area, where the short term market inducement mechanisms are insufficient to generate the sort of research efforts needed. Short-term price and cost signals do not stimulate the necessary scale of investment, either in R&D, or in new types of plant and equipment, or in social measures. This is an area which, in other words, calls for public EC R&D programmes and tax incentives. It is also an area where there is actually a convergence between the **long-term** need to protect the environment and the **long-term** competitive efficiency of EC industry.

Many environmental objections require new types of IT equipment: sensors, instruments, process control, etc. and new types of software. Only super-computers can handle the scale of some of the scientific problems, for example in climatology. Experience has shown that, although regulations to raise quality standards and to reduce emissions of pollutants are often at first resisted by industry because of the extra short-term costs which have to be incurred, in the long run the countries which introduce such higher standards develop a more competitive industry. Moreover, the suppliers of new types of equipment, for example for de-sulphurization, can benefit from world-wide export demand as the rest of the world catches up with the higher best practice standard.

Many of the EC Framework R&D projects already embody both IT and Environmental goals. For example, the PROMETHEUS project, supported by the Motor Vehicle industry, envisages the development of traffic control technologies which involve the use of electronic control systems within motor vehicles, reduction of fuel consumption, reduction of toxic emissions, greater road safety, reduced congestion etc. These praise-worthy attempts to harmonise many desirable environmental and social goals with the need of industry to develop electronic systems in new models of cars and in traffic controls do not go far enough. To reduce traffic congestion in urban areas of the EC, to reduce energy consumption and to improve quality of life, requires probably much more ambitious and visionary projects.

Conclusions

A common thread throughout this paper has been the argument that the potential benefits of IT diffusion or the emergence of a large European Single Market will not be realized all by itself and need to be supported by a coherent set of policies at the micro level. The latter will take often in the first instance the form of explicit harmonization policies to avoid distortions of competition within the EC, bring about greater mobility and increase the transparency of the particular market. However, such harmonization aims need to be supplemented by a set of more explicit, but **coherent** micro-policies, which sometimes might actually have the exact opposite aim: to build upon rather than harmonize the pluralism and diversity which might exist between the member states. Our main point here is that harmonization of different micro-economic policies needs to be supplemented particularly in the area of IT diffusion with a number of micro-policies, which need to be coherent with respect to the overall broad macro-economic EC policy aim of a long term, more durable economic growth and development path.

The "pervasiveness" of IT, means in the first instance **flexibility in uses**, which limits consequently the process by which "routines" are set up to ease learning processes. In other words, IT in its **use**, brings about far more hazard and coordination problems in learning practices, than other less pervasive technological innovations. This coordination and learning problem is, in our view, also one of the main reasons for the often disappointing productivity gains associated with the introduction and use of IT technology. But pervasiveness means also a shift in the particular role of the various actors in the technology generation and diffusion process. Thus, the pervasiveness of IT has led to a significant re-enforcement of the contributions and role of **intermediaries** (banks, specialized services, telecommunications, networks, etc.) in the transfer and diffusion process of the technological know-how.

Both features point towards a somewhat reduced importance of the role and contribution of the "hard" IT producers and suppliers. There is here, as we mentioned, also a clear need for a shift in micro-economic policy. The argument is **not** that some of these, such as technology policy, should be dismantled, because of interfering with the market, which could lead to further market distortions, rather the contrary. Given the huge entry costs, increasing return effects, and network externalities, IT and its diffusion is practically by definition subject to market "failure". The role of EC-policy is here essential, because domestic policies in most EC countries are quickly confronted with regulating a market, insulated from competition, where there is only place for one national monopolist, public or privately owned. At first sight, the most obvious and severest market failure in an area such as IT might well appear to be linked to the setting of standards. Normalisation is, as exemplified by the many EC initiatives in this area and the various EC-sponsored research collaboration and coordination programmes, a key issue. But such normalisation should not be limited to purely technical matters; it does not stop with the setting up of technical regulations, but extends to easing interfaces, creating expertise on the users side, developing local sources of services, assisting small businesses and even consumers.

This brings to the forefront the particular importance of the regional dimension of IT diffusion. IT micro-policies could or should become the **backbone of regional**

development, they are to some extent the pre-condition for a broader technologically upgraded environment at the EC level. The macro-economic aim of the Single Market needs from this perspective to be supplemented with **both** more harmonized micro-policies in a number of areas bringing about a harmonized, yet open and flexible European infrastructural framework **and** policies aimed at the upgrading of the local environment.

References

Antonelli, C.
> The Economics of Information Networks. Elsevier Science Publishers B.V., Amsterdam. 1992.

David, P.
> Computer & dynamo - the modern productivity paradox, paper prepared for the TEP Conference on the Contribution of Science and Technology to Economic Growth, OECD, Paris, also published in American Economic Review, Papers and Proceedings, vol. 80 (1990), no. 2, pp. 355-361. June 1989.

David, P.
> General purpose engines, investment & productivity growth, paper prepared for the TEP Conference on Technology and Investment. OECD, Stockholm, January 1990.

Dosi, G. and Orsenigo, L.
> Coordination and transformation: an overview of structures, behaviours and change in evolutionary environments, in G. Dosi et al. (eds.), Technical Change and Economic Theory. London, Pinter. 1989.

Dosi, G., Freeman, C., Nelson, R., Silverberg, G. and Soete, L.
> Technical Change and Economic Theory. London, Pinter. 1988.

Ferguson, C.
> 'Computers and the Coming of the US Keiretsu'. Harvard Business Review, no. 4, July-August 1990, pp. 55-70.

Flamm, K.
> 'Differences in Robot Use in the United States and Japan', paper presented at the OECD workshop on Information Technology and New Economic Growth: Opportunities for the 1990s, Tokyo, September 12/13, 1988.

Freeman, C.
> Technology Policy and Economic Performance: Lessons from Japan. London, 1987.

Freeman, C.
> 'The nature of innovation and the evolution of the productive system', paper prepared for the TEP Conference on the Contribution of Science and Technology to Economic Growth. OECD, Paris, June 1989.

Freeman, C.
> 'Innovation, Changes of Techno-Economic Paradigm and Biological Analogies in Economics', Revue Economique, no. 2, March 1991, pp. 211-32.

Freeman, C. and Soete, L.
> Technical Change and Full Employment. Oxford, Basil Blackwell, 1987.

Freeman, C. and Soete, L.
Fast structural change and slow productivity change: some paradoxes in the economics of information technology'. In Structural Change and Economic Dynamics, vol. 1, no. 2, 1990, pp. 225-242.

Freeman, C.; Clark, J. and Soete, L.
Unemployment and Technical Innovation: a Study of Long Waves in Economic Development. London, Pinter, 1982.

Freeman, C. and Perez, C.
'Structural Crises of Adjustment, Business Cycles and Investment Behaviour", in Dosi, G., Freeman, C., Nelson, R., Silverberg, G. and Soete, L. (eds.), Technical Change and Economic Theory. London, Pinter, 1988.

Metcalfe, J.S.
'On diffusion, investment & the process of technological change', paper prepared for the TEP Conference on Technology and Investment. OECD, Stockholm, January 1990.

Metcalfe, J.S. and Gibbons, M.
'The diffusion of the new technologies, a condition for renewed growth', paper prepared for the TEP Conference on the Contribution of Science and Technology to Economic Growth. OECD, June 1989.

Ostry, S.
Governments and Corporations in a Shrinking World. Council on Foreign Relations Press. Washington, 1990.

Perez, C.
'Structural change and the assimilation of new technologies in the economic and social system'. Futures, vol. 15, no. 5, October 1983, pp. 357-75.

Perez, C.
'New technologies and development', in Freeman and Lundvall (eds.), Small Countries Facing the Technological Revolution. London and New York, Pinter, 1988, pp. 85-96.

Silverberg, G.
'Dynamic vintage models with neo-keynesian features', paper prepared for the TEP Conference on the Contribution of Science and Technology to Economic Growth. OECD, Paris, June 1989.

The Diffusion of Technological Systems and Productivity Growth. The Case of Information and Communication Technologies[*]

Cristiano Antonelli

University of Turin

1. Introduction

This paper tries to provide a tentative and suggestive answer to the growing concern shared by many economists and most by economists specializing in the analysis of technological change about the kind of relationship presently in place between the asserted new technological revolution and the slowdown of productivity and growth experienced in the last years in most countries.

My own views impinge upon the Schumpeterian tradition. The original notion of innovation introduced by Schumpeter includes the introduction of new products and new processes as well as the use of new intermediary inputs, new organizational structure within firms and among firms, the entry in new markets. The notion of technological innovation currently used in the recent debate on technological change, economic growth and industrial competitiveness focusses attention mainly on product innovations and pays much less attention to the other four forms of innovation detected by Schumpeter. In fact the introduction of new capital goods embodying technological innovations in the production process of a given company is itself an important innovation as well as the choice of new intermediary inputs and new structural organization.

As a systematic student of new information technologies I came to the conclusion that information and communication technologies should be regarded as a new emerging technological system. A technological system is characterized by high levels of complementarity and interrelatedness among different technologies that are at the same time product innovations as well as process innovations, organizational innovations and more broadly innovations that change the production mix of firms and their markets. Such an array of technological innovations is charaterized by a strong complementarity that

---

[*] The comments of Brigitte Preissl (DIW, Berlin) are gratefully acknowledged.

affects productivity levels. Only when the fully articulated system is in place appropriate levels of productivity can be generated. Yet adopters decide to adopt a new technology only when its present productivity levels are higher than those of other existing technologies. Moreover diffusion is delayed by a variety of lags. Hence the emergence of a technological system is a lengthy process that requires time. The positive results of its implementation will eventually become clear. Consequently a significant scope for an industrial policy aimed at pushing the diffusion of the components of the new system is likely to make it possible for the entire system to grab faster the overall positive benefits of its implementation. Each agent in isolation is not aware in fact of the positive externality effects that each adoption decision is likely to spur.

2. New Information Technologies as an Emerging Technology System

Much empirical and theoretical work has been done in the seventies and eighties to better understand the economic aspects of the technical specifities of the new technology. It is now a common sense to assert that the black box of technology has to be opened up. Major findings which appear relevant in our context can be summarized as follow:

- Technological change is not homogeneous and evenly distributed across sectors, products and technologies, but rather highly concentrated and localized.

- A taxonomy of technological innovations is necessary to distinguish between radical, major and incremental innovations according to their effects on the production process.

- Technological change cannot be analysed in vacuum, but must be related to both existing technologies and to complementary technological innovations.

The notion of technological system is emerging as a substantial advance in the economic analysis of technological change and economic growth.Technological systems are made of a variety of sub-systems and specific technologies that are able to produce at a maximum level of efficiency only when all the components of the system are in place. Hence the dynamics of productivity growth of economic systems is deeply affected by the dynamics of technical systems.

Technological systems can be thought to have a distinctive life-cycle: they emerge slowly, are implemented and enriched, they decline and they are finally superseded by new technological systems. New technical systems emerge when new technologies that are individually more effective and productive than their substitutes supply important scope for further improvements of productivity levels when associated with other technologies and even more generally with other factors such as specific skills and intermediary inputs. The introduction and adoption of these complementary technologies is itself a factor of implementation of the technological system and consequently a factor of further growth of productivity levels.

When a new technological system emerges a cumulâtive process of endogenous growth it is thus likely to take place along with the introduction of new complementary technologies and their effect to overall productivity level.

New information technologies can be considered the core of the technological change presently in place. Let us analyse more carefully these broad issues with respect to new information and communication technologies.

Technological Opportunities

A large empirical evidence confirms that the case and scope of potential innovations varies conspicuously across technologies; consequently the cost of generating and implementing a new technology is very different (Scherer,1986). The scope for introducing incremental technological changes also differs across technologies. So far Romer's (1986) assumptions of homogeneous (diminishing) returns in research activities seem too generic. Historically one sees that technological opportunities move across sectors so that investment efforts concentrated in well defined technologies are likely to exhibit strong increasing returns. This seems to be today the case of information technologies. In information technologies **technological opportunities** are still largely open (Monk,1989).

Technological Convergencies

Radical technological innovations are likely to activate processes of technological convergencies across sectors and technologies. Technological spillovers and technological opportunities are very high for pervasive or "generic" technologies which are likely to activate major technological convergencies (Freeman,1982). Once more all empirical evidence available confirms that information technologies are highly pervasive and that major technological convergences are under way because of the generalized application of microelectronics and informatics to a broad array of sectors and technologies. In information technologies **technological convergencies** from related technologies and scientific fields are enormous. Advanced information and communication technologies can be considered itself the result of technological convergences between advances in electronics, informatics, space technology, new materials. Investments in advanced information and communications technologies are thus likely to obtain very high returns and to generate further opportunities for highly profitable investments in related fields.

Technological Complementarities

Complementarity requirements between technological innovations may be key factors of overall levels of productivity and profitability of each technological innovation. Only when an appropriate mix of complementary innovations is available full effects in terms of increasing returns and externalities can be achieved. Interrelatedness between new technologies and the ones embodied in existing capital stocks is a major issue in assessing the rate of effective penetration of new technologies into the economic system. (David,1985 and Frankel,1955). With low levels of interrelatedness adoption of new technologies is faster and technology blending is easier, for piece-meal addition of new capital goods to existing capital stocks is possible. Information technologies have generally very high requirements in terms of interrelatedness and are consequently likely to diffuse into economic systems only when a full set of complementary and interrelated infrastructure has been installed. The levels of technological interrelatedness for advanced information and communication technologies are very high. Advanced telecommunications cannot be added on a piecemeal made to preexisting electromechanical switching and copper coaxial cables. The adoption of electronic switching and transmission technologies and optical fiber cables requires the scrapping of large chunks of the installed infrastructure. This is also the case of information technologies that are based upon digital telecommunications networks. The modernizations of switching and transmission equipment is a precondition to the growth of distributed informatics both in terms of hardware and software. Advanced telecommunications are likely to become the basic infrastructure for a fully modernized economic system. The availability of an advanced telecommunications infrastructure is essential to provide universal, reliable, high-quality and low-cost advanced telecommunications services upon which a full array of technological and organizational innovations such as flexible manufacturing systems, just-in-time management systems, distributed data networks, advanced services, intra and inter corporate information flows are based. Advanced telecommunications can be considered to be the supporting infrastructure of access to information technologies (Antonelli, 1992).

Technological Spillover

The externalities generated by technological innovations vary significantly across sectors according to the appropriability conditions and the interindustrial linkages. Within each industry horizontal spillovers are important when competitors can easily imitate a new product or a new process. Vertical spillovers are relevant when innovations introduced by upstream industries affect the productivity levels of users. Both horizontal and vertical spillovers seem especially important today in the case of information technologies. In this context **the technical features of telecommunications networks** are relevant. Telecommunications networks are featured not only by major technical, pecuniary but also by substantial consumption externalities; in fact they supply the basic empirical evidence for the notion of network externalities. In information technologies the incremental introduction of a full array of complementary and interrelated innovations in the production process and in the organization of firms depends upon the penetration of advanced telecommunication and computers in the system.High levels of diffusion of advanced telecommunications are thus likely to spread major pecuniary and technical externalities to downstream sectors - users of telecommunications services - and potential adopters of those technological and organizational innovations based upon advanced telecommunications services. High levels of investments in advanced information and communications equipment are thus likely to spread major pecuniary and technical externalities to downstream sectors - users of communications services - and potential adopters of those technological and organizational innovations based upon advanced telecommunications services.

The Effects of the Diffusion of Information and Communication Technologies

Systematic investigations in the cluster of innovations in the new information and telecommunications technologies system show that the spread of innovation with a high organizational content and low capital intensity such as data telecommunications, is particularly slow among and within firms and is strongly influenced by the size of firms, by being sited in technologically advanced areas, by learning opportunities which make it possible to acquire specific skills and by the rate of growth of firms. The relevance of intrinsically technical factors appears to be a common and central element. The international diffusion of new information technology is highly cumulative and is influenced by specific externalities in modern information technology networks. In turn its diffusion has important effects on the organization of the telecommunications industry. The demand for telecommunications services is more and more influenced by the demand for computer-communication. Adoption of new information technology has significant effects on the organization of the productive processes radically modifying the sequence of the various productive phases, the length of the productive processes, the quantitative and temporal relationships between the stock of intermediate goods and final goods. In this way, adopting new technologies enables the composition of economies of scale at batch, department and plant level to be modified. The adoption of new information technology makes it possible to modify the organizational relationships between phases of the productive process, so that market relations can be strengthened by systems of electronic communications and hierarchic/bureaucratic type of coordination can be replaced by a mix of cooperative relationships implemented by on-line communication systems (Antonelli, 1991&1992).

The adoption of new information and communication technologies has important economic effects on firms. These effects can be better grasped when using the Schumpeterian distinction between product innovations and process innovations:

i)   the introduction of new information and communication technologies in manufacturing firms can in fact be analyzed as a process innovation;

ii) the introduction of new information and communication technologies in service firms is both a product and a process innovation.

Manufacturing firms that have been able to adopt information and communication technologies, mainly as process innovations, have clear advantages in terms of:
- increased access to multisourcing;
- global scope of procurement;
- reduction of stocks of inputs;
- reduction of paper-work;
- better control of quality standards;
- reduction of litigation and negotiating costs;
- reduction of minimum efficient size of production lots;
- footloose location of plant;
- enhanced customization of production;
- increased use of subcontracting relations;
- increased scope for cooperation among different firms;
- increased coordination between R&D, manufacturing and marketing;
- reduction in delivery lags;
- reduction of stocks of final products;
- reduction of invoicing lags.

Service firms that use information and communication technologies as a base to introduce product innovations, are also able to:
- increase product differentiation;
- increase the control of market niches;
- build upon user-producers relations;
- reduce price-elasticity for their products;
- increase mark-ups.

More generally we see that the introduction of new information and communication technologies, when associated with systematic networking among different firms and different units within firms make it possible for manufacturing firms to reduce costs for given levels of demand and for service firms to expand their own "share of the market demand curve". In both cases firms when using information and communication technologies are able to increase their overall productivity levels and their profits.

The economic advantages - an economic system can benefit from the growth and development of an advanced information and communication network - can be estimated to be much larger than actual marginal monetary revenues of each adopter. The basic issue of network-externality in fact apply to a variety of communications-based innovations. The productivity of the adoption of a single computer -as well as of a variety of computer-based products and services- is dramatically enhanced by the opportunity to networking with other computers and other firms. Networking requires an advanced telecommunication network, hence network externalities provide the basic argument to expect that diffusion of advanced telecommunications is likely to spread major beneficial effects on users of telecommunications services and consequently to all the economic system. (Antonelli, 1992).

In conclusion, when analyzing the relations between technological change and productivity growth, it seems appropriate to focus attention on technological systems that because of technological opportunity, technological convergencies, technological inter-relatedness and hence technological spillover are likely to spread high levels of positive externalities to the rest of the economy. New information and communication technologies together with advanced telecommunications seem to have been since late seventies such a technological system.

3. Diffusion and Productivity Growth

3.1 The Debate

The notion of technological system is relevant when assessing the relationship between the diffusion of new technologies and labor productivity growth.

According to the received theory there should be an "automatic link" between the generation of technological change, the overall enhancement of efficiency in the production function and the effective increase of total factor productivity. Recent advances in the economics of innovation and new technology, however, have shown that the full introduction of technological innovations in the economic system is a lengthy process which takes a long stretch of time to be completed. More specifically the successful introduction of a key technological innovation into the economic system is the outcome of the combined process of (1) its selection out of a variety of competing innovations; (2) its implementation and incremental development according to the requirements of customers and the opportunities to reduce costs offered to suppliers by economies of scale, learning by doing and learning by using; (3) its imitation and further refinements by other manufacturers with further declines in market prices; (4) its adoption by a variety of potential customers which are heterogeneous both in terms of size and access to both factor and product markets.

The microeconomics of the diffusion of new capital goods incorporating process innovations has been based on the epidemic approach elaborated by Griliches(1957) and Mansfield(1961). The epidemic approach assumes a disequilibrium process where profitable innovations are adopted by firms with a delay explained by the costs of substitution of old machines (differentiated among firms because of differences in the intertemporal distribution of investments) and especially by the costs of acquiring relevant information necessary to assess the profitability of new capital goods.

Consistently, a large empirical evidence has shown that the outcome of such a complex interdependent process, well known as the **diffusion** of technological innovations, takes place along a sigmoid time path which implies strong discontinuities and non linearities in the rates of growth of the demand of the innovated product. In other words, the downward movement of the isoquant in the techniques space which represents the introduction of technological innovation in the text book microeconomics, is appropriate only at the end of diffusion process as the result of a discontinuous and dynamic process of generation, selection and adoption.

Consequently it seems appropriate to put out the hypothesis that the productivity growth determined by the introduction of innovations should follow the sigmoid time path usually approximated by a logistic or loglogistic function. In fact it can be argued that the rate of growth of productivity should exhibit the same non-linearities and discontinuities of the rates of growth of the demand for innovated products. More generally it seems that the recent advances made in understanding the **determinants** of the dynamics underlying the diffusion of innovations, make it possible now to examine the **consequences** of the diffusion on the economic system.

This approach seems consistent with the post-keynesian framework of analysis. In that tradition in fact the relationship between diffusion and productivity growth receives full attention not without its own limits, i.e. overlooking the role of adoption choices and equating diffusion to the outcome of the process of capital accumulation and investment. In the post-keynesian approach all new investment, **for given levels** of generation of technological innovations, and given levels of adoption **ability by entrepreneurs,** is expected to have strong positive effects on labour productivity. Diffusion here becomes the automatic outcome of investment.

Our approach seems to present some advantages in that it is likely to shed some light on the relationship between the effective introduction of technological change, investments and productivity growth. Productivity growth in fact is determined, in our approach, not only by the level of technological change and investment, but **also** by the rate of diffusion which helps understanding the non-linear process that "infuse innovation into the economic system".

In this perspective it seems that some "infusion" of new microeconomics based on the assumptions of bounded rationality and imperfect knowledge and economics of technology able to appreciate the role of technological systems, is essential to grasp the essence of growth processes and to better understand the delays in the relationship between the rate of generation of technological change, the rate of investments and the rate of growth of productivity.

When new "machines" are generated such that
- their use implies some discontinuity with preexisting technologies and consequently the need for some learning processes and
- levels of complementarity and interrelatedness are so high to characterize a new technological system,

diffusion lags due to bounded rationality and delayed adoption choices do matter as well as the ability to generate high levels of capital accumulation in assessing productivity growth.

3.2 A Simple Model

According to the hypotheses outlined the general efficiency of the production process as well as the partial productivity of new capital goods and more generally production factors that are part of the new information technology system are significantly affected by the extent to which other components of the system are already in place.

A model of diffusion and productivity growth can be built drawing also on the technology production function approach elaborated by Griliches(1979). With respect to the technology production function our hypotheses in fact lead to the following specification:

(1) $Y(t) = A(t)K(t)L(t)IK(t)$
where Y = output of the Ith firm, K = capital, IK = information capital, L = labor, A = general efficiency parameter and a,b,c are the partial efficiency of respecitively capital, labor and information capital. For the time being we assume that the production has constant returns to scale: a+b+c=1.

Because of the technological system framework we assume that the general efficiency is affected by significant externality effects:

(2) $A = f (IK\text{-}STOCK)$
where IK-STOCK is the stock of information capital already installed in each economic system.

Because of the diffusion approach we elaborate upon we now turn to analyzing the dynamics of the stock of information capital in the economic system. We know that such diffusion takes place in a time period of decades and following a logistic path that can be approximated by a differential equation such as:

(3)   IKSTOCK(t) = b IKSTOCK (N-IKSTOCK/ N) 1/t

where IKSTOCK is the adoption level of information capital in a given economic system, N is a ceiling level of IKSTOCK and t is time.

By now it is clear that along with the increase of the overall levels of adoption of information capital the general efficiency of each production function shifts towards the right.

A stronger case can be made when we put forward the hypothesis that the externalities engendered by the diffusion of information capital affect both the general efficiency of the production function and the marginal efficiency of information capital. In such a case increasing returns to scale are likely to emerge along the diffusion process. Formally we have the following equation:

(4)   c = g (IKSTOCK)

The parameter of the marginal efficiency of information capital is in fact now functionally related to the overall levels of adoption in the system of components of the emerging technological system. It is sufficient to assume that such a parameter moves from a small value and more or less rapidly moves upward so that, added to the other partial efficiency parameters, it becomes larger than 1. Now the system is likely to react to all increase in the levels of aggregate demand with a supply curve that has a negative slope. Hence along with demand growth the system is likely to experience a reduction in real prices and consequently further growth of total factor productivity.

We can now see clearly that according to our hypotheses the life cycle of a new technological system is likely to emerge as the engine of a non-linear process of growth of total factor productivity. The diffusion of information capital proceeds along the conventional logistic path and affects cumulatively the general efficiency of the economic system. Its positive effects however are delayed with respect to the actual introduction of each single innovation and become apparent only when the fully articulate technological system is actually in place.

4. Conclusions

The notion of modernization is especially relevant when analyzing the relationship between productivity growth and the introduction of new technologies that are part of a broader emerging technological system. According to our simple model we are ready to put forward the hypothesis that the strong positive effects of new information and communication technologies are still largely unexploited and we should see their outcome only when the diffusion of the new technological system will reach higher levels of penetration.

According to our hypotheses technological systems are characterized by high levels of externalities so that the general efficiency of the system is dependent upon the general levels of adoption of new complementary and interrelated technologies. In turn each technology diffuses through the system following a logistic path that takes many decades to be completed. Hence the positive effects of the introduction of new technologies, when they are part of a new emerging technological system, are likely to become significant only with consistent time-lags after the first introduction.

The skills and requirements necessary to generate product innovations on one hand and to introduce process innovations on the other are significantly different. The former center upon high levels of research and development activities both by means of the formal development of research capacity within the firm and on the access to the scientific and technological knowledge produced by universities and science centers. The latter requires high levels of search activities and tacit knowledge necessary to assess all the relevant information about the new technologies made available on the market and to choose whether they can fit into the current structure of their business. Moreover high levels of investments are necessary for firms to adopt timely new available product innovations generated by upstream industries.

The adoption of new capital goods and intermediary products embodying product innovations moreover should not be regarded as the automatic outcome of the investment process. Relevant search and information activities are to be performed by firms that look for new opportunities on the markets, for new processes and new intermediary products. So far the diffusion of new processes and new intermediary products should be considered as the outcome of an actual innovation capacity of downstream firms that specialize in products that are sold mainly to final consumers.

According to our tentative interpretation upstream firms specializing in the production of capital goods and intermediary products, embodying high levels of technological advance, generate relevant pecuniary spillovers that can be appropriated by downstreeam firms that use those innovated capital goods and intermediary inputs as complementary inputs in their own production process. The appropriation of the flow of pecuniary externalities is higher the greater the competition on upstream markets. Competition in upstream industries brought about by the entry of new imitators in fact reduces the quasi-rents associated with the introduction of product innovations and consequently increases the levels of pecuniary externalities for downstream users.

An industrial policy aimed at favoring the diffusion of all the components of an emerging technological system is likely to generate significant effects both directly upon the recipients of such policy that is potential late-adopters, mainly small and medium sized firms in traditional industries, and indirectly to all the system because of the externality effects spilling to the other firms via the increased levels of networking between complementary and interrelated activities based upon the same technological system.

The appreciation of the role of the modernization process based upon the diffusion of innovations and new intermediary products in the production process is especially important to grasp the role of technological change in industrial economies characterized by small firms. The small size of manufacturing firms makes it very difficult to rely on research and development expenditures and consequently on the generation of product innovations as a competitive tool. The minimun efficient size for conducting efficiently research and development activities is infact very high as well as the levels of risks associated with the generation of new products. A technological change based on fast rates of diffusion, enhanced and made possible by high levels of investments is instead much more appropriated to countries with high levels of regional clustering of specialized small firms that are active in complementary products so to develop a characteristic industrial system based on high levels of industrial cooperation, fast rates of diffusion and high levels of specialization in the "advanced" production of "mature" final products.

The traditional notion of mature industries associated with these products moreover seems less and less appropriate when one takes into account the significant role of the modernization process characterized by the fast diffusion of technological and organizational innovations consisting mainly in original applications and developments of new information technologies based on the blending of computers and telecommunications that have changed in depth the overall levels of overall efficiency of the production of final goods.

In conclusion an industrial policy aimed at enhancing the rates of diffusion of components of the emerging information and communications technology system could be based on:

- A competition policy in high-tech industries that make sure the fast reduction of extraprofits in the markets that supply the economic system with information and communication intensive capital goods and intermediary products;

- An investment policy especially in "mature" industries and small firms, provided that such investment is likely to "embody" new pieces of information capital;

- An infrastructure policy that make possible to accelerate the access of the less dynamic components of the industrial structure to networks that provide information and communication services at low average costs. Large firms can organize by themselves advanced networks, but this is not the case of small firms for which the sunk costs of dedicated networks are unbearable;

- A training policy able to supply the markets with high levels of skilled manpower that speeds up the adoptions within small and medium size firms especially in backward regions and traditional industries.

References

Abramovitz, M.
Thinking about Growth. Cambridge University Press, Cambridge, 1989.

Antonelli, C.
The International Diffusion of Advanced Telecommunications in Developing Countries. OECD, Paris, 1991.

Antonelli, C. (ed.)
The Economics of Information Networks. Elsevier North Holland, Amsterdam, 1992.

Antonelli, C.
The Dynamics of Technological Interrelatedness: The Case of Information and Communication Technologies. in Foray, D.; Freeman, C. (eds.) Technology and the Wealth of Nations. The Dynamics of Constructed Advantage. Pinter, London, 1992.

Antonelli, C.
Complementarity and Externalities in Telecommunications Dynamics. International Journal of Industrial Organization 11/1993 (a).

Antonelli, C.
Investment Productivity Growth and Key-technologies. The Case of Advanced Telecommunications. Manchester School 61/1993 (b).

Antonelli, C.
Investment and Diffusion in Telecommunications. Journal of Economic Behavior and Organization 16/1993 (c).

Antonelli, C.; Petit, P.; Tahar, G.
The Economics of Industrial Modernization. Academic Press, Cambridge, 1992.

David, P.A.
Clio and the Economics of QWERTY. American Economic Review May 1985, pp. 332-337.

David, P.A.
Some New Standards for the Economics of Standardization in the Information Age, in Dasgupta, P.; Stoneman, P. (eds), Economic Policy and Technological Performance. Cambridge University Press, Cambridge 1987.

Dosi, G.
Sources Procedures and Microeconomic Effects of Innovation. Journal of Economic Literature,1988 (26), pp. 1120-1171.

Frankel, M.
Obsolescence and Technical Change in a Maturing Economy. American Economic Review,1955 (45), pp. 296-319.

Freeman, C.
The Economics of Industrial Innovation. 2nd edition. Francis Pinter, London 1982.

Freeman, C., Clark, J.; Soete, L.
Unemployment and Technical Innovation. Francis Pinter, London 1982.

Griliches, Z.
Hybrid Corn: An Exploration in the Economics of Technical Change. Econometrica October 1957,pp.501-522.

Griliches, Z.
Issues in Assessing the Contribution of Research and Development to Productivity Growth. Bell Journal of Economics, 1979(10),pp.92-116.

Hirschman, A. O.
The Strategy of Economic Development. Yale University Press, New Haven, 1958.

Kaldor, N.
A Model of Economic Growth. Economic Journal,1957/67, pp. 591-624.

Kaldor, N.
Capital Accumulation and Economic Growth. Lutz, V. (ed.), The Theory of Capital, Mac Millan, London 1961.

Leff, N.H.
Social Benefit-Cost Analysis and Telecommunications Investment in Developing Countries. Information Economics and Policy,1984/1, pp. 217-227.

Mansfield, E.
Technical Change and the Rate of Imitation. Econometrica, October 1961,pp.741-766.

Monk, P.
Technological Change in the Information Economy. Pinter, London, 1989.

Romer, P.M.
Increasing Returns and Long-Run Growth. Journal of Political Economy, October 1986, pp. 1002-1037.

Romer, P.M.
Growth Based on Increasing Returns Due to Specialization. American Economic Review,1987/77, pp. 56-62.

Rosenberg, N.
Perspectives on Technology. Cambridge University Press, Cambridge 1976.

Rosenberg, N.
Inside the Black Box. Cambridge University Press, Cambridge 1982.

Scherer, F.M.
Innovation and Growth. Schumpeterian Perspectives. MIT Press, Cambridge 1986.

Soete, L.
The Newly Emerging Information Technology Sector, in Freeman, C.; Soete, L. (eds), Technological Change and Full Employment. Basil Blackwell, Oxford 1987.

Sounder, R.J.; Warford, J.J.; Wellenius, B.
Telecommunications and Economic Development. Johns Hopkins University Press, Baltimore 1983.

Sylos Labini, P.
The Forces of Economic Growth and Decline. MIT Press, Cambridge 1985.

Neue Produktions- und Logistikkonzepte:
"Lean Production" und IT

Peter Brödner
Wissenschaftszentrum Nordrhein-Westfalen, Gelsenkirchen

1. Einführung

Derzeit vollzieht sich vor unseren Augen ein Wettlauf der Produktionssysteme. Ganz außerordentliche Leistungsunterschiede im Hinblick auf Produktivität, Innovationszeiten, Durchlaufzeiten und Bestände sowie fundamentale Veränderungen von Strukturen und Abläufen der Produktion, die diesen Leistungsunterschieden zugrunde liegen, verweisen auf eine Umbruchsituation in der industriellen Produktion. Eherne Grundsätze der Rationalisierung verlieren ihre Gültigkeit, wenn die Erfolgsstrategien erfolgreicher Unternehmen und Industrien auf gänzlich anderen Denk- und Handlungsmustern beruhen als sie die zurückgebliebenen praktizieren. Es zeigt sich, daß Taylors "one best way" weder der einzige noch der beste ist.

Um in dieser Umbruchsituation Klarheit über notwendige Veränderungen in der Fabrikentwicklung zu gewinnen, ist es hilfreich, den Blick zunächst auf die Gesamtheit der Glieder einer zu einem Produkt führenden Erzeugniskette, mithin auf das ganze Produktionssystem zu richten. Zu fragen ist dann, wie sich darin insgesamt am Markt geforderte Qualitäts-, Mengen- und Kostenziele am günstigsten realisieren lassen, wie die notwendige Kontingenz in bezug auf Umweltveränderungen geschaffen und erhalten werden kann. Zwar werden dabei weiterhin Unternehmen die entscheidenden Akteure sein, die aber arbeitsteilig und kooperativ jeweils nur Teilprozesse realisieren. Zur Debatte stehen dabei die Aufgabenzuschnitte und die Art und Weise, wie sie kooperieren, ebenso wie die Organisationsformen und Führungsstile oder die Rolle der Menschen und die Funktion von Technik bei der inneren Gestaltung der Produktion.

Beispiele erfolgreicher Erneuerung von Fabriken und Produktionsnetzwerken, die hohen Ansprüchen an Qualität und Beweglichkeit bei angemessenen Produktionskosten genügen, lassen die neuen Strukturen, Abläufe und Aktionsmuster schon deutlich erkennen. Deren Erfolg beruht nicht allein, jedenfalls zu einem nur sehr begrenzten Anteil, auf einem verstärkten und durchgängigen Einsatz von Informationstechnik oder der

Anwendung einzelner Maßnahmen und Methoden, wie sie derzeit unter den Schlagworten JIT, Verringerung von Fertigungstiefe, Simultaneous Engineering, Kaizen und dergleichen mehr diskutiert werden. Geradezu kampagnenartig werden sie als Allheilmittel gegen die nicht mehr zu verleugnende Leistungsschwäche propagiert, wo doch tatsächlich nur - wie sogleich zu zeigen sein wird - eine tiefgreifende und grundsätzliche strukturelle Erneuerung der Produktionsweise Abhilfe schaffen kann. So verlaufen sich diese Kampagnen wie Ebbe und Flut an den Gestaden der betrieblichen Realität, ohne dort real viel zu ändern.

Obgleich in der Bundesrepublik Deutschland trotz hoher Löhne vergleichsweise besonders günstige industriekulturelle Bedingungen und Entwicklungspotentiale bestehen, um bei konsequenter Ausschöpfung mindestens vergleichbare Leistungen hervorzubringen - die berufliche Bildung, das hohe Qualifikationsniveau, die entwickelte Infrastruktur, die vielfältige Produktionskompetenz, um nur einige zu erwähnen - , zeigen die gegenwärtige betriebliche Praxis wie der Stand der Diskussion, daß die Leitlinien schlanker Produktion unter hiesigen Bedingungen noch keineswegs umgesetzt, möglicherweise noch nicht einmal recht erkannt wurden. Es werden allenfalls oberflächliche Mängel abgestellt und Symptome kuriert. Die Ausdünnung von Gemeinkostenbereichen oder "Verschlankung" von Belegschaften, ohne an den Aufgabenzuschnitten und Arbeitsabläufen wesentliches zu ändern, die bloße Verlagerung von Risiken und Lagerhaltung auf die Zulieferer, die Verschärfung von Qualitäts- und Preisforderungen, ohne Neuverteilung von Verantwortung und Gewinnchancen oder die bloße Einführung von Methoden ohne Veränderung von Entscheidungswegen und Verhalten haben mit den Funktionsprinzipien einer wirklich schlanken Produktion nur wenig gemein. Erst die wirkliche Verlagerung von Aufgaben und Verantwortung in die Fertigung und auf die Zulieferer oder die Vergabe von Entwicklungsaufträgen für ganze Komponenten, mit echter Verteilung von Verantwortung, Risiken und Gewinnchancen würden die Potentiale schlanker Produktion erschließen. So gesehen stehen wir noch ganz am Anfang einer Entwicklung zur Sicherung der Wettbewerbsfähigkeit industrieller Kernbranchen wie Fahrzeug- und Maschinenbau.

In dieser Situation versucht der vorliegende Beitrag zunächst aufzuzeigen, worauf der Erfolg der Erfolgreichen zurückzuführen ist, um daraus Leitlinien für die Gestaltung künftiger Produktionssysteme zu gewinnen, die unter hiesigen industriekulturellen Bedingungen zu realisieren und mindestens vergleichbare Leistungen hervorzubringen imstande sind. Über Angaben zur Struktur und Funktionsweise der neuen Produktionssysteme hinaus wird auch der Frage nachgegangen, wie der notwendige Wandel zu bewältigen ist. Zum Abschluß werden sich daraus ergebende Anforderungen an Entwicklung und Einsatz der Informationstechnik beleuchtet.

2. Produktion im Umbruch

Im Wettlauf der Produktionssysteme haben sich die Sieger inzwischen weit und unübersehbar vom Mittelfeld abgesetzt, und es ist offenkundig, daß sie ihre Leistungsvorsprünge mit gänzlich anderen Mitteln erreichen als die klassischen Prinzipien der Rationalisierung vorschreiben. Das wirft die Frage auf, was genau die Erfolgreichen so erfolgreich macht.

Spätestens mit dem Bekanntwerden der vom Massachusetts Institute of Technology (MIT) durchgeführten, weltweit vergleichenden Untersuchung der Automobilindustrie ist dort unter der Benennung "Lean Production" ein neues Produktionssystem in Erscheinung getreten. Es heißt "schlank", weil es im Vergleich zum tayloristisch-fordistischen System der Massenproduktion bedeutend weniger Aufwand in fast jeder Hinsicht verursacht - "den halben Personalaufwand, die halbe Produktionsfläche, halb so viele Investitionen in Werkzeuge, halb so viele Ingenieurstunden, um ein neues Produkt in der halben Zeit zu entwickeln. Darüber hinaus erfordert es weit weniger als die Hälfte der Bestände, führt zu deutlich weniger Mängeln und bringt eine ständig wachsende Vielzahl von Produkten hervor" (Womack et al. 1990; vgl. auch Abb. 1 und 2).

Abb. 1:   Produktivität der Montagewerke - Automobilhersteller 1989

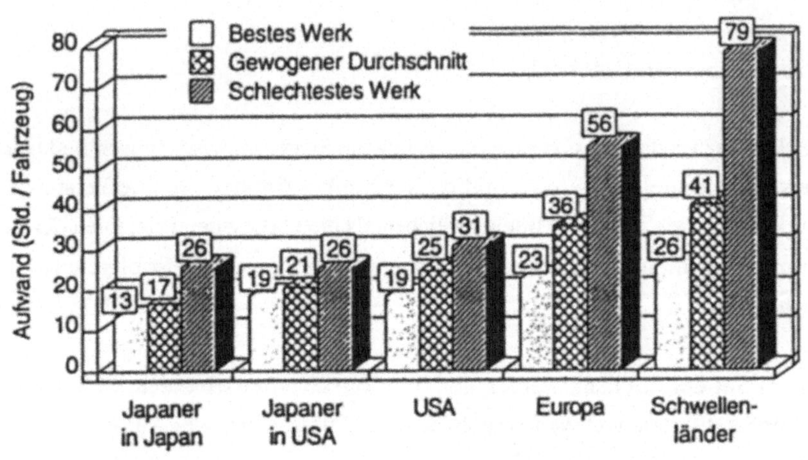

Abb. 2:   Aufwand bei der Produktentwicklung - Automobilhersteller 1989

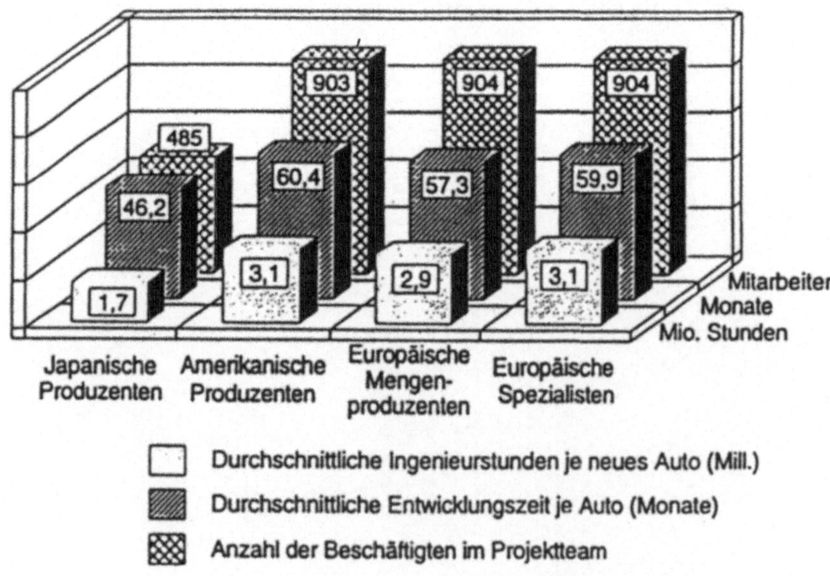

Auch wenn es im einzelnen Zweifel an der Stimmigkeit der publizierten Zahlen geben mag, so bleibt doch der Tatbestand erheblicher Defizite deutscher und europäischer Hersteller im Hinblick auf Produktivität, Qualität, Entwicklungszeit und -aufwand unbestreitbar. Dabei wird - das ist das Wesentliche - Lean Production als ganzheitliches Produktionssystem analysiert, dessen Komponenten und Elemente, Produktentwicklung, Fertigung, Zulieferbeziehungen, Vertrieb und Kundenservice, aufeinander abgestimmt und zugeschnitten sind. Die Erklärung der dramatischen Leistungsunterschiede ist nicht in der Anwendung einzelner Verfahren oder Methoden zu suchen, wie das in verkürzter und verzerrter Aufnahme der Ergebnisse oftmals zu beobachten ist, beispielsweise in einseitiger Fokussierung auf Just-in-Time-Logistik, KVP (kontinuierliche Verbesserungsprozesse), Simultaneous Engineering (parallele Entwicklung von Produkten und Betriebsmitteln), Verringerung der Fertigungstiefe, Ausdünnung von Gemeinkostenbereichen oder dergleichen.

Vielmehr ist das Produktionssystem im Hinblick auf Organisation, Technikeinsatz, Personalentwicklung und Führung, insgesamt und im Zusammenwirken seiner Teile, darauf ausgelegt, materialarm und qualitätsbewußt zu produzieren und dabei menschliche Fähigkeiten breit zu nutzen. Dazu werden in der Fertigung selbst (trotz Fortbestehen des Fließbandes) zusammenhängende Aufgaben- und Verantwortungsbereiche gebildet, in denen durch gezielte Fehlererkennung, Erforschung von Fehlerursachen und direkte Fehlerbeseitigung Verschwendungen aller Art vermieden, kontinuierliche Verbesserungen angestrebt und durch verbrauchsgesteuerten Materialfluß Bestände minimiert werden ("Null-Fehler"- und "Null-Puffer"-Prinzip). In der Produktentwicklung wird durch die Bildung von Entwicklungsteams dafür Sorge getragen, daß Produkt- und Betriebsmittelentwicklung frühzeitig aufeinander abgestimmt und weitgehend parallel vollzogen werden, um Zeit zu sparen und Anlaufprobleme wie nachträgliche Änderungen zu vermeiden. Dazu gehört auch die Verlagerung von Entwicklungsaufgaben an Hauptzulieferer. Die Zulieferbeziehungen werden auf eine kleine Zahl von Komponenten-Zulieferern mit zunehmend eigener Verantwortung für Produktentwicklung, Qualität und verbrauchsgerechte Anlieferung beschränkt, die ihrerseits oftmals Unterlieferanten für Teilkomponenten beauftragen. Auf diesem Wege werden Kompetenzen, Risiken und Kostenvorteile geteilt (wenngleich es auch noch reine Auftragsfertigung gibt). Zudem werden Produktgestaltung und Kundendienst weitaus stärker an Bedürfnissen von Kunden ausgerichtet. Die Leistungsfähigkeit dieses Produktionssystems entsteht erst durch das abgestimmte Zusammenspiel all dieser Grundsätze, auf der Grundlage einer Arbeitspolitik, die die quantitative wie qualitative Arbeitsleistung in hohem Maße organisatorisch über den Prozeß und sozial durch die Gruppe kontrolliert, während sie zugleich persönliches Wissen und Können respektiert und honoriert (Jürgens et al. 1989, Womack et al. 1990).

Die Anfänge dieses Produktionssystems reichen bis in das Jahr 1948 zurück. Nachdem zunächst in den 30er Jahren und während der Kriegsproduktion auch in Japan industrielle Produktionsprozesse nach den Grundsätzen tayloristisch-fordistischer Rationalisierung gestaltet und betrieben wurden (mit allen Begleiterscheinungen, die auch in westlichen Industriekulturen zu verzeichnen waren), wurde seit Ende der 40er Jahre in bewußter Abkehr von diesen Grundsätzen und in richtiger Einschätzung ihrer Schwächen mit neuen strategischen Ansätzen in der Produktion experimentiert. So wurde beispielsweise schon 1948 in einer Toyota Motorenfabrik ein Dispositionssystem zum "Ziehen" des Materials durch den Prozeß installiert, dessen weitere Verfeinerung 1953 zur Einführung des ersten, sich später rasch verbreitenden "Kanban"-Systems in einer Teilefertigung führte. Dieser strategische Ansatz, eine materialarme Produktion zu verwirklichen, wurde später durch systematische Anstrengungen zur Rüstzeitverkürzung (die kleinere Serien ermöglicht) fortgesetzt; bereits 1971 konnten Pressen in der Fertigung binnen 3 Minuten umgerüstet werden. Ein zweiter strategischer Ansatz zur Umgestaltung richtete sich auf die ganzheitliche, polyvalente Nutzung qualifizierter Arbeit, mit der schon früh begonnen wurde, etwa als Werkern 1949 der Betrieb ganz unterschiedlicher Maschinen und die Qualitätssicherung vor Ort übertragen wurde (Cusumano 1988). Anfang der 50er Jahre wurden auch die industriellen Beziehungen grundsätzlich neu geregelt (Betriebsgewerkschaften, privilegierte Stammbelegschaften, Randbelegschaften).

Die treibenden Kräfte hinter dieser Entwicklung sind sowohl in den inhärenten Schwächen des tayloristisch-fordistischen Produktionssystems als auch in den besonderen Anforderungen zu suchen, denen sich die nachholende japanische Industrieentwicklung gegenübergestellt sah. Ständige Versuche, durch veränderte Produkte und verbesserte Produktionsverfahren Wettbewerbsvorteile zu erlangen, untergruben die herkömmlichen Rationalisierungsgrundsätze der Massenproduktion (die gerade auf Unveränderlichkeit von Märkten, Produkten und Prozessen angelegt sind) und erzwangen besonders in den 60er und 70er Jahren den Übergang zu flexibler, aber zugleich hoch produktiver, materialarmer und dadurch kostengünstiger Produktion. Dabei spielte Toyota oft die Rolle des Pioniers, während sich die neuen Ansätze, da sie sich bei der Beherrschung von Qualität und Kosten bei vergleichsweise kleinen Serien und mehr Varianten sehr bewährten, auch bei anderen Herstellern rasch in die Breite und Tiefe entwickelten. So entstanden die hoch leistungsfähigen Produktionsstrukturen, die heute als "Lean Production" bezeichnet werden (und infolge dogmatischer Blindheit im Westen erst sehr spät wahrgenommen wurden).

Dabei ist anzumerken, daß es auch in westlichen Industriekulturen schon früh eine Reihe durchaus erfolgreicher Versuche gegeben hat, Schwächen der überkommenen Massenproduktion zu überwinden. Obgleich aus anderen Gründen und mit anderer Stoßrichtung entstanden, sind aus diesen Entwicklungsansätzen, die sich unter dem Stichwort "Humanisierung des Arbeitslebens" zusammenfassen lassen, zum Teil vergleichbare Produktionsstrukturen und -effekte hervorgegangen: Integration zusammengehörender Aufgaben und Requalifizierung von Industriearbeit, Delegation von Verantwortung, weniger Planung und Kontrolle durch die Hierarchie etc. Freilich dürfen dabei nicht die Unterschiede verwischt werden, die etwa mit Blick auf die dabei entstandene Gruppenarbeit, ihre organisatorische Einbindung und ihre arbeitspolitische Regulierung zu verzeichnen sind: qualifizierte, sich weitgehend ersetzende und selbst regulierende Gruppenarbeit mit weitem Handlungsspielraum in Fertigungsnestern auf der einen und Fließbandarbeit mit weitgefächertem Arbeitswechsel und Qualitätsverantwortung auf der anderen Seite (mit diversen Zwischenstufen). Auch diese Experimente mit neuen Arbeitsformen und Produktionskonzepten verweisen auf unvermutete Möglichkeiten der Steigerung wirtschaftlicher Leistungsfähigkeit. Heute rächt es sich, daß diese Versuche, durch konventionelles Denken behindert, nicht systematischer angegangen und konsequenter umgesetzt wurden.

Die dargestellten Grundzüge schlanker Produktion gelten ihrer Entstehung entsprechend zunächst für die Automobilindustrie. Am ehesten lassen sie sich noch auf andere Prozesse großvolumiger Produktion anwenden (beispielsweise bei der Herstellung von Haushaltsgeräten oder Konsumelektronik). Die Herstellung von Investitionsgütern ist traditionell eine ganz andere Produktionswelt mit eigenen Arbeitsweisen und -formen, in Japan wie in Deutschland. Dennoch haben sich auch hier in den letzten Jahren - insbesondere im Maschinenbau - eher noch dramatischere Leistungsunterschiede eingestellt, die auf ähnliche, aber keineswegs gleiche Strukturinnovationen im gesamten Produktionssystem zurückzuführen sind. Dies verdeutlicht eine kürzlich vom Rationalisierungskuratorium der Deutschen Wirtschaft (RKW), der Industriegewerkschaft Metall (IGM) und dem Verein Deutscher Werkzeugmaschinenfabriken (VDW) gemeinsam durchgeführte Untersuchung über die Erfolgsfaktoren der japanischen Werkzeugmaschinenindustrie (Brödner und Schultetus 1992). In Abb. 3 sind wirtschaftliche Kennzahlen aus den untersuchten japanischen, aus führenden deutschen Unternehmen des Werkzeugmaschinenbaus sowie für den Durchschnitt des deutschen Maschinenbaus vergleichend gegenübergestellt. Die außerordentlichen Unterschiede in der Produktivität (Wertschöpfung je Beschäftigten) verweisen auf eine in den fetten Jahren guter Konjunktur (1988 bis 1991) eher verdeckte Produktivitätskrise. Diese ist in erster Linie auf fehlgeleiteten Personaleinsatz und überhöhte Bestände in der Produktion zurückzuführen. Das Können und Wissen der Mitarbeiter, unstreitig die größten deutschen Trümpfe, werden bei weitem nicht ausreichend in Produktivität und Beweglichkeit umgesetzt.

Abb. 3:   Wirtschaftliche Kennziffern japanischer und deutscher Unternehmen des Werkzeugmaschinenbaus

		Japan			Durchschnitt	Deutschland			
	1990	JA	JB	JC	DMB 1989	DA	DB	DC	DD
Umsatz/Beschäftigten	TDM	650	795	725	179	239	283	311	199
Wertschöpfung/Beschäftigten	TDM	336	517	249	95	119	132	149	113
Fertigungstiefe	%	52	65	34	51	50	47	48	57
Umsatzrendite	%	14	6	8	1.3	-2	2	5	2
Personalkosten/Umsatz	%	10	12	10	34	31	23	24	38
Vorräte/Umsatz	%	15	17	22	37	22	20	15	35
Anlagevermögen/Umsatz	%	19	12	31	16	13	37	26	29
Investitionen/Umsatz	%	18	8	14	-	2	22	9	8

Quelle: Firmenangaben, VDMA, eigene Berechnungen

Es zeigt sich indessen auch, daß bei uns vordergründig diskutierte Standortfaktoren am Kern der Frage nach der Wettbewerbsfähigkeit vorbeigehen. Zwar sind knapp 30% der höheren Produktionsleistung auf die längere Jahresarbeitszeit in Japan zurückzuführen, der größere Teil des Leistungsunterschieds hat aber tiefer liegende Gründe. Herkömmliche arbeitsteilige Produktionsstrukturen und -abläufe verursachen in der Regel lange Durchlaufzeiten, hohe Bestände und behindern die Aktivierung und den produktiven Einsatz der auch nach japanischen Maßstäben überlegenen qualifizierten Arbeitskraft. Im Vergleich dazu sind in Japan eine Reihe von einander bedingenden und ergänzenden Strukturmerkmalen zu beobachten, die erst zusammengenommen ein leistungsfähigeres Produktionssystem ergeben:

- systematisches Vereinfachen von Produkten und Prozessen mit der Folge geringerer Teile- und Baugruppenvielfalt, weniger unterschiedlicher Betriebsmittel und Organisationsschnittstellen,

- produktorientierte statt funktionale Organisation mit der Folge ganzheitlicher Arbeitsaufgaben, weniger Schnittstellenverluste und Koordinationsaufwand,

- Einsatz von zuverlässiger Standardtechnik, deren auch unbewachter Dauerbetrieb durch organisatorische Vorkehrungen von qualifizierten Arbeitskräften ermöglicht wird (hoher Anteil von "Geisterschichten"),

- hoher Wert des Erfahrungswissens, das in einem Prozeß ständiger Verbesserung systematisch genutzt wird,

- regelmäßige Bewertungen von Leistung und Können bestimmen Einkommen und Karrierepfade,

- Führung durch Konsultation und Konsensbildung über alle Bereiche und Ebenen unter Einbeziehung der betrieblichen Interessenvertretung.

Das müssen auch die Ansatzpunkte für die deutschen Unternehmen sein, wenn sie den japanischen Produktivitätsvorsprung einholen und ihre Wettbewerbsfähigkeit sichern wollen.

Auch im Maschinenbau ist die notwendige Erneuerung der Fabrik ohne einschneidende Veränderungen der Aufbau- und Ablauforganisation nicht zu bewältigen. Bislang vorherrschende Versuche, sie mittels "High-Tech"-Automatisierung, durch forcierten Einsatz datentechnisch integrierter und wissensbasierter DV-Systeme vor allem technisch zu bewältigen, ohne die überkommenen Produktionsstrukturen zu überprüfen, erweisen sich zusehends als unangemessen. Es genügt nicht, den gegebenen Aufbau- und Ablaufstrukturen die DV-Systeme bloß überzustülpen. Heute weisen zahlreiche CIM-Ruinen darauf hin, daß die hochgesteckten Erwartungen an kurze Durchlaufzeiten, verbesserte Termineinhaltung und höhere Produktivität nur sehr unzureichend erfüllt worden sind. Mehr derselben Maßnahmen erzeugen nur mehr desselben Elends: rasch wachsende Kapitalintensität mit hohen Risiken, zunehmende Verfügbarkeitsprobleme und hohen Wartungsaufwand, begrenzte Flexibilität, Verkümmerung vorhandener Qualifikation und Schwächung des Innovationspotentials.

Angesichts dessen erscheinen im europäischen Kontext entstandene, "anthropozentrische" Produktionskonzepte, die stattdessen auf "High-touch"-Organisation (auf "Tuchfühlung"), auf qualifizierte Arbeit und menschengerecht gestaltete Technik setzen, umso vorteilhafter im Lichte ökonomischer Effizienz und sozialverträglicher Arbeit. Die heute offenkundigen Erschütterungen eherner Grundsätze der Rationalisierung lassen eine grundlegende Neubewertung menschlicher Arbeit und der Funktion von Technik in der Produktion geboten erscheinen. Statt den Menschen in erster Linie als tunlichst zu verdrängende Quelle von Störungen und Ursache von Kosten zu betrachten, gilt es, seine produktiven und kreativen Potenzen zur Entfaltung zu bringen. Dazu bedarf es zum einen neuer Organisationsformen der Arbeit mit ganzheitlichen Arbeitsvollzügen und weitem Handlungsspielraum und zum anderen menschengerecht und aufgabenangemessen gestalteter Arbeitsmittel, die seine besonderen Fähigkeiten unterstützen und nicht ersetzen (nähere Einzelheiten hierzu vgl. Brödner und Pekruhl 1991).

So können die folgenden Grundzüge anthropozentrischer Produktionssysteme als Leitbild der neuen Fabrik hervorgehoben werden. Mit ihnen lassen sich, wie Beispiele erfolgreicher (wenngleich meist noch fragmentarischer) Umgestaltung zeigen, beträchtliche Leistungssteigerungen verwirklichen, etwa eine Steigerung der Produktivität um die Hälfte und eine Verkürzung der Durchlaufzeit auf ein Drittel bei Reorganisation allein der Fertigung. Sie bilden daher den Kern einer angemessenen Antwort auf die japanische Herausforderung im Maschinenbau:

- **Objektorientierung statt Funktionsorientierung:**
  Produktionsprozesse sollen in allen ihren Bereichen (Konstruktion, Auftragsabwicklung, Fertigung) nach den Organisationsprinzipien der Gruppentechnologie produktorientiert, d.h. mengenteilig statt arbeitsteilig, strukturiert werden. An die Stelle vielstufiger Hierarchien zur Koordination mit ihren bürokratischen Entscheidungsformalismen und Schnittstellenverlusten tritt Kooperation in Arbeitsgruppen mit ganzheitlichen Arbeitsaufgaben und hoher Autonomie (vgl. Abb. 4).

- **Ergebnisplanung statt Tätigkeitsplanung:**
  In diesen neuen Organisationsformen der Arbeit mit ganzheitlichen Aufgaben entsteht qualifizierte (Gruppen-)Arbeit mit weitem Handlungsspielraum, die sich im Rahmen grobmaschiger Planvorgaben weitgehend selbst reguliert. Nicht die einzelnen Tätigkeiten - das Wie - sondern die Arbeitsergebnisse (Qualität, Termine) - das Was - werden geplant und kontrolliert. Statt bloß vorgeschriebene Tätigkeiten auszuführen, sollen zusammenhängende Aufgaben kooperativ gelöst und Arbeitsabläufe mitgestal-

tet werden. So werden fachliche, methodische und soziale Kompetenzen umfassend genutzt, die sich in der Arbeit zugleich erhalten und entfalten.

- Computer als Arbeitsmittel statt als Automatisierungsmittel:
Im Zusammenhang damit sind Funktionalität und Interaktionsformen von DV-Systemen derart zu gestalten, daß sie die qualifizierte Arbeit der betrieblichen Fachleute unterstützen und nicht ersetzen. Es gilt, sie als menschengerecht und aufgabenangemessen gestaltete Arbeitsmittel zu konzipieren und einzusetzen.

- Neue Arbeitspolitik und Führung durch Beteiligung:
Damit Qualifikation und Handlungskompetenz entfaltet und umfassend genutzt werden können, müssen auch die betriebliche Sozialverfassung, die innerbetrieblichen Handlungskonstellationen, gewohnte Denkmuster, kurzum: die Arbeitspolitik im Betrieb geändert und neue Formen der Führung durch Beteiligung praktiziert werden.

Abb. 4:   Integrierte Produktion auf der Basis von Produktionsinseln

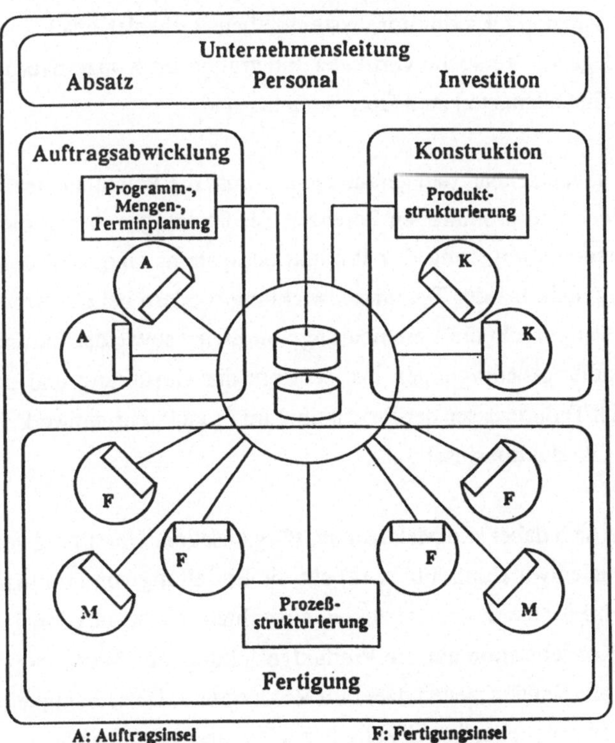

Dies mag genügen, um Tiefe und Reichweite der Umbruchsituation in zwei der bedeutendsten industriellen Kernbereiche (Automobilindustrie und Maschinenbau haben in Deutschland 1991 jeweils 240 Mrd. DM Umsatz erwirtschaftet) zu kennzeichnen. In anderen Sektoren machen sich durchaus vergleichbare Entwicklungen bemerkbar (die aber hier nicht weiter betrachtet werden können). Daraus lassen sich zumindest vier bedeutsame Schlußfolgerungen ziehen.

Erstens hängt die wirtschaftliche Leistungsfähigkeit von der angemessenen Gestaltung der ganzen Produktionskette vom Rohmaterial bis zum Produkt und Kundendienst ab - unter ökologischer Perspektive sogar bis zur Wiederaufbereitung und Wiederverwendung von Komponenten. Dies wird in den Forschungsansätzen zur "systemischen Rationalisierung" (vgl. etwa Altmann et al. 1986) ganz richtig gesehen, wenngleich dort das Hauptaugenmerk auf die datentechnische Verknüpfung von Teilprozessen sowie deren sach- und zeitgerechte Koordination als wesentlichem Rationalisierungspotential gerichtet wird. Daß sich diese Rationalisierungsstrategie in alter tayloristischer Tradition vor allem "auf die Potentiale der Technik und nicht primär auf die flexiblen Potentiale menschlicher Arbeitskraft" richten (Sauer und Altmann 1989) läßt sie im Lichte der Überlegenheit schlanker Produktionssysteme ebenso obsolet erscheinen wie schon länger zurückliegende Versuche vertikaler Integration im Konzernverbund, die dem bürokratischen Erstickungstod zum Opfer gefallen sind.

Zweitens wird unübersehbar, daß gerade nicht primär die Potentiale der Technik, sondern die kreativen und produktiven Potenzen der lebendigen Arbeit die wesentliche Quelle der Leistungssteigerung des Produktionssystems sind, daß demzufolge die Rationalisierung nicht bei der Technikentwicklung sondern bei der Arbeitsgestaltung ansetzen muß. Damit rückt die Vereinbarung von Zielen sowie der Zuschnitt von Aufgaben und Handlungsbedingungen ins Zentrum der Gestaltung und dies auf allen Ebenen, bei allen Teilprozessen der Produktion, im Produktionsnetzwerk, im Unternehmen wie in der "Produktionsinsel".

Drittens müssen sich dabei alle Maßnahmen (Organisation, Gestaltung von Arbeit und Technik, Personalentwicklung, Führung) auf die Entfaltung von produktiver Kompetenz hinsichtlich Produkten und Prozessen ausrichten. Nicht funktionale Spezialisierung, sondern Konzentration auf die Produktgestaltung, den Wertschöpfungsprozess und den Dienst am Kunden stehen dabei im Vordergrund. Diese Fähigkeiten, Produkte besser, billiger und schneller entwickeln, herstellen und vertreiben zu können, müssen sich auch in der Arbeit selbst, in ihrer ständigen Reflexion und Verbesserung, entwickeln.

Viertens kommt es darauf an, den vielfältigen Ursachen von Verschwendung (an Material, Kapital, Zeit) nachzuspüren und insbesondere hohe Beweglichkeit einer materialarmen Produktion zu erreichen.

3. Kennzeichen des Neuen: "Anthropozentrische Produktionssysteme"

Die Quantensprünge in der wirtschaftlichen Leistungsfähigkeit, die die neuen Produktionsstrukturen bewirken, und die Radikalität, mit der sie tradierte Rationalisierungsgrundsätze aufheben, lassen es gerechtfertigt erscheinen, den Umbruch als zweite industrielle Revolution zu begreifen. Vor unseren Augen formiert sich so eine neue Stufe der organisatorischen und sozialen Integration von Produktion, sie erreicht ein höheres Niveau der Entfaltung gesellschaftlicher Produktivkraft. Nicht mehr die genauestens geplante, in ihrer Ausführung vorgeschriebene und überwachte Einzelleistung spezialisierter Arbeitskräfte (oder - auf einer anderen Betrachtungsebene - spezialisierter Betriebe) steht im Mittelpunkt der Organisation, sondern die zielorientierte Kooperation kompetenter Produzenten (oder Produktionseinheiten) mit kontrollierter Autonomie. Autonomie im Rahmen vereinbarter Ziele statt detaillierter Planvorgaben und Kontrolle, direkte Kooperation der Produktionseinheiten statt Koordination über die Hierarchie, Kompetenzentwicklung statt arbeitsteiliger Spezialisierung und Führung durch Beteiligung statt durch Weisung - das sind die wesentlichen Kennzeichen des neuen Produktionssystems. Sie gelten für die Aufgabenzuschnitte und Arbeitsweisen im Unternehmen selbst wie zwischen den Unternehmen im Produktionsnetz gleichermaßen.

Dabei stehen freilich nicht nur die "Grundsätze wissenschaftlicher Betriebsführung", die Dogmen der tayloristischen Rationalisierung zur Disposition. Der Umbruch reicht viel tiefer: Eine ganze, weitgehend geteilte Weltsicht, die alt ehrwürdige rationalistische Tradition, von der der Taylorismus nur ein Teil ist, sieht sich in wesentlichen Grundannahmen in Frage gestellt. Dies betrifft insbesondere das zugrundeliegende Menschenbild, das Verhältnis von Können und Wissen, von Erfahrung und Erkenntnis, mithin auch die Explizierbarkeit von Erfahrung, die Rolle des Menschen und die Funktion von Technik in der Produktion ebenso wie die Steuerbarkeit von Organisationen als sozialen Systemen (Brödner 1990). Ohne dies hier in toto näher erläutern zu können, werden doch zwei für das folgende wichtige Aspekte aufgegriffen.

Es gilt in dieser Tradition als ausgemacht, daß die "unsichtbare Hand" des Marktes die verfügbaren Ressourcen bestmöglicher wirtschaftlicher Verwendung zuführe und so dafür sorge, daß nachgefragte Güter auf die ökonomischste Weise hergestellt werden. Dies ist aber - wie das Erscheinen der Lean Production ausweist - ganz offenkundig nicht der Fall. Nicht nur, daß die erdrückende Mehrheit der Unternehmen ihre Geschäfte mit großer Beharrlichkeit mehr oder weniger auf die gewohnte Weise weiterbetreiben, obgleich sie hinsichtlich Produktivität, Zeit und Kosten erkennbar unterlegen ist, sie haben die Überlegenheit des neuen Produktionssystems und deren Gründe über lange Zeit nicht einmal bemerkt, obgleich es sich in Japan in der Automobilindustrie seit 20, im Maschinenbau mindestens seit 12 Jahren zu voller Blüte entfaltet hat und auch in der eigenen Industrie einschlägige Erfahrungen einzelner Pionierbetriebe vorliegen. Ganz offensichtlich vermag der Markt als "unsichtbare Hand" das Verhalten der Unternehmen als wichtige Akteure im Wirtschaftsprozeß nicht angemessen zu erklären.

Implizit steckt dahinter die Annahme, Unternehmen und Betriebe veränderten sich so, wie es der Markt oder ihr sonstiges Umfeld erforderten, daß letztlich also die Umwelt deren Verhalten determiniere. In Anbetracht des Versagens dieser Erklärung erscheint es wesentlich angemessener, Unternehmen und Betriebe als soziale Systeme zu begreifen, deren tatsächliches Verhalten das Ergebnis eigener Transformationsleistungen ist, die zwar nicht unabhängig von der Umwelt, vielmehr von ihr angestoßen, gleichwohl aber nicht durch sie determiniert sind. Als Organisationen sind sie umweltabhängige, jedoch operativ geschlossene soziale Systeme, die sich in der Interaktion mit ihrer Umwelt selbst hervorbringen und erhalten. So verstanden müssen sie zunächst erst einmal auswählen, welche Veränderungen in ihrer Umwelt für ihr Handeln relevant sind, um entscheiden zu können, wie sie darauf reagieren wollen. Zahlreiche Untersuchungen zeigen, daß die "innerbetrieblichen Handlungskonstellationen" (Weltz und Lullies 1982), die "betriebliche Sozialverfassung" (Hildebrand und Seltz 1989), die Organisationskultur eines Unternehmens (Bundesmann-Jansen und Pekruhl 1992) und die sich in diesen Strukturen abspielenden mikropolitischen Prozesse (Ortmann 1989) zwischen den einzelnen betrieblichen Akteuren das tatsächliche Verhalten mindestens ebenso stark bestimmen wie die Anforderungen des Marktes und der äußeren Rahmenbedingungen. Individuelle Wünsche und Gewohnheiten, Machtinteressen und Positionskämpfe einzelner Beschäftigter oder von Beschäftigtengruppen, Gewohnheiten innerbetrieblicher Kooperation und Kommunikation, Traditionen der Konfliktverarbeitung, Bündel formeller und informeller Abmachungen oder Gepflogenheiten der Zusammenarbeit zwischen Geschäftsleitung und Betriebsrat bringen oftmals Entscheidungen zustande, die rein ökonomischer Rationalität oder Erfordernissen der Umwelt widersprechen.

So weisen tradierte, sich beständig reproduzierende und zugleich ausdifferenzierende Betriebsstrukturen und die auf ihnen fußenden Macht- und Interessenkonstellationen großes Beharrungsvermögen auf (Hirsch-Kreinsen et al. 1990). Dies gilt auch für die im Rahmen der rationalistischen Tradition gewachsenen, auf funktionaler Spezialisierung, auf der Trennung von Planung und Ausführung wie auf bürokratischer Koordination durch die Hierarchie beruhenden Leitbilder, Denk- und Handlungsmuster. Diese weit verbreiteten Grundstrukturen und -muster entbehrten durchaus nicht der ökonomischen Rationalität, waren sie doch darauf angelegt, durch arbeitsteilige Spezialisierung auf immer gleichbleibende Verrichtungen gemäß dem Babbage-Prinzip und Taylors Grundsätzen große Rationalisierungseffekte zu erschließen. Dies setzt freilich eine stabile und einfach strukturierte Umwelt mit relativ wenigen, allenfalls langsamen Veränderungen und dementsprechend auch wenig veränderlichen Interaktions- und Transformationsleistungen des sozialen Systems im Unternehmen voraus, eine im Regime der Massenproduktion weithin gegebene Voraussetzung, die den relativen Erfolg dieser Strukturen ermöglichte.

Nun haben aber die Komplexität ebenso wie Häufigkeit und Geschwindigkeit von Veränderungen der Umwelt in Gestalt von Vielfalt wechselnder Anforderungen an und technischen Möglichkeiten für die Gestaltung von Produkten und Produktionsprozessen in aller Regel derart zugenommen, daß diese unter anderen Bedingungen gewachsenen Strukturen hoffnungslos überfordert werden. Angemessenes und erfolgreiches Handeln ist nicht mehr möglich. Dies entspricht auch einem bekannten Ergebnis der Systemforschung, wonach Systeme im Verhältnis zu Verhaltensanforderungen und Komplexität ihrer Umwelt angemessene Strukturen und Kontingenz aufweisen müssen, um erfolgreich interagieren zu können. Genau dies ist - wie die Fälle erfolgreicher Strukturinnovation der Produktion in Japan und anderswo bestätigen - der tiefere Grund für die Notwendigkeit, produzierende Unternehmen und ihre Beziehungen in Produktionsnetzen in der hier skizzierten Weise grundlegend zu erneuern. Die objektorientierte Organisation reduziert dabei die interne Komplexität ohne Verlust an Kontingenz und schafft entwicklungsfähige Einheiten.

Derselben Betrachtungsweise zufolge, die Organisationen als soziale Systeme in Interaktion mit ihrer Umwelt begreift, können diese aber nicht umstandslos geändert, sondern lediglich zu Entwicklungen angeregt werden. Dieser Entwicklungsprozeß, in dessen Verlauf sich neue Strukturen herausbilden können, kann durch Selbstreflexion (in der sich die Organisation mit sich selbst und ihrem Verhältnis zur Umwelt auseinandersetzt) oder durch Begegnung mit erfolgreichen Vorbildern angestoßen und beeinflußt, nicht aber gesteuert werden; er ereignet sich. Notwendige, freilich noch nicht hinreichende Bedingung dafür ist, daß alle betrieblichen Akteure, also das leitende und mittlere Management, die ausführenden Beschäftigten der verschiedenen Bereiche, der Betriebsrat und die im Betrieb vertretene Gewerkschaft, frühzeitig gemeinsam angestrebte Ziele vereinbaren und sich auf ein gemeinsames Leitbild der neuen Fabrik verständigen. Dabei muß Ihnen bewußt sein, daß die Umstrukturierung nicht allein durch Sachzwänge determiniert wird, sondern mit diesem interessenpolitischen Aushandlungsprozeß verbunden sein muß. Auf der Grundlage vereinbarter Ziele und Leitvorstellungen können dann nur die Arbeitsaufgaben und -abläufe sowie die Arbeitsmittel, mithin die Systemstrukturen und Handlungsbedingungen der Akteure, der eigentliche Gegenstand der Gestaltung sein. Sie sind es, die die im Betriebsalltag erforderliche und für die Interaktion mit der Umwelt nötige Kommunikation fördern oder hemmen.

Aufgabe dieses Aushandlungsprozesses muß die Herstellung eines weitgehenden Konsenses über die Ziele und das Verfahren der Umstrukturierung sein, da der Widerstand einzelner Akteursgruppen das Scheitern des gesamten Vorhabens bedeuten kann. Diese Aushandlung muß partizipativ, d. h. unter aktiver Beteiligung der Betroffenen geschehen, da nur so zu sichern ist, daß deren Interessen tatsächlich berücksichtigt werden, dadurch Akzeptanz für Ziele und Verfahren hergestellt und zugleich so das Wissen und die Erfahrung der Beschäftigten für diese Umstrukturierung genutzt wird. Auf diesem Wege wird ein Rahmenkonzept vereinbart, in dem jeder Beschäftigte seine künftige Rolle innerhalb des neuen Produktionssystems und auf dem Weg dorthin erkennen kann.

Innerhalb dieses Rahmenkonzepts sind für einzelne Teilprozesse der Produktion wie für die einzelnen Felder der Arbeitspolitik Teilkonzepte zu entwickeln, die schließlich in konkrete Maßnahmen und Handlungsschritte münden; dabei ist im Kontext der Rahmenvereinbarung dafür zu sorgen, daß diese Teilkonzepte zu einander passen und am Ende ein sinnvolles Ganzes ergeben. So wird ein "Produktivitätspakt" zwischen Kapital und Arbeit ermöglicht, von dem beide Seiten profitieren können: Neue Formen von Kooperation und Beteiligung werden erprobt mit dem Ziel, die Arbeit menschengerechter und produktiver zu gestalten.

Dies sind die wesentlichen Ziele und Verfahrensschritte, die ein Unternehmen verfolgen muß, wenn es den neuen Herausforderungen seiner Umwelt angemessene innere Strukturen und Kontingenz erreichen will. Erfolgreiches Agieren erfordert zunächst einmal die innere Erneuerung der eigenen Organisation. Dies allein reicht aber noch nicht aus. In der Regel werden nämlich wesentliche Teile des Produkts oder Teilprozesse der Produktion außerhalb des Unternehmens erstellt oder vollzogen. Daher muß letztlich der Gesamtprozeß der Wertschöpfung über die ganze Produktions- und Logistikkette hinweg in Betracht gezogen werden, um Produkte und Prozesse anforderungsgerecht zu gestalten. Damit geraten auch Kooperationsbeziehungen zwischen Unternehmen oder ganze Produktionsnetzwerke in den Blick der Veränderung.

Auch früher schon haben sich in der Produktion arbeitsteilige Strukturen und Formen der Kooperation zwischen Unternehmen herausgebildet, die vornehmlich auf einer Abgrenzung von Teilprodukten oder -leistungen beruhen. Sie lassen sich nach typischen Kooperationsmustern gruppieren (Hilbert et al. 1991, Rehfeld 1991):

- Herstellung von Norm- und Standardteilen, bei der sich erhebliche Skaleneffekte erzielen lassen - zwischen Herstellern und Abnehmern bestehen im wesentlichen Marktbeziehungen (Beispiel: Wälzlager);

- Zulieferung spezieller Komponenten, die im wesentlichen vom Abnehmer spezifiziert werden, aber in der Regel spezialisiertes Wissen und Können der Herstellung erfordern (Beispiel: Autostoßdämpfer);

- Auftragsfertigung von Einzelteilen und Baugruppen oder auch Konstruktionsleistungen aufgrund komparativer Kostenvorteile oder zwecks Kapazitätsausgleich (Beispiel: Konstruktionsaufträge im Maschinenbau);

- Konsortien zur Planung und Erstellung großer Anlagen mit ausgewiesener Systemführerschaft und Zulieferung von Komponenten (Beispiel: Kraftwerke);

- Kooperation von Herstellern und Anwendern bei der Definition spezialisierter Produktionsmittel (Beispiel: Transferstraße).

In Anbetracht zunehmender Komplexität und Dynamik der Umwelt und angesichts möglicher innerer Restrukturierungen produzierender Unternehmen sind auch die Fragen nach den generativen Grundlagen, nach der Rationalität der Funktionsweise und nach der Angemessenheit der Strukturen dieser Produktionsnetze neu gestellt. Insbesondere ermöglichen die neu gewonnene Effizienz und Beweglichkeit der restrukturierten Fabrik neue Zuschnitte der Aufgaben und Kooperationsbeziehungen in diesen Netzwerken. Vor diesem Hintergrund müssen derzeit häufig praktizierte Verkehrsformen und verbreitete Strukturen und Handlungsmuster grundsätzlich überprüft werden, deren Rationalität durchaus in Frage steht.

Mit einem unreflektierten Allgemeingültigkeitsanspruch, der an dogmatische Fixierung erinnert, wird beispielsweise die Verringerung von Fertigungstiefe mit dem Schlankwerden von Unternehmen gleichgesetzt; oftmals stehen bei der Entscheidung über Fremdvergabe von Aufträgen allein die hohen Gemeinkosten des beauftragenden Unternehmens im Vordergrund, die aber eigentlich die Folge unzweckmäßiger Organisation sind. Eine nachhaltige Schlankheitskur hätte aber gerade hier anzusetzen und ließe oftmals die vermeintlichen Kostenvorteile der Zulieferbetriebe schmelzen. So konnte beispielsweise ein Getriebehersteller aufgrund von Kostenvergleichsrechnungen feststellen, daß sich kaum noch ein an Zulieferer vergebener Fertigungsauftrag "rechnete", nachdem er die eigene Fertigung konsequent auf Fertigungsinseln umgestellt hatte und dadurch unter anderem auch die Durchlaufzeiten und Gemeinkosten drastisch senken konnte. Der Fall eines Textilmaschinenherstellers zeigt darüber hinaus, daß ein Unternehmen gerade auch durch Vergrößerung der Fertigungstiefe schlank und beweglich gemacht werden kann: Durch Integration einer modernen Gießerei gelingt es dort, binnen fünf Werktagen wesentliche Teile der Maschinen kundenspezifisch zu gießen, zu bearbeiten und für die Montage bereitzustellen. Ferner demonstriert das Beispiel eines japanischen Werkzeugmaschinenherstellers (Unternehmen JB in Abb. 3), daß mit außergewöhnlich hoher Fertigungstiefe besondere Leistungsvorsprünge hinsichtlich Produktivität, Durchlaufzeiten und Beständen zu erzielen sind. Offenkundig müssen für angemessene Entscheidungen dieser Art noch ganz andere Aspekte als komparative Kostenvorteile in Betracht gezogen werden.

Eine wirklich angemessene Entscheidung über Produktionsverlagerungen müßte (neben den Produktionskostendifferenzen) nicht nur sämtliche Transaktionskosten, etwa für Verständigung über Ziele und Verfahrensweisen, gemeinsame Datenmodelle, Datenaustausch, Koordination und Transport, berücksichtigen, sondern vor allem auch Fragen nach einem strategisch angemessenen, auf künftige Entwicklungsmöglichkeiten ausgerichteten Aufgabenzuschnitt zu beantworten suchen, durch den unterschiedliche Kompetenzen bei Produktentwicklung und Produktion genutzt, die Effizienz und Beweglichkeit insgesamt erhöht werden können. Wenn beispielsweise ein Automobilhersteller nicht nur Fertigungs-, sondern auch Entwicklungsaufträge für Komponenten an Zulieferer vergibt, dann kann dies nicht nur Kapazitäts- und Kostenverlagerungen zur Folge haben, sondern auch erhebliche Produktivitäts- und Zeitgewinne bewirken, weil Abstimmungsverluste vermieden, Kompetenzen und Synergien aber besser genutzt werden. Nicht nur Kosten und Risiken, auch Gewinnchancen und Abhängigkeiten würden dann partnerschaftlich geteilt und ausbalanciert.

Diese Überlegungen und Beispiele verdeutlichen, daß es bei der Realisierung einer hoch produktiven, beweglichen und materialarmen Produktion zunehmend darauf ankommt, den Gesamtprozeß über alle Stufen hinweg zu betrachten und dabei die produktiven Aufgaben der einzelnen Einheiten, ihre Schnittstellen und Kooperationsformen veränderten Anforderungen gemäß neu festzulegen. Dabei sind inner- wie überbetrieblich durchaus vergleichbare Gestaltungsleitlinien maßgeblich: Autonomie der produktiven Einheiten im Rahmen vereinbarter Ziele und funktionaler Spezifikationen, Entfaltung von aufgabengemäßer Kompetenz, Kooperation und Konsensbildung. Letztlich ist es dann nur von geringem Belang, ob diese Produktionseinheiten unter dem gemeinsamen Dach eines Unternehmens angesiedelt sind oder Teile eines Produktionsnetzwerkes bilden. Zwischen einer Produktionsinsel in einem Unternehmen und einem Betrieb im Netzwerk bestehen mit Blick auf die Organisation der Produktion keine wesentlichen Unterschiede; beide sind das Ergebnis eines Prozesses der Selbstorganisation, der Aushandlung von Aufgaben und Kooperationsformen unter den beteiligten Akteuren, orientiert an gemeinsamen Zielen.

Die Entscheidung darüber, ob eine Produktionsaufgabe besser durch Integration im eigenen Unternehmen oder durch Kooperation im Produktionsnetz zu bewältigen ist, ergibt sich dann vor allem aus den Antworten auf Fragen nach der Möglichkeit, über produktive Kompetenz zu verfügen, sie aufzubauen oder zu erweitern, nach der Verfügbarkeit ausreichender Kapazität, nach der Möglichkeit, regulative Beschränkungen zu überwinden, nach den Aussichten, Synergien zu nutzen sowie Economies of Scale oder Economies of Scope zu realisieren, nach der Möglichkeit, Risiken zu mindern, sowie nach den Perspektiven, schwer zugängliche Ressourcen erschließen oder schwierige Märkte beeinflussen zu können (Hilbert et al. 1991). Diese Kriterien sind für den anforderungsgerechten Zuschnitt von Aufgaben und Kooperationsbeziehungen weit bedeutsamer als bloße Kostenvergleiche unter Einbeziehung realistischer Transaktionskosten.

4. Computer als "Werkzeug" und "Medium": Anforderungen an die Informationstechnik

Ein weiterer, weithin geteilter Irrglaube im Gefolge der rationalistischen Tradition ist die Erwartung, die mit veränderlichen und komplexeren Produkten, Produktionsprozessen und Marktbeziehungen einhergehenden Organisations- und Kommunikationsprobleme in erster Linie mittels Datenverarbeitung oder "Informations- und Kommunikationstechnik" bewältigen zu können. Oftmals wird sogar argumentiert, diese Technik erlaube erst in großem Stil die Verlagerung von Produktionsaufgaben und die Kooperation in verteilten Produktionsnetzen. Am Ende steht dann die Proklamation von "Information als Produktionsfaktor". Dies kommt freilich der Behauptung gleich, der Tee werde vom Umrühren statt vom Zucker süß.

In dieser technikzentrierten Perspektive wird übersehen, daß Daten und Information zwei völlig verschiedene Dinge, daß Verbindungen und Datentransfer noch keine Kommunikation sind. Sie können allenfalls als technisches Medium dienen. Es effizient zu benutzen, setzt freilich voraus, daß sich die Beteiligten zuvor über gemeinsame Ziele, Verfahren und Handlungskontexte durch konventionell vermittelte Kommunikation verständigt haben, aufgrund derer erst Daten und Strukturen Bedeutung gewinnen und technische Mittel hierfür sinnvoll zu gestalten und zu nutzen sind. Die dazu erforderlichen enormen Aufwendungen - ein Teil der Transaktionskosten - werden gemeinhin erheblich unterschätzt und tauchen dann versteckt in den Gemeinkosten unter. Angemessene technische Lösungen setzen vielmehr voraus, daß anstehende Komplexitätsprobleme zuvor durch organisatorisch-strukturelle Erneuerung der Produktion bewältigt wurden.

Die schädlichen Wirkungen dieser fehlgeleiteten Sichtweise sind indessen nicht mehr zu übersehen, obgleich kaum handfeste ökonomische Daten über Aufwand und Nutzen der Informationstechnik verfügbar sind. Gleichwohl gibt es alarmierende Indizien: In den letzten 20 Jahren haben die Betriebe massiv informationstechnisch aufgerüstet, und dennoch stagniert die Wertschöpfung je Beschäftigten in den dienstleistenden im Unterschied zu den produzierenden Bereichen. Gewiß hat dies mehrere Ursachen, ein Großteil dieses Effekts ist aber sicher auf fehlgeleitete Organisationsformen der Arbeit und unangemessene Nutzung der Technik zurückzuführen. Auch die vielfältigen, unter dem Stichwort "Downsizing" subsumierten Anstrengungen zur Umgestaltung der informationstechnischen Infrastruktur verweisen auf ein bestehendes Mißverhältnis von Aufwand und Nutzen.

Die durch Beschaffung von Hard- und Software verursachten Kosten machen zudem etwa nur ein Drittel der Gesamtkosten von Datenverarbeitung aus, die Schulung und Einübung der Benutzer, Betrieb und Pflege der Systeme verschlingen den weitaus größeren Teil. Dabei sind die erheblichen, aber nur schwer einschätzbaren Kosten aufgrund unsicherer Systeme, unzulänglicher Software und unangemessener Nutzungskonzepte nicht einmal mitgerechnet. Nun wäre aber gerade der weitaus größere Teil der IT-Kosten - vorausgesetzt, daß anforderungsgerechte Formen der Organisation und Kooperation, wie oben skizziert, bereits gefunden sind - durch menschengerechte und aufgabenangemessene Gestaltung der informationstechnischen und insbesondere der datenverarbeitenden Systeme in erheblichem Maße zu reduzieren; schnelles Lernen und effizienter Gebrauch der bewußt als Arbeitsmittel gestalteten Systeme würden den Aufwand beträchtlich senken. Dies wirft die Frage nach den Handlungsmöglichkeiten des Menschen und der Funktion von Technik in der Produktion auf. Der sozialverträgliche und zugleich effiziente Umgang mit Technik ist freilich ohne ein adäquates Menschenbild nicht zu gewinnen.

Diesem Menschenbild zufolge ist es ein Kennzeichen menschlicher Arbeit, daß wir als denkende und handelnde Subjekte, von unseren Bedürfnissen angetrieben und körperlich mit entwickelter Sensibilität und Motorik ausgestattet, bewußt und zielgerichtet in die uns umgebende und mit uns gewordene Welt (als einem operational unabhängig gegebenen Milieu) eingreifen. Dabei begegnen wir stets auch unseren Mitmenschen, mit denen wir interagieren und so die gesellschaftlichen Verhältnisse begründen. Durch unser Handeln lösen wir Bewegungen in unserer Umwelt aus und erfahren dabei durch die Sinne die Wirkungen, in denen wir die Bedeutung unseres Tuns wiederfinden. Mittels dieser Erfahrungen, die den bedeutungsvollen Kontext vergangener Handlungen (mit ihren Absichten und Wirkungen) herstellen und die Vorstellungen und Erwartungen für künftiges Handeln liefern, können wir umso gezielter auf unsere Umwelt einwirken. Erst durch besondere Anstrengungen, durch vielfältiges Handeln aufgrund bestimmter Vorstellungen in kontrollierten Situationen (z.B. durch Experimentieren), gelingt es uns kraft unserer Fähigkeit zur Abstraktion, in der Vielfalt das Wiederkehrende und im Besonderen das Allgemeine hervorzuheben. Indem wir in unserer Umwelt wahrgenommene Objekte ergreifen und mit ihnen umgehen, begreifen wir deren Funktion, verstehen wir sie als etwas, mit dem wir zweckmäßig handeln können.

Das derart im Prozeß der Veränderung der Umwelt und in der symbolisch koordinierten Interaktion mit den Mitmenschen gebildete begriffliche Wissen läßt sich dann in Gestalt von Sprache oder von Werkzeugen objektivieren und als solches im Prozeß der

Sozialisation tradieren. Werkzeuge und Maschinen sind mithin "geronnene Erfahrung" und verkörpern objektiviertes Wissen - Wissen, wie sie funktionieren und Wissen, wie sie hergestellt werden, das nur durch praktischen Gebrauch hinreichend reproduziert wird. Mit anderen Worten: sie sind "implementierte Theorie". Dem entspricht auch die Auffassung, daß es das Grundproblem allen Programmierens ist, das Problem (die Arbeitsaufgabe) zu verstehen. Programmieren heißt, ein begriffliches Verständnis des Arbeitshandelns, eine Theorie über den Arbeitsprozeß zu bilden, in dem die Programme benutzt werden ("programming as theory building", Naur 1985; "to program is to understand", Nygaard 1986).

So sind Entwicklung und Einsatz von Technik letztlich das Ergebnis sozialer Bedürfnisse, Beziehungen und Interessen. Diese setzen Bedingungen und Ziele technischer Entwicklungsprozesse. Als Arbeitsmittel stellen Werkzeuge und symbolverarbeitende Maschinen, einmal in die Welt gesetzt, ihrerseits Handlungsforderungen an ihren zweckmäßigen Gebrauch. Sie sind mithin auch Medium und Nachricht. Zugleich bilden sie die Grundlage für neue Handlungen, neue Erfahrungen und künftige Objektivierungen in Gestalt neuer Maschinen. So ist einerseits die Möglichkeit gegeben, Technik in gewissen Grenzen zu gestalten, weil sie das Ergebnis sozialer Beziehungen ist, während andererseits die Notwendigkeit besteht, sie bewußt nach sozialen Kriterien zu entwerfen, weil sie Handlungsanforderungen stellt. Dabei ergeben sich die Gestaltungsspielräume aus den sozialen Kräfteverhältnissen und den Grenzen der Objektivierung von Wissen. Die Gestaltung selbst erfordert, bei der Entwicklung technischer Funktionen und ihrer Realisierung deren künftige, im Gebrauch zu erwartende Handlungsanforderungen zu antizipieren. Mithin darf die Entwicklung technischer Systeme nicht allein als technische Aufgabe mißverstanden, sondern muß als soziale Beziehung begriffen werden, derzufolge die Systementwickler die Bedingungen setzen, unter denen die Benutzer zu handeln haben. Wenn Technik auf diese Weise Handlungsanforderungen und Arbeitsbedingungen setzt, dann muß ihre bewußte Gestaltung wie die anderer Faktoren auch - etwa der Zuschnitt von Arbeitsaufgaben, die Arbeitsorganisation oder die Arbeitsumgebung - als Teil der Arbeitsgestaltung betrachtet werden.

Eine wichtige Konsequenz dieses Verständnisses von Arbeit und Technik ist, daß es immer nur partiell und erst aufgrund besonderer Anstrengungen gelingen kann, das primäre, in der Arbeit gebildete praktische Erfahrungswissen, das Können, das als implizites, unaussprechliches Wissen ("tacit knowledge") allein der Arbeitsperson verfügbar ist, in objektiviertes, theoretisches und sprachlich vermitteltes Wissen zu verwandeln. Daher ist auch eine vollständige Theorie über Arbeitsprozesse prinzipiell nicht zu gewinnen. Hinzu kommt, daß Softwareentwicklung obendrein ein rückbezüglicher Vorgang ist: der Arbeitsprozeß, für den die Software entwickelt wird, ändert sich durch deren Einsatz. Infolgedessen lassen sich prinzipiell weder die funktionalen Anforderungen an ein technisches System im vorhinein vollständig spezifizieren, noch läßt sich dessen Gebrauchstüchtigkeit unabhängig von seinen Benutzern prüfen. Demselben Umstand ist auch (unbeschadet unterschiedlicher Interessen) die subjektive Sicht der Sachverhalte und Dinge geschuldet, die auf der jedem Menschen eigenen individuellen Erfahrung und Lebensgeschichte beruht und gleichen Dingen unterschiedliche Bedeutung verleihen kann. Demzufolge haben Systementwickler und ihre Auftraggeber im Unterschied zu den Benutzern jeweils andere und nicht von Erfahrung geleitete Sichtweisen des Arbeitsprozesses. Diese Sachverhalte sind die eigentliche Wurzel der vielfach beklagten Softwarekrise, die folglich mit Mitteln der Softwaretechnik allein nicht zu bewältigen ist. Sie verdeutlichen auch, warum eine evolutionäre und zugleich partizipative Systementwicklung eine besonders angemessene und realistische Vorgehensweise ist.

Eine weitere wichtige Konsequenz dieses Verständnisses von Arbeit und Technik ist, daß die Systemgestaltung als Teil von Arbeitsgestaltung zu begreifen ist. Dabei kommt es darauf an, die besonderen menschlichen Fähigkeiten, statt sie durch Computerartefakte nachzuahmen und letztlich zu ersetzen zu suchen, mit der Leistung von Maschinen produktiv zu verbinden. Zu den einzigartigen menschlichen Fähigkeiten gehört, wie aus dem skizzierten Menschenbild ersichtlich, ganzheitliche Muster erkennen, deren Ähnlichkeiten und Abweichungen unterscheiden, Veränderungen im Kontext von Handlungen und deren Intention bewerten, aus Erfahrung lernen, mit unvorhergesehenen Ereignissen umgehen und zielgerichtet handeln zu können, auch ohne festgelegten Regeln zu folgen.

Damit sich diese Fähigkeiten erhalten und entwickeln können, müssen Arbeit und Technik, das heißt im einzelnen die Arbeitsorganisation, die Funktionsteilung und die Interaktionsformen zwischen Mensch und Maschine angemessen gestaltet werden. Als Leitlinie sozialverträglicher Gestaltung ergibt sich daraus ferner, daß Inhalte und Bedingungen der Arbeit einen weiten Handlungsspielraum in sachlicher und zeitlicher Hinsicht gewähren müssen, der den arbeitenden Menschen die Initiative, Bewertung und Entscheidung überläßt und planende mit ausführenden Tätigkeiten verbindet. Sie müssen ferner erlauben, die Arbeitsbedingungen und -abläufe individuell zu gestalten, sie müssen Möglichkeiten zu vielfältigen körperlichen Betätigungen und sinnlichen Erfahrungen bieten und direkte soziale Interaktion ermöglichen. Darüber hinaus müssen sie üblichen Kriterien der Ausführbarkeit, Schädigungs- und Beeinträchtigungsfreiheit genügen. Damit Maschinen und insbesondere DV-Systeme als Arbeitsmittel genutzt werden können, müssen deren Funktionen und Interaktionsformen aufgabenangemessen gestaltet werden; ihr Verhalten muß vollständig definiert, erwartungskonform und durchschaubar sein. Für die Interaktion ist besonders wichtig, daß die Benutzer den Zusammenhang zwischen ihren Absichten, ihren Handlungen und den Wirkungen, die sie hervorrufen, erkennen können.

Daraus ergibt sich zunächst als eine zentrale Forderung, datenverarbeitende Systeme als *"Werkzeug"*, als aufgabenangemessenes Arbeitsmittel zu gestalten (Ehn 1988, Brödner 1990). Obgleich dabei weitgehend auf verbreitete softwaretechnische Hilfsmittel und Systemumgebungen zurückgegriffen werden kann, ist es dennoch unvermeidlich, die Systeme - gegebenenfalls auf der Grundlage einer Typisierung oder Generalisierung funktionaler Anforderungen - in ihren Funktionen und Interaktionsformen auf die jeweiligen konkreten Arbeitsaufgaben zuzuschneiden und an Wünsche der Benutzer anzupassen. Diese arbeitsorientierte Systemgestaltung ist auch ein Forschungs- und Entwicklungsschwerpunkt am Institut Arbeit und Technik, in dem exemplarisch für bestimmte Aufgabenklassen Systeme als Arbeitsmittel prototypisch implementiert werden, so etwa ein interaktives System zur Unterstützung des Entwurfs mechanischer Baugruppen oder die explorative Interaktion als besonders effiziente Form der Interaktion am Beispiel eines Systems zur Verwaltung von Werkzeugen in der Werkstatt (Brödner et al. 1992).

Da sich die Kommunikationspartner in der inner- und zwischenbetrieblichen Kooperation großenteils auf gemeinsame Arbeitsgegenstände, Objekte und deren datentechnische Repräsentationen beziehen, liegt die zweite zentrale Forderung nahe, die datenverarbeitenden Systeme bewußt auch als *Medium* für die Kooperationspartner zu gestalten. Dies erfordert eine Reihe zusätzlicher Funktionen und Hilfsmittel, die über Belange der reinen Arbeitsmittelgestaltung hinausführen. Je nachdem, ob die Kooperations- und Kommunikationspartner zur gleichen Zeit am gleichen Ort oder zeitversetzt und an verschiedenen Orten interagieren, ergeben sich unterschiedliche Anforderungen an unterstützende Funktionen, um das DV-System als Medium in der Kooperation zu nutzen. Ihnen wird durch Systeme gerecht zu werden versucht, die von rechnerunterstützter Sitzungsmoderation über elektronischen Nachrichtenaustausch im Rechnernetz, Audio- und Videokonferenzen, Projektmanagement-Software bis hin zu Werkzeugen zur Dokumenterstellung durch verschiedene Autoren reichen. Sie werden im Forschungsfeld des Computer-Supported Cooperative Work (CSCW, Friedrich und Rödiger 1991) näher untersucht und unter dem Stichwort Groupware subsumiert (Lewe und Kremar 1991). Wichtig ist, daß die dafür benötigte Software auf der Grundlage von Normen und industriellen Quasi-Standards (beispielsweise MAP, STEPS, SQL, X-11 u. dgl.) entwickelt wird, um Kompatibilitäts- und Portabilitätsprobleme zu verringern.

Als dritte zentrale Forderung ergibt sich schließlich, daß die Kooperationspartner das gemeinsam genutzte *Datenmodell* auszuhandeln haben. Es betrifft die der Kooperation und Kommunikation zugrundeliegenden Objekte, ihre Benennungen und datentechnischen Repräsentationen, die es einheitlich festzulegen gilt. Da das Datenmodell, auf das die Kooperationspartner immer wieder zurückgreifen, einerseits den harten Kern des gemeinsam als Medium genutzten DV-Systems bildet und die wesentliche Integrationsleistung darstellt, andererseits das wichtigste Bindeglied zur Organisation des Produktionsprozesses ist, soll es abschließend etwas genauer betrachtet werden.

Daten sind (nach DIN 44 300) Zeichen, die aufgrund bekannter oder unterstellter Abmachungen Information darstellen. Und Information ist jeder Unterschied, der etwas ausmacht - was er ausmacht, welche Bedeutung oder welchen Sinn er trägt, ergibt sich allein aus dem Handlungszusammenhang (hier der Geschäftsvorgänge). Diese beiden Sätze haben es in sich. Sie verweisen zunächst einmal darauf, daß Daten und Information zwei fundamental verschiedene Dinge sind. Daten sind keine Information, sie stellen Information dar. Zweitens wird deutlich, daß Information nichts absolut Gegebenes ist, sondern immer nur im Zusammenhang mit Zielen und Absichten, Vorstellungen oder Erwartungen von Handlungen (beispielsweise aufgrund von Erfahrungen oder einer Theorie) entstehen kann. Diese erst verleihen den Unterschieden Bedeutung - Unterschieden in Farbe, Form, Geräusch oder Geruch, in räumlichen Anordnungen, in zeitlichen Abfolgen oder in Systemzuständen. So kann derselbe Unterschied, repräsentiert durch dasselbe Datum, etwa eine Auftragsnummer in einer Liste, in verschiedenen Handlungskontexten ganz unterschiedliche Bedeutung haben: einmal, in einer Liste erledigter Aufträge, wird es vielleicht abgelegt, ohne Weiteres zu bewirken, ein andermal, in einer Liste verspäteter Aufträge, wird es besondere Aktivitäten auslösen. Drittens schließlich verweisen diese Sätze auf die Notwendigkeit, daß die an Arbeitsprozessen beteiligten Menschen gemeinsame Handlungsziele, Ansichten und Interpretationsmuster entwickeln, um Daten überhaupt deuten, die Information, die sie tragen, verstehen zu können. Somit handelt es sich hier keineswegs um einen bloßen Streit um Worte, sondern um Unterscheidungen von höchster praktischer Bedeutung für das Betriebsgeschehen.

Sie machen deutlich, daß die Einführung von DV-Systemen wenig zur Steigerung der Effizienz der Produktion beiträgt, solange nicht die organisatorischen Voraussetzungen geklärt, also die Strukturen und Abläufe der Produktion überprüft und angemessen gestaltet sind. Daten werden zu Trägern von Information und als solche interpretierbar erst dadurch, daß den Beteiligten klar ist, unter welchen organisatorischen Bedingungen sie entstehen oder wie sie erhoben und wozu sie gebraucht und verarbeitet werden. Folglich ist zuerst danach zu fragen, welche Aufgaben bestehen, um die Produktionsziele zu erreichen, mit welchen Methoden und Mitteln diese Aufgaben zu lösen sind. Erst daraus läßt sich - auf dem Wege schrittweiser Verfeinerung von Funktionen - herleiten, wer welche Daten in welcher Form benötigt, um auf für das Geschäft wichtige Unterschiede aufmerksam zu werden, um anstehende Aufgaben im organisatorischen Gesamtrahmen schnell, sicher und gut erledigen, um Entscheidungen angemessen treffen zu können. In Anbetracht krebsartig wuchernder Datenbestände und rasch anwachsender Kosten für die Pflege der DV-Systeme muß dabei das Gebot strengster Sparsamkeit gelten.

Wesentlich ist dabei, daß die in den verschiedenen Bereichen des Unternehmens anfallenden und verarbeiteten Daten entsprechend den realen Gegebenheiten der Produktion als Datenklassen (z.B. Kunde, Auftrag, Baugruppe, Arbeitsplan, etc.) genau definiert sind und miteinander in Beziehung gesetzt werden. Nur so kann sichergestellt werden, daß alle Beteiligten sie auch einheitlich interpretieren und verstehen. Insbesondere müssen Beziehungen zwischen den operativen Daten der Auftragsabwicklung, den geometrisch und technologisch orientierten Daten der Produktbeschreibung (Produktmodelle) und den wertorientierten Daten der Kostenrechnung und Finanzbuchhaltung hergestellt und entsprechende funktionale Übergänge geschaffen werden. Hierfür stehen erprobte Hilfsmittel (beispielsweise Entity-Relationship-Diagramme) zur Verfügung. In diesem Zusammenhang ist auch zu überlegen, wie aus der Fülle dieser Einzeldaten aussagekräftige Indikatoren und Betriebskennzahlen gebildet werden können, aufgrund derer kurzfristig steuernd oder längerfristig planend in die Produktion eingegriffen werden kann.

Wenn Produktionsprozesse marktorientiert, effizient und menschengerecht gestaltet werden sollen, genügt es infolgedessen nicht, DV-Systeme lediglich miteinander zu verbinden, so daß Daten hin und her übertragen und andernorts weiterverarbeitet werden können. Diese auf Datenaustausch verengte Sichtweise der Integration verstellt den Blick dafür, daß zunächst sinnvollen Produktionsaufgaben entsprechend Funktionen zusammengeführt und so organisatorisch integriert werden müssen, bevor Daten angemessen definiert und aufeinander bezogen werden können. Welche Daten für welchen

Zweck bedeutsam sind, wie sie zu erheben und aufzuarbeiten sind, damit Aufgaben der Produktion zielgerichtet erledigt werden können, ergibt sich erst daraus, wie Aufbau- und Ablauforganisation festgelegt werden. Erst durch derartiges zielgerichtetes Handeln entsteht aus Daten Information. Zielgerichtetes Handeln in der Produktion, beispielsweise das termingerechte Steuern eines Auftrags durch die Fertigung, wird dabei als Aufgabe bezeichnet. Unter Funktion wird dann jede Transformation von Daten in Daten verstanden, beispielsweise das Erstellen eines Belegungsplans aus Termin-, Arbeitsplan- und Kapazitätsdaten (gleichgültig, ob manuell oder automatisch ausgeführt). Die dabei anfallenden Daten (genauer: die definierten Datenklassen) und ihre Beziehungen untereinander bilden schließlich das Datenmodell der Produktion.

Aus diesen Überlegungen ergeben sich zwei wichtige Konsequenzen für Gestaltung und Einführung datenverarbeitender Systeme in der Produktion:

1. Vor der Einführung von integrierten DV-Systemen muß ein logisch einheitliches Datenmodell für den gesamten Produktionsprozeß vereinbart werden.

2. Dieses Datenmodell kann sinnvoll nur im Zusammenhang mit der Organisation der Produktion, mit der notwendigen Gestaltung oder organisatorischen Integration von Arbeitsaufgaben und -abläufen erarbeitet werden.

Das so gewonnene, den ganzen Produktionsprozeß umspannende Datenmodell ist Grundlage des logischen Entwurfs der Datenbasis. Sie soll ihrerseits einen aufgabenangemessenen Gebrauch des Datenmodells (oder seiner Teile) ermöglichen. Dazu ist es erforderlich, den organisatorisch integrierten Aufgabenzuschnitten entsprechende Funktionen zu Prozeßmodellen zusammenzuführen (die gelegentlich auch Prozeßketten genannt werden). Auf diesen Prozeßmodellen fußend lassen sich für die verschiedenen Sachbearbeiter angemessene Benutzersichten auf Ausschnitte des Datenmodells festlegen. Im Zusammenhang damit sind dann auch die notwendigen Zugriffs- und Freigaberoutinen zu bestimmen und Änderungsdienste zu regeln.

5. Schlußbemerkungen

Diese Ausführungen machen deutlich, daß der Erhalt oder die Rückgewinnung der Wettbewerbsfähigkeit nur gelingen kann, wenn die Produktionssysteme grundlegend strukturell erneuert werden. Dabei müssen die verschiedenen Teilkonzepte und Maßnahmen der Organisations- und Personalentwicklung, des Technikeinsatzes und der Führung aufeinander abgestimmt und zu einem kohärenten Ganzen gestaltet werden. Das Warten auf technische Mittel oder einzelne Methoden, die als Wunderwaffe zur Überwindung der Produktivitätskrise eingesetzt werden könnten, erscheint daher vergeblich.

Insbesondere ist auch die Informationstechnik keineswegs die Lösung, sondern Teil des Problems. Erst wenn die notwendige strukturelle Erneuerung konzipiert ist, können daraus konkrete Anforderungen gewonnen werden, um datenverarbeitende Systeme menschengerecht und aufgabenangemessen als Arbeitsmittel und Medium zu gestalten und auf diesem Weg die informationstechnische Infrastruktur wirksam zu nutzen.

In der europäischen Automobilindustrie, im Maschinenbau wie in der Elektroindustrie finden sich vereinzelt durchaus schon wegweisende Beispiele für die neuen Formen der Organisationsentwicklung und Arbeitsgestaltung, die als Einstieg in die schlanke Produktion oder besser: in die menschenzentrierte Erneuerung der Fabrik gelten können. Diese Beispiele sind freilich, soweit sie bekannt wurden, quantitativ bei weitem nicht zahlreich und qualitativ nicht weitreichend genug, um den notwendigen Wandel als Ausweg aus der Produktivitätskrise herbeizuführen. Dabei sind die eingetretenen Wirkungen hinsichtlich der Qualität der Arbeit und der ökonomischen Effizienz der Produktion durchaus vielversprechend und ermutigend. Dementsprechend groß und dringend ist auf allen Ebenen und bei allen beteiligten Akteuren der Handlungsbedarf für den erforderlichen Kraftakt einer durchgreifenden Erneuerung der Produktion.

Literaturverzeichnis

Altmann, N.; Deiß, M.; Döhl, V.; Sauer, D.
Ein "Neuer Rationalisierungstyp" - Neue Anforderungen an die Industriesoziologie, Soziale Welt 37/1986, S. 187-207.

Brödner, P.
Computersysteme - Ersatz oder Hilfsmittel des Menschen in der Produktion,
IAT discussion paper. Gelsenkirchen, 1990.

Brödner, P.; Pekruhl, U.
Rückkehr der Arbeit in die Fabrik. Wettbewerbsfähigkeit durch menschenzentrierte Erneuerung kundenorientierter Produktion. Gelsenkirchen, 1991.

Brödner, P.; Schultetus, W.
Erfolgsfaktoren des japanischen Werkzeugmaschinenbaus. Eschborn, 1992.

Brödner, P.; Hamburg, I.; Paul, H.
Arbeitsorientierte Gestaltung von DV-Systemen für Ingenieure, in: Görke,
W.; Rininsland, H.; Syrbe, M. (Hg.): Information als Produktionsfaktor,
22. GI-Jahrestagung. Berlin/Heidelberg/New York, 1992.

Bundesmann-Jansen, J.; Pekruhl, U.
Der Medienkonzern Bertelsmann. Neues Management und gewerkschaftli-
che Betriebspolitik. Köln, 1992.

Cusumano, M.A.
Manufacturing Innovation: Lessons from the Japanese Auto Industry, Sloan
Management Review 34, No. 20. 1988, 29-39.

DIN 44 300
Informationsverarbeitung. Begriffe, Berlin: Beuth.

Ehn, P.
Work Oriented Design of Computer Artifacts, Stockholm: Arbetslivs-
centrum, 1988.

Friedrich, J.; Rödiger, K.-H. (Hg.)
Computergestützte Gruppenarbeit (CSCW). Stuttgart, 1991.

Hilbert, J.; Kleinaltenkamp, M.; Nordhause-Janz, J.; Widmaier, B. (Hg.)
Neue Kooperationsformen in der Wirtschaft. Können Konkurrenten Partner
werden? Opladen, 1991.

Hildebrandt, E.; Seltz, R.
Wandel betrieblicher Sozialverfassung durch systemische Kontrolle? - Die
Einführung computergestützter Produktionsplanungs- und -steuerungssy-
steme im bundesdeutschen Maschinenbau. Berlin, 1989.

Hirsch-Kreinsen, H.; Schultz-Wild, R.; Köhler, Ch.; Behr, M.v.
Einstieg in die rechnerintegrierte Produktion - Alternative Entwicklungspfade der Industriearbeit im Maschinenbau. Frankfurt/München, 1990.

Jürgens, U.; Malsch, T.; Dohse, K.
Moderne Zeiten in der Automobilfabrik. Berlin/Heidelberg/New York, 1989.

Lewe, H.; Krcmar, H.
Groupware, Informatik-Spektrum 14/1991, 345-348.

Naur, P.
Programming as Theory Building, Microprocessing and Microprogramming 15/1985, 253-261.

Nygaard, K.
Program Development as a Social Activity, in: Kugler, H.-J. (Hg.): Information Processing. Amsterdam, 1986.

Ortmann, G.
Management und Betriebsrat: Mikropolitik bei der Einführung von EDV-Systemen, in: Ortmann, G./Windeler, A. (Hg.): Umkämpftes Terrain. Managementperspektiven und Betriebsratspolitik bei der Einführung von Computersystemen. Opladen, 1989.

Rehfeld, D.
Beziehungen zwischen Branche, Konzern und Region in der Automobilindustrie, Discussion Paper IAT - PS 05. Gelsenkirchen, 1991.

Sauer, D.; Altmann, N.
Zwischenbetriebliche Arbeitsteilung als Thema der Industriesoziologie, in: Altmann, N.; Sauer, D. (Hg.): Systemische Rationalisierung und Zulieferindustrie. Frankfurt/New York, 1989.

Weltz, F.; Lullies, V.
Die Einführung der Textverarbeitung und ihr Stellenwert in der Verwaltungsrationalisierung in: Schmidt, G.; Braczyk, H.-J.; v. d. Knesebeck, J.-H. (Hg.): Materialien zur Industriesoziologie. Opladen, 1982.

Womack, J.P.; Jones, D.T.; Roos, D.
The Machine that Changed the World. New York, 1990.

Was erwarten wir von der Telekommunikation?

Eberhard Witte
Institut für Organisation der Universität München

Telekommunikation bedeutet technisch unterstützte Fernkommunikation. Es geht nicht um den Ersatz unmittelbarer menschlicher Kommunikationsbeziehungen durch eine automatisch funktionierende Technik. Vielmehr erlaubt die Telekommunikation eine Verständigung zwischen Kommunikationspartnern, die weit voneinander entfernt sind oder zeitlich versetzt miteinander kommunizieren wollen.

In den traditionellen Systemen der staatlichen Fernmeldeverwaltung, in denen die Post, das Telefon und der Telegraph unter der Kurzbezeichnung PTT miteinander verbunden waren, bestimmte eine zentrale Instanz, welche Kommunikationsmöglichkeiten dem Bürger und der Wirtschaft angeboten werden. Da die staatliche Fürsorge sich auf eine Gleichbehandlung aller Teilnehmer, auf die flächendeckende Versorgung und die Tarifeinheit im Raum richtete, standen die sogenannten Universaldienste im Vordergrund. Sonderwünsche hatten in diesem System keinen Platz. Wo sie existierten und dringend waren, wurden sie in privaten Nebenstellenanlagen (PABX), also nicht von der staatlichen Netzverwaltung erfüllt.

Soweit neue Techniken der Netzkonfiguration (Satelliten, Glasfaserstrecken), neue Dienstleistungen (Text- und Datenkommunikation, Informationsabruf und Informationsspeicherung) und neue Endgeräte (Telefax, Personal Computer) zur Diskussion gestellt wurden, entschied die hoheitliche Fernmeldeverwaltung (in den meisten Ländern ein Postministerium), was dem Bürger guttut und welche Kommunikationsformen er benutzen darf. Die Kommunikationsmöglichkeiten wurden als Infrastrukturangebot des Staates für den Bürger verstanden, ähnlich wie das Angebot öffentlicher Schulen, der staatliche Theaterbetrieb und das soziale Fürsorgesystem.

Bei einer derartigen Steuerung des Kommunikationssystems "von oben nach unten" konnte es nicht ausbleiben, daß einige der angebotenen Dienste vom Bürger nicht angenommen, also ein wirtschaftlicher Mißerfolg wurden. Die damit verbundenen Kosten wurden von der Fernmeldeverwaltung auf die Universaldienste umgelegt und in deren Preis abgedeckt (Quersubventionierung).

Mit dem Beginn der Deregulierung monopolistischer Kommunikationssysteme in den USA im Jahr 1982 und den daran anschließenden Liberalisierungsmaßnahmen in Großbritannien und Japan hat sich die Steuerung des Entwicklungstrends vom Staat auf den Benutzer, d.h. auf den Bürger und die Wirtschaft verlagert. In Deutschland begann diese Entwicklung mit der Poststrukturreform des Jahres 1989. Das von der Bundesregierung verkündete Ziel lautet: In Zukunft soll Wettbewerb die Regel und das Monopol die zu begründende Ausnahme sein. Von der Nachfrage her soll bestimmt werden, welche Dienstleistungen verlangt werden, welche Endgeräte dazu erwünscht sind und welche Netzkonfiguration dem Benutzer dient. Von nun ab ist es nicht mehr nötig zu fragen, was der Bürger darf, sondern was er von der Telekommunikation erwartet. Damit ist das Thema dieses Kongreßabschnittes begründet.

1. Telekommunikation

Die Telekommunikation bezieht sich auf zwei verschiedene Anwendungsgebiete: die Individualkommunikation und die Massenkommunikation. Innerhalb der Individualkommunikation geht es um die Punkt-zu-Punkt-Verbindung zwischen zwei Kommunikationspartnern (bzw. den Teilnehmern an einer Fernkonferenz). Markante Beispiele der Individualkommunikation sind das Telefon, Telex, Telefax, Datex, die Videokonferenz und in Zukunft vielleicht das Bildtelefon. Im Bereich der Massenkommunikation handelt es sich um den Hörfunk und das Fernsehen. Während die Individualkommunikation eine Vermittlung zwischen den Kommunikationspartnern herstellt, besteht die Massenkommunikation aus der Verteilung von Kommunikationsinhalten in Kanälen, die der Teilnehmer wahlweise ein- und ausschaltet. Zwischen diesen beiden Formen der Kommunikation steht der Informationsabruf (Bildschirmtext, Videotext, Datenbankdienste). Hier kommuniziert der Teilnehmer mit einem Informationsspeicher, aus dem er das Gewünschte abruft. In weiterentwickelten Systemen kann der Teilnehmer auch Informationen in den Speicher eingeben.

Diese neueren Dienste werden durch die Digitalisierung der Telekommunikation begünstigt und zum Teil erst ermöglicht. Die Sprach-, Text-, Daten- und Bildsignale werden in Daten umgeformt und nicht mehr analog entsprechend der akustischen Schwingungen übertragen. Damit wird das System wesentlich schneller und wirtschaftlicher. Neue Nutzungsformen können entwickelt werden, die in den traditionellen Netzen nicht möglich waren. An die Stelle der Einheitsversorgung und der flächendeckenden Universaldienste treten spezifische Kundenbedürfnisse, die differenziert und nach Preisen gestaf-

felt auf dem Markt angeboten werden. Auch die Verbindung mehrerer Kommunikationsformen (sogenannte Multimediadienste), d.h. die Integration von Sprache und Daten
bzw. von Sprache und Bewegtbild wird fortschreitend entwickelt.

Ein weiterer Trend besteht in Richtung Mobilkommunikation. Der Teilnehmer ist nicht
mehr gezwungen, von einem ortsfesten Endgerät her zu kommunizieren oder nur dort
erreichbar zu sein. Mobile Endgeräte und ein entsprechend intelligentes Netz finden die
Kommunikationspartner im ganzen Land und neuerdings (nach dem sogenannten GSM-
Standard) in ganz Europa.

2. Telekommunikationsmärkte

Während man früher vom Versorgungsgebiet sprach, ist in den entwickelten Industriestaaten heute vom Telekommunikationsmarkt oder besser von den Telekommunikations-
märkten die Rede. Diese sind dadurch gekennzeichnet, daß es mehrere Anbieter für jede
Leistung gibt und daß die Vielzahl der Nachfrager darüber bestimmt, welches Angebot
erfolgreich ist, welche Qualität sich durchsetzt und welcher Preis gehalten werden kann.

Am stärksten ist die Entwicklung zu Wettbewerbsmärkten auf dem Gebiet der Endgeräte
zu beobachten. Diese sind in den USA, in Japan und in allen Ländern der Europäischen
Gemeinschaft inzwischen aus der staatlichen Regulierung entlassen. Jedermann darf Te-
lefonapparate, Telefaxgeräte, Endgeräte der Text- und Datenkommunikation und natürlich auch Hörfunk- und Fernsehgeräte unterschiedlichster Qualität und Preisgestaltung
anbieten. Lediglich eine technische Zulassung ist nötig. Sie stellt sicher, daß das Gerät
keinen anderen Teilnehmer an der Kommunikation hindert (no harm to the network).
Jede weitere staatliche Regulierung ist auf dem Gebiet der Endgeräte ausgeschlossen.

Im Bereich der Dienstleistungen ist der Wettbewerb noch nicht so weit vorangeschritten.
Zwar sind in den meisten Ländern (auch in Deutschland) alle Text- und Datendienste,
der Datenabruf und alle Dienste der Kombination von Telekommunikation und Datenverarbeitung dem freien Markt geöffnet worden. Jedoch ist der wichtigste und
wirtschaftlich bedeutendste Dienst, der Telefondienst, noch weitgehend dem (staatlichen) Monopol vorbehalten. In Japan ist auch dieses Monopol beseitigt worden. In Eng-
land sind wenigstens zwei Telefongesellschaften (also ein Duopol) zugelassen worden,
und in den USA beschränkt sich das Telefondienstmonopol auf den Orts- und Nahverkehr, während der Weitverkehr einem um so heftigeren Wettbewerb geöffnet wurde.

In Deutschland besteht das Telefondienstmonopol auch nach der Postreform von 1989 weiter, jedoch ist es durch sogenannten Randwettbewerb entschärft worden. Dieser eingeschränkte Wettbewerb bezieht sich auf den Mobilfunk, die Satellitenkommunikation, den Bündelfunk (für Taxis, Ambulanzen und örtliche Versorgungsfahrzeuge) und neuerdings auf den Telefonverkehr zwischen Unternehmungen, die miteinander in engen wirtschaftlichen Beziehungen stehen (Corporate Networks). Der Entwicklungstrend weist in den Staaten der Europäischen Gemeinschaft in Richtung auf eine weitere Öffnung des Wettbewerbs auch im Telefondienst. Dies bedeutet für den Teilnehmer, daß er zwischen dem Angebot verschiedener Telefongesellschaften wählen kann. Damit werden die Preise gedrückt und die Qualität dem Bedarf des Nachfragers angepaßt.

Ein letzter Monopolvorbehalt bezieht sich auf das Telekommunikationsnetz, und zwar sowohl für die Individualkommunikation als auch für die Massenkommunikation. Während in den USA, Japan, Großbritannien, Australien, Neuseeland und mehreren lateinamerikanischen Ländern das Netzmonopol völlig entfallen ist bzw. Lizenzen für Netzbetreiber ausgegeben wurden, verfügt die DBP TELEKOM nach wie vor über das alleinige Recht, Übertragungswege der Telekommunikation errichten zu dürfen. Zwar sind auch hier bereits Ausnahmen zugelassen worden (traditionell für die Bundesbahn und für die Energieversorgungsunternehmen sowie neuerdings Richtfunkstrecken für Mobilfunkbetreiber), aber die Infrastruktur der Kommunikation wird grundsätzlich noch als Recht und Pflicht des Staates angesehen. Bereits heute kann allerdings vorausgesagt werden, daß moderne Techniken der Funkkommunikation (schnurloses Telefon, Personal Communication Network) und erdnah stationierte Satelliten neue Kommunikationsverbindungen öffnen, die von staatlichen Monopolen nicht kontrolliert werden können. Es ist also zu erwarten, daß die Telekommunikation, die ursprünglich - nicht zuletzt wegen ihrer militärischen Bedeutung - als Vorbehaltsrecht des Staates oder zumindest einer staatlich kontrollierten Monopolverwaltung gegolten hat, mehr und mehr dem Wettbewerb überantwortet wird.

Die Europäische Gemeinschaft hat in ihrem Grünbuch und verschiedenen Richtlinien bereits festgelegt, daß alle Diensteanbieter den offenen Zugang zum Telekommunikationsnetz verlangen können (Open Network Provision), daß die Einspeisung von Kommunikationsinhalten in die ehemals staatliche Infrastruktur sicherzustellen ist (Interconnection) und daß kein Netzbetreiber die alleinige Funktion des Diensteanbieters ausüben darf. Vielfältige Dienstleistungen sind auf denselben Übertragungswegen durch sogenannte Service Provider sicherzustellen.

Das Gesamtsystem wird also in Zukunft durch Unterschiedlichkeit des Leistungsangebots, durch Differenzierung von Qualität und Preisen und durch Ausrichtung auf die spezifischen Bedürfnisse von Kundengruppen zugeschnitten sein. Der ehemalige Monopolist hat in diesem System allerdings nach wie vor eine starke Stellung. Er wird als beherrschender Netzbetreiber (dominant carrier) durch die staatliche Regulierung kontrolliert, bis sich schließlich ein hinreichend vitaler Wettbewerb entwickelt hat.

3. Entwicklungstrend

Da die Zukunft der Telekommunikation von der Nachfrage bestimmt werden wird, richtet sich der Entwicklungstrend nach den Nutzungswünschen der Teilnehmer. Da diese aber über technische Innovationen, wirtschaftliche Möglichkeiten und Nutzungsvorteile neuer Dienste nicht informiert sind, können sie dem System keine zukunftsweisenden Impulse geben. Es ist deshalb, wie auch auf anderen Märkten, ein komplizierter Prozeß der zögernden Nachfrage, deren Verstärkung durch ein antwortendes Angebot und eine im Regelkreis fortschreitende Entwicklung zu durchschreiten. Dies hat den Vorteil, daß die erheblichen Investitionen für neue Infrastrukturen und Dienstleistungen erst dann veranlaßt werden, wenn ein Testangebot auf Nachfrage stößt. Dadurch kommt es zu Innovationsschüben wie in jüngster Zeit beim Telefaxdienst, während andere Dienste, wie Teletex und Bildschirmtext, nicht in der Lage waren, die Nachfrage hinreichend zu wecken. Jedenfalls wird durch diese Kundenorientierung und die daraus abgeleitete Marktstrategie eine früher unvermeidliche Fehlinvestition großen Stiles vermieden. Durch die Vielfalt der Wettbewerber kommt es andererseits zu einer Fülle von versuchten Innovationen, so daß der Kunde ständig umworben wird und durch neue Angebote angeregt wird, seine Nachfrage zu überprüfen und weiterzuentwickeln.

Fragt man sich, wohin diese Entwicklung führt, so wird bereits heute deutlich, daß die ursprünglich vorherrschende Sprachkommunikation, die heute noch über 85 % des Gesamtumsatzes der Telekommunikationsunternehmen ausmacht, langsam in ihrer relativen Bedeutung (bei weiterem absolutem Wachstum) gegenüber anderen Kommunikationsformen zurückgehen wird. Dagegen steigt die Datenkommunikation ständig an, und zwar nicht nur im gewerblichen Verkehr, sondern auch in der Kommunikation des privaten Bürgers.

In der Wirtschaft hat bereits eine Substitution des Schriftverkehrs durch die Datenkommunikation stattgefunden. Bestellungen, Lieferscheine, Rechnungen, Zahlungen werden heute weitgehend nicht mehr über schriftliche Belege, sondern mit Hilfe der Telekommunikation abgewickelt. In dieser Hinsicht steigen die Bedürfnisse der Wirtschaft, es werden fortschreitend Übertragungswege mit höheren Bitraten nachgefragt. Eine Nebenwirkung dieser Entwicklung besteht darin, daß schnelle Datenkanäle auch in der Lage sind, Bewegtbilder zu übertragen, so daß - jedenfalls für den gewerblichen Sektor - das Bildtelefon, das bereits seit Jahrzehnten erfunden, aber bisher noch nicht wirtschaftlich einsetzbar war, in den Bereich der erfolgversprechenden Dienste aufrücken kann.

Im privaten Sektor ist neben dem traditionellen Telefon und dem stürmisch voranschreitenden Telefaxdienst der vernetzte Personal Computer (PC) als das digitale Kommunikationsgerät der Zukunft anzusehen. Sofern es nicht lediglich als Stand-alone-Rechner verstanden wird, sondern Zugang zum öffentlichen Telekommunikationsnetz findet, erhält auch die häusliche Welt alle Chancen des Datenverkehrs. Hier allerdings werden die Bitraten, d.h. die Ansprüche an den Übertragungsweg noch nicht so schnell steigen, daß das Bildtelefon auch in die Privatwohnung Eingang findet.

Der wichtigste Trend, der durch die Wettbewerbsstrukturen ausgelöst wird, besteht in der Senkung von Telefontarifen und anderen Preisen der Kommunikation. Die ehemaligen Monopole der Fernmeldeverwaltungen hatten sich an überhöhte Preise, eine unbegründete Preisstruktur (insbesondere teure Weitverkehrstarife) gewöhnt, weil sie nicht unter Wettbewerbsdruck standen. Heute werden sie zu Rationalisierungen gezwungen, weil die Wettbewerber zu wesentlich günstigeren Tarifen anbieten können. Der Teilnehmer fragt nur diejenigen Dienstleistungen der Telekommunikation nach, die seinen Qualitätsansprüchen entgegenkommen, und er wählt denjenigen Anbieter aus, der ihm diese Leistung zum niedrigsten Preis anbietet.

Als Ergebnis stellt sich eine neue Telekommunikationsordnung ein, die durch differenzierte Dienstleistungen, durch abgestufte Qualitäten und Preise entsprechend der Nachfragestruktur und durch eine hohe Innovationsgeschwindigkeit gekennzeichnet ist.

Dadurch werden Kommunikationsformen möglich, die bisher wirtschaftlich nicht tragbar waren. Die Tendenz ist vor allem durch Mobilität und Dezentralisierung gekennzeichnet. Die Mobilität kommt darin zum Ausdruck, daß der Kommunikationspartner nicht mehr durch eine Teilnehmernummer gekennzeichnet ist, die sich auf einen stationären Anschluß bezieht. Vielmehr wird jede Person (und nicht mehr die ganze Familie oder ein ganzer Betrieb) über eine Teilnehmerkennziffer erreicht, die unabhängig von dem Aufenthaltsort des Teilnehmers ist. Dieser verfügt über eine Chipkarte, die er in ein beliebiges Endgerät einführen kann, so daß das System weiß, wo er sich zur Zeit aufhält. Er hat von diesem Platz aus freien Zugriff auf das gesamte System und kann von jedermann dort erreicht werden.

Da die Telekommunikationssysteme der Zukunft von jedem (auch wechselnden) Ort genutzt werden können, bieten sich neue Organisationsformen der Dezentralisierung an. Unter dem Stichwort der Telearbeit können Leistungsbeiträge, sofern sie nicht aus körperlicher Arbeit, sondern aus Informationsbeiträgen bestehen, auch aus großer Entfernung beigesteuert werden, und zwar nicht nur in einer Richtung, sondern auch im Dialog. Informationsspeicher erlauben überdies zeitversetzte Kommunikation.

Ein markanter Anwendungsfall der neuen Systeme bietet sich durch die Dislozierung von Bundesministerien in Berlin und Bonn dar. In Zukunft wird es möglich sein, in den beiden Städten räumlich getrennt zu arbeiten und dennoch über alle Informationen und Dialogmöglichkeiten zu verfügen, die heute nur in Bonn existieren. Allerdings ist damit ein gewisser Zwang verbunden, die modernen Kommunikationstechniken auch wirklich zu benutzen, was in der herkömmlichen Verwaltungspraxis heute nur eingeschränkt stattfindet. Aber auch hier gilt der Satz, daß das System von der Nachfrage her gesteuert wird. Wenn sich der Teilnehmer gegen bestimmte Formen der Telekommunikation wehrt, dann werden diese nicht dauerhaft angeboten werden können. Sowohl in der Welt der Arbeit als auch in der Privatsphäre und schließlich im kulturellen Leben der Gesellschaft wird genau dasjenige Kommunikationssystem entstehen, das die Menschen sich wünschen und wofür sie bereit sind, ihr Geld, also den Lohn ihrer Arbeit, herzugeben. Insofern kann für die Visionen des Technikers, die Kalkulationen des Wirtschaftlers und die Konzepte des Politikers nur die Frage gestellt werden: Was erwarten wir, d.h. der private Bürger, der arbeitende Mensch, der wirtschaftende Betrieb und die öffentliche Verwaltung von der Telekommunikation?

Im Rahmen dieser Sektionsveranstaltung hält der französische **Senator Pierre Laffitte** den ersten Vortrag. Er hat als Präsident der Stiftung Sophia Antipolis in Südfrankreich einen Industriepark gegründet, der sich in besonderer Weise den zukünftigen Problemen der Telekommunikation und der Informationsgesellschaft widmet. Das Referat behandelt die Telearbeit als Chance zur europäischen Zusammenarbeit.

Der zweite Redner ist **Professor Eli Noam** von der Business School der Columbia Universität, New York. Er ist durch vielbeachtete wissenschaftliche Veröffentlichungen zur Telekommunikation und zur Deregulierung der Telekommunikationsmärkte hervorgetreten. Darüber hinaus hat er praktische Erfahrungen mit der Regulierungspolitik durch seine Tätigkeit als Mitglied der Public Service Commission des Staates New York gewonnen.

Die Bedeutung internationaler Trends in der Telekommunikation und Regulierung von Märkten für bestimmte Nutzergruppen wird im Anschluß an die beiden Eröffnungsvorträge in kritischen Dialogen zur Diskussion gestellt.

Telearbeit und europäische Zusammenarbeit

Pierre Laffitte
Stiftung Sophia Antipolis, Valbonne

Telearbeit bedeutet Fernarbeit in dem Sinne, daß die Teilnehmer an einem gemeinsamen Leistungsprozeß räumlich voneinander entfernt sind. Damit knüpft diese Art der modernen Tätigkeit an historische Formen der Heimarbeit an. Das verbindende Element der räumlichen Arbeitsteilung ist in der Telekommunikation zu erkennen. Der französische Senat hat sich den aktuellen Problemen und den Zukunftsaussichten der Telearbeit insbesondere hinsichtlich der internationalen Kooperation gewidmet. Die Sache hat mehrere Seiten: Man kann die Telearbeit als eine Chance zur Rationalisierung und zur Arbeitsteilung verstehen. Man kann sie jedoch auch als eine Gefährdung von Arbeitsplätzen interpretieren. Deshalb ist eine sorgfältige Beschäftigung mit diesem Problem notwendig.

Schon seit langer Zeit spricht man von der Telearbeit zu Hause oder in räumlich dezentralisierten Abteilungen eines großen Unternehmens. Die körperliche Anwesenheit des Mitarbeiters ist nicht mehr notwendig, soweit es sich um eine informationsbezogene Arbeit und nicht um eine körperliche Arbeit handelt. Von welchem entfernten Ort der Arbeitsbeitrag erbracht wird, ist unwichtig geworden. Deshalb spricht man von "elektronischen Nomaden".

In einer Konferenz, die Ende 1992 in Sophia Antipolis mit Unterstützung von France Telecom, der Region Provence à Côte d'Azur und der Europäischen Kommission stattgefunden hat, wurden zwölf verschiedene Arten der Telearbeit identifiziert, die bereits jetzt in Europa praktiziert werden. Es kommen ständig neue Formen der räumlichen Arbeitsteilung hinzu. Es handelt sich um einen sehr innovativen Bereich der Arbeitswelt. Dabei ist besonders wichtig, daß auch kleine und mittlere Unternehmen durch die Telearbeit miteinander vernetzt werden und international tätig werden. Durch die Nähe zum Kunden werden Marktnischen schnell entdeckt und zufriedengestellt.

Natürlich gibt es verschiedene Faktoren, die sich einer weiteren und schnellen Verbreitung der Telearbeit entgegenstellen. Die wichtigste und größte Hürde ist die Macht der Gewohnheit, die Tradition. Die eingeübten Verhaltensweisen der betrieblichen Tätigkeit, der unmittelbaren menschlichen Zusammenarbeit und der anschaulichen Mitwirkung am gemeinsamen Werk stehen den abstrakteren Formen der Fernkooperation entgegen. Zweitens stehen die Betriebsleiter und Bürovorsteher, das mittlere Management, der Telearbeit kritisch gegenüber. Man befürchtet eine Machteinbuße, wenn die Mitarbeiter irgendwo fern im Lande stationiert sind und nicht mehr unmittelbar beaufsichtigt werden können. Auch die meisten Gewerkschaften denken dies, wenn sie befürchten, daß die aus der Entfernung mitwirkenden Arbeitskräfte nicht so leicht für die Solidarität der Arbeitnehmer und den Arbeitskampf zu motivieren sind.

Auf der anderen Seite stehen positive Faktoren, die die Fortentwicklung der Telearbeit begünstigen: die räumliche und persönliche Arbeitsteilung, der damit mögliche größere Wettbewerb und die Chancen der Kostensenkung. Durch die Vermeidung des täglichen Personenverkehrs zu den Zentren der betrieblichen Tätigkeit wird die Umwelt weniger belastet. Die scharfe und sozial problematische Trennung zwischen der Privatsphäre und der betrieblichen Sphäre wird aufgehoben. Frauen, die beide Bereiche miteinander verknüpfen müssen, haben es mit Hilfe der Telearbeit leichter, den Anforderungen der Familie und des Betriebes zu entsprechen.

Um die dazu notwendigen technischen Voraussetzungen der Telearbeit zu realisieren, findet in Sophia Antipolis eine Versammlung der 50 größten Telefongesellschaften und Datenverarbeitungsunternehmungen der Welt statt. Wir wollen versuchen, einen weltweiten Standard der Videokommunikation für das Telekommunikationsnetz der Zukunft vorzubereiten. Bereits heute können mit Hilfe des ISDN die Geräte, die wir alle zu Hause haben, das Fernsehgerät, das Telefon, das Telefax und der Personal Computer an das öffentliche Netz angeschlossen werden. Damit sind bereits gute Voraussetzungen geschaffen, die eine Fernarbeit in der Privatsphäre erlauben. Hinzu treten müssen die verschiedenen Varianten der Software und die dazu nötigen internationalen Normen. Der Präsident von Apple hat vorausgesagt, daß in weniger als zehn Jahren damit ein neuer Wirtschaftszweig entsteht, der eine Verbindung von Telekommunikation, Datenverkehr und Videoelektronik darstellt. Deshalb ist es auch verständlich, daß sich weltweit die Telefongesellschaften mit den Massenmedien zusammenfinden, um neue Formen der Kommunikation zu erarbeiten. Hinzu treten die Satellitengesellschaften und die Anbieter von elektronischen Spielen. Wir erkennen, daß die Anregungen von verschiedensten Seiten ausgehen und eine neue Vielfalt schaffen.

Auf diese Entwicklung müssen die Menschen vorbereitet werden. Deshalb eröffnen wir in Sophia Antipolis eine neue Forschungs- und Bildungshochschule Eurocom, die zusammen mit der Polytechnischen Hochschule von Lausanne und France Telecom eine spezielle Vorbereitung auf die globalen Multimedianutzungen anbieten wird. Dazu werden Unternehmer, Ingenieure, insbesondere auch aus kleinen und mittleren Unternehmen zusammengeführt. Der französische Senat hat soeben eine große Studie über die Mobilität von Arbeitsplätzen behandelt und dabei nicht nur die Mitwirkung an industriellen Leistungsprozessen, sondern auch an Verwaltungsvorgängen und der dazu notwendigen Software einbezogen.

In den Beratungen des Senats spielten die Konsequenzen der Telearbeit für den Arbeitsmarkt eine beachtliche Rolle. Viele informations- und softwarebezogene Tätigkeiten lassen sich relativ leicht in anderen Ländern, z.B. in Indien oder auf den Philippinen kostengünstig durchführen. Dies gilt z.B. für Versicherungen und Banken. Die Befürchtungen richten sich darauf, daß dadurch ein Export von Arbeitsplätzen in Billiglohnländer erfolgen könnte. Die hochentwickelten europäischen Länder sind darauf angewiesen, daß in den Preisen für Fertigerzeugnisse auch Lohnkosten und Kosten für das Sozialsystem enthalten sind. Wenn die Arbeit in den Ländern Asiens geleistet wird, fallen die Lohnkosten dort an, jedoch bleiben die sozialen Verpflichtungen den europäischen Staaten als Belastung erhalten. Hier liegt also ein erhebliches politisches Problem, das noch der Lösung bedarf. Der Ausweg liegt jedoch nicht in dem Verbot oder der besonderen steuerlichen Belastung der Telearbeit, denn diese existiert bereits und ist nicht mehr aufzuhalten.

Für Europa ist die Telearbeit inzwischen zu einem Instrument der grenzüberschreitenden Zusammenarbeit geworden. Nicht nur die Großunternehmungen der Flugzeugindustrie und der Automobilindustrie, sondern auch die kleinen und mittleren Unternehmungen der verschiedensten industriellen Leistungen und Dienstleistungen sind auf die Telearbeit angewiesen. Die europäischen Förderungsprogramme der Kommunikationstechnik (z.B. RACE) haben diese Entwicklung beschleunigt. So ist in jeweils zehn französischen und deutschen Städten eine Partnerschaft zwischen Unternehmen mittlerer Größe zur gemeinsamen Forschung und Produktion begründet worden. Die elektronische Kommunikation in einem gemeinsamen Netz erlaubt es diesen Unternehmen, eine echte europäische Zusammenarbeit zu praktizieren. Jede der beteiligten nationalen Firmen ist in sich wieder dezentral organisiert, so daß das Gesamtsystem über ganz Europa verteilt und nur durch ein umfassendes Informationsnetz miteinander verbunden ist. Ähnliche Systeme der Telearbeit existieren in der Touristik sowie in der Kredit- und Versicherungswirtschaft.

Für Europa bedeutet dies eine besondere Chance. Bisher hatten die monokulturellen Großmächte wie die USA und Japan einen großen Vorteil, indem sie ihre Homogenität in wirtschaftliche Aktionen auf dem Weltmarkt umsetzen konnten. In Europa herrscht dagegen aus historischen, geographischen und kulturellen Gründen eine ausgeprägte Verschiedenheit der Partner. Daraus sind nicht nur Zollschranken, sondern auch vielfältige andere Hindernisse der Bürokratie, der Sprachen, der Normen und der Ideologien erwachsen.

Für das einundzwanzigste Jahrhundert zeigen sich jedoch unter dem Aspekt der Telearbeit besondere Vorteile gerade wegen der kulturellen Verschiedenheit der Europäer. Daraus ergibt sich die Chance zur Innovationsfähigkeit, weil sich die Europäer in ihren Kreativitätsbeiträgen gegenseitig ergänzen und anregen. Und auf Innovationsfähigkeit ruht die zukünftige Wettbewerbsfähigkeit der Wirtschaft.

Die Nutzung dieser Chance verlangt von uns einen klaren Willen und zukunftsgerichtete Aktivitäten. Wir müssen eine europaweite Infrastruktur der Telekommunikation errichten, wir müssen die Menschen und die Gesellschaft als Ganzes auf die räumliche und zeitliche Arbeitsteilung vorbereiten, und wir stehen vor der Aufgabe, alle Beteiligten durch Bildung und Weiterbildung mit den Möglichkeiten der Telearbeit vertraut zu machen. Dann gewinnen wir ein organisatorisches und technisches Instrument, um dezentrale Strukturen und unterschiedliche geistige Beiträge zu einem gemeinsamen Erfolg zusammenzufügen.

Anforderungen an die Informationstechnik in der Arbeitswelt

Helmut Drüke
Wissenschaftszentrum für Sozialforschung GmbH (WZB), Berlin

1. Die Dominanz des "Technikdeterminismus"

Von einem Paradigmenwechsel war in den sozialwissenschaftlichen Forschungen zum Thema Informationstechnik und Arbeit schon des öfteren - mehr oder weniger zu recht - die Rede. Am markantesten reklamierte Burkart Lutz Ende der achtziger Jahre einen wissenschaftlichen Paradigmenwechsel von der These der Eigengesetzlichkeit technischer Entwicklung zur Annahme von Gestaltungsoptionen auf Basis ein- und derselben Technologie. Ein Blick auf die Grundzüge der sozialwissenschaftlichen Technikforschung unter der Prämisse des Technikdeterminismus kann dazu dienen, sich Klarheit über lange gültige Paradigmen der Technikforschung in der westlichen Welt zu verschaffen, um dann den auf der Konferenz behaupteten Paradigmenwechsel, zumindest für das Feld Arbeit, präzise zu verorten.

In den politischen und gesellschaftlichen Strategien der Modernisierung zu Beginn der siebziger Jahre kam den aufkommenden Informationstechniken eine ganz entscheidende Prägekraft zu. Sie stellten eine der zentralen Schlüsseltechnologien dar, denen eine wesentliche Rolle zugeschrieben wurde, insofern sie die vielfältigen technischen Entwicklungen bündelten und die Grundlage für eine hohe Produktivität der Wirtschaft und die Wohlfahrt der Gesellschaft darstellten. Die Notwendigkeit, diese Technologien zu unterstützen, wurde kaum in Frage gestellt. Politik und Wissenschaft konzentrierten sich im wesentlichen darauf, über die günstigsten Rahmenbedingungen zur Entfaltung der Schlüsseltechnologien zu streiten und die geeignetsten Wege zur Eindämmung ungünstiger Auswirkungen zu suchen.

Von diesen Prämissen war auch die Diskussion um das Verhältnis von Informationstechnik und Arbeit bestimmt. Zu den zwei großen Schüben der Informatisierung der Arbeitswelt, zunächst die Revolutionierung der Produktionstechnik und dann die Einführung von EDV in den Dienstleistungsbereichen, gab es jeweils Studien und Diskussionen zum Thema, welche Auswirkungen diese informationstechnischen Veränderungen in der Arbeitswelt hätten. Auf der Ebene der Tarifpolitik waren die Gewerkschaften bemüht, mit Schutzabkommen die negativen Folgen des Technologieeinsatzes zu mildern. Die sozialwissenschaftliche Technikforschung beschränkte sich, die prinzipielle Eigengesetzlichkeit akzeptierend, auf die Technikfolgenabschätzung, d.h. die Bewertung "vollzogener Tatsachen" (Hack 1988), während die Technikgestaltung die Domäne des Ingenieurhandelns und der Ingenieurwissenschaften war. Im Mittelpunkt der durchaus einflußreichen Forschungen dieser Zeit standen vor allem die Auswirkungen von CNC-Maschinen, Montage-Automation und später CAD/CAM auf Qualifikation, Belastung, auf die industriellen Beziehungen und vor allem auf die Beschäftigung. Der Computer als Job-Killer oder Job-Bringer - die Informationstechnik war der Agens, auf den Wissenschaft und politische Zünfte zu reagieren haben. Das Ziel der Modernisierung war unumstritten. Wie Naschold rückblickend feststellt, ging es "im einzelnen ... insbesondere um die durchgängige Automatisierung der Produktion (Geisterschichten), um die weitergehende Automatisierung bei den Engpässen im indirekten Bereich (Konstruktion/CAD, Materialdisposition) und um die Verknüpfung der betrieblichen Funktionsbereiche (CIM). Die generelle Stoßrichtung dieser Modernisierungsstrategien liegt somit weniger im Produktionsgewinn pro Zeiteinheit angewandter Maschinenzeit als vielmehr in der Steigerung der Gesamtverfügbarkeit der Fertigungskapazität, ihrer marktbezogenen Flexibilisierung und der Integration betrieblicher Gesamtprozesse" (Naschold 1985, S. 14 f.).

Doch sozialwissenschaftliche Technikforschung dieser Zeit war nicht einfach nur die Verlängerung von Analysekonzepten aus der Zeit der Mechanisierung auf die Automatisierung. Das Spezifikum der Informatisierung der Arbeitswelt, nämlich die tendenzielle Subsumtion *geistiger* Arbeit, fand ihren Niederschlag in der Forschungsrichtung, wie sie vor allem von kritischen Informatikern entfaltet wurde: der "Mensch-Maschine-Dialog". Eine ausführliche Diskussion kreiste um Fragen, ob ein Computer als ein Werkzeug oder als ein System anzusehen sei, und welche forschungsstrategischen und praktisch-politischen Schlußfolgerungen aus der einen oder anderen Prämisse abzuleiten seien (für viele Nake 1986 in: Rolf, S. 43 - 53). Unbesehen der wichtigen Erträge dieser Untersuchungen zog sich diese gewiß sehr fruchtbare Forschungsrichtung zu Recht jedoch den Vorwurf zu, "einem arbeitsplatzbezogenen Maschinenmodell der Technik" verhaftet zu bleiben (Kubicek 1986, S. 84).

Eine solche Sichtweise des Verhältnisses von Informationstechnik und Arbeit wurde vor allem dann hinfällig, als durch vielfältige Forschungen (Piore/Sabel 1984, um den einflußreichsten Text zu nennen) hinreichend deutlich wurde, daß sich der bisherige Rationalisierungstyp grundsätzlich geändert hat: "Wurden bisherige Rationalisierungsmaßnahmen im Prinzip *von unten* und *vom Arbeitsmittel* her, d.h. einzig funktionsbezogen und mit nur begrenztem Blickwinkel für Zusammenhänge mit angrenzenden Aufgabengebieten gedacht und durchgeführt, so werden Rationalisierungskonzepte jetzt eher *von oben*, von der *Organisation des gesamten Funktionsprozesses* her, d.h. mit der Perspektive der Veränderung von komplexen Funktionszusammenhängen und der Realisierung *mehrerer* Wirkungspotentiale (Steuerung von Geschäftspolitik und Ablaufprozessen, Verbesserung der Leistungsqualität, Personaleinsatzstrategien) entwickelt und durchgesetzt" (Baethge/Oberbeck 1986, S. 23). Dies war gewiß ein Paradigmenwechsel in der sozialwissenschaftlichen Forschung zur Arbeitswelt, die das gesamte Europa erfaßt hat. Die deutsche Diskussion war im wesentlichen davon geprägt, welches die Antriebskräfte dieser Veränderung des Rationalisierungstyps und welches die Konsequenzen für Qualifikation, Qualität der Arbeit, industrielle Beziehungen etc. der Arbeitskraft sind. Die Rolle der Informationstechnik in diesen Veränderungen war in diesen Auseinandersetzungen zentral. Inwiefern ist die Technik eine zentrale Prozeßvariable der betrieblichen Sozialverhältnisse? Inwiefern verschärfen oder relativieren sich Kontrolle und Herrschaft durch den Einsatz von Informations- und Kommunikationstechnologien im Betrieb?

2. Das Aufkommen der Gestaltungsperspektive

Hier schließt sich der Kreis des kurzen Rückblicks auf zwanzig Jahre sozialwissenschaftlicher Technikforschung in der Bundesrepublik. Das Einverständnis über die Begrenzungen des Technikdeterminismus ist unter den Forschern mittlerweile sehr groß, die kleineren "Flüßchen", die schon früher auf die Begrenzungen dieser Konzentration auf Technikfolgenabschätzung hinwiesen, bilden nunmehr den "Mainstream" der sozialwissenschaftlichen Technikforschung. Diese Ansätze haben sich mittlerweile als die relevanten Triebkräfte auf der theoretischen Ebene für den Paradigmenwechsel zu Beginn der neunziger Jahre erwiesen.

Es besteht mittlerweile die Gefahr, daß das Pendel in das andere Extrem ausschlägt und der Technikdeterminismus von einem "Gestaltungsvoluntarismus" abgelöst wird. Marktinteressen und die genuine technologische Entwicklung setzen den Gestaltungsmöglichkeiten gewisse Grenzen. Der große Verdienst der Forschungen der letzten Jahre, den Lösungsraum bei der Gestaltung des Einsatzes neuer Technologien konzeptionell zu öffnen, würde durch die Illusion der beliebig weiten Gestaltung tendenziell verwischt werden.

In den siebziger Jahren stand das Theorem der Eigengesetzlichkeit von Technik unter Kritik. Das Konzept der "Arbeitspolitik" (Naschold 1985) kritisiert die systematische Ausklammerung von Politik in vielen industriesoziologischen und ökonomischen Forschungen zur Technikentwicklung. Dem hält Naschold entgegen, daß "der Arbeits- und Produktionsprozeß als ständiges 'Operationsfeld' der gesellschaftlichen Auseinandersetzungen und Politik als die Macht und die Hauptantriebe seiner Entwicklung" gelten muß (S. 27). Auf Ansätze zur Gestaltungsperspektive aus dem Bereich der Informatik wurde bereits hingewiesen. Mitte der achtziger Jahre verschärfte sich die Diskussion um Technikfolgen und Technikalternativen aus Anlaß der Planungen zum Ausbau des Fernmeldenetzes zu einem integrierten Digitalnetz (ISDN). Kubicek u.a. (1986) warnten vor gravierenden Veränderungen in der Arbeitswelt und darüber hinaus.

In dieser Zusammenschau wird kein Anspruch auf Vollständigkeit erhoben. Jeweils systematische Konzeptionen einer Gestaltungsperspektive sollen herausgestellt werden. Aber bundes- und landespolitische Forschungsprogramme zum Verhältnis von Informationstechnik und Arbeit verdienen besondere Beachtung, da in ihnen auf politischer Ebene die Gestaltungsperspektive zum ersten Mal konzeptionell eingebaut worden ist. Neben der Fortsetzung des Programms "Humanisierung des Arbeitslebens" aus den siebziger Jahren durch das Programm "Arbeit und Technik" sind vor allem zu nennen das Programm "Mensch und Technik - sozialverträgliche Technikgestaltung", das mit der "Nordrhein-Westfalen - Initiative Zukunftstechnologien" gekoppelt worden ist, sowie ein ähnlich gelagertes Bremer Forschungsprogramm "Arbeit und Technik".

Die Initiatoren des nordrhein-westfälischen SoTech-Programms verwiesen darauf, daß die Annahme der Gestaltungsoption eine politische Parteinahme bedeute. Der Kerngedanke sei es, "die Durchsetzungschancen derjenigen gesellschaftlichen Bedürfnisse und Interessen zu stärken, die von der technischen Entwicklung besonders betroffen sind und die über keine oder nur sehr unzureichende Möglichkeiten verfügen, sich mit geeigneten Mitteln der Auseinandersetzung um die Verteilung der Nutzen und Kosten der technischen Entwicklung zu beteiligen" (Nordrhein-Westfalen o.J., S. 7). Auch wenn diese Programme zum Teil wichtige neue Impulse für die sozialwissenschaftliche Technikforschung gegeben haben, ist die prinzipielle Trennung zwischen Ingenieurwissenschaften und Sozialwissenschaften auch mit diesen Programmen noch nicht überwunden. Das SoTech-Programm mit dem hier weitestgehenden Anspruch "beinhaltet kaum interdisziplinäre Forschung, ist in hohem Maße durch rein sozialwissenschaftliche Forschungen geprägt und enthält nur wenige unmittelbar auf Technik bezogene Gestaltungsprojekte" (Mayer/Vogel 1991, S. 18). Für die zweite Programmphase soll diese interdisziplinäre Forschung verstärkt berücksichtigt werden.

Paradigmen in der sozialwissenschaftlichen Technikforschung wechselt man nicht wie morgens die Schuhe. Die Abkehr von Technikdeterminismus zu der Gestaltungsoption gegen Ende der achtziger und Beginn der neunziger Jahre ist folglich keine rein theorieimmanente Entwicklung. Was Lutz 1990 ausrief, nämlich den Übergang zu einer neuen Art von Technikforschung und Technologiepolitik, spiegelt tiefgreifende Veränderungen in Wirtschaft, Technik und Gesellschaft wider, die in einer neuen Konzeption der Technikforschung kulminieren. Eine Triebkraft war bereits genannt worden, der Wandel in dem Rationalisierungstyp hin zur "systemischen Rationalisierung" oder zu den "neuen Produktionskonzepten". Eine zweite wesentliche Triebkraft ist die sehr breit geführte Diskussion um die soziale Bedeutung von Technik, in der sich die Diskussion um die Bedeutung und Auswirkung von Atomenergie in gewisser Weise wiederholt. Die Mikroelektronik greift in alle Lebensbereiche ein und, bezogen auf die Arbeitswelt, ermöglicht eine Umstrukturierung der geistigen Arbeit. Insofern ist die Kritik an Struktur und Einsatz von Informationstechnik in den achtziger Jahren nicht vom Aufkommen der neuen sozialen Bewegungen und ihrem zum Teil radikalen Diskurs zu trennen.

Im Jahrzehntwechsel wirkt aber eine Triebkraft von ganz anderer Gewalt: die anhaltende Wirtschaftskrise mit der massiven Gefährdung der Wettbewerbsfähigkeit der deutschen und europäischen Volkswirtschaften angesichts des Siegeszugs der japanischen Industrie auf den Weltmärkten. Das Ende des Taylorismus scheint eingeläutet, denn die Produktionsmethoden erfolgreicher japanischer Unternehmen scheinen mit den tayloristischen Prinzipien der Trennung von Planung und Ausführung, der starken Rolle der Hierarchie, der ausgefeilten Verteilung von Kompetenzen und Befugnissen über eine vielschichtige Organisation und dem Dominanzverhältnis zwischen Hersteller und Zulieferer weitgehend zu brechen. Als Gebot der Stunde erscheint die Aufwertung der menschlichen Arbeitskraft und die Nutzung ihrer Potentiale, die Erhöhung der Durchlässigkeit von Informations- und Entscheidungsstrukturen, ein partnerschaftliches Verhältnis mit den Zulieferern und die vollständige Orientierung auf den Kunden. Wie berechtigt diese Sichtweise des japanischen Produktionsmodells ist, soll hier nicht diskutiert werden (siehe dazu Jürgens 1992). Relevant ist für unseren Zusammenhang, daß allein schon die Diskussion um "lean management" als eine Alternative zum bisherigen Entwicklungspfad eine starke Schubkraft auch für eine Neubestimmung des Verhältnisses von Informationstechnik und Arbeit darstellte. Die CIM-Euphorie ist Ernüchterung gewichen, und es wird zum Teil das entgegengesetzte Extrem favorisiert: die weitgehende Relativierung der Informationstechnik und eine tendenzielle Überschätzung der Wirkungskraft, die aus Organisationsveränderungen resultieren kann.

Und in der Tat läßt die MIT-Studie über den Erfolg des japanischen Produktionsmodells (Womack u.a. 1989) den Leser ratlos, der vorgefertigte Rezepte sucht. In der Darstellung des japanischen Modells spielen die Informations- und Kommunikationstechnologien praktisch keine Rolle, weder in positiver noch in negativer Hinsicht. Die Wettbewerbsvorteile des lean management werden vielmehr in den vorher genannten Punkten gesehen, für die die Informationstechniken allenfalls die Rahmenbedingungen liefern. Folglich erscheinen die Informations- und Kommunikationstechnologien unter dem Aspekt der Wettbewerbsfähigkeit als marginal und es erübrigt sich die Suche nach Gestaltungsperspektiven und -alternativen bestehender Technik, wenn die Faktoren für den wirtschaftlichen Erfolg und für die Sicherstellung der Qualität der Arbeit ganz woanders zu suchen sind.

3. Die innere Struktur der Konferenzbeiträge

Die Konferenz "Herausforderungen für die Informationstechnik" markiert, wie der historische Rückblick auf drei Jahrzehnte sozialwissenschaftlicher Forschung zum Verhältnis von Informationstechnik und Arbeit ergab, nicht den Beginn eines neuen Zeitalters, sondern stellt einen weiteren Kulminationspunkt in einem schrittweisen Paradigmenwechsel von der Technikfolgenabschätzung zur Gestaltungsdiskussion dar. Die Sichtweise auf Technikentwicklung hat sich verändert, und die Einschätzung der Bedeutung von Technik allgemein hat sich verschoben. Die Eigengesetzlichkeit von Technik wird bestritten und "Technik als sozialer Prozeß" (Weingart 1989) verstanden. Zudem ist Technik nicht der allein seligmachende, erfolgversprechende Faktor. Vielmehr entscheidet sich über das Zusammenspiel von Mensch, Organisation und Technik die Wettbewerbsfähigkeit der Unternehmen und die Qualität der Arbeit der dort Wirkenden.

Die Vorträge der Sektion "Arbeit" auf der Konferenz drehen sich sämtlich um diesen für das Verhältnis von Informationstechnik und Arbeit entscheidenden Punkt. Diskutiert werden Anforderungen an die Informationstechnik, bezogen auf die zentralen Einsatzfelder der Informationstechnik wie Fertigung (Nullmeier), die Prozeßkette wie die Produkt- und Prozeßentwickung (Drüke) sowie den Dienstleistungssektor (Baethge). Das Thema Informationstechnik und Frauen wird von A. Bahl-Benker behandelt. M. Falck geht der Frage nach, ob in den Neuen Bundesländern die Informationstechniken in ihrer

Striktheit und Standardisierung eine Ordnungsfunktion in dem wirtschaftlichen, sozialen und politischen Chaos in den Neuen Bundesländern kurz nach der Aufnahme in die Bundesrepublik darstellten und welche Gestaltungsanforderungen aus dieser spezifischen Transformationssituation abzuleiten sind.

In zwei Vorträgen wird die Herstellerperspektive vorgetragen. W. Knight stellt das in den USA entwickelte Instrument design for manufacturability vor, mit dem Schnittstellenprobleme zwischen Entwicklung und Fertigung erheblich relativiert werden sollen, und M. Wolfson präsentiert Microsofts Plattform Windows, mit der Anwendungs-Software für "Multimedia" in der Arbeitswelt entwickelt werden kann. Das Einleitungsreferat hält R. Petrella, der die Bedeutung von Informationstechnik für die Qualität der Arbeit diskutiert und daraus Gestaltungsanforderungen ableitet.

Literaturverzeichnis

Baethge, M.; Oberbeck, H.
Zukunft der Angestellten. Neue Technologien und berufliche Perspektiven in Büro und Verwaltung. Frankfurt/New York, 1986.

Hack, L.
Vor Vollendung der Tatsachen. Frankfurt/M., 1988.

Jürgens, U.
"Lean Production in Japan: Mythos und Realität", in IAT/IGM/IAO/HBS (Hg.), Lean Production - Schlanke Produktion - Neues Produktionskonzept humanerer Arbeit? Tagungsband der gemeinsamen Tagung am 22./23. Januar 1992 in Düsseldorf. Wormuth KG, Düsseldorf, 1992.

Kubicek, H.
Konzeptionelle Herausforderung bei der sozialverträglichen Gestaltung der sogenannten Neuen Informations- und Kommunikationstechniken, in: A. Rolf (op. cit.), 1986 S. 81-99.

ders.; Rolf, A.
Mikropolis. Mit Computernetzen in die Informationsgesellschaft. 2. Auflage. Hamburg, 1986.

Lutz, B.
Technikforschung und Technologiepolitik: Förderstrategische Konsequenzen eines wissenschaftlichen Paradigmenwechsels, in: WSI-Mitteilungen 10/90, 1990, S. 614-622.

Mayer, E.; Vogel, B.
Technikgestaltung als Bestandteil interdisziplinärer Technikforschung, in: Fricke, W. (Hg.), Jahrbuch Arbeit und Technik 1991. Schwerpunktthema: Technikentwicklung/Technikgestaltung. Bonn, 1991, S. 15-27.

Ministerium für Arbeit, Gesundheit und Soziales des Landes NRW (o.J.)
Mensch und Technik. Zwischenbilanz des Landesprogramms "Mensch und Technik - sozialverträgliche Technikgestaltung".

Nake, F.
Die Verdoppelung des Werkzeugs, in: A. Rolf (Hg.), Neue Techniken alternativ. Möglichkeiten und Grenzen sozialverträglicher Informationstechnikgestaltung. Hamburg, 1986, S. 43-53.

Naschold, F.
Zum Zusammenhang von Arbeit, sozialer Sicherung und Politik. Einführende Anmerkungen zur Arbeitspolitik, in: ders. (Hg.), Arbeit und Politik. Gesellschaftliche Regulierung der Arbeit und sozialen Sicherung. Frankfurt/ New York, 1985, S. 49.

Priore U.; Sabel, Ch.
The Second Industrial Divide. Possibilities for Prosperity.Basic Books, Publishers, New York, 1984.

Weingart, P. (Hg.)
Technik als sozialer Prozeß. Frankfurt/M., 1989.

Informationstechnik und Frauenarbeit

Angelika Bahl-Benker
Industriegewerkschaft Metall, Frankfurt am Main

Fragestellungen:

Wie hat sich im Zusammenhang mit der breiten Anwendung von Informationstechnik in allen Wirtschaftsbereichen Frauenarbeit verändert? Welchen Anteil hatten und haben Frauen an der Entwicklung? (Teil 1)
Welche Veränderungen - bei der Gestaltung von Technik und Arbeitsorganisation, bei Qualifizierung und Personaleinsatz - sind aus der Sicht von Frauen notwendig? (Teil 2)

1. Bisherige Entwicklungen - Bestandsaufnahme

Die Bilanz der bisherigen Entwicklung ist überwiegend ernüchternd:
*   In Zukunftsbranchen, gerade in der High-Tech-Industrie, ist der Frauenanteil an den Beschäftigten in den vergangenen Jahren gesunken.
*   Frauen arbeiten nach wie vor überwiegend in den unteren Rängen der betrieblichen Hierarchie: als Angelernte in der Produktion, als Angestellte mit ausführenden und routinisierten Tätigkeiten in den Büros und im Dienstleistungsbereich.
*   Charakteristisch für diese Arbeitsplätze sind einerseits meist hohe Belastungen, andererseits relativ geringe Bezahlung und Arbeitsplatzsicherheit.

Positive Beispiele - Frauen arbeiten im Zusammenhang mit Informationstechniken qualifizierter, mit größeren Handlungsspielräumen, mit geringeren Belastungen - sind dagegen eher selten zu finden.

Diese Einschätzung soll im folgenden am Beispiel von drei Bereichen deutlicher werden:
- Bei der Anwendung von Informationstechnik in den **Büros**,
- bei der **Produktion** von Informationstechnik (Hardware),
- im Bereich der **qualifizierten DV-Berufe** - sei es bei der Erstellung von Software, im Bereich Forschung und Entwicklung oder bei der Einführung von Informationstechnik in den Betrieben.

Erfahrungen und Überlegungen beziehen sich in erster Linie auf die Industrie (vor allem auf die Metallwirtschaft) und nur auf die alten Bundesländer. Letzteres hat seinen Grund darin, daß die Ausgangssituationen in den alten und neuen Ländern zu verschieden und die Umbrüche seit der Vereinigung zu komplex sind, als daß die Entwicklung in beiden Regionen in einem Referat angemessen aufgearbeitet werden könnte.

1.1 Informationstechnik in den Büros: Neue Arbeitsmittel, aber bisher kaum neue Chancen

Das Büro ist der größte Beschäftigungsbereich der Frauen - fast 40% aller erwerbstätigen Frauen arbeiten im Büro (vgl. Troll, L. und Rech, G. 1989). Das IAB hatte 1984 festgestellt: "Die im Büro tätigen Frauen verlieren an Beschäftigungsmöglichkeiten". 1989 formulierte es seine Untersuchungsergebnisse zwar etwas zurückhaltender (vgl. Troll, L. 1984), aber in den Branchen der Metallwirtschaft zeigt sich, daß der Anteil der Frauen an den Angestelltenberufen rückläufig ist - gerade in Zukunftsbranchen wie der DV-Industrie.[1]

Wie läßt sich diese Entwicklung in den Büros erklären?
Liegt es an der **Qualifikation?**

Häufig werden in der Diskussion um die Beschäftigungsperspektiven von Frauen deren angebliche Qualifikationsdefizite angeführt. Beim genaueren Hinsehen zeigt sich aber, daß das Qualifikationsniveau der Frauen immer besser wird. "Mehr als 3/4 aller berufstätigen Frauen haben inzwischen eine anerkannte Ausbildung oder einen Fachhochschul- oder Hochschulabschluß" war kürzlich in der Presse zu lesen (FAZ vom 05.04.1993). In diesem Zusammenhang doch ein Hinweis auf die neuen Länder: In der DDR war das Ausbildungsniveau der Frauen durchschnittlich sehr hoch. Hat es ihnen viel genützt bei der Beschäftigungsentwicklung der letzten Jahre? Frauen sind auch dort von der Arbeitslosigkeit weit überproportional betroffen.

Liegt die sinkende Beschäftigung an der **Technik?**

---

[1] In den 80er Jahren stieg zwar die absolute Zahl der weiblichen Angestellten in diesen Branchen, aber der Frauenanteil an den Angestellten insgesamt verringerte sich um 2,5 bis 3% (vgl. Welzmüller, R. 1990).

In den vergangenen Jahren wurde viel geredet und geschrieben über das Verhältnis von Frauen und Technik. Aber: Frauen waren traditionell seit hundert Jahren - seit dem Einzug der ersten Schreibmaschinen in den Büros - immer diejenigen, die schwerpunktmäßig mit (den jeweils "neuen") Bürotechniken gearbeitet haben. Das fällt immer so leicht unter den Tisch. Aber bekanntlich weigerten sich Ende des 19. Jahrhunderts die männlichen Handlungsgehilfen an Schreibmaschinen zu arbeiten - deshalb wurden dafür Frauen eingestellt. Seither sind **sie** die "Spezialistinnen für Bürotechnik". Diese Qualifikation und die damit verbundenen Erfahrungen werden jedoch regelmäßig unterbewertet.

In zahllosen Computer-Kursen haben Frauen in den letzten Jahren ihre Fähigkeiten in diesem Feld (wieder) unter Beweis gestellt. In vielen Fällen waren sie es, die - oft ohne ausreichende Qualifizierungsangebote - letztlich die neue Technik zum Laufen brachten und System- und Einführungsmängel überbrückten.

Aus der Forschung der vergangenen Jahre gibt es keine eindeutigen empirischen Belege für einen "anderen" Technikzugang von Frauen. Häufig festgestellt wurde allerdings bei Frauen eine stärkere instrumentelle Gebrauchswertorientierung: "Was bringt die Technik für meine Arbeitsaufgaben?" Das spielerische, faszinierende Moment der Computer-Technik scheint sie weniger anzusprechen; aber das dürfte für die Berufsarbeit wenig schädlich sein.

Die schlüssigste Erklärung für die Situation der Frauen im Büro im Zusammenhang mit den neuen Techniken liegt m. E. in den gängigen **arbeitsorganisatorischen** und **personalpolitischen Strategien** der Betriebe.

Anfang der 80er Jahre begannen Hersteller und betriebliche Planer das Konzept der **"Autarken Sachbearbeitung"** zu propagieren. Dieses Konzept ging und geht davon aus, durch den Einsatz der Technik würden die bisher notwendigen Infrastrukturtätigkeiten (Textverarbeitung, Dateneingabe, Übermittlung von Informationen, Texten u. ä.) so verringert bzw. vereinfacht, daß man sie gleich dem Sachbearbeiter überlassen kann.

Dem Sachbearbeiter, denn zumindest in der Industrieverwaltung ist die Sachbearbeitung vorwiegend Domäne der Männer. Die Frauen, die bisher diese Infrastrukturtätigkeiten gemacht haben, haben bei einer solchen Entwicklung zur "Autarken Sachbearbeitung" das Nachsehen. Besonders einleuchtend wurde dies Anfang der 80er Jahre auf einem Kongreß des IAO zur Bürorationalisierung demonstriert. Ein Vertreter eines großen Automobilkonzerns stellte die traditionelle Arbeit im Einkauf (männlicher Sachbearbeiter und Kontoristin und Schreibkraft) der neuen gegenüber: Mann und Computer (vgl. Grabendörfer 1982).

Abb. 1:   Veränderung der Aufgabenstruktur bei EDV-unterstützter Abwicklung
im Online-Verfahren

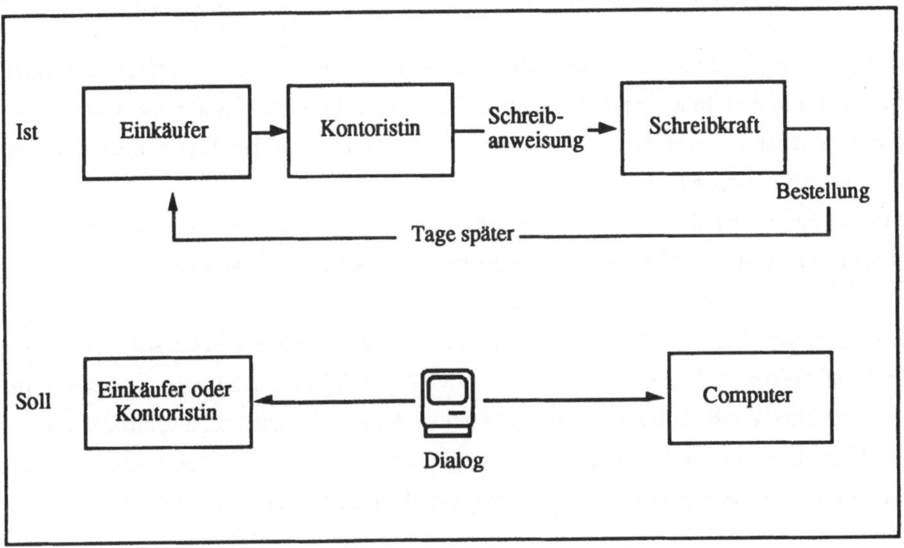

Grafik: FhG-ISI, 1994 (Quelle: Grabendörfer, a.a.O.)

Vor allem Vertreter von DV-Herstellern propagierten in den folgenden Jahren dieses Modell als Königsweg zur Verringerung von Durchlaufzeiten.[2]

Gleichzeitig allerdings wurde dieses Konzept im Rahmen eines großen HdA-Projekts bei BMW München systematisch untersucht und seine Schwächen für viele Arbeitsbereiche wurden mit differenzierten arbeitssoziologischen Analysen belegt.[3] In diesem

---

[2]   Typisch dafür sind beispielsweise die von Siemens vertretenen Organisationskonzepte. Vgl. z. B. Schwetz, R. 1984.

[3]   In diesem Projekt wurde ein Konzept der "Kooperativen Arbeitsteilung" und "Qualifizierten Assistenz" entwickelt, das - im Gegensatz zur autarken Sachbearbeitung - die bisherige Beschäftigtenstruktur beibehält, allerdings die Arbeitsteilung zu Gunsten der Frauen verändert. Damit bietet es Frauen berufliche Entwicklungschancen, die - mit ergänzender Weiterbildung - auch einen Ausstieg ermöglichen. Wenn dieses Modell als positive Orientierung genannt wird, so heißt das keineswegs, daß Frauen auf "Assistenzfunktionen" festgeschrieben werden sollen. Aber aufgrund der gegebenen Beschäftigten- und Qualifikationsstruktur sind Konzepte notwendig, die an der vorhandenen Qualifikation und Berufserfahrung in den Büros ansetzen. Vgl. Kiesmüller, Weltz, Bollinger u.a. 1987.

Projekt wurde nicht nur die Bedeutung der Infrastrukturtätigkeiten und damit des traditionellen Frauenbereichs in den Büros für das effiziente und reibungslose Funktionieren der Arbeitsabläufe deutlich; gleichzeitig wurden auch Modelle der Arbeitsgestaltung entwickelt, die Frauen qualifizierte Beschäftigungschancen eröffnen. Aber diese Ergebnisse wurden leider kaum zu Kenntnis genommen und viele in den Gewerkschaften wundern sich oft, wenn immer wieder das Modell "Autarke Sachbearbeitung" nach wie vor als Leitbild für den Technikeinsatz gilt und realisiert wird.

Die gängigen Praktiken der Personalpolitik ergänzen und verstärken solche Leitbilder: Eine ausgebildete Industriekauffrau erhält in der Regel von vornherein einen schlechteren Arbeitsplatz - gemessen an Qualifikation, Bezahlung und Aufstiegschancen - als ein gleich qualifizierter Mann.
Frauen sind in der Regel auch an den betrieblichen Weiterbildungsmaßnahmen unterproportional beteiligt. Gleiches gilt für die betrieblichen Aufstiegswege.

Die genannten Konzepte von Organisation und Arbeitsteilung, von Qualifizierung und Personaleinsatz sind nun keineswegs von "der Technik" her unabdingbar. Aber sie sind gängige Praxis und sie werden durch die neuen Anforderungen im Zusammenhang mit der Einführung neuer Techniken nicht aufgehoben: Im Gegenteil, die alten Strukturen wirken fort und werden im Zusammenhang mit dem Technikeinsatz verstärkt.

Teilhaben an den Chancen unterproportional, aber an den Belastungen überproportional: So lassen sich die Erfahrungen vieler Frauen in den Büros zusammenfassen.

Denn wie sieht es an den Arbeitsplätzen, an denen die meisten Frauen in den Büros sitzen, aus? Hier heißt Einsatz von Informationstechnik in der Regel steigende Dauer von Bildschirmarbeit.

Eine Belegschaftsbefragung in einem Betrieb der DV-Herstellung kam 1991 zu dem Ergebnis: "Frauen sind es demzufolge, die in wesentlich höherem Maße als Männer an den Folgen psycho-mentaler Belastungen leiden. Dies scheint die Konsequenz der erhöhten Dauerleistungen, die vielen dieser Frauen eine stärker routinisierte, überwiegend ausführende Arbeit abverlangt. ... Belastungsformen (sind):

- ständiges Sitzen,
- ständiges Blicken auf den Bildschirm,
- Monotonie, langweilige Arbeit,
- lange Bildschirmarbeit und
- sonstige einseitige körperliche Belastung!" (vgl. Ertel/Keil/Wilkening/Zwingenberger 1991).

1.2 Produktion von Informationstechnik: Neue Produktions- und Arbeitskonzepte ohne Frauen?

Im Januar 1993 war unter der Überschrift "Digitaler Quantensprung bei Siemens" in der Süddeutschen Zeitung zu lesen: "Die Umstellung von der analogen auf die digitale Technik hat nicht nur die Produkte etlicher Industriebranchen verändert, sondern sich auch erheblich auf die Beschäftigten ausgewirkt. Bei öffentlichen Telefonvermittlungsanlagen in analoger Technik war ... für die Produktion einer Anschlußeinheit in der Fabrik 8 Stunden erforderlich, zu denen auf der Baustelle weitere 4 Stunden kamen. In der heutigen Digitaltechnik reicht für beide Phasen zusammen 1 Stunde. ... "(SZ vom 16./17. Januar 1993).

Zur gleichen Zeit berichtete ein Betriebsratsvorsitzender eines Elektrobetriebs, in dem Relais für Telefonanlagen hergestellt werden, auf einem IG Metall-Seminar vom Personalaustausch der letzten Jahre: Der Betrieb, aus dem er kam, war traditionell ein Frauenbetrieb; er hat sich aber in den letzten Jahren zu einem Männerbetrieb gewandelt. Der Hintergrund sind eine hochautomatisierte Fertigung, neue Formen der Arbeitsorganisation, in denen Fertigung und Instandhaltung integriert sind, und wo heute überwiegend Facharbeiter arbeiten, sowie extensive Schichtarbeit (vgl. IG Metall Seminar "Frauenförderung/Gleichstellung von Frau und Mann", Februar 1993).

Bei Siemens insgesamt hat sich die Zahl der Arbeiterinnen von über 55 000 (1970) auf ca. 22 000 im Jahr 1991 verringert. Im gleichen Zeitraum erhöhte sich die Zahl der weiblichen Angestellten um knapp 3 000 (eigene Berechnung auf der Grundlage von "Informationen, Argumente für die Führungskräfte des Hauses Siemens" vom 11.11.1991).

Diese Entwicklungen aus **einem** Unternehmen machen ansatzweise die Probleme der Frauenbeschäftigung in den Branchen, die Informationstechnik produzieren (Elektrotechnik/DV), deutlich. Insgesamt sank in diesem Bereich in den letzten Jahren der Frauenanteil im Arbeiterbereich um 2,5%.

Frauen haben nach gewerkschaftlichen Erfahrungen bisher kaum von sogenannten "Neuen Produktionskonzepten" profitiert, die qualifiziertere Arbeit, weniger Arbeitsteilung und mehr Handlungsspielräume versprechen. Wurde in den 80er Jahren unter "Neuen Produktionskonzepten" vor allem eine hochtechnisierte und möglichst weitgehend automatisierte (CIM) Produktionsorganisation verstanden, so geht es inzwischen vor allem um sogenannte "Lean"-Konzepte (Lean Production, Lean Management).

Der schon genannte Betriebsrat beschrieb sehr genau, wie bei solchen neuen Arbeitsformen männliche Facharbeiter eingesetzt werden, während die Frauen, die bisher als angelernte Arbeiterinnen in diesem Bereich gearbeitet haben, nicht weiter beschäftigt werden.

Qualifizierung für angelernte Frauen findet kaum statt; einzelne "Maßnahmen" - die Bezeichnung verrät es schon - werden in der Regel mit Hilfe des Arbeitsamtes für kleine Gruppen von Frauen durchgeführt. Solche Lehrgänge waren in der Vergangenheit vielfach erfolgreich und die Frauen wurden zur qualifizierten Facharbeiterin ausgebildet. Aber insgesamt blieben sie der berühmte "Tropfen auf den heißen Stein".

Eine Analyse von betrieblicher Weiterbildung zeigt regelmäßig, daß auf die Angelernten - und damit auf den allergrößten Teil der Frauen in der Produktion - der geringste Anteil von Weiterbildungszeit pro Jahr entfällt.[4]

Soweit zur Beschäftigungssituation; wie sieht es mit den anderen **Arbeitsbedingungen** aus?

Ein großer Teil der Arbeiten, die Frauen im Zusammenhang mit der Produktion von Informationstechnik machen, sind **Montagearbeiten**. Dazu eine Studie, die die IG Metall mit Unterstützung des BMFT in den vergangenen Jahren durchgeführt hat:

---

[4] Vgl. z. B. Betriebliche Weiterbildung am Beispiel Siemens, Beitrag zum VDI-Expertengespräch "Weiterbildung für Ingenieure und Naturwissenschaftler" am 19./20.03.1991 in Bochum. Die jährliche Weiterbildungszeit betrug demnach bei Angelernten rd. 2 Stunden (0,1%), bei Facharbeitern rd. 16 Stunden (0,9%), bei Kaufmännisch Tätigen rd. 30 Stunden (1,8%), bei Technisch Tätigen rd. 40 Stunden (2,4% der Jahresarbeitszeit).

"Bei der Montagearbeit in der Elektroindustrie, insbesondere aber in der Leiterplattenfertigung, handelt es sich meistens um taktgebundene Arbeit mit zum Teil extrem kurzen
Zeittakten. Die Arbeit wird größtenteils im Akkord ausgeführt... Durch eine einseitige
körperliche Belastung, den allgegenwärtigen Zeitdruck und eine meist unzureichende
ergonomische Gestaltung der Arbeitsplätze kommt es zu Körperhaltungen in Zwangsstellungen. Zu diesen körperlichen Belastungen kommen noch erhebliche psychische
Belastungen hinzu, die durch hohe Konzentrationsanforderungen und monotone Arbeitsabläufe verursacht sind... Auf keinen Fall (dürfen) die Belastungen, die im Umgang mit gefährlichen Arbeitsstoffen wie z. B. Lösemitteln, Klebern, Lötpasten oder
Lötdämpfen auftreten, vergessen werden. Diese Chemikalien können eine Reihe von
Gesundheitsbeschwerden und Erkrankungen hervorrufen, angefangen bei Bindehautreizungen, Augenbrennen, Augenekzem bis hin zu Allergien, Asthma und Krebs ... (vgl.
Sturmfels 1992).

Als weitere typische Belastungsformen sind in diesem Zusammenhang die besonderen
Bedingungen bei der **Chip-Herstellung** zu nennen, wo ebenfalls zahlreiche Frauen
arbeiten. Belastungsschwerpunkte sind hier Schichtarbeit, die Arbeit an Mikroskopen
und unter Reinraumbedingungen und der Umgang mit Chemikalien. Zusätzlich zu den
gesundheitlichen Folgen dieser Arbeit gibt es Hinweise auf erhöhte Fehlgeburtenraten
bei Arbeiterinnen in der Chip-Produktion.[5]

Der "Mythos einer sauberen Technologie" - wie vor einiger Zeit ein Informatiker und
eine Informatikerin einen Aufsatz über Schadstoffbelastungen durch Computertechnik
(vgl. Schroer/Craubner 1991) überschrieben - hat sich für die Frauen in der Produktion
schon lang verflüchtigt. Damit gilt auch in der Produktion: Hohe Belastungen, geringe
Bezahlung. Denn Leiterplattenbestückung erfolgt in der Regel in der untersten Lohngruppe. Jede Mark mehr muß im Akkord erarbeitet werden.

Auch hier findet sich kein Trend zu qualifizierterer, besser bezahlter Arbeit. Die Auswertung der Lohnentwicklung der Arbeiter und Arbeiterinnen in der Industrie in den
letzten Jahrzehnten zeigt, daß mehr als 50% der Arbeiterinnen im Jahr 1989 in der am
schlechtesten bezahlten Leistungsgruppe 3 arbeiteten. "Bei den Frauen hat sich der

---

5 Vgl. zu den Problemen in der Chip-Herstellung: H. Wriedt, "... das ist kein Job, den man auf ewig
  macht!" Gesundheitsbelastungen in der Mikrochip-Industrie. IG Metall, Frankfurt/M. 1992. Zum
  Thema Fehlgeburten haben in den vergangenen Jahren einige EDV-Konzerne selbst Untersuchungen
  durchgeführt, z. B. IBM und Digital; vgl. dazu: Erneuter Hinweis auf erhöhte Fehlgeburtenraten bei
  Mikrochip-Arbeiterinnen. In: Gegengift, Nr. 19, Hrsg. vom Verein Arbeit & Gesundheit, Hamburg
  1993.

Schlüssel zwischen den einzelnen Leistungsgruppen in den letzten beiden Jahrzehnten stetig verschlechtert... . Die Arbeiterinnen werden offensichtlich immer mehr in die der untersten Leistungsgruppe zugerechneten Lohngruppen eingestuft" (vgl. Helfert 1991) - Helfert wertete die Verdienststatistik des Statistischen Bundesamts aus).

1.3 Ingenieurinnen und DV-Fachfrauen

"Frauen sind von gleichen Chancen noch weit entfernt" - so lautete 1990 das Resümee aus einer Untersuchung über die Zukunft der DV-Berufe. "Männer werden immer noch bevorzugt ... Die Befragung von fast 300 EDV-Fachkräften ergab, daß in Führungs- etagen das Bewußtsein, Frauen gleich zu behandeln, vorhanden ist, daß aber bei der betrieblichen Entscheidungsfindung diese Erkenntnis gleichsam auf wundersame Weise wieder verloren geht".

Einige exemplarische Ergebnisse der Studie:
- Beschäftigungsrisiken: Frauen werden - gemessen an ihrem Beschäftigtenanteil in EDV-Berufen - häufiger arbeitslos als ihre männlichen Kollegen;
- Geringeres Gehalt: Nur 10% aller befragten weiblichen EDV-Fachkräfte, aber 34% aller befragten männlichen konnten ein durchschnittliches Brutto-Einkommen von mehr als 80 000 DM (Ende der 80er Jahre) angeben.[6]

Gleichzeitig fällt auf, daß sich die Stellung der Frauen in der Informatik-Ausbildung ver- schlechtert hat (alte Bundesländer). War in den 70er Jahren der Anteil der Frauen in den Informatik-Studiengängen kontinuierlich gestiegen, so hat sich dies in den 80er Jahren umgekehrt; jetzt ist ein sinkender Frauenanteil festzustellen (bei allerdings insgesamt im- mer noch steigenden Studentenzahlen).

Ist das eine Reaktion auf die Erfahrungen von DV-Fachfrauen im Beruf, deren Hoff- nungen auf gute Chancen für Frauen in einer neuen Disziplin sich nur begrenzt erfüllten? (Vgl. dazu: Schmitt, B., Frauen in Informatik und Datenverarbeitung - Die Zurückdrän- gung beginnt schon im Ausbildungssektor.)

---

[6] V. Roth, Ch. Boß, Frauen sind von gleichen Chancen noch weit entfernt. In: online, 2/90. Leider wurde eine Auswertung nach Männern und Frauen im Vergleich nur in einigen Aufsätzen vorge- nommen. In der Buchfassung (Ch. Boß, V. Roth, Die Zukunft der DV-Berufe, Opladen 1993) wird auf diesen Aspekt nicht eingegangen.

Jedenfalls thematisieren Informatikerinnen selbst seit Jahren ihre Berufsrolle und ihre Probleme engagiert und öffentlich. Das bezieht sich nicht nur auf ihre individuelle Situation, sondern auch auf ihre geringen Chancen, als Fachfrau auf den Prozeß der Weiterentwicklung von Informationstechnik Einfluß zu gewinnen (vgl. z. B. die Fachgruppe "Frauenarbeit und Informatik" der Gesellschaft für Informatik - diese Fachgruppe veranstaltete z.B. die Fachtagung "Frauenwelt - Computerträume", vgl. Schelhowe, H. 1989).

1.4 Informationstechnik und Frauenarbeit außerhalb des Erwerbslebens

Frauen leisten nach wie vor den größten Teil der Arbeiten, die für Familie und Kinder notwendig sind. Sie sind es, die überwiegend den Alltag organisieren (müssen) und in diesem Feld auf Informationstechnik in allen Lebensbereichen stoßen. Frauen erfahren in diesem Arbeitsbereich Wirkungen der Informationstechnik, die ihnen oft wenig Freude bereiten: Sei es der Zwang zur Selbstbedienung in immer mehr Bereichen, sei es die mit dem Einsatz von Techniken verbundene Anonymisierung und Erschwerung von Kommunikation.

Bei öffentlichen und privaten Dienstleistungen hat in den vergangenen Jahren die Verlagerung von Arbeit auf den Kunden zugenommen, d. h. mehr Technik (z. B. im Nahverkehr, im Handel, bei Banken etc.) und weniger direkte Kommunikation. Das kann oft weniger Sicherheit (leere U-Bahnhöfe!) und Beratung bedeuten. Wenn z. B. der Kinderarzt seine Patientenverwaltung am Computer abwickelt und sich mehr auf den Bildschirm als auf das kranke Kind konzentriert, sind überwiegend Frauen die Betroffenen.[7]

Soweit Aspekte einer Bestandsaufnahme zum Verhältnis von Frauenarbeit und Informationstechnik. Eine Reihe von Einschätzungen und Prognosen aus den Anfängen der Diskussion um die Wirkungen von IuK-Techniken hat sich langsamer und zum Teil auch schwächer durchgesetzt, als damals vermutet. Manches hat sich auch als unzutreffend erwiesen.

Insgesamt jedoch zeigt die Erfahrung von zwei Jahrzehnten Einführung von Informationstechnik: Die Leitbilder der betrieblichen Planer in den EDV-, Organisations- und Personalabteilungen sind männlich. Frauenar-

---

7   Die Autorin hat selbst diese Erfahrung gemacht.

beit gilt als "Rationalisierungsreserve" und Frauen haben vorrangig die Risiken des technisch-organisatorischen Wandels zu tragen. Die Chancen - interessantere Arbeit, neue Tätigkeitsbereiche, Weiterbildung, bessere Bezahlung - erreichen sie nur schwer.
Die Benachteiligung der Frauen, die fehlende Gleichstellung von Frau und Mann, wurden im Zuge des technischen Strukturwandels keineswegs geringer, im Gegenteil.

Was folgt daraus an Anforderungen an die Informationstechnik: Für die Entwicklung und für ihren Einsatz in allen Lebensbereichen, für Forschungs- und Technologiepolitik?

2. Anforderungen an die Informationstechnik aus der Sicht von Frauen

Für Männer **und** Frauen ist es gleichermaßen wichtig mit Techniken zu arbeiten, die einerseits Gesundheit und Persönlichkeitsrechte nicht verletzen und auf der anderen Seite Qualifizierungschancen enthalten und soziale Kommunikation fördern. Auf die damit angesprochenen allgemeinen Aspekte von Hard- und Software-Gestaltung geht dieses Referat nicht im einzelnen ein.

Im Mittelpunkt stehen die **spezifischen** Anforderungen aus der Sicht von Frauen. Anders formuliert: Herausforderungen an die Informationstechnik interessieren hier vor allem unter dem Aspekt: "Was muß sich an der Technik und an den Bedingungen, unter denen sie eingesetzt wird, ändern, damit sich die Beschäftigungs- und Arbeitssituation von Frauen verbessert?"

2.1 Belastungsverringerung - Gesundheitsschutz

So lange Frauen überwiegend auf den unteren Ebenen der betrieblichen Hierarchie arbeiten, sind die Verringerung von Belastungen und der Gesundheitsschutz an diesen Arbeitsplätzen ein besonderes Problem. Denn hier treffen in der Regel hohe Belastungen und geringe Handlungsspielräume (und damit geringe Chancen zur Veränderung der Situation) zusammen.

Um nur den Problemkomplex "Dauer der Bildschirmarbeit" herauszugreifen: Gerade Frauen müssen in den Büros inzwischen sehr lange am Bildschirm arbeiten - häufig deutlich länger als Männer. Angesichts der damit verbundenen großen gesundheitlichen Probleme (vgl. Ertel/Keil/Wilkening/Zwingenberger a.a.O., S. 37ff), sind nach wie vor die Forderungen nach optimaler ergonomischer Gestaltung wie auch - vor allem - nach Begrenzung der Arbeitszeit am Bildschirm aktuell.

In der Diskussion um Bildschirmarbeit wurde die Dauer jahrelang kaum mehr diskutiert, weil der Einsatz von Informationstechnik die Verbreitung von immer längerer Bildschirmarbeit unumgänglich zu machen schien. Doch inzwischen dürften die Erfahrungen mit RSI wieder nachdenklich stimmen[8]: Die Probleme von Dauerbelastung durch Bildschirmarbeit werden vermutlich in den nächsten Jahren immer deutlicher werden.

2.2. Technik und Organisationsgestaltung: Wo liegen die Zukunftsperspektiven von Frauenarbeit?

Die Suche nach den Zukunftsperspektiven von Frauenarbeit setzt an bei der **Arbeitsteilung** zwischen den Geschlechtern und bei der **Beteiligung** von Frauen:

- Welche Probleme der Arbeits- und Technikgestaltung müssen vorrangig angegangen werden, um die Benachteiligung von Frauen aufzuheben und ihre speziellen Erfahrungen und Kompetenzen sinnvoll einzusetzen?
- Wie muß der Weg dahin aussehen, d. h. wie müssen die Beteiligungschancen von Frauen verbessert werden?

"Notwendig sind neue, zukunftsbezogene Tätigkeitsbilder, die die bestehende geschlechtsspezifische Arbeitsteilung und die damit verbundene Frauendiskriminierung überwinden". Das forderten 1990 Wissenschaftlerinnen, Frauen aus naturwissenschaftlichen und technischen Berufen, aus Gewerkschaften und Parteien im Zusammenhang mit der Diskussion um das "Zukunftskonzept Informationstechnik" der Bundesregierung (vgl. "Frauen für eine gesellschaftlich verantwortbare Technologiepolitik").

---

8 RSI (Repetition Strain Injury) entsteht durch Belastungen, die von ständig wiederholten Bewegungen kommen und äußert sich durch Schmerzen in Händen, Handgelenken und im Nacken. Die Krankheit tritt inzwischen immer häufiger auf - vor allem bei Menschen die über viele Jahre täglich lange Zeiten an Bildschirmen arbeiten. Davon sind besonders viele Frauen betroffen. Vgl. Osterholz, U., 1992.

Diese Forderung klingt recht einfach, setzt aber beim Einsatz der - ständig weiterentwickelten - Informationstechnik ein prinzipielles Umdenken voraus: Bisher wird in den
Betrieben in der Regel Technik geplant, Arbeitsstrukturen werden dadurch quasi neben-
bei definiert und einzelne Gruppen werden dann eben benachteiligt. Siehe die Beispiele
in der Bestandsaufnahme.

Es ginge aber auch anders: "Wir müßten es schaffen, die alten Arbeitsstrukturen genau
zu analysieren und dann neue Strukturen so zu entwickeln, daß ein sinnvolles Weiter-
arbeiten für die bisher beteiligten Beschäftigtengruppen möglich ist". So formulierte
kürzlich eine Betriebsrätin, im Hauptberuf Organisatorin in einem großen DV- und Elek-
trounternehmen, das Ziel neuer Arbeits- und Produktionsstrukturen (vgl. IG Metall-
Seminar "Frauenförderung/Gleichstellung von Frau und Mann", a.a.O.).

In eine ähnliche Richtung gehen die Folgerungen des IAB aus einer Untersuchung der
Entwicklung der Büroberufe: "Es wäre zu prüfen, ob nicht der Zuschnitt der Aufgaben
und die Zuweisung der Arbeitsplätze nach Geschlechtern im Zusammenhang mit der
Durchsetzung neuer Informationstechnologien verändert werden müßte. Qualifizierte
Arbeiten (z. B. auf Sachbearbeiterniveau und darüber) könnten zunehmend einschlägig
vorgebildeten Frauen erschlossen werden. So würde eine steigende Zahl weiblicher
Kräfte mit solider Schul- und Berufsausbildung im Büro Tätigkeiten vorfinden, die
ihren Interessen, Fähigkeiten und Aufstiegserwartungen entsprechen" (vgl. Troll/Rech
a.a.O., S. 13).

Ansatzpunkte dafür gibt es genug.

Arbeits- und Organisationsgestaltung

- Auf der Basis entwickelter DV-Systeme werden neue Unternehmens-, Produk-
  tions- und Organisationskonzepte diskutiert und eingeführt. Sie betreffen Arbei-
  ter/innen wie Angestellte - Männer wie Frauen.
  Erste Erfahrungen aber zeigen, daß wieder einmal die Frauen in erster Linie auf
  der Strecke bleiben. Das müßte keineswegs so sein. Ein bekannter Unternehmens-
  berater berichtete kürzlich auf einer IG Metall-Veranstaltung, daß häufig die
  Frauen bessere Ausgangsbedingungen für die Arbeit im Rahmen solcher neuer
  Konzepte hätten, vor allem "Lernfähigkeit", die er als das wichtigste Qualifika-

tionsmerkmal benannte. Da jedoch das Management diese Qualifikation Frauen nicht zutraut, werden meist gar keine Überlegungen in diese Richtung angestellt.[9]

- Wenn in den Büros neue Bausteine integrierter Software-Konzepte eingeführt werden, ist die Sinnhaftigkeit der "Autarken Sachbearbeitung" in Frage zustellen. Auf der Grundlage des HdA-Projekts bei BMW und des dort entwickelten Konzepts der "Qualifizierten Assistenz" wurden im Rahmen des HdA-Gestaltungsprojekts der IG Metall in verschiedenen Betrieben Gestaltungsansätze in dieser Richtung verfolgt. Betriebsrat, Beschäftigte und IG Metall entwickelten zusammen Eckpunkte für Tätigkeitsbilder beim Einsatz von Bürokommunikation, die qualifizierte Beschäftigungschancen für Frauen eröffnen sollten. Die breite Umsetzung scheiterte letztlich an Betriebsvertretern, die zwar mit technischen EDV-Problemen vertraut waren, aber von Arbeitsgestaltung wenig Vorstellungen hatten.[10]

Abb. 2:   Forderungen des Betriebsrats für künftige Tätigkeitsbilder

Forderungen des Betriebsrats für künftige Tätigkeitsbilder

o **Tätigkeitsbilder Sachbearbeiter/in**
- Bisherige Fachaufgaben mit Ausnahme von solchen, die unterstützend von Assistenzkräften übernommen werden können
- Teilweise Bearbeitung am Bürosystem (in Abstimmung mit Assistenzkraft)

Voraussetzung: Beherrschung der Grundfunktionen des Bürosystems

o **Tätigkeitsbilder Assistenzkräfte**

- Bisherige Büro- und Verwaltungsaufgaben
- Übernahme von Sachbearbeitungsaufgaben zur selbständigen Bearbeitung
- Teilweise Erledigung der Dokumenterstellung am Bürosystem (in Abstimmung mit Sachbearbeiter/in)
- Betreuungsaufgaben (z. B. Unterstützung und Beratung der Bürosystemanwender/innen, Nachschulungen, Erfahrungsaustausch, Mängelbehebung veranlassen)

Voraussetzung: Beherrschung des Bürosystems

Quelle: A. Bahl-Benker, A. v. Soosten-Höllings, Büro- und Kommunikationssysteme a.a.O.

---

9   IG Metall-Seminar "Lean-Production", München Februar 1993. Zu den Entwicklungschancen und -restriktionen von Frauen in der Produktion vgl. M. Moldaschl, Frauenarbeit oder Facharbeit, Montagerationalisierung in der Elektroindustrie II, Frankfurt, New York 1991.

10   Vgl. Bahl-Benker A., v. Soosten-Höllings, A., Büro- und Kommunikationssysteme: Neue Techniken - Neue Arbeit? Ein Fallbeispiel. IG Metall-Werkstattbericht, Frankfurt 1989 und A. Bahl-Benker, A. v. Soosten-Höllings, Die Arbeit von Sekretärinnen, Kontoristinnen und Schreibkräften im Büro von Heute und Morgen. Ein Fallbeispiel, IG Metall-Werkstattbericht, Frankfurt 1989.

- In manchen Betrieben wird derzeit die Organisation des Kundendienstes, vor allem die Auftragsannahme, umstrukturiert. Techniker werden an Plätzen eingesetzt, an denen traditionell weibliche kaufmännische Angestellte saßen. Warum muß das so sein? Wären eine technikbezogene Grundlagenqualifizierung und ergänzende Informationsbereitstellung über das DV-System nicht eine Chance zur Beruflichen Weiterentwicklung von Frauen?

- Warum gibt es so wenig Betriebe, in denen Frauen neue Tätigkeitsbereiche, die sich gerade im Zusammenhang mit neuen Techniken eröffnen, übernehmen können? Im schon zitierten Betriebsbeispiel aus dem HdA-Gestaltungsprojekt der IG Metall gab es dafür ein typisches Beispiel: Männliche Sachbearbeiter, deren Arbeitsbereich Arbeitsvorbereitung war, wurden als geeignet betrachtet, nebenher (!) abteilungsbezogen die Systembetreuung für das neu eingesetzte Bürokommunikationssystem zu übernehmen. Die Frauen, deren zentraler Arbeitsinhalt seit vielen Jahren Büroarbeit war, wurden übergangen (vgl. "Anwenderbetreuung - Ein möglicher Aufgabenschwerpunkt für die Kolleginnen" in: Bahl-Benker/ v. Soosten-Höllings, Büro- und Kommunikationssysteme ..., a.a.O., S. 155).

Dabei hat sich in Klein- und Mittelbetrieben gezeigt, daß dort Frauen die technischen Innovationen getragen haben - allerdings in der Regel ohne entscheidende Verbesserungen hinsichtlich ihrer Stellung in der Hierarchie und ihrem Einkommen (vgl. Gottschall/Jacobsen/Schütte 1989).

Qualifizierung

- Warum sind Frauen bei betrieblichen Qualifizierungsmaßnahmen immer unterproportional beteiligt? Wenn das Wissen über neue Techniken gezielt an einzelne Beschäftigtengruppen mehr und an andere weniger weitergegeben wird, wird soziale Ungleichheit dadurch verstärkt.

Beteiligung

- Frauen müssen bei betrieblichen Beteiligungsprozessen vertreten sein. Leider gibt es viele Beispiele, daß die bei der Einführung von Informationstechnik angewendeten Verfahren teilweise ausdrücklich die Hierarchieebenen ausgrenzen, auf denen die meisten Frauen arbeiten.[11]

Frauenförderung/Gleichstellung von Mann und Frau

Soweit einige Handlungsfelder im Bereich Arbeits- und Technikgestaltung, über die bei der Anwendung von Informationstechnik die Benachteiligung von Frauen abgebaut werden könnte.
Ergänzt werden kann und sollte dies durch personalpolitische Aktivitäten zur Gleichstellung von Frauen im Betrieb.[12]

3. Zukunftsforderungen: Verknüpfung von technischer und sozialer Innovation

Für die skizzierten Ansätze und Handlungsfelder gibt es bislang leider wenig Umsetzungsbeispiele. Bei der nach wie vor technik-zentrierten Entwicklung und Anwendung von Informationstechnik werden Humankriterien vernachlässigt. Die in der Arbeitswelt sowieso benachteiligten Frauen trifft dies in besonderer Weise.
Bislang gilt auch hier: Der Fortschritt ist eine Schnecke. Deshalb zum Schluß die Frage: Wo und wie wären dieser Schnecke Beine zu machen?

Betriebe

In den **Betrieben** werden derzeit mittels Informationstechnik Arbeitsstrukturen des Jahres 2000 und darüber hinaus festgelegt. Die bisherige Anwendung von Informationstechnik verfestigt - bezogen auf die Geschlechter - soziale Ungleichheit. Die zentrale Herausforderung für die Entwicklung und Anwendung von Informationstechnik liegt darin, zukunftsorientierte Perspektiven zu entwickeln, die diese Ungleichheit aufbre-

---

[11] So z. B. das von Siemens zur Einführung von Bürokommunikation propagierte Verfahren MOSAIK, das für die jeweils vorgesehenen Workshops zur Arbeits- und Technikgestaltung "Feldkenner" vorsieht. Diese "Feldkenntnis" wird erst auf einer Hierarchiestufe vorausgesetzt, auf der im Regelfall Frauen nur noch sehr wenig vertreten sind.

[12] Seit mehreren Jahren gibt es eine breite öffentliche Diskussion um betriebliche Frauenförderung. Die Frauen in den Gewerkschaften engagieren sich sehr stark in diesem Feld, aber die Durchsetzung praktischer Verbesserungen erweist sich als sehr schwierig. Vgl. IG Metall, Betriebliche Frauenförderung, sowie die Ergebnisse des DFG-Projekts am Institut für Sozialforschung in Frankfurt: Brumlop/Hornung, Betriebliche Frauenförderung - Aufbrechen von Arbeitsmarktbarrieren oder Verfestigung traditioneller Rollenmuster?

chen. Technikbezogene Konzepte müssen deshalb um solche für Arbeitsorganisation, Qualifizierung und Beteiligung ergänzt werden. Diese Forderungen sind nun nicht neu, sie werden seit Jahren von Wissenschaftler/innen, Arbeitnehmer/innen und Gewerkschaften formuliert.

Wenige Stimmen allerdings fordern bisher, daß die **Beschäftigungsinteressen von Frauen, daß die Gleichstellung von Frau und Mann als explizite Zielsetzung in solche Konzeptionen aufgenommen wird.**

Was heißt das?

Auf der betrieblichen Ebene geht es darum, Arbeitsstrukturen zu schaffen, die Frauen nicht weiter ausgrenzen. Das setzt ein Umdenken voraus:
- beim Management, das für die technische Ausstattung, für Produktions- Arbeits- und Personalkonzepte zuständig ist,
- bei den betrieblichen Planern (und leider bislang zu wenigen) Planerinnen, die Konzepte entwickeln und umsetzen,
- bei den Betriebsräten. Denn häufig müssen engagierte Kolleginnen auch in der Interessenvertretung der Arbeitnehmer/innen für solche neuen Ansätze kämpfen.

Forschungs- und Technologiepolitik

Eine wichtige Funktion käme darüberhinaus öffentlicher Förderpolitik zu. Ob Technologie-, ob Regional- oder Strukturpolitik - es gibt Instrumentarien, um beim öffentlich geförderten Strukturwandel auf die Beschäftigtenstruktur Einfluß zunehmen.

Die BMFT-Programme HdA und "Arbeit und Technik" tragen seit vielen Jahren dazu bei, Modelle für neue Formen der Arbeitsteilung und des Technikeinsatzes zu entwickeln. Die Frage "Frauenbeschäftigung und Gleichstellung" war dabei jedoch immer nur ein Nebenproblem. Notwendig wäre nicht nur eine Ausweitung des "Arbeit und Technik"-Programms; notwendig wäre vor allem ein Frauenschwerpunkt in diesem Bereich, der Probleme und Ansatzpunkte, wie sie hier genannt wurden, aufgreift.

Aber davon sind wir bisher leider noch weit entfernt. Das "Zukunftskonzept Informationstechnik" der Bundesregierung sieht unter dem Stichwort "Förderung von Frauen und Mädchen" (BMFT und BMWI), lediglich einige Anstrengungen zur Qualifizierung vor.

In der schon zitierten Frauenstellungnahme zum "Zukunftskonzept Informationstechnik" heißt es: "Technologiepolitik findet heute weitgehend unter Ausschluß von Frauen und ihren Interessen statt ... . Ein Zukunftskonzept, in dem eine Gleichstellung von Frauen im Bezug auf technische Entwicklung vorgesehen ist, kann nur unter breiter Beteiligung von Frauenorganisation aus den verschiedensten Bereichen zustande kommen. Dies (muß) ... mit dem politischen Willen (geschehen), Frauen angemessen und gleichberechtigt an der Planung, Gestaltung und Anwendung der Informationstechnik zu beteiligen" ("Frauen für eine gesellschaftlich verantwortbare Technologiepolitik", a.a.O., S. 6).

Dem ist nur noch hinzuzufügen: Es gibt keine zukunftsorientierten und sozialverträglichen Techniken, solange die Leitbilder für ihre Anwendung die Hälfte der Menschheit draußen lassen.

Literaturverzeichnis

Bahl-Benker, A.; v. Soosten-Höllings, A.
Büro- und Kommunikationssysteme: Neue Techniken - Neue Arbeit? Ein Fallbeispiel. IG Metall-Werkstattbericht, Frankfurt, 1989.

Bahl-Benker, A.; v. Soosten-Höllings, A.
Die Arbeit von Sekretärinnen, Kontoristinnen und Schreibkräften im Büro von Heute und Morgen. Ein Fallbeispiel. IG Metall-Werkstattbericht, Frankfurt, 1989.

BMFT und BMWI
Zukunftskonzept Informationstechnik, Bonn, 1989, S. 113ff.

Brumlop, E.; Horning, U.,
Betriebliche Frauenförderung - Aufbrechen von Arbeitsmarktbarrieren oder Verfestigung traditioneller Rollenmuster? In: Mitteilungen aus der Arbeitsmarkt- und Berufsforschung.Stuttgart, 1993.

Ertel, M.; Keil, W.; Wilkening, W.; Zwingenberger, J.
"... es wird einen ja nicht gleich treffen!" Analyse einer Belegschaftbefragung zum Thema Arbeitsverdichtung und Gesundheitsrisiken bei High-Tech-Angestellten (Frauen und Männer im Vergleich). Hans-Böckler-Stiftung, Düsseldorf, 1991, S. 68.

Gottschall, K.; Jacobsen, H.; Schütte, I.
Weibliche Angestellte im Zentrum betrieblicher Innovation. Die Bedeutung neuer Bürotechnologien für die Beschäftigungssituation und Berufsperspektiven weiblicher Angestellter in Klein- und Mittelbetrieben. Schriftenreihe BMIFFG, Stuttgart - Berlin - Köln, 1989.

Grabendörfer, R.
Gestaltung von Arbeitsinhalten im Hinblick auf Mischarbeitsplätze. FhG/IAO-Tagung "Rationalisierungsreserven im Büro erkennen und nutzen". Stuttgart, 1982.

Helfert, M.
Rationalisierungsverlierer. Neue Techniken, Polarisierung und Segmentierung der Beschäftigten. WSI-Arbeitsmaterialien Nr. 30, Düsseldorf, 1991, S. 24.

IG Metall
Betriebliche Frauenförderung, Frankfurt, 1989.

IG Metall Seminar
"Frauenförderung/Gleichstellung von Frau und Mann", Februar 1993.

IG Metall Seminar
Lean-Production", München, Februar 1993.

Siemens AG
"Informationen, Argumente für die Führungskräfte des Hauses Siemens" vom 11.11.1991.

Kiesmüller, T.; Weltz, F.; Bollinger, H. u.a.
Arbeitsstrukturierung in typischen Arbeitsbereichen eines Industriebetriebes (Astex), Bremerhaven, 1984, S. 164ff.

Moldaschl, M.
Frauenarbeit oder Facharbeit, Montagerationalisierung in der Elektroindustrie II, Frankfurt - New York, 1991.

Osterholz, U.
Verwaltungsarbeit und Gesundheit. Arbeitsbedingte Erkrankungen des Stütz- und Bewegungsapparates (Rheumabericht II), IG Metall-Werkstattbericht, Frankfurt, 1992.

Roth, V.; Boß, Ch.
Frauen sind von gleichen Chancen noch weit entfernt. In: online 2/90.

Schelhowe, H. (Hg.)
Frauenwelt - Computerträume, GI-Fachtagung, Bremen 1989. Proceedings, Berlin - Heidelberg - New York, 1989.

Schmitt, B.
Frauen in Informatik und Datenverarbeitung - Die Zurückdrängung beginnt schon im Ausbildungssektor. In: Trautwein-Kahns, G. (Hg.), Kontrastprogramm Mensch-Maschine. Düsseldorf, 1992, S. 250ff.

Schroer, D.; Craubner, H.
Vom Mythos einer sauberen Technologie. In: Wechselwirkung Nr. 48, April 1991, S. 26ff.

Schwetz, R.
Einfluß kommunikationsfähiger Techniken auf Bürotätigkeiten und Büroorganisation. In: Krallmann, H., Verträglichkeitsanforderungen an integrierte Büroinformations- und Kommunikationssysteme. Berlin, 1984.

Stellungnahme von Frauen aus technischen und naturwissenschaftlichen Berufen, Forschung zu Arbeit und Technik und Humanisierung der Arbeit, Berufsverbänden und Gewerkschaften, politischen Organisationen zum "Zukunftskonzept Informationstechnik" der Bundesregierung: "Frauen für eine gesellschaftlich verantwortbare Technologiepolitik". Offener Brief an Abgeordnete des Deutschen Bundestags, Frankfurt und Bremen, 1990.

Sturmfels, A.
"... wir sind doch keine Roboter!" Gesundheitsbelastungen an Frauenarbeitsplätzen in der Elektroindustrie. IG Metall, Frankfurt a.M., 1992, S. 11ff.

Troll, L.
Auf dem Weg in die Bürogesellschaft. Materialien aus der Arbeitsmarkt- und Berufsforschung 1/1984 (IAB), S. 1.

Troll, L.; Rech, G.
Büroberufe im Wandel. Materialien aus der Arbeitsmarkt- und Berufsforschung 5/1989 (IAB), S. 12.

VDI-Expertengespräch: "Weiterbildung für Ingenieure und Naturwissenschaftler",
Bochum, 19./20.03.1991.

Verein Arbeit und Gesundheit (Hrsg.)
"Erneuter Hinweis auf erhöhte Fehlgeburtraten bei Mikrochip-Arbeiterinnen". In: Gegengift Nr. 19. Hamburg, 1993.

Welzmüller, R.
Branchenanalyse Elektronische und EDV-Industrie (IG Metall). Frankfurt
a.M., 1990, S. 77.

Wriedt, H.
"... das ist kein Job, den man auf ewig macht!" Gesundheitsbelastungen in
der Mikrochip-Industrie. IG Metall, Frankfurt a.M., 1992.

Wie westlich ist die Informationstechnik? Technikeinsatz beim Aufbau der Öffentlichen Verwaltung in den neuen Bundesländern

Margrit Falck
Fachhochschule für Wirtschaft, Berlin

1. Der Aufbau: Transfer- oder Gestaltungsaufgabe?

Der Umbruch, der mit der "Wende" im politisch-administrativen System des DDR-Staates ausgelöst wurde, hat Bürger und Landesregierungen der neu gebildeten Länder vor eine kaum zu bewältigende Zahl neuer Aufgaben und Herausforderungen gestellt. Eine der wichtigsten unter ihnen ist der Aufbau einer funktionsfähigen Öffentlichen Verwaltung.

Ob wirtschaftsfördernde Investitionen oder Maßnahmen der sozialen Abfederung, für alle diese Vorgänge werden Daten benötigt und Ämter als Anlaufstellen. Doch sowohl die notwendigen Informationsbasen aus Einwohner-, Grundstücks- und Finanzdaten als auch die Verwaltungseinrichtungen für das Meldewesen, das Katasterwesen, das Kassen-, Haushalts- und Rechnungswesen fehlten bisher in den neuen Bundesländern entweder ganz oder existierten in anderer Form unter anderen Zwecksetzungen, als es die neuen Aufgaben und Verfahrensweisen erfordern.

Ihrem Charakter nach war die Verwaltung der DDR weder eine "bürokratische" Verwaltung noch ein rechtlich-administratives Gestaltungselement öffentlicher Ordnung, sondern ein Instrument zur Umsetzung zentral ausgeübter politischer Macht. Das bedeutet, daß Funktionen, Strukturen und auch das Recht entsprechend ausgerichtet waren.

Verwaltung war über alle Ebenen hinweg, bis in die Kommunen hinein, zentralistisch organisiert. Die kommunale Entwicklungsplanung war der staatlichen Planung untergeordnet, so daß die Kommunen eigentlich nur "Durchlaufstationen" für staatliche Planungsfunktionen bildeten bzw. als "Buchhaltung" für die Planeinhaltung fungierten.

Kommunale Dienstleistungen wurden von Kombinaten und Betrieben erbracht, z.B. vom VEB Abfallwirtschaft, von den Baukombinaten für Hoch- und Tiefbau, vom VEB Denkmalschutz oder vom VEB Gartenbau. Kommunale Ordnungsfunktionen, wie Paß- und Meldewesen, Feuerwehr und Straßenverkehr wurden von der zentralstaatlich gelenkten und militärisch strukturierten Volkspolizei wahrgenommen.

Entscheidungen wurden in den politischen Parteigremien auf Bezirks- und Kreisebene vorgeklärt. Den Räten der Städte und Gemeinden blieb nur ein enger Entscheidungsrahmen. Auch der finanzpolitische Spielraum der Kommunen war durch zentralstaatliche Mittelzuweisungen bestimmt. Die führende Rolle spielten Partei und Gewerkschaft. Die Funktion der Bürgermeister beschränkte sich mehr oder weniger auf die Präsentation staatlicher Macht (vgl. Kempf/Lühr 1990).

Selbst das Recht wurde zur Durchsetzung des Willens der politischen Führung instrumentalisiert. Das Denken in Kategorien eines subjektiven öffentlichen Rechts und des Individualschutzes war sowohl den Bürgern als auch den in der Verwaltung Beschäftigten fremd (vgl. Seibel 1991). Unabhängige Kontrollgremien, wie Rechnungshöfe oder Verwaltungsgerichte existierten nicht oder nahmen, wie im Fall des Parlaments (Volkskammer), ihre Kontrollfunktion nur formal wahr. Im Denken der DDR-Bürger war die Verwaltung ein "Apparat", der für die meisten von ihnen undurchsichtig blieb.

In der Erfahrung der alten Bundesländer ist der Aufbau der Öffentlichen Verwaltung dagegen ein langer, in hohem Maße sozialer sowie vor allem ein politischer Prozeß gewesen, der auf demokratischer Auseinandersetzung, auf Transparenz und auf dem Gewinn von Einsichten bei den Beteiligten beruht. Dieser Erfahrungs- und Sozialisationsprozeß läßt sich nicht kurzfristig, durch Transferleistungen substituieren, d.h. durch Umschulung auf neu installierte Organisationsformen mit praktischer Unterweisung in der Handhabung moderner Informations- und Kommunikationstechnik. Eine solche Anpassungsleistung, die einzelnen Personen beim Stellenwechsel in eine Verwaltungseinrichtung noch möglich ist, kann nicht in gleicher Weise durch "ein ganzes Volk" geleistet werden, das zudem ganz andere kulturelle Vorerfahrungen hat.

Der Aufbau der Öffentlichen Verwaltung in den neuen Bundesländern bedeutet deshalb nicht nur, Räumlichkeiten einzurichten, Datenbestände neu zu erstellen und neue Arbeitsorganisationen einschließlich ihrer technischen Unterstützung einzuführen, sondern beinhaltet auch die Umgestaltung des kulturellen, politischen und sozialen Umfeldes am Arbeitsplatz unter Einbeziehung aller Betroffenen und Beteiligten.

Hinsichtlich ihrer informationstechnischen Ausstattung war die Verwaltung der DDR vor allem ein Anwendungsfeld der zentralen Massendatenverarbeitung. Der PC zog erst in den letzten Jahren in Form von 8- und 16-bit Rechnern in die Amtsstuben ein, gehörte jedoch keinesfalls zu den selbstverständlichen Arbeitsmitteln. Kennzeichnend für die Arbeit in den Amtsstuben war der Umgang mit Bleistift, Papier und Schreibmaschine, das Blättern in Aktenordnern sowie das Ausfüllen von Belegen und Formularen per Hand. So war der Bedarf an Informations- und Kommunikationstechnik immens und die Möglichkeit, "endlich Technik aus dem Westen" einsetzen zu können, wurde deshalb auch nahezu vorbehaltlos begrüßt. In der Aufbausituation wurde aber mit dem Technikeinsatz vor allem auch die Erwartung verbunden, daß mit der Software gleich die neue Organisation übernommen werden kann. Hinweise darauf, daß der effiziente und effektive Einsatz neuer Technologien die bewußte Gestaltung der Arbeitsprozesse und der Arbeitsorganisation voraussetzt, scheiterten an der primär auf Technik gerichteten Sicht. Erst recht wurden sie mit Blick auf die angespannte Situation und unter Verweis auf fehlendes Geld sowie auf die angestaute Arbeitslast beiseite geschoben.

So ist der Aufbau der Öffentlichen Verwaltung in den neuen Bundesländern im wesentlichen als eine Aufgabe des Transfers und der Übernahme der im Westen vorhandenen technischen und organisatorischen Konzepte in Angriff genommen worden. Für eine bewußt und eigenständig vollzogene Gestaltung und Umgestaltung nahm man sich keine Zeit, doch ihr Wert und ihre Dringlichkeit wurden dabei wahrscheinlich unterschätzt.

2. An Gestaltungswissen mangelt es nicht[1]

In der alten Bundesrepublik sind in den vergangenen Jahren mit einer großen Zahl von Forschungs- und Praxisprojekten vielfältige Aktivitäten auf dem Gebiet der Arbeits- und Technikgestaltung in Gang gesetzt worden, deren Ergebnisse auch von einer breiten wissenschaftlichen Öffentlichkeit zur Kenntnis genommen wurden. Obwohl den beteiligten Akteuren das Erreichte oftmals noch zu gering und zu wenig praxiswirksam erscheint, so existiert inzwischen zumindest ein Netzwerk von Betrieben, Hochschulen, Verbänden, Beratungs- und Bildungseinrichtungen, mit dessen Hilfe über anfängliche Förderprogramme hinaus zum Thema "Arbeit und Technik" geforscht, experimentiert und gearbeitet wird.

---

1   siehe dazu Falck 1992

Eines der wichtigsten Ergebnisse dieser Arbeitsrichtung ist die Erkenntnis, daß eine tiefgreifende Modernisierung nicht allein durch technische Innovationen, sondern nur im Zusammenhang mit sozialen Innovationen erreichbar ist. Für den Einsatz von Informations- und Kommunikationstechnologien, die meist den größten Anteil an Modernisierungsmaßnahmen haben, heißt das, daß Technik nicht ohne die bewußte und grundsätzliche Umgestaltung, sowohl des formalen, wie auch des informellen Umfeldes der technikunterstützten Arbeit zu einem Zuwachs an Produktivität, Effizienz und Qualität führt. Das betrifft ein breites Spektrum von Gestaltungsfeldern, die nicht nur im unmittelbaren Einsatzbereich der IuK-Technologien und im Bereich der Arbeitswelt liegen, sondern weit in den lebensweltlichen Bereich hineinreichen, bis hin zu Politik, Kultur und Rechtsprechung. Auf vielen Gestaltungsfeldern liegen inzwischen konkrete Ergebnisse vor, so

- zu Gestaltungsstrategien, -konzepten und -methoden,
- zu Kriterien und Leitbildern für die Gestaltung von Technik und Arbeit,
- zu den Anforderungen an die Aus- und Weiterbildung,
- zur Lohn- und Tarifpolitik,
- zu Mitbestimmungsrechten und zum Datenschutz,
- zum Arbeits- und Gesundheitsschutz,
- zur Förderung von Betroffenengruppen u.a.m.

Als Konsequenz ergibt sich daraus, daß Gestaltung die Zusammenarbeit unterschiedlicher Wissenschaftsdisziplinen aus Technik-, Natur-, Human- und Geisteswissenschaften erfordert.

In der DDR blieben die Vorstöße auf dem Gebiet der Arbeits- und Technikgestaltung jedoch auf Einzelaktivitäten und auf Einzeldisziplinen beschränkt. Beispielsweise kam es hier in Dresden, wo die Zentren der Informatik und der Arbeitswissenschaften der DDR an der gleichen Universität, räumlich nahe beieinander, nur durch eine Straße voneinander getrennt, angesiedelt waren dennoch zu keiner ernsthaften Zusammenarbeit. Wissenschaftlich sowie politisch verwurzelte Berührungsängste, gegenseitige Vorbehalte oder sogar Vorurteile zwischen Technik- und Naturwissenschaften sowie Sozial- und Geisteswissenschaften standen dem im Wege. Hinzu kam, daß die praktische Umsetzung von Gestaltungsansätzen, die vielleicht eine Zusammenarbeit befördert hätte, durch die rigiden Organisationsstrukturen der DDR-Betriebe, durch die Tabuisierung von Interessengegensätzen und durch die ausbleibende Demokratisierung behindert wurde. Dennoch gab es Zentren der kritischen und zugleich konstruktiven Suche nach möglichen Gestaltungsstrategien und -konzepten, in denen vor allem theoretische Grundlagen und methodische Instrumentarien für die Arbeits- und Technikgestaltung entstanden sind. Die Tatsache, daß Wissenschaftler und Wissenschaftlerinnen in der ehem. DDR kaum eine andere Möglichkeit sahen, als sich auf ihre Disziplin zu beschränken und sich auf die Entwicklung von Theorien und Methoden zu konzentrieren, ist zwar als "scientistisches Instrumentedenken" (Senghaas-Knobloch 1991) kritikwürdig, könnte aber auch Ausgangspunkt einer wechselseitigen Ergänzung sein.

Unterschiede zwischen den in Ost und West entstandenen Ergebnissen zeigen sich vor allem in jenen Punkten, in denen das Menschenbild und die unterschiedliche Stellung des Menschen im jeweiligen gesellschaftlichen Bezugssystem eine Rolle spielte. Das betrifft insbesondere die Theorien der Arbeit (Tätigkeitstheorie vs. Handlungstheorie) sowie die rechtliche Verankerung der Arbeits- und Technikgestaltung, z.B. in den Mitbestimmungsrechten und im Datenschutz.

Im Hinblick auf die tatsächliche Verbreitung der Methoden sowie die Verankerung des Gestaltungsgedankens im Bewußtsein der verantwortlichen Entscheidungsträger klaffte die Kluft zwischen Theorie und Praxis jedoch in Ost wie in West gleichermaßen.

Insofern erscheint vielen, die seit Jahren auf dem Gebiet der Arbeits- und Technikgestaltung arbeiten, die Zwangsläufigkeit, mit der Technik, Arbeit und Organisation jetzt beim Aufbau der Institutionen in der ehem. DDR gleichzeitig zu betrachten sind als ein "glücklicher" Umstand und als eine Chance für die verstärkte praktische Anwendung des vorhandenen Gestaltungswissens. Doch bisher bleibt das Erreichte, was den administrativen Bereich anbetrifft, weit hinter dem Erwarteten zurück.

3. Schlechte Zeiten für Gestaltung

Eine wesentliche Ursache dafür, daß praktisch abrufbereit vorhandenes Know-how nicht aufgegriffen wird, ist zweifellos die Tatsache, daß seit der "Wende" ständig Veränderungen stattfinden, die sich in der Summe keinesfalls systematisch, im Sinne eines stetigen Wandels vollziehen, sondern von denen Unruhe und Verunsicherung ausgehen.

Schon die politische Wende vollzog sich nicht schlagartig, sondern in mehreren Schritten, von der Bürgerbewegung bis hin zur Etablierung der Parteien-Demokratie. Mit ihr gingen viele Umbrüche in verschiedenen Bereichen einher. Der vorläufige Höhepunkt im administrativen Bereich wird die gegenwärtig anlaufende Kreis- und Gebietsreform sein, durch die nicht allein der Verlust von Arbeitsplätzen droht, sondern von der auch in starkem Maße Demotivationen ausgehen. Ob Zuständigkeiten, Arbeitsabläufe, Verwaltungsverfahren, Arbeitsmittel oder Personalausstattung, nichts bleibt wie es ist, und die Betroffenen haben das Gefühl, daß sie wie in der Vergangenheit für den Papierkorb arbeiten.

Am einschneidendsten sind aber die sozial-kulturellen Umbrüche, die mit den politisch-administrativen Veränderungen einhergehen. Sie bedeuten einen fortlaufenden Umbruch der Werte und verunsichern die Menschen in ihrem Verhalten nicht nur am Arbeitsplatz, sondern in allen Lebensbereichen. Mit dem Umbruch der Werte werden "gelebte Erfahrungen" und individuell erworbene Fähigkeiten entwertet, was dazu führt, daß die Menschen mehr oder weniger der Möglichkeit beraubt sind, persönliche Orientierungen sowie situationsangemessene, effektive Handlungsstrategien zu entwickeln.

E. Senghaas-Knobloch berichtet, daß die Menschen mit den angewöhnten Bewältigungspraktiken, mit denen sie im Betriebsalltag der DDR und dessen Zumutungen zurechtgekommen sind, unter den neuen Umständen oftmals genau gegenteilige Effekte erreichen oder ins Leere laufen. Aus "Wenig" noch "Etwas" zu machen, war z.B. eine in der DDR bewährte Notstrategie, mit der auch eine anerkannte Fähigkeit verbunden war. Heute stellt sich diese Praktik in vielen Situationen als problematisch und wenig effektiv dar. In dieser Art Improvisation wird keine Fähigkeit mehr gesehen und anerkannt. Eher wird solches Arbeitsverhalten als komisch oder dumm belächelt (vgl. Senghaas-Knobloch 1991).

Dies und der enorme Zeitdruck, unter dem diese Veränderungsprozesse noch zusätzlich stehen, erklärt auch, weshalb viele Neubundesbürger das Bedürfnis nach unmittelbar verwertbarem Wissen, nach Handlungsanleitung haben und mitunter vehement, jegliches Problematisieren oder Reflektieren verweigern. Meines Erachtens ist dies nicht, wie so oft zu hören ist, das alte, in der DDR angewöhnte ("Ossi"-)Verhalten, sondern ein durch Unsicherheit ausgelöstes Blockade-Verhalten aufgrund ständig wechselnder Lebenssituationen.

Die Möglichkeit des Rückgriffs auf bewährte Erfahrungen, das Bewußtsein persönlicher sowie gruppenbestimmter Interessen und die Fähigkeit zur Reflexion sind aber wichtige Voraussetzungen für Gestaltung, denn insbesondere die Gestaltung von Arbeit, aber auch die Akzeptanz software-technischer Lösungen lebt von der Mitwirkung der Betroffenen. Die Konzepte entwickeln sich im Verlauf der Gestaltung über Prozesse des wechselseitigen Lernens, des Erkennens und Verstehens sowie des Aushandelns der Interessen. Dazu gehört Urteilskraft, Selbstbewußtsein und die Entscheidungsfähigkeit der Beteiligten.

Auch auf technischem Gebiet hat sich der Zeitdruck als ungünstige Rahmenbedingung für Gestaltung und Beteiligung erwiesen. Softwarelösungen wurden kaum selbst entworfen und entwickelt, sondern überwiegend übernommen, gekauft und eingeführt. Solange es sich um Standardsoftware handelt, haben die Anwender zwar ohnehin kaum Gestaltungsmöglichkeiten. Wenn es sich aber um branchenspezifische Software handelt, dann muß diese meist an die konkrete Benutzungssituation angepaßt werden. Die Software ist gewissermaßen "leer" im Hinblick auf die Arbeitsorganisation und muß entsprechend ausgefüllt werden. In der Anpassung liegen aber Gestaltungsspielräume, die leider nicht bewußt wahrgenommen oder für Benutzerbeteiligung genutzt wurden. Die Anwender neigten vielmehr dazu, Systeme zu kaufen, ohne sich vorher genau über ihre Organisation und über ihre Arbeitsabläufe verständigt zu haben. Sie setzten auf die bei ihren Partnern vorhandenen Lösungen und erwarteten die Organisation von der Software. So geriet die Einführung der Systeme oftmals bei der Festlegung der Zugriffsrechte ins Stocken, denn spätestens die Festlegung: wer mit welchen Daten arbeiten darf, setzt die konkrete Arbeits- und Funktionsteilung voraus, die z.B. in der Zuweisung von Befugnissen und Verantwortungen zum Ausdruck kommt.

Selbst bei der Beschaffung der Hardware wurde oft über die Köpfe der späteren Benutzer und Benutzerinnen hinweg im Kreis des führenden Managements und der EDV-Fachabteilung entschieden. Hinderungsgrund für Beteiligung war dabei nicht allein die Tatsache, daß man für die notwendige Kommunikation keine Zeit zu haben glaubte, sondern auch, daß Kommunikation schlechthin als ineffektiv gilt.

Auf der Seite der Arbeitgeber und des Managements sind die Ursachen für unterbliebene Gestaltung und Beteiligung mehr in der technikzentrierten Sicht und in kulturell tradierten Voreinstellungen zu suchen, die durch ungünstige Rahmenbedingungen wie Zeitdruck und permanente Veränderungen noch verstärkt werden. Auf der Seite der Angestellten gibt es dagegen existentielle Ängste, die beteiligungsorientierte Gestaltung von vornherein unmöglich machen. Dazu gehört vor allem die Angst vor dem Verlust des Arbeitsplatzes.

Beteiligungsorientierte Gestaltung setzt die Interessenvielfalt der Beteiligten voraus, denn sie vollzieht sich über Aushandlungsprozesse, in denen die verschiedenen, z.T. gegensätzlichen Interessen mehr oder weniger Berücksichtigung finden. Das erfordert Auseinandersetzung und das Austragen von Konflikten, mitunter bis hin zum Streit. Wer aber Angst um seinen Arbeitsplatz hat, der widerspricht nicht. Es kommt zur Interessenpolarisation, die für eine differenzierte Gestaltung der Arbeitsprozesse denkbar ungünstig ist. Zeitdruck und Angst sind deshalb kein Klima für Partizipation und keine Grundlage für beteiligungsorientierte Gestaltung.

Eine Interessenvertretung, die den Umstrukturierungsprozeß sozialverträglich gestalten und begleiten könnte, konnte auch von den Personalräten noch nicht geleistet werden. Mit der Etablierung der Vertretungsstrukturen sind noch lange nicht die nötigen Kenntnisse geschweige denn die Erfahrungen vorhanden, die für die Durchsetzung der Mitbestimmung, den Anspruch auf Qualifikation, den Schutz vor Kontrolle und das Abwenden von Rationalisierungsfolgen nötig sind. Auch die gewerkschaftlichen Anlaufstellen konnten sich noch nicht der Gestaltungsproblematik zuwenden, weil sie vollauf mit elementaren Angelegenheiten der Arbeitsplatzsicherung und der Tarifpolitik, wie dem Kündigungsschutz und der Eingruppierung in den Tarifvertrag »BAT-Ost« beschäftigt sind. So führt der starke Druck zu rascher und ständiger Veränderung sowohl individuell als auch gesamtgesellschaftlich zu Blockaden und Verkrampfungen.

4. Was ist westlich an der Informationstechnik?

Die Hersteller von Hard- und Software waren, aufgrund des ungeheuren Bedarfs an technischer Unterstützung in der Öffentlichen Verwaltung, die ersten und für lange Zeit auch die alleinigen Akteure im Prozeß der Technikeinführung. Das Interesse der Hardwarehersteller war dabei zumeist nur auf Absatz orientiert und darauf, an dem neuen Markt unter allen Umständen präsent zu sein. Ihre Gestaltungsabsichten waren deshalb marginal und konzentrierten sich in erster Linie auf die infrastrukturelle Ausstattung. Leider nutzten einige Anbieter den zeitlichen Druck sowie ihre Expertenstellung und schufen vollendete Tatsachen mit ungeeigneten oder unangemessenen Lösungen. Auch veraltete Technik wurde noch zu günstigen Konditionen abgesetzt. Manches davon erweist sich schon jetzt als hinderlich, anderes wird sich noch später, wenn es darum geht, moderne Organisationskonzepte aufzugreifen, als hinderlich erweisen.

Unter den Software-Herstellern gab es einige, die bereits in den alten Bundesländern die Verwaltung als einen neuen Markt für branchenorientierte Software entdeckt hatten. Verwaltungs-Software war in den letzten Jahren zu einem speziellen Feld der Büroautomation geworden. Mit der Wende öffnete sich dafür plötzlich ein zusätzlicher Markt mit einer enormen Nachfrage. So lag nichts näher, als die Systeme, die eigentlich für den Einsatz in den alten Bundesländern vorgesehen waren, auch gleich in den neuen Bundesländern einzusetzen. Die Nutzer in den neuen Bundesländern verfügten aber nicht über die dafür nötigen Qualifikationen, wie Gesetzeskenntnis, Verständnis der Fachbegriffe oder die Erfahrung mit verwaltungstechnischen Abläufen. Sie hatten ein anderes Vorwissen als die Nutzer in den alten Bundesländern und brauchten deshalb ausführlichere Dokumentationen bzw. andere, umfangreichere und komfortablere Hilfefunktionen. Obwohl die System-Entwicklungen zum Zeitpunkt der Wende meist noch nicht abgeschlossen waren, wäre für die Hersteller eine Anpassung ihrer Produkte an die neue Anwendungssituation doch zu teuer gewesen. So war die Software nicht auf die neuen Anwendungsbedürfnisse zugeschnitten und in manchen Fällen auch noch nicht endgültig freigegeben, d.h. noch nicht vollständig ausgetestet. Unseriöse Firmen haben diesen Mangel dann auf dem Rücken der Anwender behoben. Seriöse Firmen dagegen, die einen Namen zu verlieren hatten, stellten zu den üblichen Einführungsschulungen noch zusätzliche Beratungskontingente zur Verfügung. Sie waren sich darüber im Klaren, daß die Anwender, zusätzlich zu den Einführungsproblemen (man rechnet in den alten Bundesländern mit 1-1,5 Jahren Einarbeitungszeit) auch noch die Fehler der Software auszubaden hatten.

Einige große Hersteller übertrugen die Einführung an kleinere Software-Firmen, die sich darauf in einer Kombination von Schulung und Beratung spezialisiert hatten.

Die Funktionalität der vorhandenen Softwareprodukte ist zudem an den Anforderungen der Anwender im alten Bundesgebiet gewachsen. Viele Programme enthalten neben Standardabläufen noch weitere Verarbeitungsmöglichkeiten, die durch zusätzliche Angaben spezifiziert werden können. Die Anwender in den neuen Bundesländern können diesen Komfort jedoch gar nicht ausschöpfen, weil sie die Arbeitsverfahren noch längst nicht so beherrschen, daß sie eigene Anwendungs-Bedürfnisse entwickeln könnten. Andererseits ist die Beherrschung der Verfahren nicht so leicht möglich, wenn man den historischen Entstehungsprozeß der Anforderungen nicht kennt oder miterlebt hat. Die Software enthält Lösungskonzepte, die zugleich ein Stück sozial-kulturelle Entwicklung auf dem jeweiligen Tätigkeitsfeld verkörpern. Die Nutzung der Software im Sinne eines solchen konvivialen Werkzeugs, setzt die Kenntnis dieser Entwicklung voraus, sonst reduziert sich der Gebrauch der Technik auf die formale Handhabung und auf die bloße Bedienung des Computers, wie es oftmals auch tatsächlich der Fall war.

Die neue Technik bringt es mit sich, daß mit Daten, Listen, Textfiles und Tabellen gearbeitet wird, die nicht mehr in papierner Form in Aktenordnern abgelegt sind, sondern im Rechner zur Verfügung stehen. Das erfordert mehr Abstraktionsfähigkeit bei der sachbearbeitenden Tätigkeit sowie den Aufbau neuer sinnlicher Beziehungen zu den weitgehend immateriellen Arbeitsgegenständen. Bei Benutzern und Benutzerinnen, die sich bisher auf die DDR-Technik nicht verlassen konnten und deshalb sicherheitshalber alles noch einmal ausgedruckt haben, und die auch noch kaum mausunterstützte Software gewöhnt waren, ist daraus Verunsichererung entstanden, die erst allmählich durch die Erfahrung im Umgang mit der besseren Technik sowie im Umgang mit Tastatur, Maus und Bildschirm überwunden werden mußten. Darüber hinaus waren aber auch andere Umgangsweisen mit Daten und Software erforderlich, unter denen vor allem der Datenschutz etwas grundsätzlich Neues bedeutete.

Es gab zwar auch in der DDR gesetzliche Regelungen zum Datenschutz, aber sie waren nicht Bestandteil des Individualrechts. Datenschutz wurde im Sinne einer Datensicherung verstanden und gehandhabt. Das Schutzinteresse war ein Interesse des Staates, das sich auf die Abwehr gegnerischer Kräfte konzentrierte und deshalb primär auf den Schutz der Daten vor den Bürgern gerichtet war. Ein Schutz der Bürger vor dem Mißbrauch ihrer Daten entstand dadurch nur indirekt und keinesfalls umfassend. Insbesondere bei großen Datenbeständen, wie etwa das polizeiliche Auswertungs- und Recherchesystem DORA, das Zentrale Einwohnerregister ZER, die staatsanwaltliche Strafkartei, aber auch das Krebskrankenregister wurde der Schutz der Daten vor unberechtigtem Zugang und vor Zerstörung besonders ernst genommen.

Ein individuelles Bewußtsein über die Mißbrauchsmöglichkeiten von Daten war kaum vorhanden. Es bestand im Gegenteil ein tiefes Bedürfnis, Daten der Öffentlichkeit zugänglich zu machen, die den Bürgern bisher vorenthalten und verschwiegen wurden. Hinzu kommt der Überdruß, den die Mehrheit der Angestellten gegenüber den in der DDR üblichen und übertriebenen Geheimhaltungsregelungen entwickelt hat.

So verwundert es kaum, daß sich aus Sicht der neuen Rechtsauffassung der praktische Umgang mit Daten auf Ämtern und Behörden in den neuen Ländern (lt. Presseerklärung der Deutschen Vereinigung für Datenschutz vom 1.11.1991) als ein "Dorado des Datenmißbrauchs" herausstellte. Untersuchungen, in denen stichprobenartig die Praxis in den

Sozialämtern erkundet wurde, wiesen auf erhebliche Mißstände hin. Es wurden Formulare aus den alten Bundesländern verwendet, die schon dort datenschutzrechtlich als unzulässig erkannt waren. Es wurden Angaben verlangt, ohne Hinweis darauf, daß die Angabe freiwillig ist. Es wurden Generalermächtigungen erwirkt, die weder das Auskunftsersuchen, den Auskunftsumfang, den Zeitpunkt der Auskunft noch den Adressaten bestimmen. Insgesamt konnte festgestellt werden, daß in den neuen Bundesländern noch einmal deutlich mehr gegen den Datenschutz verstoßen wurde als in den alten Ländern (vgl. Friedrich 1992). Hier verstärkte sich auf fatale Weise, wie das an vielen Stellen des Vereinigungsgeschehens zu beobachten ist, das durch die Wende überholte Denken und Verhalten der ehem. DDR-Bürger mit den latenten Schwächen im noch nicht vollkommen gefestigten rechtsstaatlichen Denken und demokratischen Verhalten der anderen.

Grundsätzlich wird beim Datenschutz noch zu stark technisch gedacht. Funktionen zum Datenschutz, die in den Softwaresystemen angelegt sind (z.B. der Vermerk "Auskunftssperre"), bringen nur dann einen Effekt im Sinne des Datenschutzes, wenn sie von den Sachbearbeitern und Sachbearbeiterinnen auch tatsächlich verantwortungsbewußt gegenüber dem Bürger oder der Bürgerin und im Bewußtsein der Gefahren des Datenmißbrauchs gehandhabt werden. Tatsächlich wird Datensicherung zwar technisch installiert, aber nicht organisatorisch unterstützt, ergänzt und eingeübt. Noch kritischer sind die räumlichen Voraussetzungen für den Datenschutz zu beurteilen, die ja auch Teil der Arbeitsorganisation sind. Die Ausstattung mit Technik ist meist besser als die mit Büromobiliar, und die Gebäudesubstanz ist nahezu unverändert. Nicht selten stehen deshalb in den Ämtern mehrere Terminals in einem Raum, sodaß eine rechnergestützte Sachbearbeitung im Publikumsbetrieb zwangsläufig gegen den Datenschutz verstoßen muß.

Inzwischen sind in allen neuen Ländern Datenschutzbeauftragte berufen, doch der Datenschutz wird noch solange lückenhaft sein, solange die gesetzlichen Grundlagen der Datenschützer nicht unter Bezugnahme zu den organisatorischen Konzepten und Abläufen umgesetzt werden. Gewachsen ist das Bewußtsein der ehem. DDR-Bürger für den Datenschutz im Hinblick auf die individuelle Betroffenheit, die oft sogar die extreme und unrealistische Tendenz annimmt, einen "absoluten Datenschutz" für sich zu reklamieren.

Zusammenfassend ist festzustellen, daß die Frage nach den westlichen Eigenschaften der Technik so eigentlich nicht gestellt werden kann. Wenn man den technischen

Entwicklungsstand des Westens einmal beiseite läßt, so ist die Technik nicht an sich westlich geprägt, sondern der Kontext, in dem sie effektiv wird. Dieser Kontext besteht in Umgangs-, Verhaltens- und Denkweisen, die sich historisch entwickelt haben und die sozial-kulturell tradiert und erworben wurden. Seine Übertragung auf andere ist ebenfalls an sozial-kulturelle Prozesse, wie Lernen, Erfahren, Erkennen und Verstehen gebunden.

5. Lernen, aber wie?

Lernen fand bisher größtenteils auf dem Niveau des "Anlernens" statt, d.h. es wurde gerade soviel Wissen vermittelt, wie man meinte, daß Mitarbeiter und Mitarbeiterinnen zur Handhabung der Technik brauchen. Das waren in der Regel ca. 20-40 Ausbildungsstunden, die meist in Lehrgängen abseits des Arbeitsplatzes absolviert wurden und in denen ein Grundwissen über das Betriebssystem, über Standard-Software sowie über die aufgabenbezogene Software vermittelt wurde. Auf die spezielle Anwendungssituation am Arbeitsplatz sowie auf die Anforderungen aus der Zusammenarbeit mit anderen Kollegen oder mit anderen Aufgaben konnte dabei kaum eingegangen werden.

Kaum hilfreicher war das Vorgehen, nach dem in einer Art "Crash-Kurs vor Ort" ein System mit wenigen Schulungen eingeführt und alle weiteren Hilfestellungen nach Vereinbarung gewährt wurden. Vielfach fanden Lehrgänge statt, bevor die Technik oder die Software zur Verfügung stand. Dadurch fehlte die Möglichkeit, das Gelernte praktisch zu festigen, und so wurde viel Wissen vergessen, bevor es angewendet werden konnte. Wenn aber die Technik zur Verfügung stand, dann scheiterte das Üben und Probieren am eigenen Arbeitsplatz nicht selten an dem umfangreichen Arbeitspensum. Zeitdruck ist ebenso wenig ein gedeihliches Klima zum Lernen, wie die Angst, den Arbeitsplatz zu verlieren, wenn die Einarbeitung nicht erfolgreich verläuft. Aus Angst werden keine Fragen gestellt, denn Fragen könnten auf Nichtwissen hindeuten und Nichtwissen könnte wiederum als Nichtkönnen ausgelegt werden. So ist die Schulungspraxis eher durch Methoden der frontalen und pauschalen Wissensvermittlung nach dem Prinzip des "Nürnberger Trichters" bestimmt.

Mehr noch als Wissen fehlt bei vielen Akteuren aber überhaupt das Bewußtsein für die Probleme und die Kenntnis der Zusammenhänge. Das betrifft den Zusammenhang von Arbeitsgestaltung und Technikgestaltung generell, aber auch den Datenschutz, das Verständnis von Betroffenheit durch die Technik, den Stellenwert der Beteiligung, die

Kenntnis der eigenen und der gruppenbestimmten Interessen u.v.a.m. Auf vielen Gestaltungsfeldern wäre es deshalb nötig, erst einmal ein Problembewußtsein zu entwickeln, das eine zielgerichtete Anwendung von Wissen ermöglicht, bevor man mit der Wissensvermittlung beginnt. Das erfordert allerdings Formen des Lernens, in denen Erfahrungen möglich sind und in denen individuell vorhandenes Vorwissen berücksichtigt werden kann.

6. Gestaltung als Weg zur Festigung der Demokratie

Zeitdruck, Unsicherheit und Angst bergen die Gefahr, daß man auf "sichere" Konzepte und kurzfristige Lösungen setzt und dadurch den prinzipiell möglichen bzw. den tatsächlich vorhandenen Gestaltungsspielraum gar nicht erkennt und nutzt. So wurde die Einführung von Informations- und Kommunikationstechnik im Bereich der Öffentlichen Verwaltung denn auch hauptsächlich aus technischer und ökonomischer Sicht betrieben und zuwenig in den Zusammenhang mit verwaltungspolitischem Handeln gestellt. Ein solches Vorgehen ist nicht nur aus wirtschaftlicher Sicht zu kurzfristig gedacht, wenn man die Folgekosten in die Berechnungen mit einbezieht. Es gerät damit auch die politische Dimension, wie die Berücksichtigung verschiedener Interessen, die mit Arbeits- und Technikgestaltung und mit Verwaltungsprozessen schlechthin verbunden ist, in den Hintergrund. Nach Ansicht von W. Seibel wiegt das umso schwerer "..., als es beim Aufbau funktionstüchtiger Verwaltungen in den neuen Bundesländern nicht allein um ein Problem der Ressourcenmobilisierung in personeller, organisatorischer und finanzieller Hinsicht geht. Zugleich muß sich die öffentliche Verwaltung in den neuen Ländern als eine demokratische und rechtsstaatliche Verwaltung bewähren." (vgl. Seibel 1991).

Es geht um die Bewährung der Verwaltung als demokratische und bürgerfreundliche Institution, die sich im täglichen Umgang mit den Bürgern erweisen muß. Wie transparent, wie flexibel und wie demokratisch dabei eine Behörde ihren Bürgern als dienstleistende Einrichtung gegenübertritt, hängt von der Organisation der Arbeitsabläufe und von den Arbeitsbedingungen ab, unter denen die Dienstleistung erbracht werden muß. Auch Einstellungen und Haltungen, die Beamte den Bürgern gegenüber einnehmen, werden durch den Geist geprägt, der in einer Behörde herrscht, d.h. durch die Arbeitskultur und durch den Umgang, den Beamte in ihrer Behörde an sich selbst erleben. So steht die Beziehung, die eine Verwaltung zu ihren Bürgern hat, im direkten Zusammenhang zu ihrem inneren Beziehungsgefüge, d.h. zu ihrer formalen und informellen Organisation. Ein Weg zur Entwicklung eines effektiven und zugleich rechtsstaatlich demokratischen Verwaltungshandelns führt deshalb über die Gestaltung von Arbeits- und Organisationsbeziehungen, die in ihren Eigenschaften durch moderne Technik zu verstärken sind.

Das ist zugleich eine Chance, die Unterschiede, mit denen zwei kulturell verschiedene Sprach-, Denk- und Lebenswelten in der gegenwärtigen Situation aufeinandertreffen, durch wechselseitige Lern-, Verständigungs- und Bewußtwerdungsanstrengungen zu überwinden. Und es ist zugleich die einzige Möglichkeit, die notwendige Widerstandskraft gegenüber demokratiefeindlichen Tendenzen sowie solchen Erscheinungen zu entwickeln, die aus der unbewußten Allianz von technozentrierten Sichtweisen und kurzfristigem Erfolgsdenken entstehen.

Literaturverzeichnis

Falck, M.
Arbeits- und Technikgestaltung in den neuen Bundesländern. Mit Bezug auf die Aufbausituation der Öffentlichen Verwaltung. Herausgegeben von der ÖTV: Courier-Verlag, 1992.

Friedrich, H.
Sozialhilfe und Datenschutz: Theorie ohne Praxis? - Bundesweite Untersuchung der amtlichen Antragsformulare in der Sozialhilfe. In Forschungsberichte der TU Berlin, Fachbereich Informatik. Berlin, 1992.

Kempf, R.; Lühr, H.
Qualifizierung für die Gemeindeverwaltung. Vortrag auf der Fachtagung der Gewerkschaft ÖTV: Perspektiven der beruflichen Weiterbildung für die öffentlichen Dienste 1990.

Seibel, W.
Zur Situation der öffentlichen Verwaltung in den neuen Bundesländern. Vortrag auf der kommunalpolitischen Konferenz der ÖTV in Berlin, Juni 1991.

Senghaas-Knobloch, E.
Neue Herausforderungen für die Arbeit- und Technikforschung im deutschen Einigungsprozeß: Gestaltungsansätze und Gestaltungsbarrieren. In: Fricke, W. (Hrsg.), Jahrbuch Arbeit und Technik. Bonn: Dietz 1991.

A Software Tool that Links Design and Manufacture

Winston A.Knight
University of Rhode Island and Boothroyd Dewhurst Inc.

1. Introduction

It is now well accepted in industry that major improvements in productivity and manufacturing costs can be achieved through increased emphasis on product design for manufacture and assembly (DFMA). This stems directly from recognition that most of the overall manufacturing costs are determined by decisions made at the early conceptual design stages of a product.

Design for Manufacture and Assembly is a concurrent or simultaneous engineering activity with the following main features:

- Design reviews and development by multi-disciplinary teams throughout the early stages of product design.
- The use of predictive software tools for product analysis in order to quantify the effects of early design decisions.

In order to influence design teams during the early concept design of a product, it is necessary to provide procedures by which the manufacturing cost penalties associated with the various design decisions can be quantified. Furthermore this information should be presented in such a way that the designers are guided towards alterations which reduce the manufacturing and assembly costs. It is this approach to design for manufacture which has the greatest impact on manufacturing costs and productivity.

2. Design for Manufacture and Assembly Analysis

DFMA analysis consists of several stages (Fig. 1). Once the initial design concepts of a product have been considered, the first analysis stage is design for assembly (DFA). The primary objective of DFA is examination of the proposed product structure with emphasis on simplification and determination of the most economic part count for the assembly. Coupled with DFA analysis is early consideration of candidate material/process combinations for components and early determination of component costs, together with the cost implications of part features. In this context systematic procedures for early material/process selection are useful, in conjunction with early cost estimating tools which utilize product data available at the early stages of product design.

Fig. 1:   Steps in Design for Manufacture and Assembly Analysis

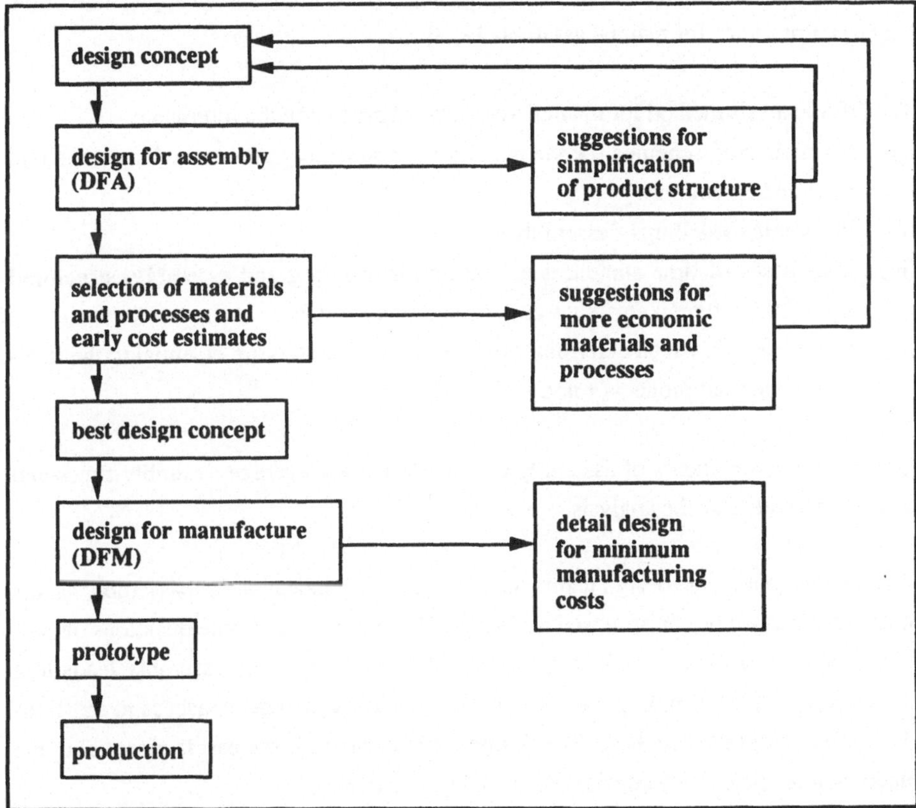

2.1 Design for Assembly Analysis

Design for Assembly analysis [1-3] is essentially a design evaluation procedure, which highlights the major contributions to assembly costs and guides the design team to possible simplification of the assembly to reduce these costs. Important developments in the area of design for manufacture are procedures for design for assembly (DFA) analysis, such as the systems developed by Boothroyd and Dewhurst [1-3]. These systems provide the designer teams with a means of systematically assessing ease of assembly at the early design stages of a product, in such a way that the major contributions to assembly costs are highlighted. This leads designer teams towards the most suitable areas for redesign and product simplification to have the greatest impact on assembly costs. However, the associated reductions in component part and overhead costs often outweigh the savings in direct assembly costs. Software based procedures have been developed for manual, high speed automatic and robot assembly. However, most of the design simplifications benefits obtained have resulted from application of the analysis procedures for manual assembly [2, 3].

The DFA analysis method for manual assembly is based upon the following:
(i)   Classification schemes for the handling and assembly processes for component parts and assemblies.
(ii)   Economic modelling of assembly methods.
(iii) Data bases of time standards and costs for handling and assembly, structured around the different attributes of parts and subassemblies.
(iv)   Simple criteria which determine whether individual parts are essential to the function of the final product or not.

Quantitative assessments of assembly efficiency and the average assembly times and costs are provided by the analysis.

In using the system, the design team considers each component and subassembly as it is added to the assembly or proposed assembly. The response to simple questions on part geometry and on the processes required to add each item to the assembly leads to a classification of the handling and assembly processes, which gives access to the associated times from the data base. The design team discusses if the part is essential to the function of the product by considering three basic criteria:
(a)   During operation of the product, does this part move relative to all other parts already assembled?
(b)   For fundamental reasons, does the part have to be of a different material from all the other parts already assembled?
(c)   Does the part have to be separate from all other parts already assembled because otherwise assembly or disassembly of other separate parts could not be carried out?

At the end of the analysis, the design team is presented with tables of results which indicate those parts or subassemblies which contribute most to the overall assembly times and further those parts which are not essential to the function of the product. This analysis is the catalyst for design concepts with simplified product structures, by forcing the designers to consider the elimination or consolidation of parts. The extent of any improvements can be assessed by re-analysis using the DFA system. It is important to stress that the design modifications are still carried out by the product designers, but the DFA analysis leads them to the most fruitful areas of concentration and provides a means of readily quantifying the effects of design changes. The analysis process is most beneficially carried out in a team environment and is the catalyst for discussions which lead to alternative designs and product structures.

Design for assembly analysis is now a well accepted technique which is used widely in industry in the U.S. and elsewhere. Large cost savings, running to millions of dollars, have been reported through applications of the method [2, 3].

2.2 Typical Design Simplification Using DFA

Fig. 2 shows the basic features of a motor drive assembly that is required to sense and control its position on two steel guide rails [2]. The motor must be fully enclosed a removable cover for access for adjustment of the position sensor. The main requirements are a rigid base designed to slide up and down the guide rails which will both support the motor and locate the sensor. The motor and sensor have wires connecting to a power supply and control unit, respectively.

Fig. 2:   Basic Functional Features of a Motor Drive Assembly

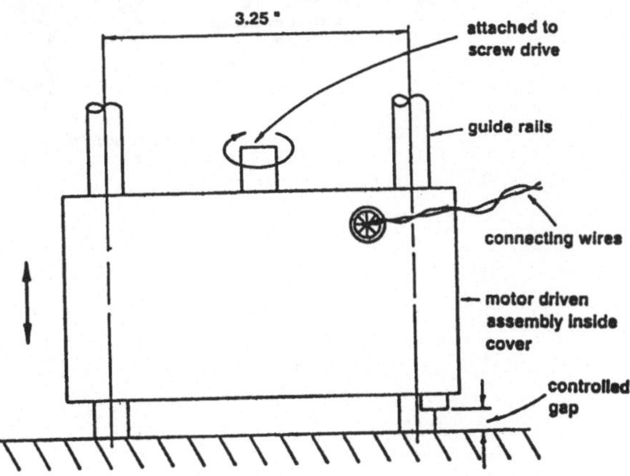

An initial design solution could be as is shown in Fig. 3, where the base contains self-lubricating bearing bushes to provide suitable friction and wear characteristics. The motor is secured to the base with two screws and a hole accepts the cylindrical sensor which is retained with a set screw. The motor, base and sensor are enclosed with an end plate, attached by screws to two stand-offs, which are themselves screwed into the base. This end plate is fitted with a plastic bush through which the connecting wires pass. Finally, a box-shaped cover slides over the whole assembly from below the base and is secured by four screws. There are two subassemblies, the motor and the sensor, which are required items and, in this initial design, there are eight additional main parts and nine screws making a total of nineteen items to be assembled.

Fig. 3:   Initial Motor Drive Assembly Design

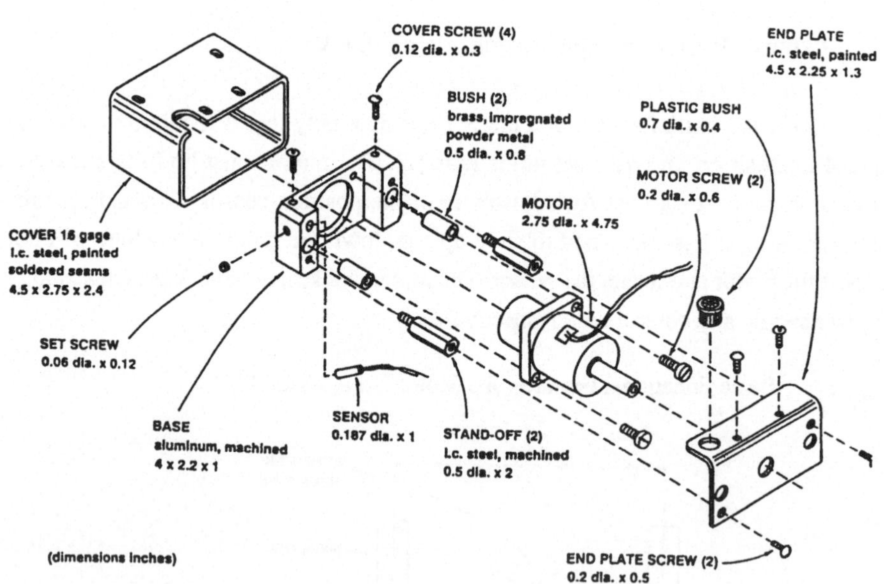

Application of the basic criteria for separate existence of each part to the proposed design (Fig. 3) would proceed as follows:

1.	Base	As the first part to be assembled, there are no other parts with which it is a theoretically necessary part.
2.	Bushes (2)	These do not satisfy the criteria because the Base and Bushes could fundamentally be of the same material.
3.	Motor	The motor is a standard subassembly of parts which, in this case, is purchased from a supplier. In this example, we shall assume that the motor and sensor are not to be analyzed.
4.	Motor Screws (2)	Invariably, separate fasteners do not meet the criteria because an integral fastening arrangement is always theoretically possible.
5.	Sensor	This is another standard subassembly.
6.	Set Screw	Theoretically not necessary.
7.	Standoffs (2)	These do not meet the criteria and could be incorporated into the Base.
8.	End Plate	Must be a separate part for reasons of assembly.
9.	End Plate Screws (2)	Theoretically not necessary.
10.	Plastic Bush	Could be of the same material as, and therefore combined with, the End Plate.
11.	Cover	Could be combined with the End Plate.
12.	Cover Screws (4)	Theoretically not necessary.

From this analysis it can be seen that if the Motor and Sensor subassemblies could be arranged to snap or screw into the Base and a plastic Cover designed to snap on, there would be only four separate items needed instead of nineteen. These four items represent the theoretical minimum number required to satisfy the constraints of the product design without considering practical limitations.

It is now necessary for the design team to justify the existence of those parts that do not satisfy the criteria. Justification may arise from practical or technical considerations or from economic considerations. In this example, it could be argued that two Screws are needed to secure the Motor and one Set Screw is needed to hold the Sensor because any alternatives would be impractical for a low volume product such as this.

It could also be argued that the two powder metal Bushes are unnecessary because the base part could be machined from an alternative material such as nylon having the necessary frictional characteristics. Finally, it is very difficult to justify the separate Stand-offs, End Plate, Cover, Bushes and the associated six Screws.

Tab. 1 presents the results of an assembly analysis for the initial motor drive assembly design. Guided by the information obtained during the analysis an alternative simplified design such as that shown in Fig. 4 may result. Tab. 2 shows the results of an assembly analysis of the modified design where it can be seen that the assembly time is only 46 s - less than one third of the original assembly time. Tab. 3 compares the cost of the parts for the two designs where it can be seen that there is a saving of $13.71 in parts cost. However, the tooling for the new cover is estimated to be $5000 - an investment that would have to be made at the outset.

Tab. 1:   Design for Assembly Analysis Summary for Initial Motor Drive Assembly

DFA Analysis for Motor Drive Assembly

	No.	Theoretical part count	Assembly Time (s)	Assembly Cost ($)
Base	1	1	3,5	2.9
Bush	2	0	12.3	10.2
Motor sub.	1	1	9.5	7.9
Motor screw	2	0	21.0	17.5
Sensor sub.	1	1	8.5	7.1
Set screw	1	0	10.6	8.8
Stand-off	2	0	16.0	13.3
End Plate	1	1	8.4	7.0
End Plate screw	2	0	16.6	13.8
Plastic bush	1	0	3.5	2.9
Thread leads	-	-	4.5	4.2
Reorient	-	-	4.5	3.8
Cover	1	0	9.4	7.9
Cover screw	4	0	31.2	26.0
Totals	19	4	160.0	133.0

$$\text{design efficiency} = \frac{4 \times 3}{160} = 7.5 \text{ percent}$$

Tab. 2:   Design for Assembly Analysis Summary for Modified Motor Drive
Assembly

DFA Analysis for Redesign of Motor Drive Assembly

	No.	Theoretical part count	Assembly Time (s)	Assembly Cost ($)
Base	1	1	3,5	2.9
Motor sub.	1	1	4.5	3.8
Motor screw	2	0	12.0	10.0
Sensor sub.	1	1	8.5	7.1
Set screw	1	0	8.5	7.1
Thread leads	-	-	5.0	4.2
Plastic cover	1	1	4.0	3.3
Totals	7	4	46.0	38.4

$$\text{design efficiency} = \frac{4 \times 3}{46.0} = 26 \text{ percent}$$

Fig. 4:   Modified Motor Drive Assembly Design

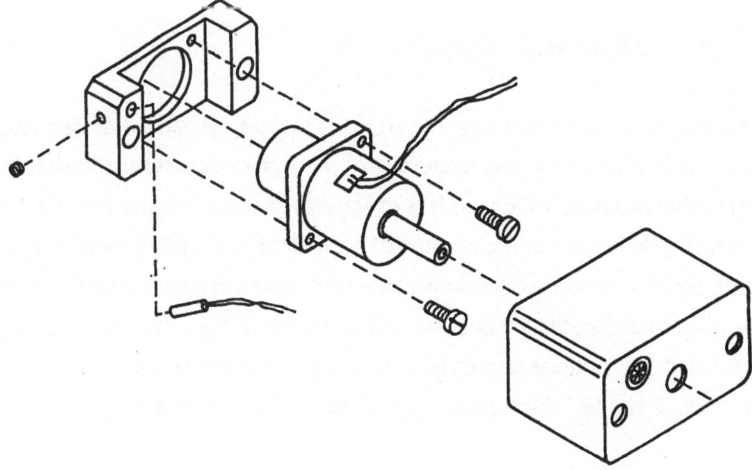

Tab. 3:   Comparison of Part Costs for Motor Drive Designs

Part Costs for Motor Drive Assembly			
a) Proposed Design		**b) Redesign**	
Item	Cost ($)	Item	Cost ($)
Base (aluminum)	12.91	Base (nylon)	13.43
Bush (2)	2.40*	Motor screw (2)	0.20 *
Motor screw (2)	0.20	Set screw	0.10*
Set screw	0.10*	Plastic cover	8.00
		(includes tooling)	
Stand-off (2)	5.19		
End plate	5.89	Total	21.73
End plate screw (2)	0.20 *		
Plastic bush	0.10*	Tooling cost for	
Cover	8.05	plastic cover - $ 5 k	
Cover screw (4)	0.40		
Total	35.44		
* Purchased in quantity			

Thus, the outcome of this study is a second design concept representing a total savings of $14.66 of which only 95 cents represent the savings in assembly time. It is interesting to note that the redesign suggestions arose through the application of the minimum part count criteria during the design for assembly analysis; the final cost comparison being made after assembly cost and parts cost estimates were considered.

Thus the benefits of DFMA analysis procedures are:

(a)   DFMA provides a systematic procedure for analyzing proposed design from the point of view of assembly and manufacture. This procedure results in simpler and more reliable products which are less expensive to assemble and manufacture. In addition, any reduction in the number of parts in an assembly produces a corresponding additional cost reduction because of the drawings and specifications that are no longer needed, the vendors that are no longer needed, and the inventory that is eliminated. All of these factors have an important effect on overheads which, in many cases, form the largest proportion of the total cost product.

(b)   DFMA tools encourage dialogue between designers and the manufacturing engineers and any other individuals who play a part in determining final product costs during the early stages of design. This means that concurrent engineering team working is encouraged.

(c) The savings in manufacturing costs obtained by many companies who have implemented DFMA based design procedures have been significant. For example, Ford Motor Company has reported savings in the billions of dollars as a result of applying DFMA to the Ford Taurus line of automobiles [4]. NCR have realized savings of millions of dollars as a result of applying DFMA to several products including point-of-sales terminals [4]. Many other case studies have been reported. Fig. 5 and Tab. 4 to 6 summarize the savings and benefits which have been described in a range of publications in a wide range of different companies and products [3].

Fig. 5: Part Count Reductions from a Range of Case Studies

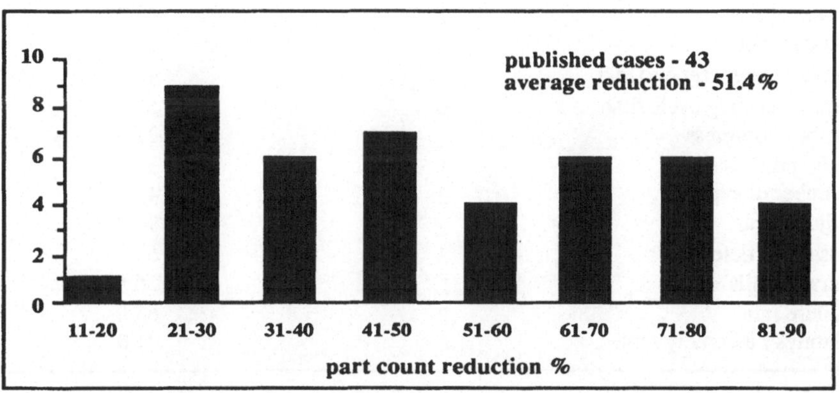

Tab. 4: Summary of Benefits from DFMA Analysis Applications

Benefits of BDI DFA application		
Manufacturing/performance related improvements (from published case studies)		
Category	# of cases	average reduction (%)
manufacturing cycle time	6	57.3
product time to market	4	47.5
number of suppliers	2	47.0
service calls / failure rate	3	64.3
fixtures / assembly tools	3	68.7

Tab. 5: Summary of Benefits from DFMA Analysis Applications

Some DFMA Results from 43 Published Case Studies		
Category	# of cases	average reduction (%)
separate fasteners	12	72.4
assembly operations	10	49.5
assembly time	31	61.2
assembly cost	18	41.1
material cost	2	48.5
product cost	12	37.0
product dev. / time to mkt.	4	47.5
manufacturing cycle time	6	57.3
work in progress	1	31.0
mfg. process steps	1	55.0
number of suppliers	2	47.0
adjustments	2	94.0
assembly defects	3	68.0
service calls	2	56.5
failure rate	2	65.0
fixtures / assembly tools	4	71.0

Tab. 6: Summary of Benefits from DFMA Analysis Applications

Product design related improvements (from published case studies)		
Category	# of cases	average reduction (%)
assembly time	28	58.8
assembly operations	10	49.5
separate fasteners	9	74.3
product cost	9	30.4
assembly defects	3	68.0

3. Design Process in a Linked CAD/DFMA Environment

Computer aided design (CAD) systems have widespread use in industry and are an integral part of the product design process. Consequently there is an interest in the integration of DFMA analysis into the CAD environment, in particular as some of the information required may be available in the CAD system data base provided suitable routines are developed for it to be extracted.

A considerable amount of design is an evolution or modification of existing designs, and as such, the original design may already have been captured in a CAD system data base. In addition, actual products and prototypes will be available for analysis. In this situation it is relatively easy to envisage ways in which this information can be accessed by the DFMA analysis procedures, although this may not be straight forward to achieve. The more interesting situation to consider is how the design process for a conceptually new product may be influenced in the CAD environment. In effect, starting from a blank sheet of paper or workstation screen.

In the situation of the conceptual design of a new product it seems improbable that a CAD system will be utilized significantly during the discussions at the very early stages of product conception. Initial discussions will be largely on function, layout, etc. and will most likely still be done by sketching on pieces of paper or with appropriate computer based sketching systems if developed. The first thing to be established will probably be an initial product structure, i.e. a tentative listing of subassemblies, parts, and so on, with only an approximate consideration of the geometry of each item, perhaps limited to the overall dimensions and approximate shapes.

It is at this stage that DFA analysis should be initially applied and the product structure simplified as much as possible, i.e. before a great effort is expended in generating all of the geometry of the proposed design. The current DFA analysis software incorporates a facility for capturing the product structure, i.e. the relationship between subassemblies, parts and so on. Thus a logical way to integrate DFA analysis in the CAD environment is as a front end to a CAD system into which the product structure is initially entered and the DFA system essentially drives the CAD system. The product structure is then used as the basis for the CAD file structure for creating the geometry of each item in the assembly. This will allow simplification of the initial product structure to be done before too much detailed geometry creation has occurred. It is envisaged that the geometry of each item will be created by selection from the DFA product structure in turn, which then gives access to the CAD system geometry creation window. In this manner different ways of creating the geometry of each part can be readily accommodated. For example:

(i)   For standard parts retrieval, from data base of parameterized standard parts.

(ii)   For some families of parts, from a parametric geometry model

(iii)   Appropriate modelling systems - solid, surface, features?

As the geometry of a particular part is created with a specific process in mind, integration with early cost estimation procedures which utilize the geometric information being generated directly should also be considered, but the direct extraction of the necessary data from a CAD system data base is still a significant problem to be solved.

The integration of DFA/CAD would have the following basic features:
- DFA analysis program utilized along the lines described in pervious chapters, but with the CAD program driven by DFA program in a separate application window.
- All graphics and geometry creation facilities would reside in the CAD program (They already exist there).
- Creation of geometry, drawings etc. in the CAD program would be driven and accessed from the product structure charts in the DFA application window.

In order to illustrate how a combined system would operate consider the following example:
1. Initial concept discussions lead to proposals for a motor drive assembly as sketched in Fig. 2.
2. This proposed product is captured in the DFA analysis software applications window.
3. Minimum part count criteria can be applied to this product structure and the subsequent discussions lead to several simpler product structure concepts, such as corresponding to Fig. 4.
4. These modified product structures are captured in the DFA analysis software window.
5. These product structures then form the basis for building up (and subsequently accessing) the geometry of each item in the CAD system window. The structure diagram in the DFA window becomes the menu for the file structure set up in the CAD system. Selecting each item in turn allows the geometry to be created by an appropriate method within the CAD application window.

6. As the geometry of each part is created integration with cost estimation for a selected process could also occur, with the estimation tools utilizing the geometric data as it is created, but this type of DFM/CAD integration would be more difficult to achieve.

4. Concluding Remarks

Software tools for product analysis during the early stages of product design have been developed which enable predictions of manufacturing and assembly costs to be determined. These tools are used as part of the concurrent engineering approach to product development using cross functional teams, with the aim of developing more competitive products, with improved quality and reliability. These tools have been applied with great benefit in a wide range of industries.

References

[1] Boothroyd, G. and Dewhurst, P.
Product Design for Assembly , Boothroyd Dewhurst Inc., Wakefield, Rhode Island, 1990.

[2] Boothroyd, G.; Dewhurst, P. and Knight, W. A.
Product Design for Manufacture and Assembly, Marcel Decker Inc., New York, 1993.

[3] Boothroyd, G. and Alting, L.
Design for Assembly and Disassembly, Annals of CIRP, Vol.41 , No.2, 1992.

[4] Miller, Fredric W.
Design for Assembly - Ford's Better Idea to Improve Products, Manufacturing Systems, March 1988, pp 22-24.

[5] Sprague, W. R.
Design for Manufacturability Implementation and Elements for Success, Proc. 3rd.Int.Conference on DFMA, Newport, RI, June.1988.

Welche Beiträge kann die Informationstechnik leisten für eine dauerhafte Entwicklung - Sustainable Development?

Dirk-Michael Harmsen

Fraunhofer-Institut für Systemtechnik und Innovationsforschung (ISI), Karlsruhe

1. Problemaufriß

1.1 Das neue Leitbild: Dauerhafte oder nachhaltige Entwicklung

"Dauerhafte Entwicklung ist Entwicklung, die die Bedürfnisse der Gegenwart befriedigt, ohne zu riskieren, daß künftige Generationen ihre eigenen Bedürfnisse nicht befriedigen können" (vgl. Brundtland-Bericht 1987). Mit dieser Definition, die die von den Vereinten Nationen im Jahr 1983 beauftragte "Weltkommission für Umwelt und Entwicklung" in ihrem Abschlußbericht im Jahre 1987 verwendete, ist eine Zielvorstellung verbunden, die grundsätzlich ökologischer Natur ist. Diese Zielvorstellung versucht, Auswege aus einem globalen, entwicklungspolitischen Dilemma zu finden (vgl. Harboth 1989): einerseits wird immer deutlicher, daß der von den Industrieländern beschrittene Weg einer "harten", wachstumsorientierten Entwicklung aus ökologischen Gründen (Umweltzerstörung, Ressourcenerschöpfung) nicht endlos weiterverfolgt werden kann[1]; andererseits ist es nach wie vor das erklärte Ziel der armen Mehrheit der Weltbevölkerung, eben diesen historischen Entwicklungsweg der heutigen Industrieländer zu imitieren. Würde dies der Dritten Welt kurzfristig gelingen und würden die Industriestaaten weiterhin auf ihre heutigen Wachstumsvorstellungen beharren, wäre dies der sichere ökologische Selbstmord der Menschheit. Gelingt ihr dies aber nicht, so verschärft sich das ökologische Problem dennoch in zweifacher Weise: Die Weltbevölkerung wächst weiter, solange die Armut nicht beseitigt ist; Menschen, die ums Überleben kämpfen,

---

[1] Viele Anzeichen sprechen dafür, daß die derzeit reiche Minderheit der Weltbevölkerung ein ressourcenverbrauchendes und umweltschädigendes Wohlstandsniveau beansprucht, das weit über das für *alle* Menschen ökologisch mögliche Niveau hinausgeht. Ganz deutlich wird dies am Energieverbrauch der Industrieländer: während die in den Entwicklungsländern lebenden vier Fünftel der Menschheit im Jahr 1986 einen Pro-Kopf-Verbrauch von 506 Kilogramm Öleinheiten kommerzieller Energie aufwiesen, leistete sich das in den westlichen und östlichen Industrieländern lebende Fünftel einen Pro-Kopf-Verbrauch, der fast zehnmal so hoch lag: 4.552 Kilogramm pro Kopf im Osten und 4.952 Kilogramm pro Kopf im Westen (vgl. Weltbank (1988:278f.), Weltentwicklungsbericht).

werden weiterhin ihre ökologischen Grundlagen zerstören (siehe die Brandrodungen in vielen tropischen Ländern).

Benötigt wird also ein Entwicklungskonzept, das dem Problem der primär auf Wachstum hin orientierten Entwicklung der Industrieländer einerseits und der Unterentwicklung der Dritten Welt andererseits gleichzeitig Rechnung trägt und das in dem Sinne auf *Dauerhaftigkeit* baut, daß allen heutigen und zukünftigen Menschen ein ausreichender materieller Lebensstandard ermöglicht wird, ohne daß die Tragfähigkeit des "Raumschiffes Erde" überbeansprucht wird. Von der ökologisch relevanten Problemkombination "Bevölkerungswachstum - Umweltzerstörung - Ressourcenerschöpfung" zeigen die beiden erstgenannten Aspekte bereits dramatische Entwicklungen, während der Aspekt der Ressourcenerschöpfung *noch* kein allzu drängendes Problem zu sein scheint, wenn man den dramatischen Anstieg der klimarelevanten Schadstoffe in der Atmosphäre nicht als ein Signal der sich erschöpfenden Ressource "Gasdeponie Atmosphäre" in Betracht zieht.

Zur Verdeutlichung dieser Feststellungen mögen die folgenden *Abb. 1 bis 7* und *Tab. 1* dienen, entnommen aus Meadows/Meadows/Randers 1992

Abb. 1:   Der demographische Übergang

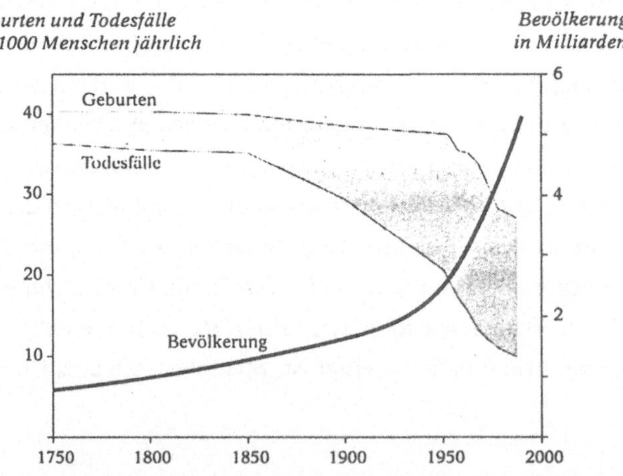

Die gerasterte Zone zwischen Geburten und Todesfällen ergibt die jeweilige Rate des Bevölkerungswachstums über der betreffenden Jahreszahl (untere waagerechte Skala). Bis etwa 1970 hat weltweit die Zahl der jährlichen Todesfälle rascher abgenommen als die Zahl der Geburten. Dadurch stieg die Wachstumsrate der Bevölkerung. Seit 1970 aber fällt die Geburtenzahl ein wenig rascher als die Zahl der Todesfälle. Dadurch ist auch die Wachstumsrate der Weltbevölkerung etwas zurückgegangen. Doch noch immer ist das Bevölkerungswachstum exponentiell (Quelle: Vereinte Nationen).

Quelle: Meadows/Meadows/Randers 1992:46

Abb. 2:   Geburtenraten und Bruttosozialprodukt (BSP) 1989

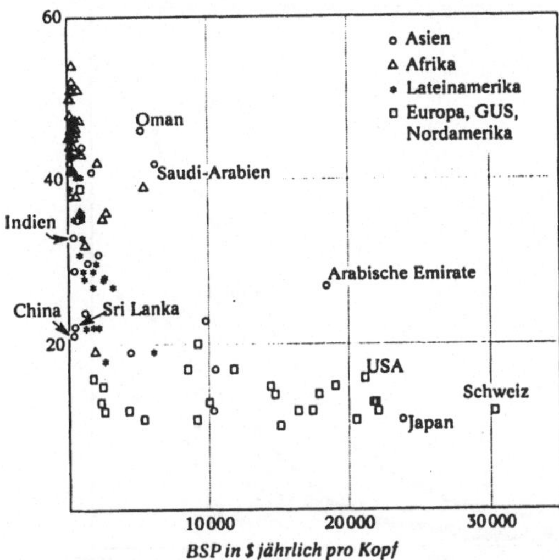

Sobald eine Gesellschaft wohlhabender wird, beginnen die Geburtenzahlen zu fallen. In allen armen Ländern der Erde werden jährlich auf 1000 Einwohner zwischen 20 und 50 Kinder geboren. Doch in den reichsten Industrieländern liegen die Geburtenzahlen immer unter 20 Neugeborenen pro 1000 Einwohner jährlich. Nur die Öl-Staaten des Nahen Ostens haben Geburtenraten über dem Durchschnitt (Quellen: Population Reference Bureau; CIA).

Quelle: Meadows/Meadows/Randers 1992:54

Tab. 1:   Weltweites Wachstum in ausgewählten Sektoren

	1970			1990	
Weltbevölkerung	3,6	Mrd		5,3	Mrd
Kraftfahrzeuge	250	Mio		560	Mio
gefahrene Kilomenter/Jahr (nur OECD-Länder)					
PKW	2584	Mrd		4489	Mrd
Lastwagen	666	Mrd		1536	Mrd
Ölverbrauch/Jahr	17	Mrd	Barrel	24	Mrd
Kohleverbrauch/Jahr	2,3	Mrd	Tonnen	5,2	Mrd
Kapazität E-Werke	1,1	Mrd	Kilowatt	2,6	Mrd
Strom aus Kernkraft/Jahr	79		Terawatt-Std.	1884	
Getränkeverbrauch					
nicht alkoholisch/Jahr	23	Mrd	Liter	58	Mrd
Bierverbrauch/Jahr	19	Mrd	Liter	29	Mrd
Aluminium für					
Getränkebehälter	72700		Tonnen	1251900	
Müll aus Gemeinden/Jahr					
(nur OECD-Länder)	302	Mio	Tonnen	420	Mio

Quelle: Meadows/Meadows/Randers 1992:27

Abb. 3: Globaler Düngemitteleinsatz

in tausend Tonnen pro Jahr

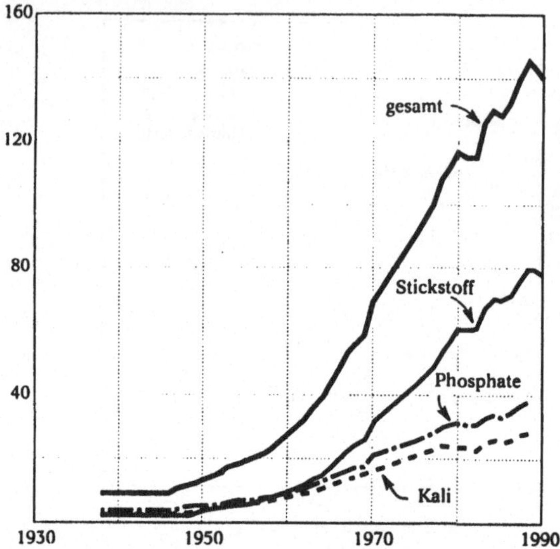

Der globale Verbrauch von Düngemitteln steigt exponentiell. Vor 1970 betrug die Verdoppelungszeit 10 Jahre, nach 1970 belief sie sich auf 15 Jahre. Gegenwärtig ist der Düngemitteleinsatz rund 15 mal höher als am Ende des Zweiten Weltkriegs (Quelle: Vereinte Nationen).

Quelle: Meadows/Meadows/Randers 1992:36

Abb. 4: Primärenergieverbräuche

Millionen Tera-Joules jährlich

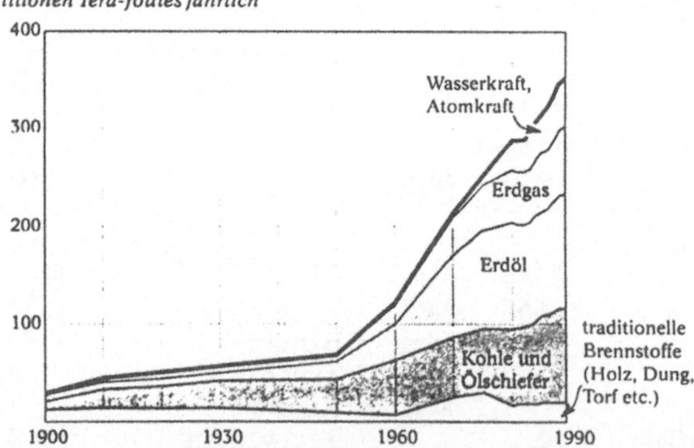

Der technische Wandel und das Bevölkerungswachstum beeinflussen den Energieverbrauch und die unterschiedliche Nutzung der verschiedenen Energiequellen. Noch immer liefern die fossilen Brennstoffe den größten Anteil der Nutzenergie. Um 1920 hatte die Kohle den höchsten Anteil am Verbrauch und lieferte mehr als 70% der gesamten Energiemenge; seitdem nimmt ihr relativer Anteil ab. Ähnlich erging es dem Erdöl mit seinem größten Anteil Anfang der 70er Jahre, als es rund 40% des Weltenergieverbrauchs deckte. Der Verbrauchsanteil des Erdgases steigt wohl auch in Zukunft weiter an, da es weit weniger schädliche Stoffe bei der Verbrennung hinterläßt als Kohle und Öl. Zur elektrischen Energie gehören auf dieser Darstellung der elektrische Strom aus Wasserkraft und aus Kernkraftwerken (Quellen: Vereinte Nationen; G.R. Davis).

Quelle: Meadows/Meadows/Randers 1992:95

Abb. 5: Kohlendioxidgehalt der Atmosphäre

in Teilen pro Million Volumeneinheiten (ppm)

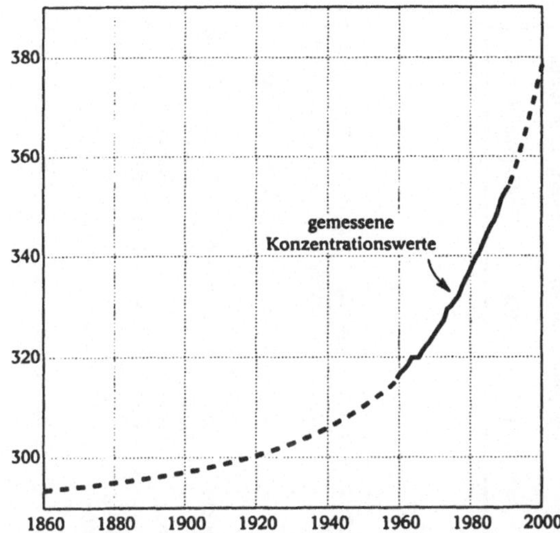

Die Konzentration von Kohlendioxid in der Atmosphäre ist im letzten Jahrhundert von 290 Teilen pro Million Volumeneinheiten (ppm) auf über 350 ppm gestiegen. Die Nutzung fossiler Brennstoffe und Brandrodungen sind die Ursachen dieser weiterhin exponentiellen Zunahme, die zu einem globalen Klimawandel führen kann (Quellen: L. Machta; T.A. Boden).

Quelle: Meadows/Meadows/Randers 1992:26

Abb. 6: Steigende Durchschnittstemperatur

Temperaturdifferenz in °C
zum Durchschnitt 1951–1980

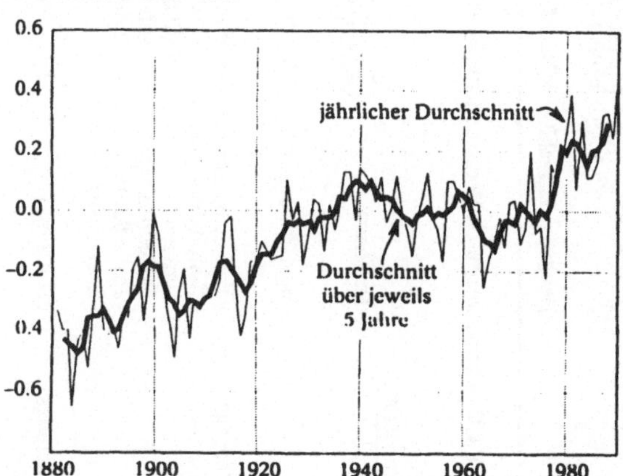

Die genauen Ursachen und Aussichten einer befürchteten Klimaerwärmung der Erde sind wissenschaftlich noch immer nicht vollständig geklärt und daher auch Thema politischer Auseinandersetzungen. Keinem Zweifel unterliegt jedoch die Tatsache, daß seit 1880 die globalen mittleren Temperaturen gestiegen sind. Die wärmsten Jahre in diesem Jahrhundert wurden nach 1980 regisitriert (Quelle: T.A. Boden et al.).

Quelle: Meadows/Meadows/Randers 1992:124

Abb. 7: Die Beziehung zwischen Bevölkerung, Wohlstand, Technik und Umweltbelastung

$$\frac{\text{Umweltbelastung}}{\text{Jahr}} = \text{Bevölkerungszahl} \cdot \text{Wohlstandsfaktor} \cdot \text{Technikfaktor}$$

$$= (\text{Personen}) \cdot \left(\frac{\text{Güterbedarf/Jahr}}{\text{Personen}} \cdot \frac{\text{Materialdurchsatz}}{\text{Gütermenge}}\right) \cdot \left(\frac{\text{Energiedurchsatz}}{\text{Materialdurchsatz}} \cdot \frac{\text{Umweltbelastung}}{\text{Energiedurchsatz}}\right)$$

$$= \text{Bevölkerungszahl} \cdot (\text{Nachfragefaktor} \cdot \text{Durchsatzfaktor}) \cdot (\text{Effizienzfaktor} \cdot \text{Emissionsfaktor})$$

Beispiel: CO_2 - Emission durch Verbrauch von Plastikbehältern

$$\frac{CO_2 \text{ - Emission}}{\text{Jahr}} = \text{Personen} \left(\frac{\text{Becher/Jahr}}{\text{Person}} \cdot \frac{\text{Gramm Kunststoff}}{\text{Becher}}\right) \left(\frac{\text{Kilowattstunden}}{\text{Gramm Kunststoff}} \cdot \frac{CO_2 \text{ - Emission}}{\text{Kilowattstunden}}\right)$$

	Bevölkerungszahl	Nachfragefaktor	Durchsatzfaktor)	Effizienzfaktor	Emissionsfaktor
Veränderungs-möglichkeiten:	- Familienplanung - Schulbildung der Frauen - Sozialfürsorge - Rolle der Frau - Landbesitz	- Werte - Preise - Vollkostenrechnung - gesellsch. Ziele - wieviel ist 'genug'?	- langiebige Produkte - Rohstoffwahl - sparsamer Entwurf - Rezyklierung - Wiederverwendung - Abfallaufarbeitung	- hoher Nutzungsgrad - hoher Umwandlungs-grad - verlustarme Verteilung - Koppelprozesse - Prozeßverbesserungen	- harmlose Stoffe - Anlagengröße - Standort - Rückhaltetechnik - Emissions-kompensation
Verbesserungs-spielraum:	etwa 2 mal	?	3 bis 10 mal	5 bis 10 mal	100 bis 1000 mal
Zeitbedarf:	50 bis 100 Jahre	0 bis 50 Jahre	0 bis 20 Jahre	0 bis 30 Jahre	0 bis 50 Jahre

Quelle: Meadows/Meadows/Randers 1992:133

Dauerhafte Entwicklung erfordert weltweit einen Übergang zu einer konsequenten "Kreislaufwirtschaft", die die Gesetzmäßigkeiten der Thermodynamik insofern zur Kenntnis nimmt, als sie berücksichtigt, daß ein fortwährender Verbrauch von nicht-erneuerbaren materiellen und energetischen Ressourcen einer irreversiblen Entropiezunahme entspricht.

Notwendig für eine Kreislaufwirtschaft sind Produktions- und Konsumptionsprozesse, die Abfälle in jedweder Form vermeiden und deren Produkte zum Obsoleszenzzeitpunkt wieder möglichst vollständig in den Kreislauf zur Herstellung neuer Produkte überführt werden können.

Solche Produktions- und Konsumptionsprozesse müssen, vor allem in den industrialisierten Ländern, Leitbildern folgen, die man folgendermaßen beschreiben kann:
- Schließung von Stoffkreisläufen in der Produktion,
- ökologisches Design von Produkten, sowie
- Internalisierung externer Kosten und Maßnahmenbündel zum Abbau sektorspezifischer Hemmnisse einer ressourcenschonenden Produktion.

1.2 Leitbild "Schließung von Stoffkreisläufen in der Produktion"

Das Leitbild "Schließung von Stoffkreisläufen" ist generell auf eine Verbesserung vieler Verfahren im Produktionsbereich ausgerichtet und wird am ausgeprägtesten in der Diskussion über die zukünftige Gestaltung der Chemiebranche erörtert. "Ziel dieses Leitbildes ist es, Umweltbelastungen in der Produktion entweder erst gar nicht entstehen zu lassen oder sie soweit wie möglich zu verringern, indem die nicht vermeidbaren Stoffströme möglichst lange im Kreislauf geführt werden. Die Umsetzung dieses Leitbildes erfordert idealerweise ein geschlossenes System ohne Emissionen und mit völliger Kreislaufführung. Allerdings dürfte diese Idealbild nur in den seltensten Fällen realisierbar sein. Als Annäherung an dieses Leitbild sollte die Einführung von Verwertungskaskaden angestrebt werden, die zum Ziel haben, die einzelnen Rückstandskomponenten von Verwertungsstufen als Einsatzstoffe für Folgeprozesse zu verwenden. Die Schließung von Stoffkreisläufen wurde ansatzweise bereits in der Vergangenheit praktiziert. So kann der reduzierte Wasserbedarf der Industrie zu einem beträchtlichen Teil auf die Wiederverwendung des Abwassers im gleichen oder in anderen Prozessen im Sinne einer Kreislaufführung oder einer Kaskadennutzung zurückgeführt werden "(vgl. Walz u.a. 1992).

Für die Entwicklung neuer Produktionstechnologien, wie sie zur Verwirklichung des Leitbildes "Schließung von Stoffkreisläufen" benötigt werden, hat E. U. von Weizsäcker (vgl. v. Weizsäcker 1989) folgende Kriterien vorgeschlagen:

- Sauberkeit: es sollen möglichst emissionsarme Technologien entwickelt werden; nur in Ausnahmefällen sollte die Emissionsreduktion durch Emissionsrückhaltung am Ende des Prozesses erfolgen.

- Rohstoffeffizienz und Energieproduktivität: neue Technologien sollen nicht mehr nur verengt die Arbeitsproduktivität, sondern verstärkt die Rohstoff- und Energieproduktivität erhöhen.

- Ökologische Flächennutzung: minimale Versiegelung, Bodenerosion und Gewässerbelastung, um große Teile des Landes vorrangig dem Erhalt ökologisch wertvoller Funktionen zu widmen.

- Hohe Informationsintensität: sie belastet die Umwelt wenig und liefert doch Komfort.

- Fehlerfreundlichkeit: auch bei neuen Technologien wird völlige Fehlervermeidung utopisch bleiben; entsprechend müssen sie ausgelegt werden.

- Eignung von Eigenarbeit: da das Bedürfnis nach befriedigender Eigenarbeit zunehmen werde, müssen neue Techniken in verstärktem Ausmaß auch hierfür geeignet sein.

1.3 Leitbild "Ökologisches Design von Produkten"

Die Entwicklung des Leitbildes "Ökologisches Design von Produkten" steht in engem Zusammenhang mit der Forderung nach einer Substitution umweltgefährdender Inhaltsstoffe - z.B. Schwermetalle oder Chemikalien - in Produkten. "Entsprechend wird dieses Leitbild u. a. verstärkt im Chemiebereich diskutiert. Es ist ebenfalls Gegenstand der Enquête-Kommission des Deutschen Bundestages "Schutz des Menschen und der Umwelt - Bewertungskriterien und Perspektiven für umweltverträgliche Stoffkreisläufe in der Industriegesellschaft". Das Leitbild "Ökologisches Design von Produkten" dehnt den Vorsorgeaspekt von der Produktionssphäre auf die Produkte selbst aus und fordert eine Ausweitung des Leitbildes "Schließung der Stoffströme" über die Produktion hinaus in den Bereich der Konsumption und der Entsorgung. Ausgangspunkt hierfür ist die Erkenntnis, daß es nicht nur die Produktionsprozesse, sondern deren Produkte - die einzelnen Wirtschaftsgüter - sind, die einen Großteil des Ressourcenverbrauchs ausmachen und zu ganz erheblichen Emissionen in die Atmosphäre (z.B. Lösungsmittel), ins Wasser (z.B. Pestizide und Waschmittel) und zu festen Abfällen führen. Kernforderung des neuen Leitbildes ist es daher, bereits beim Design der Produkte auf die ökologische Verträglichkeit zu achten. Hierbei sind mehrere Strategien möglich. So kann ein ökologisches Design an den Inhaltsstoffen der Produkte ansetzen (z.B. keine Schwermetalle) oder sich mit der Lebensdauer, Wiederverwendbarkeit und Recyclierbarkeit der Produkte beschäftigen. Um eine wirkliche Ressourcenschonung zu erreichen, darf das Design der Produkte nicht isoliert betrachtet werden, sondern es ist erforderlich, den gesamten Lebenszyklus des Produkts von den einzelnen Vorleistungen über die Produktion und Nutzung bis hin zur Entsorgung zu analysieren.

Eine konsequente Beachtung des Leitbildes "Ökologisches Design von Produkten" dürfte auch zu vielfältigen neuen technologischen Anforderungen führen. So muß die gesamte Fertigungstechnologie nicht nur im Hinblick auf die Produktion hin optimiert werden, um z.B. das Recycling einzelner Bestandteile des Produkts zu erleichtern. Ebenso darf sich die Auswahl von Roh- und Werkstoffen nicht mehr nur an den Produktionskosten und den funktionellen Erfordernissen des Produktes orientieren, sondern muß die ökologische Dimension beinhalten. Diese Beispiele machen deutlich, daß auch das Leitbild eines ökologischen Design von Produkten hohe Anforderungen an neue Technologien stellt.

Ein ökologisches Design von Produkten hat aber nicht nur technologische Weiterentwicklungen zur Voraussetzung, sondern erfordert auch die Akzeptanz der Verbraucher. Im Gegensatz zur Schließung von Stoffkreisläufen in der Produktion setzt das Leitbild "Ökologisches Design von Produkten" daher nicht nur eine Veränderung der Sichtweise der Produzenten, sondern auch der Konsumenten voraus" (vgl. Walz u.a. 1992).

1.4 Leitbild "Internalisierung externer Kosten und Maßnahmenbündel zum Abbau sektorspezifischer Hemmnisse einer ressourcenschonenden Produktion"

Ein weiteres bedeutsames Leitbild ist die "Internalisierung externer Kosten und Maßnahmenbündel zum Abbau sektorspezifischer Hemmnisse einer ressourcenschonenden Produktion". "Wichtigstes globales Hemmnis ist das Auftreten externer Kosten, die in der volkswirtschaftlichen Literatur ein Standardbeispiel für das Auftreten von Marktversagen bilden. Sie liegen vor, wenn nicht alle bei einem wirtschaftlichen Vorgang entstehenden Kosten ins Entscheidungskalkül eingehen. Ist dies der Fall, bringt der Preis nicht alle Opportunitätskosten zum Ausdruck und ist ceteris paribus zu niedrig. Entsprechend werden vom betrachteten Gut mehr Einheiten produziert und nachgefragt, als es nach volkswirtschaftlichen Kriterien optimal wäre. Das Preissystem gibt in diesem Fall an Produzenten und Verbraucher die falschen Signale.

Als global wirkende Maßnahme zum Abbau des Hemmnisses "externe Kosten" bietet sich ihre Internalisierung an. Den in den einschlägigen Fachdiskussionen diskutierten Lösungen - angeführt seien hier lediglich die Konzepte Umweltabgaben und Zertifikatslösungen im Umweltbereich und Reinvestitionszuschläge auf erschöpfbare Ressourcen - ist gemeinsam, daß sie die Kosten des Ressourcenverbrauchs erhöhen und damit sowohl einen Handlungsanreiz für ein ressourcenschonendes Verhalten der Konsumenten bewirken als auch ein Signal für die Produzenten setzen, den Ressourcenverbrauch zu senken" (vgl. Walz u.a. 1992).

Abschätzungen der externen Kosten für die Elektrizitätserzeugung in der Bundesrepublik Deutschland ergaben, daß diese bei Berücksichtigung der gegenwärtigen Anteile der Nutzung von fossilen und kernenergetischen Brennstoffen in der Größenordnung der gegenwärtig berechneten Erzeugungskosten liegen (vgl. Hohmeyer 1988). Würden diese externen Kosten internalisiert, so könnte die Nutzung der Solarenergie als erneuerbare Energiequelle bereits innerhalb der nächsten zehn Jahre konkurrenzfähig werden zu den herkömmlichen Energiequellen (vgl. Hohmeyer 1993).

"Der Abbau sektorspezifischer Hemmnisse ist im Gegensatz zur Internalisierung externer Kosten kein global wirkendes Mittel und bezieht sich im Unterschied zur Veränderung des Verbraucherverhaltens auf die Wirtschaft und den Staat. Es orientiert sich an der Tatsache, daß der Durchführung umweltentlastender Maßnahmen seitens der Verbraucher und Investoren eine Vielzahl miteinander verbundener Hemmnisse entgegensteht, die nur durch ein abgestimmtes Bündel von Maßnahmen überwunden werden können" (vgl. Walz u.a. 1992).

2. Lösungsbeiträge der Informationstechnik für eine dauerhafte Entwicklung

Die Informationstechnik kann zur Etablierung einer Kreislaufwirtschaft - betrachtet man das Gesamtfeld - zwar nur relativ kleine, dafür aber wichtige Beiträge liefern. So bedarf es beispielsweise

- einer vielfältigen Sensortechnik als Grundlage einer intelligenten, mehrparametrigen und äusserst genauen Prozeßsteuerung bei der Herstellung von Produkten und der Bereitstellung von End- und Nutzenergie,
- des Einsatzes der Mikroelektronik in allen material- und energieintensiven Nutzungen des privaten Konsums und privaten Verkehrs, nicht zuletzt auch zur Bewußtseinsschulung, Verschwendung zu vermeiden und Dienstleistungsansprüche bewußt zu begrenzen,
- eines wesentlichen Ausbaus der Nutzung erneuerbarer Energien (Solarenergie in ihren verschiedenen direkten und indirekten Formen) als einzige Möglichkeit der Entropiereduzierung auf unserem Planeten, sowie
- des Einsatzes der Informationstechnik zur Umweltbeobachtung und -überwachung, zur Bereitstellung von Umweltinformationssystemen, zur Computersimulation für die Aufklärung komplexer Wirkungszusammenhänge (z.B. Ausbreitungs- und Klimamodelle, Ökosystemforschung).

Die Entwicklung der Informationstechnik (IT) ist in den vergangenen 30 Jahren ganz wesentlich durch die Entwicklung der Mikroelektronik geprägt worden, bei der elektronische Schaltungen auf kleinstem Raum integriert werden. Zur Entwicklung der Mikroelektronik schrieb die US-amerikanische National Academy of Science im Jahre 1979 in einer Zwischenbilanz: "Die moderne Ära der Elektronik hat eine zweite industrielle Revolution eingeleitet. Ihre Auswirkungen auf die Gesellschaft könnten sich als noch gravierender herausstellen als die erste industrielle Revolution."

Welche Beiträge vermag die IT zu liefern, um bei der bereits genannten, eine dauerhafte Entwicklung verhindernden Problemkombination "Bevölkerungswachstum - Umweltzerstörung - Ressourcenerschöpfung" die vielfältigen Detailprobleme nicht nur nachsorgend und reparierend einer Lösung zuzuführen, sondern auch vorsorgend dazu beizutragen, daß die entsprechenden Probleme noch handhabbar bleiben bzw. wieder werden?

2.1 Umwelt

Für den Bereich des Umweltschutzes gibt es eine umfangreiche Untersuchung, die die Anwendungsmöglichkeiten der IT und insbesondere der *Mikroelektronik* detailliert (vgl. Angerer u.a. 1991). Es wird der Stand der Technik beschrieben für Sensorsysteme, Aktoren, Daten- und Fernwirksysteme, Steuerungs- und Regelungssysteme und Leitsysteme sowie deren Verfügbarkeit und Zuverlässigkeit. Es werden die Meßtechniken und die entsprechende Analytik in der Luftreinhaltung, im Gewässerschutz und im Bodenschutz diskutiert. Ausführlich werden die Belastungsquellen und deren Kontrolle in Industrie und Gewerbe behandelt, sowohl die sogenannten Querschnittstechniken (rationelle Energienutzung, Abgasreinigung und Abwasserreinigung) als auch die diversen Produktionstechniken (in 13 Industriebereichen). Des weiteren werden Einsatzmöglichkeiten der Mikroelektronik bei Feuerungsanlagen, in Kraftfahrzeugen und im Straßenverkehr, in Haushaltsgeräten, in der Landwirtschaft und bei der Sonderabfallverbrennung diskutiert. Diese Studie kann Grundlage und Ausgangspunkt sein für die Beschreibung der vielfältigen Anforderungen an die Mikroelektronik zur Lösung der meist komplexen Probleme im Bereich der Umwelt.

Die IT kann als Instrument der Umweltbeobachtung und -überwachung eingesetzt werden, um die Informationsgrundlagen für eine gezielte Steuerung und ein gezieltes Eingreifen bei Grenzwertüberschreitungen zu schaffen. Neben der (Fern-) Überwachung kommt dem Bereich der *Fernerkundung* (remote sensing) große Bedeutung hinsichtlich großflächiger Messung und Identifikation von Umweltdaten zu. Die zum Einsatz gelangenden photographischen und bildanalytischen Verfahren (z.B. zur Auswertung von Satellitenbildern) stoßen schnell an die Grenzen heute verfügbarer Rechner- und Speicherkapazitäten.

Erdbeobachtungssatelliten sind ein wichtiges Instrument geworden, um großflächige Beobachtungen der Erdoberfläche bei gleichzeitig hoher räumlicher Auflösung durchzuführen. Die hier gewonnenen Daten sind nicht nur hilfreich, um Umweltbelastungen zeitnah zu registrieren und Ausbreitungsmuster zu erfassen, sie liefern der Wissenschaft und Forschung in umfangreicher Weise auch Rohdaten, die zur Beantwortung noch offener Fragen in so existentiell wichtigen Bereichen wie die Klimaforschung benötigt werden. Darüber hinaus können Erdbeobachtungssatelliten auch zur Erkundung von bisher unbekannten Rohstofflagerstätten und zum Monitoring von nachwachsenden Rohstoffen genutzt werden.

Angesichts der Komplexität von Umweltproblemen stellen Verfahren der *Computer-simulation* zum Aufzeigen von Abhängigkeiten bzw. Wirkungszusammenhängen (z.B. Klimamodelle) und der Einsatz *wissensbasierter Systeme* zur Auswertung und Interpretation von Meßwerten sowie zur Entscheidungsunterstützung wichtige Herausforderungen an die IT dar.

Wesentliche Bedeutung für eine Dauerhafte Entwicklung kommt den *Umweltinforma-tionssystemen* (UIS) zu; diese Systeme befinden sich in ihrer Vielfalt jedoch erst im Aufbau, sind gegenwärtig noch recht lückenhaft und müssen zu brauchbaren, vernetzten und allgemein zugänglichen Datenbanken entwickelt werden.

Generell ist wichtig, daß das Wissen über die Möglichkeiten, unsere existentiellen Lebensgrundlagen zu erhalten, nicht nur Experten zur Verfügung gestellt, sondern in geeigneter Weise so aufbereitet wird, daß es in allgemeinverständlicher Form, ohne Zeit-verzögerung und unter ganzheitlicher Sichtweise weltweit, insbesondere auch den Entwicklungsländern, zur Verfügung gestellt werden kann[2] (Nutzung der Telekommunikation und audiovisueller Multimedia-Techniken).

2.2 Energie

Durch rationelle Energienutzung mit Hilfe der Mikroelektronik lassen sich für die gesamte Volkswirtschaft rund 8-9% der benötigten Endenergie einsparen. Als Beispiele für den Einsatz der Mikroelektronik seien genannt die Drehzahlstellung bei Drehstrom-motoren (Einsparpotential 7-8%), die Nutzung von elektronischen Vorschaltgeräten für Leuchtstofflampen anstelle der herkömmlichen Drossel (25%), die sauerstoffgeführte Regelung (Lambda-Sonde) von Verbrennungsmotoren und stationären Heizkesseln, programmierbare Gebäudetechnik für Lüftung und Heizung sowie mikroelektronikge-stützte Lastmanagementsysteme mit programmierbaren Lastabwurfsstrategien. Letztere sparen zwar nicht Strom ein, jedoch vermindern sie den Leistungsbedarf und vermeiden dadurch die Inbetriebnahme von Spitzenlastkraftwerken , die oft höhere spezifische Emissionen aufweisen als Grund- und Mittellastkraftwerke.

---

2   Hingewiesen sei auf das Beispiel des Unesco International Hydrological Programme, cf. Nieuwen-huysen, P. (1989), Scientific and Technical Water-related Documentary and Information Systems, Technical Documents in Hydrology, Paris: Unesco, 1989.

Kommunikationstechniken können dazu dienen, daß Fachleute über Fernkontrolle und Fernwirken dezentral operierende Energiewandler (z.B. Heizungen, Pumpen, Anlagen) optimal betreiben und rechtzeitig Wartungs- und Instandhaltungsmaßnahmen ergriffen werden.

2.3 Verkehr

Zur Vermeidung verkehrsbedingter Belastungen werden von der IT erhebliche Potentiale erwartet. Dies betrifft vor allem die Reduzierung der Umweltbelastungen, die Erhöhung der Verkehrssicherheit, die Überwindung von Kapazitätsengpässen, die qualitative Verbesserung des Nutzverkehrs, die Bündelung von Verkehrsströmen und die Verknüpfung der Teilsysteme.

Wichtige Beiträge vermag die IT zu liefern für die *Integration und Koordination verschiedener Verkehrsträger (Optimierung des Gesamtverkehrssystem)*. Durchgreifende Verbesserungen der Verkehrs- und Umweltsituation werden durch eine bessere *Verknüpfung des öffentlichen Nah- und Fernverkehrs mit dem Individualverkehr* erwartet. Im Bereich der Organisation des Betriebs und der Information über den Betriebszustand kann der Einsatz von IT zu mehr Flexibilität und Effizienz bei der Nutzung der vorhandenen Infrastruktur führen ("Intelligente Bahn"):
- im **Personenverkehr** durch
  -- rechnergestützte, anpassungsfähige, integrier- und vernetzbare Betriebsleitsysteme im Verbund mit
  -- Daten- und Auskunftssystemen zur Verknüpfung von aktuellen Betriebs- und Fahrgastinformationen sowie zur Beschleunigung des ÖPNV und
  -- elektronischen Systemen zur automatischen Fahrgelderhebung (z.B. "Fahrsmart");
- im **Güterverkehr** durch
  -- elektronische Transportbörsen unter Einbeziehung aller Verkehrsträger sowie der Zubringer- und Verteilerverkehre,
  -- IT-basierte Logistikkonzepte auf Basis moderner Umschlagtechnologien (Container, Güterverteilzentren).

Dabei wird eine Attraktivitätssteigerung des umweltfreundlichen öffentlichen Verkehrs (ÖV) und ein Beitrag zur Optimierung der Verkehrsmärkte unter Gesichtspunkten eines volkswirtschaftlichen Nutzens erwartet. Technologische Ansätze sind jedoch auf ein Zusammenwirken mit ordnungspolititschen Maßnahmen angewiesen, um den Modalsplit zwischen motorisiertem Individualverkehr (MIV) und ÖV mittelfristig zugunsten des ÖV zu verändern (z.B. Bewirtschaftung der Verkehrswege ("road pricing") nach dem Verursacherprinzip, Bündelung von Verkehrsströmen und Verbesserung von Systemübergängen).

Die Telekommunikation kann auch wichtige Beiträge zur *Verkehrsvermeidung* liefern. Die technischen Möglichkeiten in diesem Bereich (z.B. Einsatz von Videokonferenzen und Videotelefonie in der geschäftlichen Kommunikation) werden bisher noch unzureichend genutzt.

Dabei ist auch auf neue, differenzierte Formen der Telekooperation in und zwischen Unternehmen hinzuweisen. Im Einklang mit betrieblichen Dezentralisierungsstrategien und dem Flexibilisierungswunsch der Arbeitnehmer besteht dabei die Chance, soziale Risiken früherer Telearbeitsansätze (Isolation, Dequalifizierung) zu überwinden. Zur Bewältigung dieses soziotechnischen Innovationsprozesses werden wichtige Anforderungen an die IT gestellt (Datenschutz, Datensicherheit, Benutzeroberfläche etc.).

3. Zu den Vorträgen in der Sektion "Zukunftsorientierter Strukturwandel"

Den einführenden Überblicksvortrag "Zukunftsorientierter Strukturwandel - Notwendigkeiten zur Umorientierung ökonomischer Aktivitäten und Verbrauchsgewohnheiten" hielt Dr. Bert de Vries, Direktor des Environmental Forecasting Bureau RIVM in Bilthoven, Niederlande.

Den Lösungsbeiträgen der Informationstechnik in den Bereichen Umwelt, Energie und Verkehr widmeten sich die folgenden Vorträge:

"Informationstechnik für die Umwelt" von Prof. Werner Schenkel, Direktor im Umweltbundesamt, Berlin;

"Informationstechnik für den effizienten Umgang mit Energie" von Dr. Eberhard Jochem, stellv. Direktor des Fraunhofer-Instituts für Systemtechnik und Innovationsforschung, Karlsruhe;

"Beiträge der Informationstechnik für eine effiziente Verkehrsgestaltung" von Prof. Dr. Peter Cerwenka, Technische Universität Wien.

Bestimmt von den Leitbildern Ökologisches Design von Produkten sowie Schließung von Stoffkreisläufen in der Produktion war der Vortrag "Produkt-Design und Ressourceneffizienz" von Walter R. Stahel, Direktor des Product-Life-Institute in Genf.

Die Sitzung der Sektion "Zukunftsorientierter Strukturwandel" wurde mit einer Podiumsdiskussion unter dem Thema "Läßt sich das Konzept "Sustainability" umsetzen?" abgeschlossen.

Literaturverzeichnis

Angerer, G.; Hiessl, H. et al.
Umweltschutz durch Mikroelektronik - Anwendungen, Chancen, For-
schungs- und Entwicklungsbedarf, Berlin/Offenbach, 1991.

Bundtland-Bericht :
Weltkommission für Umwelt und Entwicklung, Unsere gemeinsame Zukunft. Deutsche Ausgabe herausgegeben von Volker Hauff, Greven: Eggen-
kamp Verlag. Englisch: World Commission on Environment and Development, Our Common Future. Oxford/New York, 1987.

Harborth, H.-J.
Dauerhafte Entwicklung (Sustainable Development). Zur Entstehung eines
neuen ökologischen Konzepts, Wissenschaftszentrum Berlin für Sozialforschung, FS II, 1989.

Hohmeyer, O.
Social Costs of Energy Consumption - External Effects of Electricity Consumption in the Federal Republic of Germany. Berlin,/New York, 1988.

Hohmeyer, O.
"Economic Thinking, Sustainable Development and the Role of Solar Energy in the 21st Century", paper presented at the international symposium
"Balancing Energy, Economy and Environment: The Solar Energy Contribution", University of Delaware, Newark. 16. Februar 1993.

Meadows, D.H.; Meadows, D.L.; Randers, J.
Die neuen Grenzen des Wachstums. Die Lage der Menschheit: Bedrohung
und Zukunftschancen. Deutsche Verlags-Anstalt, Stuttgart, 1992.

Walz, R.; Gruber, E.; Hiessl, H.; Reiß, T.
Neue Technologien und Ressourcenschonung, Auswertung zentraler Veröffentlichungen insbesondere unter dem Aspekt der Entkopplung von Wirtschaftswachstum und Ressourcenverbrauch, der Rolle neuer Technologien
und der Entwicklung neuer Leitbilder, Untersuchung im Auftrag des BMFT,
Bonn, Karlsruhe: FhG-ISI, 30. September 1992.

Weizsäcker, E.-U. von
Erdpolitik: Ökologische Realpolitik an der Schwelle zum Jahrhundert der
Umwelt. Darmstadt, 1989.

Future-oriented Structural Change - Necessities for the Re-orientation of Economic Activities and Consumer Habits. Sustainable Development: From Idea to Reality[1]

Bert de Vries

National Institute of Public Health and Environmental Protection (RIVM), Bilthoven

1. Sustainable Development as a Guiding Principle

Since the 70's the concept of sustainability has emerged as a way to organize a variety of thoughts and actions which represent the feeling that humankind is over-exploiting the earth to the detriment of herself and other living beings. The World Commission on Environment and Development (WCED) politicized this concept by postulating an explicit link between (un)sustainability and poverty: Sustainable Development has now become the catchword for years to come (WCED 1987).

At present, it mainly functions as a **guiding principle** not unlike the Declaration of Human Rights, as is clear in for instance the formulation of the Earth Charter. It is often insisted that the concept should be operationalized in such a way that indicators can be constructed to design and implement strategies for sustainable development, with the support of scientific facts and models. However, if this is done too rigorously, it would eliminate or obscure the fact that a concept like Sustainable Development necessarily incorporates an underlying worldview (paradigm, perspective) and value spectrum.

This paradigmatic background of the concept of Sustainable Development has been evident from its inception (see e.g. Coomer 1981). Naess (1973) introduced "deep ecology" to contrast it with the reductionist science of ecology - "shallow ecology". O'Riordan (1979) distinguished between the technocentric and the ecocentric attitude towards nature. Bookchin (1982) introduced "social ecology" to link anarchism and ecology, challenging the established interpretation of environmental problems within the framework of neo-classical economics. Various authors have explored the Buddhist and other spiritual views of nature as an ingredient of sustainability (see e.g. Chaitanya 1983,

---

[1] Parts of this presentation will also be published as Discussant's contribution to the IIASA '92 International Conference on the Challenges to Systems Analysis in the Nineties and Beyond, May 12-13, 1993.

Durning 1991). A thoughtful and integrative discussion is given in the IIASA research report Sustainable Development of the Biosphere (Clark and Munn 1986).

Several **classifications of paradigms** have been proposed in the context of Sustainable Development - more or less explicitly rooted in earlier works of philosophy and the social sciences. *Fig. 1* gives a brief characterization of four perspectives which can be distinguished with respect to Sustainable Development (De Vries 1989). On the one hand is the view that the quest for Sustainable Development is to be understood as constraints on man's longing for material well-being and outer adventure. If an issue at all, the focus is on exploring new frontiers and on new technologies. On the other hand the emphasis is on man as an integral part of, and in innumerable and partly unknown ways interacting with Nature. The quest for Sustainable Development, then, is one of frugality, inner adventure and appropriate technology. Colby (1990) has proposed a similar classification, suggesting that a gradual shift is taking place away from Frontier Economics towards more ecologically inspired world-views.

Fig. 1:   Brief characterization of four perspectives on Sustainable Development

Technocrat-Adventurer	Manager-Engineer	Steward	Partner
computer pioneer	machine planner	garden care-taker	"Wilderness" participant
"Frontier Economy" competitive hierarchy		"Mature Ecosystem" cooperative solidarity	
exploitation courage	control order	stewardship frugality	partnership harmony
antropocentric power-over-others economic growth		ecocentric power-over-oneself spiritual growth	
(technical) progress	(material) welfare	(right and fair) well-being	(harmonious) well-being
technopolis			ecotopia

An interesting contribution has been made by Thompson et al. (1990) with what they call the Cultural Theory. It combines the anthropological insights from a.o. Douglas (1982) with the ecological knowledge as expressed by a.o. Holling (1986). Societies, it is argued, can be characterized along two axes: group and grid. The group axis is a measure of the degree to which individuals are behaving and feeling themselves part of a larger group of individuals with whom they share values and beliefs. The grid axis indicates the extent to which individuals are subjected to role prescriptions within a larger structural entity. The group-grid characterization offers four different contexts out of which people perceive the world and behave in it: the hierarchist, the individualist, the egalitarian and the fatalist (and the hermit who, however, isn't in the game). *Fig. 2* is an attempt to visualize the view of Nature within each perspective. Whereas the hierarchist focuses on control and expertise to manage a world of stability-within-limits, the individualist imagines himself in a world of inherent stability and abundance. The egalitarian emphasizes the fragility of Nature; fatalists experience the world as governed by chance[2].

Fig. 2: Four ways to perceive Nature (after Thompson et al. 1990)

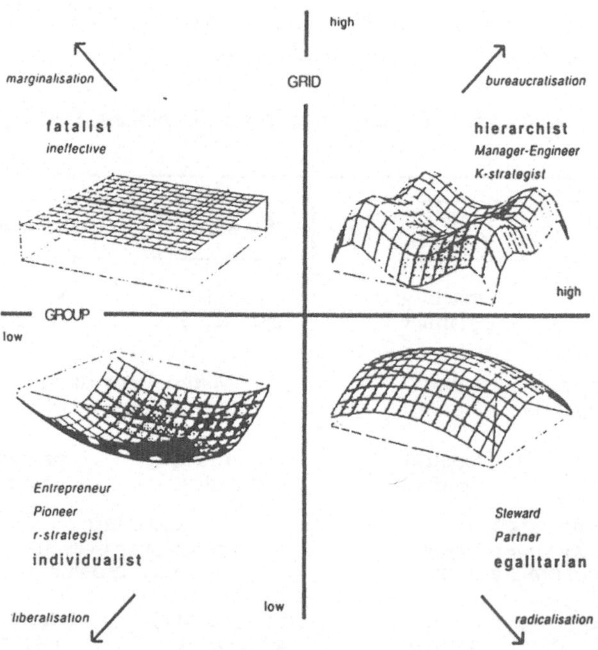

It is necessary to keep the paradigmatic background an integral part of the search for a more sustainable world. It serves to appreciate the role of various (sub)cultures in the debate e.g. between the countries of the North and the South and between ecologists and economists. It can also provide a socio-cultural context for decision-making and

---

[2] Thompson et al. argue that these four paradigms are dynamically interacting on the basis of surprise experiences and that none of them can exist without the other three.

negotiation processes. Of course, one should bear in mind that people seldomly express these paradigms in their extreme form - nor should one give in to the temptation to caricature other people accordingly.

2. Concern for Tomorrow: the Need for Sustainable Development

In the past decades it has become ever more evident that exponentially growing levels of population and material affluence are a threat to the quality and even survival of life on earth. Whereas initially the focus of concern was on deteriorating local quality of air and water, affecting human health in the short term, the scope of concern has been widening towards the long term and the global scale.

Fig. 3 shows the five spatial scales which are distinguished at RIVM (1988). An ecological framework for the long-term dynamics of Sustainable Development is sketched in *Fig. 4*. Exponential growth of population and physical throughput are possible as long as the limits are far away or are driven upward exponentially. If the population anticipates the approach of limits and takes appropriate action, a logistic approach to the limits will occur. If this anticipatory behaviour is based on distorted and delayed signals, but the limits themselves are more or less fixed, then an oscillatory approach to the limits will occur. Finally, if there is overshoot but the limits are irreversibly eroded in the process, the system will exhibit overshoot-and-collapse behaviour.

Fig. 3: The five spatial scales with regard to environmental problems (RIVM 1988)

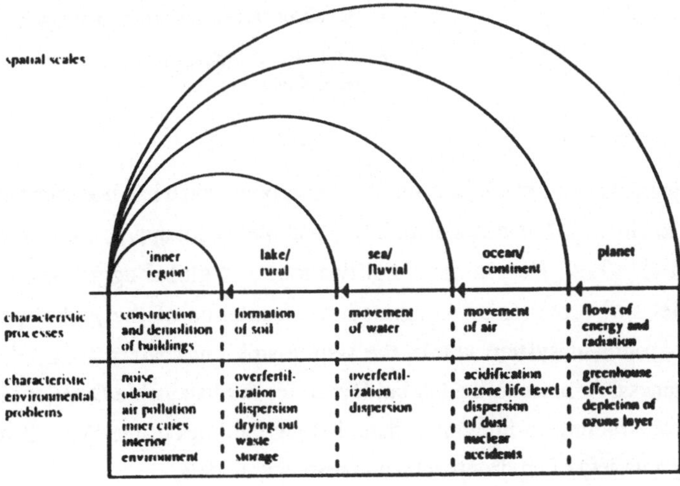

	'inner region'	lake/ rural	sea/ fluvial	ocean/ continent	planet
characteristic processes	construction and demolition of buildings	formation of soil	movement of water	movement of air	flows of energy and radiation
characteristic environmental problems	noise odour air pollution inner cities interior environment	overfertil- ization dispersion drying out waste storage	overfertil- ization dispersion	acidification ozone life level dispersion of dust nuclear accidents	greenhouse effect depletion of ozone layer

Fig. 4: Four ways of approaching a limit (Meadows et al. 1992)

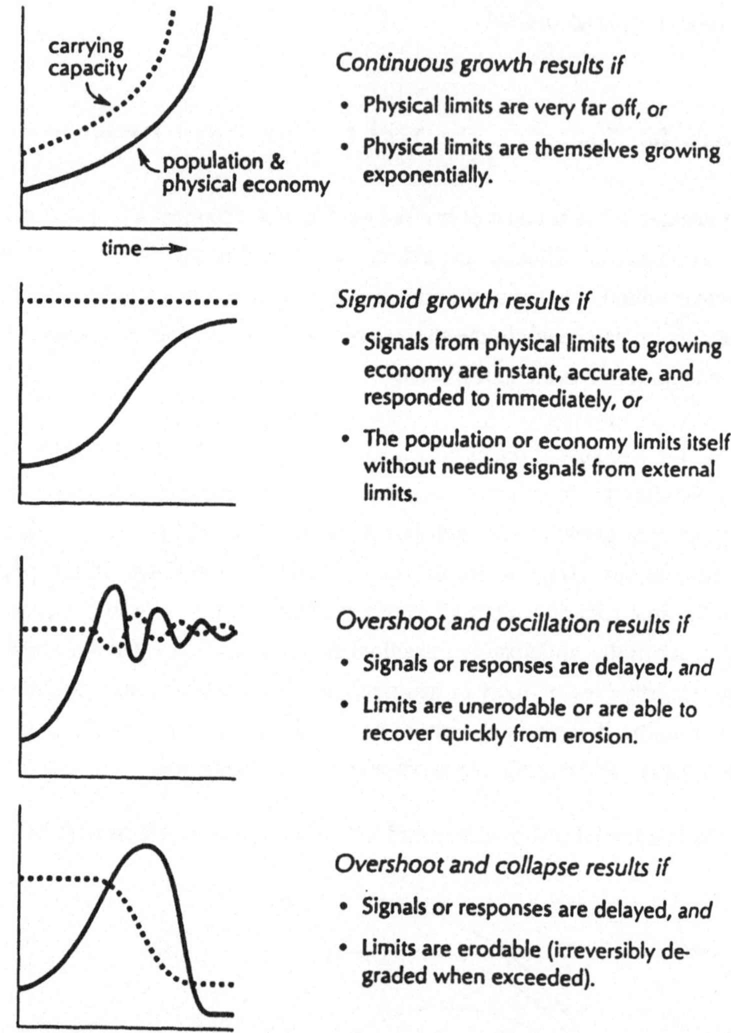

Continuous growth results if

- Physical limits are very far off, *or*

- Physical limits are themselves growing exponentially.

Sigmoid growth results if

- Signals from physical limits to growing economy are instant, accurate, and responded to immediately, *or*

- The population or economy limits itself without needing signals from external limits.

Overshoot and oscillation results if

- Signals or responses are delayed, *and*

- Limits are unerodable or are able to recover quickly from erosion.

Overshoot and collapse results if

- Signals or responses are delayed, *and*

- Limits are erodable (irreversibly degraded when exceeded).

A more comprehensive framework is the World3-model which has been presented in the book Limits to Growth (Meadows et al. 1971) and the recent update Beyond the Limits (Meadows et al. 1992). Despite its simplifications and global aggregation level, the World3-model still provides an integrated representation of the global population-economy-environment system within the source-sink constraints set by the planet's physical finiteness. At present, the Global Dynamics & Sustainable Development group at RIVM is constructing an integrated model along the lines of the World3-model and incorporating a variety of environmental and resource models.

The focus is on industrial production and consumption goods and services on the one hand, with quality of life indicators like life expectancy, and environmental and resource quality on the other hand. While economic activity grows exponentially, driven by two reproducible populations: human beings and man-made capital goods, environmental and resource quality tend to decline. As a consequence, marginal social welfare also decreases because perceived quality of life deteriorates. On top of this, net income may stop rising or even start declining if the feedbacks from the degradation of the natural environment become stronger. Two possible futures are shown in *Fig. 5*: one in which overshoot and collapse occurs (Scenario One) and one in which the system is stabilized (Scenario Two). In the latter scenario, a combination of technological breakthroughs and deliberate and successful attempts to stabilize population and industrial output per caput are needed to have such a smooth approach of the planet's limits.

Fig. 5: Two scenario's form simulations with the World-3 model (Meadows et al. 1992). Scenario 2 assumes technological breakthroughs with regard to emissions, erosion and resource use as well as the target of stabilizing population and industrial output per caput.

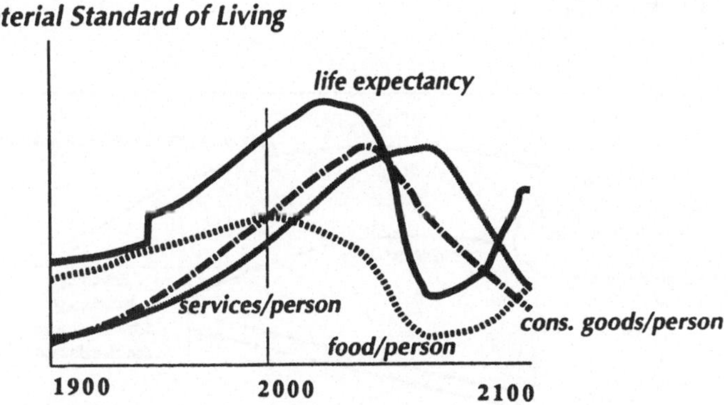

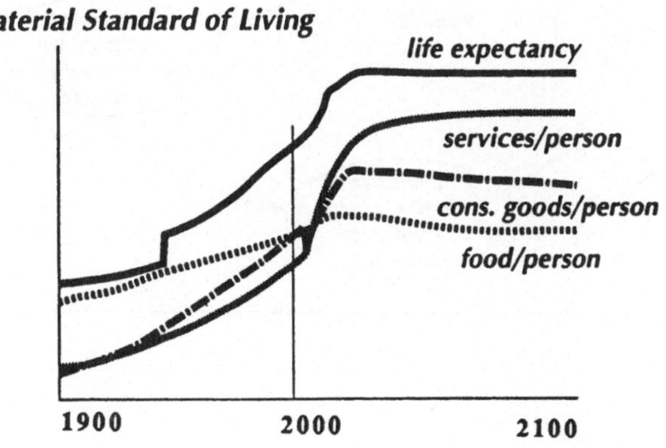

The World3-model is too simple to appreciate how such future worlds may look like in detail. Apart from the large regional differences, there is the ambiguity of successful growth. The above scenario Two (Fig. 5) is one in which mankind keeps economic activity growing. This generates the investments to operate ever larger food, energy and materials processing systems. However, net income per caput and perceived quality of life may be quite low: people are living in high density and a large part of their time may have to be spent on keeping the environmental consequences of such a vast economy within acceptable levels (see e.g. Hartog and Maas 1990).

The recent National Environmental Outlook 1990-2010 for The Netherlands (RIVM 1991) approaches the issue also from such an integrated perspective (cf. *Fig. 6*). Population and economic activities represent a "stress" on environmental and ecosystems as well as on renewable and non-renewable resources. The state of technology is a key determinant. Quality degradation of environmental and ecosystems may cause negative feedbacks on the quality and use of resources.

Fig. 6: Links between developments in societal and environmental problems
         (RIVM 1991)

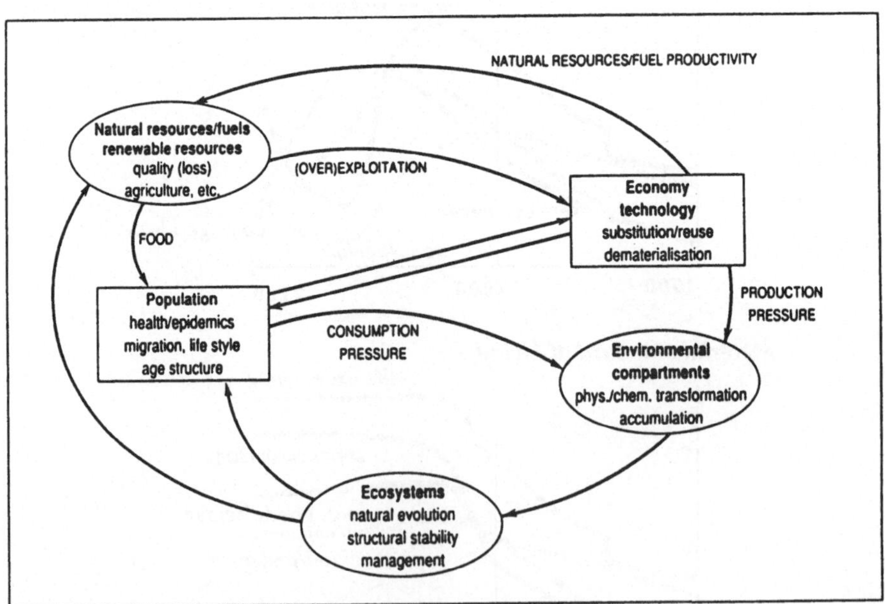

In the National Environmental Outlook, environmental problems are assessed according to their spatial scale. The following issues are dealt with in the framework of "activity-stress-impact" chains, the most important ones being:

Global:
- depletion of the ozone layer from CFC-emissions;
- climate change from high and increasing greenhousegas-emissions, largely from fossil fuel combustion.

Continental:
- ozone at ground level and wintersmog, mostly from nitrogen oxide and organic compound emissions;
- acidification as a result of sulphur- and nitrogen-oxide and ammonia emissions;
- emission and deposition of heavy metals.

Fluvial:
- pollution of water and sediments.

Regional:
- accumulation of nitrogen, phosphorus and pesticides in soils as a result of intensive agriculture.

Local:
- waste disposal from production and consumption flows;
- disturbances from noise, odours etc.

The actual and anticipated effects on human health and ecosystem integrity are dealt with in separate chapters. For each of the important activities (or driving forces), scenario's have been constructed in cooperation with the Central Planning Bureau (CPB). These scenario's specify developments up to the year 2010 with regard to population growth, industrial production, traffic and transport and supply and demand for energy, water and raw materials. Using a variety of simulation models, the consequences for the environment of the anticipated growth in the scenario's are assessed. I will give two examples.

Fig. 7 shows the deposition of acidifying compounds, mainly from fossil fuel combustion and agriculture, since 1950 and up to 2010. It incorporates the policy measures which are part of the dutch National Environmental Plan (NMP 1991). Major reductions of sulphur dioxide are anticipated; for nitrogen oxides and ammonia emission reductions are harder to achieve and additional policy measures are necessary. Based on present insights and policies, the aggregate objective of 2400 mol/ha/yr of acid deposition will be exceeded by a factor two. This is especially serious for those parts of the country where even 1400 mol/ha/yr is posing a risk to the prevailing ecosystems (forests).

Fig. 7: Potential acid deposition in The Netherlands, 1950-2010 (RIVM 1991). The decrease in acid deposition which started in 1980 will continue as a result of the measures decided upon. Policies to continue this downward trend are still under discussion.

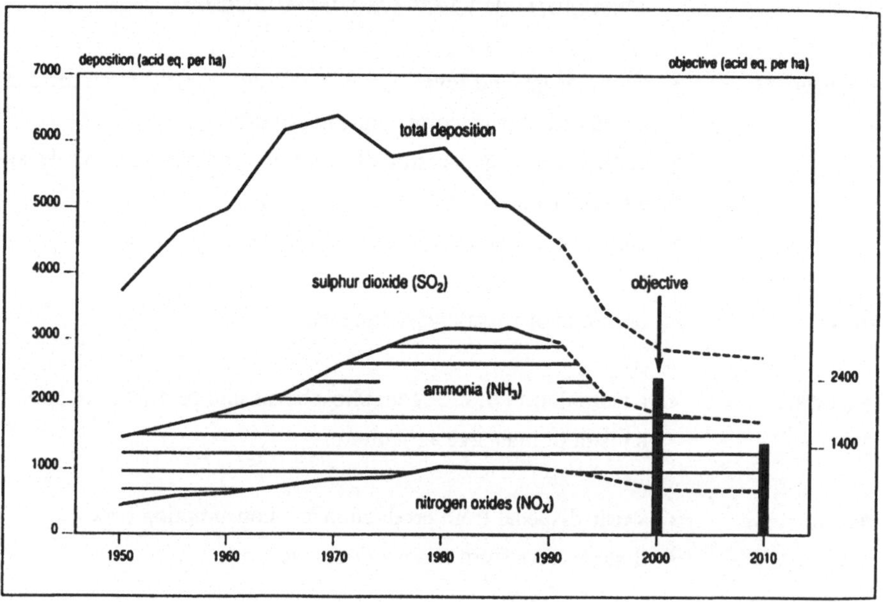

Another example is the use of pesticides in agriculture. Measurements between 1986 and 1990 have shown that out of 18 important pesticides used for 12 of them the concentrations in the deep (> 10 m) groundwater exceeded the standard for drinking water. As these substances may not easily be broken down, this may pose a threat to groundwater quality into the distant future (*Fig. 8*).

Fig. 8: Calculated concentrations in groundwater of the pesticide atrazine in Vierlings-
beek, The Netherlands (RIVM 1991). The solid curve shows the development
for unchanged use, the dotted line for a complete ban on its use from 1990
onwards.

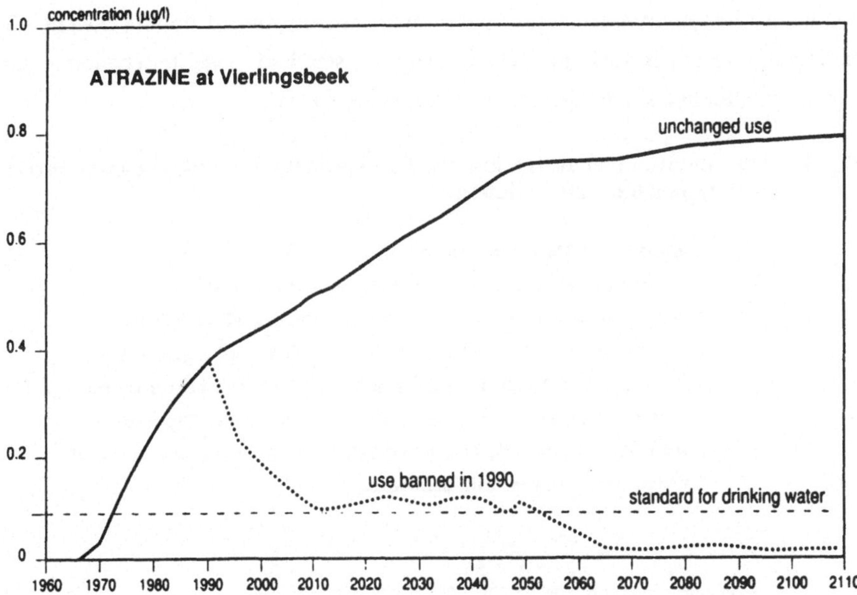

3. Operationalizing Sustainable Development: Model-based Anticipation of Sustainability Indicators

The concept of Sustainable Development aims to provide a coherent framework for these problems as well as for the strategies to solve them or at least keep them within accep-table boundaries. This implies a scientifically sound and politically relevant operationali-zation of the concept. Daly (1990) has proposed the following three principles for sustainable management:

- we should not exploit renewable resources beyond their natural rate of regeneration;
- we should not exploit non-renewable resources beyond the rate at which renewable substitutes are made available;
- we should not burden environmental resources with pollutants at a higher rate than they are capable to assimilate them.

Quite a few attempts have been made over the past years to translate these precepts into practical guidelines (see e.g. De Vries and De Greef, 1991). Most of these are more appropriate in communicating the basic principles than in providing a scientific framework. For example, the concept of "environmental use space" has been proposed based on the standard model for renewable resource exploitation (Opschoor and Van der Ploeg 1990). Hypothesing some relationship between the natural growth rate and the level of pollutants, the "environmental use space" suggests a downward sloping cave in which a ceiling, not the sky is the limit (*Fig. 9*). Using the standard model for economic growth, one can picture in a similar fashion a "resource use space".

Fig. 9:　The "environmental use space": the exploitation potential can be eroded by over-exploitation and pollution.

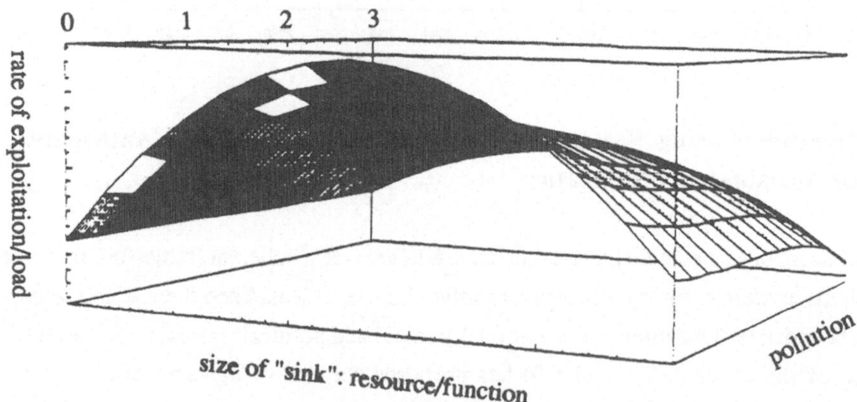

Sustainability should be approached both from the sink and the source side by constructing **networks of indicators** along the chain of activities (or causes) to stress the impacts (or effects) (cf. *Fig.6*). The various indicators should be linked by meta-models which in a transparant and scientifically valid way represent their interrelationships. Starting at the sinks - "downstream" - with impact indicators, targets have to be formulated which reflect a desirable future in terms of sustainability. One of the problems here is that many impacts are spatially differentiated and dynamically linked in complex ways. At the source side, sustainability is concerned with [over]exploitation of renewable resources like soil, fish, groundwater, forest, and with depletion of non-renewable resources like fossil fuels and mineral ores. The sink and the source approach have to be integrated for a final set of aggregate sustainability indicators. The relative importance of sink- vs. source-considerations will probably change over time and differ among regions.

The indicators can be normalized with regard to some desired "sustainable" (future) state of the system: **sustainability indicators**. One of the issues to confront is the nature of such a sustainable state: should it be like the "unperturbed" state of some past (as proposed for species abundance) or like what it was before the pollutant entered the environment (as with the pre-discovery level of chloride in the stratosphere)? Can it be based on the engineering concept of steady-state mass fluxes? Should we use some categorical imperative based on ethical considerations (as proposed for Antarctica and biodiversity) or introduce more anthropocentric notions such as restoration costs and degree of irreversibility (as is discussed with regard to landfills for solid waste)? Clearly, we are back here in the realm of values - for which scientific facts and models are no substitute.

Once some sustainable state in terms of a desirable and a feasible future has been formulated, one can anticipate the environmental consequences of "stress"-scenario's over the relevant time-span. The goal of a sustainable state, phrased in terms of risks and uncertainty, can be translated "upstream" into target time-paths for more measurable and tangible indicators. These, in turn, can be translated into policies with regard to technological development, resource pricing and the like. Undoubtedly, the resulting "impact"-scenario's are clouded by uncertainties. Yet, we should do the best we can: within the Steward perspective this is a moral duty, within the hierarchist paradigm it is a liability not doing it.

An example of this approach is global warming. Risks are related to both absolute size and rate of global average temperature change; given some acceptable level of climate change, this is translated to desired emission levels with associated allocation among the various world regions (Den Elzen et al. 1993). Another example is the assessment of critical loads for deposition of acidifying compounds in Europe (Hettelingh et al. 1991). Based on targets for the risks on ecosystem degradation, one can design - economically optimal - emission reduction strategies for acidifying compounds in Europe. A final example is about cadmium. The stocks and flows of cadmium in The Netherlands are have been assessed and the future system states have been aggregated into two sustainability indicators. One is the net inflow respectively outflow of the metal, reflecting the materials-balance approach in which sustainability is associated with a steady-state. The other is the degree to which accumulation of the metal in the soil exceeds the official standard, linking sustainability to health- and risk-related considerations.

Some caveats are in place if we are to design and use sustainability indicators as formulated above. First, they have to be reassessed and renegotiated as new scientific evidence shows up and performance with regard to other development and environmental targets can be appraised. Keypoint here, at least at the global and continental scale, is the degree to which a fair and widely accepted emission management regime can be agreed upon and implemented by the members of the world community. The second UNCED-Conference in Brazil was indicative of the difficulties to be overcome.

Secondly, the process of re-assessment and renegotiation needs some firm commitments for e.g. the next five or ten years. Only then, the parties involved will resist the temptation to come up with ever new arguments in favour of more or less stringent targets - which might further ruin the reputation of politicians to do anything about the problem at all.

Thirdly, one should keep in mind that one or two indicators to organize the policy-making process may be dangerous in itself. For instance, global average surface temperature change conceals regional impacts, extreme-events frequency distributions, links with other environmental stressors, to name a few. This brings me to the last paragraph: a playdoyer for an exploratory and adaptive approach to management for a sustainable future.

4. Learning about Sustainability: Exercises in Planning for an Uncertain Future

From the previous paragraphs it will be clear that I favour an open-minded, exploratory and heuristic approach of what is referred to as Sustainable Development. One argument for this is that mankind is facing a world which is at once speeding up and becoming more complex, largely due to her own dynamics. Anticipating the future in such a world is increasingly difficult and tedious, and to some - and possibly increasing - extent impossible. Here, too, exists a limit which is receding from one perspective (data availa-

impossible. Here, too, exists a limit which is receding from one perspective (data availability and processing, for example) but is coming nearer from another perspective (timely understanding of our own actions' consequences, for example).

Management for a sustainable future has basically two options: technical fix and life-style. The technical fix option means that the characteristics of producing capital goods and consumer goods (including cars, dwellings and offices) are improved: lower energy-intensity, lower specific material use etc. The life-style option implies that consumer expenditures (including services) are shifted towards items which require less energy and material per monetary unit. Major questions in this field are still unanswered. Take the case of global warming. Now that many governments are in favour of taking action, it is becoming clear that proper understanding of the social and economic dynamics is lacking. Which "laws" are governing technological and infrastructural change? How does the information technology affect mobility and the use of offices and paper? What are the micro- and macro-economic impacts of drastic energy price changes? What are the changes in political institutions required?

One helpful distinction is about **"know-ability"** and **"plan-ability"**. The axis strong-weak represents the degree to which the object of study can be known in the sense of logical empiricism, the prevailing paradigm within the natural and engineering sciences. There is much strong knowledge of physical-chemical systems which can be analyzed in the isolated environment of laboratory experiments. On the other hand, many systems which are of interest from an environmental point-of-view can not or not satisfactorily be subjected to repeated experimentation; nor can many living entities like ecosystems, economic and social systems. The concept of Sustainable Development covers many phenomena of which our knowledge will inherently be weak. Both scientists and the public have to learn to deal with this fact[3]. The other axis, hard-soft, represents the degree to which (parts of) the object of study can be manipulated and controlled for planning purposes. It is often related to the strong-weak axis and any judgment on soft vs. hard depends on personal position and experience - which is often difficult to express in formal models.

There are some interesting corollaries with the previously discussed paradigms. The hierarchist tends to appreciate and rely on strong knowledge about hard variables,

---

3   This may seem untrue for the ever-larger part of our world which is artificial in the sense of man-designed and man-made. However, here too complexity has its price and these artefacts too are still submerged into the much larger planetary flows of energy and materials.

reflecting "official realism" with emphasis on expertise and control. The fatalist will perceive a large part of his environment as hard and weak - if interested in knowledge at all. Egalitarians, inspired by their ideals, often tend to over-estimate the degree to which society can be managed - the softness of Culture; they emphasize the weakness of our knowledge of Nature. The individualistic pioneer/entrepreneur may well see himself, with some disdain for scientific knowledge, as a hero who can soften the hardest rock.

Much of our knowledge on environmental problems is rather weak and the solutions have to come from the policy domain where it is rather unclear how soft society actually is. Given this situation, the combination of game-theoretic insights and experiences and the availability of ever-faster computers provide a new tool to explore strategies for a [more] sustainable world: **simulation-gaming**. Depending on whether the emphasis is on the computer model or on the game-elements, one also speaks of interactive simulation, policy exercises, strategic planning exercises etc. The essence is that a context for social learning and decision-making is constructed around a core of relatively strong models simulating relatively hard parts of reality. This provides the participants with ways to explore the relatively weak and soft parts of strategies to guide a country along a sustainable development path, to confront fishermen with the tragedy of the commons (Meadows 1990) or to formulate an acceptable electricity policy in terms of costs, reliability and environmental damage (De Vries et al. 1991).

Conclusions

Sustainability is not something to be ordered from above. It is a slow and difficult restructuring process, in which present ways of thinking and behaving have to evolve into new and as yet largely unknown directions. Within this framework, the quest for an operational definition of Sustainable Development can take several directions. One is to interpret it as the search for viable survival routes for humanity - the hard edges of a world which can only partially be known. Another is to look for desirable designs of the future - the mix of culture and nature which preserves the best of both worlds.

It is essential to communicate the scientific findings about our changing natural environment, at the global, the regional and the local scale, to as large an audience as possible. Transparent indicators in combination with visualization techniques are a first step. A next step may be the design and use of simulation-games; new multi-media techniques will further enhance these possibilities.

One may hope that these new tools are helpful in transcending the dead-locks due to the strict separations between the expert and the decision-maker/layman or between the natural and the social scientist. It also invites participants to go beyond mere intellectual efforts, making it more of a whole as well as a healing experience.

References

Bookchin, M.
  The ecology of freedom. Cheshire Books. Palo Alto, California, 1982.

Brookes, H. and Johnson, R.B.
  Comments: Public Policy Issues, in: Davis, B.D. The genetic revolution.
  John Hopkins University Press, 1991.

Chaitanya, K.
  A profounder ecology - the Hindu view of Man and Nature. The Ecologist
  13(1983)127-135, 1983.

Clark, W.C. and Munn, R.E. (eds.)
  Sustainable development of the Biosphere. Cambridge University Press/
  IIASA Laxenburg, 1986.

Colby, M.
  Ecology, Economics and Social Systems. Ph.D. Thesis, University of
  Pennsylvania, 1990.

Coomer, J.C. (ed.)
  Quest for a sustainable society. Pergamon Press, 1981.

CPB (Centraal Plan Bureau)
  Scanning the Future. The Hague, 1992.

Daly, H., and Cobb, J.
  For the common good. Beacon Press, Boston, 1989.

Douglas, M. (ed.)
  Essays in the sociology of perception. Routledge and Kegan Paul, London,
  1982.

Durning, A.
  Asking how much is enough, in: Brown, L.R. (ed.), State of the World
  1991. Norton & Company New York, 1991.

Elzen, M. G.J. den; Jansen, M. A.; Rotmans, J.; Swart, R. J. and de Vries; H.J.M.
  Allocating constrained global carbon budgets: inter-regional and inter-gene-
  rational equity for a sustainable world. International Journal of Global Energy Issues Vol. 4, No.4, pp. 287-301, 1992.

Gilbert, A. and Feenstra, J.
  An indicator of sustainable development - Dispersion of Cadmium. IvM
  Free University Report R-92/06, february. Amsterdam, 1992.

Hartog, H. and Maas, R.
  Een duurzame economische ontwikkeling: macro-economische aspecten van
  een prioriteit voor het milieu. Preaadviezen van de Koninklijke Vereniging
  voor de Staathuishoudkunde pp. 77-126, Stenfert Kroese, 1990.

Hettelingh, J-P.; Downing, R. and de Smet, P. (eds.)
Mapping critical loads for Europe. RIVM Report 259101001. Bilthoven, The Netherlands , 1991.

Holling, C.S.
The resilience of terrestrial ecosystems: local surprise and global change.In: Clark and Munn (eds.), 1986.

Jasanoff, S.
Pluralism and convergence in international science policy. IIASA'92 Conference May 12-13 , 1992.

Keyfitz, N.
From Malthus to Sustainable Growth. IIASA WP-91-23 August, 1991.

Meadows, D.H.; Meadows, D.L.; Randers, J. and Behrens, W.
The limits to growth. Universe Books. New York, 1972.

Meadows, D.L.
User's manuals for Strategem-I and Fish Banks Ltd. Institute for Policy and Social Science Research. University of New Hampshire., 1990.

Meadows, D.H.; Meadows, D.L. and Randers, J.
Beyond the Limits. Earthscan Publications Ltd., London, 1992.

Naess, A.
The shallow and the deep, long range Ecology movement. Inquiry 16(1973)95-100, 1973.

NMP (Nationaal MilieubeleidsPlan). Ministry of Physical Planning, Housing and Environment (VROM), Den Haag , 1990/91.

Opschoor, H.
Na ons geen zondvloed - voorwaarden voor duurzaam milieugebruik (in dutch). Kok Agora, Kampen, 1989.

O'Riordan, T. and Turner, R.K. (eds.)
An annotated reader in environmental planning and management. Pergamon Press, 1979.

RIVM (National Institute of Public Health and Environmental Protection)
National Environmental Outlook 1990-2010. Bilthoven, P.O. Box 1, The Netherlands, 1992.

Thompson, M.; Ellis,, R. and Wildawsky, A.
Cultural Theory. Westview Press. Boulder, Colorado, 1990.

De Vries, H.J.M.
Sustainable resource use - an enquiry into modelling and planning. Ph.D. Thesis, University of Groningen, 1989.

De Vries, H.J.M.; Dijk, D. and Benders, R.
PoerPlan - an interactive simulation model about electric power planning. IVEM Groningen, 1991.

De Vries, H.J.M. and de Greef, J.
  Sustainable Development as a framework for environmental policy (in dutch). RIVM Report 481501001. Bilthoven, The Netherlands, 1991.

WCED (World Commission on Environment and Development).
  Our common future. Oxford University Press, 1987.

Beiträge der Informationstechnik für eine effiziente Verkehrsgestaltung

Peter Cerwenka
Technische Universität Wien

1. Einstimmung und Einstieg

Der Einstieg in das Thema sei mit der auszugsweisen Wiedergabe des Textes eines Inserates versucht, das die Telekom kürzlich im intellektuellen Blätterwald Deutschlands emittiert hat[1]. Dort heißt es unter der bemerkenswerten Überschrift "Warum wir in Systeme investieren müssen, die zu mehr [!] Mobilität führen" unter anderem: "Staus belasten die Umwelt, kosten wertvolle Arbeitszeit und mindern die Lebensqualität auch durch Verlust an Freizeit. ... Die Informationstechnologie kann hier helfen: Bildtelefone, ISDN-Bildübertragungssysteme oder Videokonferenzen machen manche Reise überflüssig. Computerverbundnetze ermöglichen Firmen die Dezentralisation und mindern so den Verkehr in den Ballungszentren. Telearbeit zu Hause, z.B. an dem mit der Firma verbundenen PC, begünstigt Fahrten zu verkehrsarmen Zeiten. Neue Info-Netze helfen, Warentransporte intelligenter zu steuern und Leerfahrten von Lkws zu reduzieren. Fernkontrollen und Ferndiagnosen von Maschinen und Anlagen schränken Servicefahrten ein. Und ferngesteuerte Verkehrsleitsysteme führen dazu, weniger befahrene Straßen besser auszunutzen und den Verkehr flüssiger zu gestalten. ... So helfen wir, die unterschiedlichsten Probleme unserer Industriegesellschaft besser zu lösen und gleichzeitig die Umwelt zu schonen." Soweit also eine Vorschau auf die schöne neue Welt durch eine rosarote Brille des Jahres 1993.

Damit wären eigentlich so ziemlich alle wesentlichen Heilserwartungen benannt, die sich mit dem Einsatz moderner Informationstechnik im Verkehrswesen verbinden, und meine Ausführungen zu diesem Thema könnten hier schließen ..., wäre da nicht ein leises Unbehagen und die dumpfe Rückerinnerung an die Büchse der Pandora, die ja nichts anderes darstellt als die mythologisch überlieferte Abart des Entropiebegriffes, und an Kassandra, die man als Symbol für die Irreversibilität von Entropiezunahme trotz Vorwarnung deuten kann.

---

1 Z.B. in: Die Zeit, Nr. 15, 9.4.1993, S.35.

2. Gesellschaftliches Umfeld und Rahmenbedingungen

Kehren wir also zurück zur Klärung des Urschlammes und sondieren wir zunächst das gesellschaftliche Umfeld, in welches sich die Pandorabüchse, diesmal informationstechnisch, entleert.

Welches Erscheinungsbild bietet sich uns dabei? Etwa folgende für unser Thema relevanten Entwicklungsphänomene lassen sich dingfest machen (vgl. Cerwenka 1992):

- **Internationalisierung:**
  Die Bestrebungen zur Herstellung eines europäischen Binnenmarktes einerseits sowie der Fall des Eisernen Vorhanges andererseits haben zu einer ungeahnten Durchlässigkeit von nationalen Grenzen speziell in Europa geführt und damit ehemals bestehende nationale Abschottungen sehr stark gemildert. Damit lösen sich auch nationale Kulturidentitäten beschleunigt auf. Nicht nur gibt es heute überall auf dem Globus zu jeder Jahreszeit jede irgendwo wachsende Obstsorte zu kaufen, sondern in jeder Stadt, die auf sich hält, kann man heute auch italienisch, ungarisch, griechisch oder chinesisch speisen und ein Dutzend Sorten von Mineralwasser und Bier trinken. Auch mit Rosen, Nelken, Tulpen oder Orchideen kann man es heute überall und zu jeder Jahreszeit durch die Blume sagen.

- **Individualisierung:**
  Sie basiert auf dem Leitbild der "Selbstverwirklichung" in Verbindung mit der durch ein ungeahntes Wohlstandswachstum geschaffenen Möglichkeit, sich diese Selbstverwirklichung auch finanziell leisten zu können. Diese Individualisierung hat enorme kommunikationsrelevante Folgewirkungen, als da sind:
  -- Emanzipation der Geschlechter in Ausbildung, Erwerbstätigkeit und Partnerschaftsverhältnis,
  -- starker Rückgang der Haushaltsgrößen, ausgedrückt in der Anzahl der Personen je Haushalt,
  -- starke Zunahme der Anzahl der Haushalte,
  -- enorme Zunahme der spezifischen Wohnfläche je Einwohner (Verdoppelung in etwa 30 Jahren) und
  -- dementsprechend individualisierte Wohnsiedlungsformen mit der ungebrochen heiß begehrten Idol-Idylle des freistehenden Einfamilienhäuschens im Grünen.

Quintessenz dieser Individualisierung für die Raumnutzung und damit auch für die Raumüberwindung ist ein extensiver Landfraß ungeahnten Ausmaßes: Ernsthafte und plausible Schätzungen gehen davon aus, daß in den hochentwickelten Industriegesellschaften seit dem Ende des 2. Weltkrieges dem Freiraum ebenso viel Fläche für bauliche Nutzung entzogen wurde wie in der gesamten Menschheitsgeschichte davor! (Ein kritischer Vergleich von alten Stadtplänen mit aktuellen Darstellungen führt sehr schnell zu einer Bestätigung dieser Schätzung.)

- **Fragmentierung der Zeitnutzung:**

Eine Haupteigenschaft der zivilisatorischen Zeitdimension ist die nahezu grenzenlose Fragmentierung der Zeitnutzung (der Computer macht es uns mit seinem "Timesharing" so schön vor). Industrielle Produktionsprozesse werden in immer mehr Fertigungsstufen immer geringerer Fertigungstiefe (mit immer geringerer Einzelbearbeitungsdauer) zerlegt. Ein Fernsehabend ist durch eine immer größere Anzahl von Programmkanälen mit immer geringerer Aufmerksamkeitsintensität und schwindender Nachhaltigkeit segmentierbar. Zuwendungszeiten in Partnerschaften werden durch immer häufigere Partnerwechsel immer kürzer und oberflächlicher. Einem Wochenendausflug zur Fotosafari in Kenia folgt ein nächster zum Heli-Skiing in den Pyrenäen.

Gemeinsam scheint diesen drei Entwicklungsphänomenen eine gravierende Eigenschaft zu sein, nämlich ihre Unumkehrbarkeit: Die drei beschriebenen Entwicklungen erweisen sich - mit Ausnahme von Katastrophensituationen - ebenso unumkehrbar wie der Zeitpfeil selbst. Ein einmal erreichtes Internationalisierungs-, Individualisierungs- und Zeitfragmentierungsniveau wird mit Zähnen und Klauen verteidigt und ohne gewaltsame (z.B. kriegerische) Einflußnahme nicht mehr aufgegeben. Besitzstandswahrung lautet die Maxime. Ja mehr noch, der einmal erreichte Besitzstand wird darüber hinaus (und sei es um den Preis hoher Verschuldung) sukzessive umgewertet, sodaß die geschilderten Prozesse als eine irreversible Transformation von gelegentlichen Annehmlichkeiten in dauernde Unentbehrlichkeiten interpretiert werden können. Wer von uns wollte schon zurück zu Kienspan und Plumpsklo? Aber nicht nur das: Welcher Einfamilienhausbesitzer im Grünen möchte zurück in die graue Stadtmietwohnung? Oder welcher Besitzer eines verkabelten Farbfernsehempfängers möchte, ja kann überhaupt noch zurück zum einprogrammigen Schwarz-Weiß-Gerät oder - o Schreck - gar zurück zum Buch, einem noch viel älteren Schwarz-Weiß-Gerät?

Aus diesem Umfeld eines internationalisierten, pluralistischen "Selbstverwirklichungs-szenarios", auf das nun die moderne Informationstechnik mit scharrenden Hufen zur Missionierung wartet, lassen sich folgende Merkmale eines kommunikativen Endsta-diums erahnen (vgl. Cerwenka a.a.O.):

- **Im Personenverkehr:** Jede Person kann (und möchte) jederzeit jeden beliebigen Flecken der Erde innerhalb kürzester Zeit erreichen und dort jede beliebige Tätigkeit ausüben (z.B. Schlittschuhlaufen am Äquator, Radfahren am Nordpol oder Tennis-spielen auf hoher See).

- **Im Güterverkehr:** Eine immer größer werdende Fülle und Ausdifferenzierung von Güterarten ist weltweit ubiquitär und simultan verfügbar.

- **Im Nachrichtenverkehr:** Alle Informationen sind weltweit ubiquitär und simultan abrufbar. (Diesem Zustand sind wir durch Verknüpfung von Computer, Bildschirm, Mobiltelefon und Informationsübertragung mit Lichtgeschwindigkeit schon heute sehr nahe gekommen.)

Insgesamt könnte man diese Endzeitvision unter Einbezug der dann eingetretenen Raum-nutzung als einen nicht in die Höhe errichteten, sondern in die Fläche ausgeronnenen Turmbau zu Babel, sozusagen als das globale Dorf Babel, interpretieren. (Schon heute zeichnen sich ja ähnliche Verständigungsschwierigkeiten wie bei der babylonischen Sprachverwirrung gerade dadurch ab, daß wir durch viel zu viel unstrukturierte, ver-schmutzte, verfälschte und daher nicht verwertbare Information verwirrt, verunsichert und handlungsunfähig werden.)

Nun wird mancher nach der Sondierung dieses rahmensetzenden Umfeldes fragen, was das mit unserem Thema überhaupt zu tun hat. Bevor darauf unter Hinweis auf das Zauberwort "Sustainability" eine Antwort zu geben versucht wird, sei nun das eigentli-che Einsatzfeld von Informationstechnik in den unterschiedlichen Verkehrsbereichen etwas detaillierter betrachtet, als dies in dem zur Einstimmung gedachten Inserat der Telekom bereits in den wesentlichen Grundzügen zum Ausdruck kam.

3. Einsatzbereiche von Informationstechnik im Verkehr

Bei der Beschreibung der Einsatzbereiche kommt es hier nicht so sehr auf die Darstellung der sich nahezu monatlich weiter ausdifferenzierenden Fülle an Endgeräten mit mehr oder weniger nützlichen oder unterhaltsamen Zusatzfunktionen an, sondern auf das Herausfiltern der wesentlichen verkehrsrelevanten Grundfunktionen. Direkte Einsatzbereiche lassen sich im Hinblick auf die drei wichtigen Phasen eines Transportvorganges wie folgt unterscheiden:

- transportvorbereitende Funktion,
- transportbegleitende ("online"-) Funktion,
- transportnachbereitende Funktion.

Über diese drei direkten Einsatzbereiche im Verkehrssektor hinaus müssen aber im Anschluß daran jene Einsatzbereiche der Informationstechnik zumindest hinsichtlich ihrer Auswirkungen kurz gestreift und in die Überlegungen integriert werden, die über eine durch sie mit ermöglichte Siedlungsstrukturveränderung und Neulokalisierung von Arbeitsplatz jene Aspekte einfangen, welche erst das in letzter Zeit so reichlich bemühte Attribut "nachhaltig" (neuhochdeutsch: "sustainable") betreffen.

In Abb. 1 wurde der Versuch einer groben Systematisierung der Einsatzbereiche unternommen.

Abb. 1:   Systematisierung der Einsatzbereiche von Informationstechnik im Verkehr

Phase	Personenverkehr	Güterverkehr
Transport-vorbereitend	- Verabredung einer Begegnung (z.B. mit Telefon) - Auskunfts- und Reservierungssysteme - "Parkplatzbuchen statt Parkplatzsuchen" - Pre-pay-Systeme zur Durchführung von Road pricing	- Frachtakquisition - Fahrzeugdisposition ("Flottenmanagement") - Personaldisposition
Transport-begleitend (selektiv + aktuell + relevant = maßge-schneidert	- Parkleitsysteme - Zielführungssysteme (Individualverkehr) - Betriebsleitsysteme (öffentlicher Verkehr) - Flugsicherungssysteme (Luft) - Zugsicherungssysteme (Schiene) - Lichtsignaltechnik (Straße) - Auskunftssysteme für Fahrwegzustand (Witterung, Unfall, Baustelle, Stau) - Satellitennavigation - Kommunikation mit Leitstelle zur raschen Umdisposition bei Eintritt von Unvorhergesehenem (z.B. mit Mobiltelefon) - Automatische Ortung und Alarmierung bei Verunglückung - Systeme automatisierten Konvoifahrens auf der Straße - Fahrleistungserfassung für Road pricing	
Transport-nachbereitend	- Post-pay-Systeme zur Durchführung von Road pricing - Transportstatistik - Innerbetriebliche Erfolgskontrolle	

Dabei sind ergänzend folgende Hinweise angebracht:

- Wenn wir von Einsatzbereichen der Informationstechnik im Verkehr sprechen, meinen wir meist unwillkürlich den motorisierten Individualverkehr und den Straßengüterverkehr. Das hat vermutlich folgende Gründe: Zum einen vermuten wir bei diesen beiden Verkehrsarten noch die größte Spielmasse der Effizienzsteigerung (was zutreffend sein dürfte, weil etwa Bahn, Flugzeug und Schiff schon längst informationstechnisch vollgepfropft sind), zum anderen meinen wir, diese Spielmasse individuell selbstverwirklichend durch eigene Geschicklichkeit und nicht etwa durch einen an bornierte Vorschriften gebundenen Lokführer oder Flugzeugpiloten fremdbestimmt ausschöpfen zu können.

- Einige transportbegleitende Funktionen werden bereits heute von konventioneller Informationstechnik mehr oder weniger gut erfüllt, eher weniger gut. Hier sind in der Tat fühlbare Effizienzsteigerungen durch moderne Informationstechniken zu erwarten, wenn durch sie die Forderungen nach Selektivität, Aktualität und Relevanz der Information realisiert werden können. Der Endzustand könnte lauten: Immer-und-überall-Erreichbarkeit aller durch alle. (Dabei treten aber neue Probleme, wie etwa solche des Datenschutzes, auf, die in folgenden neuartigen Anforderungen resultieren: Anonymität bei korrektem Gebrauch des Systems, Identifizierung bei Mißbrauch des Systems.)

4. Verkehrsrelevantes Wirkungsspektrum der Informationstechnik

Wenn wir zunächst unser Blickfeld auf den unmittelbaren Einsatz der Informationstechnik im Verkehrssektor selbst beschränken, so sind ganz zweifellos **unter Ceteris-paribus-Bedingungen** fühlbare Effizienzsteigerungen vor allem im motorisierten Individualverkehr und im Straßengüterverkehr zu erwarten. Diese Erwartungen zielen vor allem in vier Richtungen:
- Abbau von Stauungen
- Erhöhung der Verkehrssicherheit
- Energieeinsparung
- Reduktion von Emissionen.

Alle vier Wirkungsrichtungen werden im wesentlichen durch eine bessere zeitliche und örtliche Abstimmung von Nachfrage und Verkehrsinfrastrukturangebot sowie durch eine Homogenisierung des Verkehrsflusses angestrebt. Dieser Erwartungshaltung liegt allerdings das Gedankenmodell einer starren (effizienzunabhängigen) Verkehrsleistungsnachfrage zugrunde. Befunde der noch sehr jungen Mobilitätsforschung lassen dieses Gedankenmodell allerdings als wenig zutreffend erscheinen. Eher dürfte das ökonomisch interpretierbare Analogon zu einer Preis-Nachfrage-Kurve zutreffen (Abb. 2).

Abb. 2: Vermuteter schematischer Zusammenhang zwischen Verkehrsleistung und Preis/Effizienz-Verhältnis

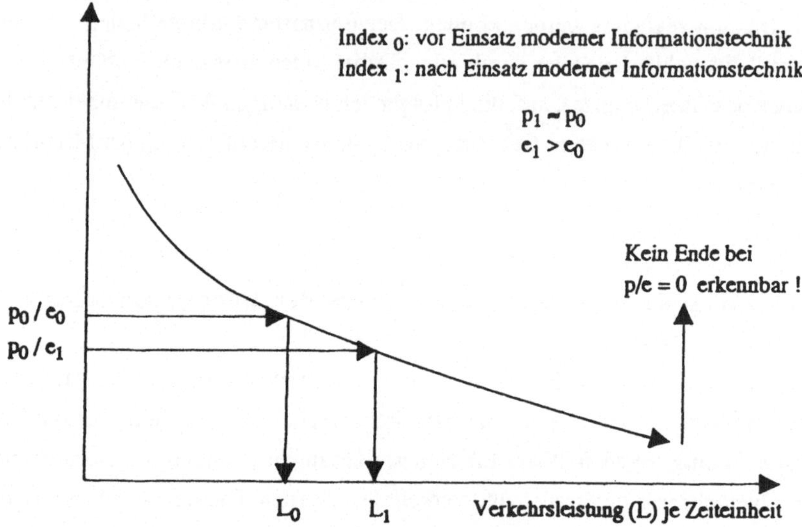

Abb. 2 läßt sich in folgende Worte fassen: Wer Effizienz steigert, ohne dafür einen aliquot höheren Preis zu verlangen, der wird Nachfrage ernten. Mit der "Ernte" zunehmend nachgefragter Verkehrsleistung wird aber ohne Kapazitätsausweitung des Infrastrukturangebotes zumindest ein Teil der Effizienzsteigerung wieder zunichte gemacht. Diese Argumentation zeigt klar, daß der Einsatz von Informationstechnik kein Ersatz für Infrastruktur ist.

Ein kleiner Schönheitsfehler stellt sich allerdings bei dem Versuch einer empirischen Verifizierung dieses Zusammenhanges ein: Die komplexe und subjektiv sehr unterschiedlich empfundene Dimension "Effizienz" ist kaum allgemeinverbindlich darstellbar. Man könnte sie entsprechend den vorhin erwähnten Erwartungen als eine mit dimensionsbehafteten Gewichtsfaktoren (g_1, g_2, g_3, g_4) gewogene Summe aus Geschwindigkeit V sowie Kehrwerten von Unfallraten u, spezifischem Energieverbrauch k und spezifischen Schadstoffemissionen s etwa in folgender Form definieren:

$$e = g_1 \cdot V\,[\text{km/h}] + g_2 \cdot \frac{1}{u}\,[\text{km/Unfall}] + g_3 \cdot \frac{1}{k}\,[\text{km/kWh}] + g_4 \cdot \frac{1}{s}\,[\text{km/kgCO-Äquivalent}]$$

$$\text{km} \begin{cases} \text{Personenkilometer im Personenverkehr} \\ \text{Tonnenkilometer im Güterverkehr} \end{cases}$$

Nimmt man nun zu den direkten Wirkungen der Nutzanwendung von Informationstechnik im Verkehr noch indirekte Umwegwirkungen hinzu, so läßt sich das vermutete Gesamtwirkungsspektrum gemäß Abb. 3 darstellen.[2]

Abb. 3:   Typologie des verkehrsrelevanten Wirkungsspektrums
von Informationstechnik

Personenverkehr	Güterverkehr
I. Nutzanwendung im Verkehrsbereich selbst (zur Effizienzsteigerung der Transportvorgänge) • in transportvorbereitender Funktion • in transportbegleitender Funktion • in transportnachbereitender Funktion	
II. Substitution von Personenverkehr durch Telekommunikation (z.B. durch Homeworking)	II. Reduktion von Güterfahrten z.B. durch Reduktion von Leerfahrten
III. Induktion von Personenverkehr durch Telekommunikation • direkte Induktion z.B. infolge Animierung durch Bildtelefon • indirekte Induktion z.B. durch den aufgezeigten Zusammenhang zwischen Effizienzsteigerung und Nachfragesteigerung	III. Induktion von Güterfahrten bei Nachfrageüberhang durch Produktivitätssteigerung (ein Fahrzeug kann durch Zeiteinsparungen bei bisherigen Fahrten für zusätzliche Fahrten eingesetzt werden)
IV. Raumstrukturelle Konsequenzen der Telematik (Langfristaspekt) Endzustand: ubiquitäre Raumnutzung ("globales Dorf") (?) bei der Wohnstandortverteilung	Verteilung der güterverkehrsrelevanten Produktionsstandorte

Da immer wieder die Frage auftaucht, ob bei Einsatz von Informationstechnik im Personenverkehr Subsitution oder Induktion dominiert, seien hier nachfolgend neben der

---

2   Im Personenverkehr in Anlehnung an: CLAISSE, G.: Transport and Telecommunication.

schon erwähnten vermutbaren verkehrsinduzierenden Wirkung von Effizienzsteigerung an sich weitere Indizien aufgeführt, die alle in die gleiche Richtung einer klaren Dominanz der Induktionswirkung weisen, wenn man nun auch die eingangs beschriebenen gesellschaftlichen Rahmenentwicklungen einbezieht (vgl. Cerwenka 1987):

- Bei Sondierung des Substitutionspotentials wird offenkundig, daß alles, was sich nicht ausschließlich über die monodimensionale Quantität [bit/sec] in akustischen, optischen oder elektromagnetischen Signalen vermitteln läßt, als Substitutionspotential ausfällt. Als Substitutionspotential kommt nur formalisierbare, auf die Sinne "Hören" und "Sehen" beschränkte Kommunikation in Betracht. Telekommunikation versagt, wo - auch nur in kleinen Anteilen - andere Sinne und Sphären angesprochen werden wollen. Und diese Sphären sind - trotz oder gerade wegen der zunehmenden Rationalisierung und Formalisierung - wohl unerschöpflich.

- Telematik in großer Verbreitung schafft eine Informationssintflut und damit neuen Bedarf an physischer Kommunikation: Diese Flut muß nämlich gefiltert werden, muß eine Orientierung und Struktur erhalten, wenn sie verwertbar sein soll. Der beste Filter ist aber ein anderer Mensch in seiner personalen Unmittelbarkeit, der einem hilft, mit seinem gesamten Erfahrungsschatz Fakteninformationen in Bezug zum jeweils aktuellen Handlungsrahmen und zu individuellen Bedürfnissen zu setzen.

- Ein Blick auf die Evolution der "Kommunikationsmittel" zeigt folgendes erstaunliche Bild: In groben Zeitmaßstäben gemessen, traten jeweils in gleichen Zeitphasen neue Ausprägungsformen von physischem Verkehr einerseits und Informationsübertragung andererseits in Erscheinung: Am Beginn des Menschheitsgeschlechtes stehen als wesentliche anthropologische Erkennungskriterien der aufrechte Gang und die artikulierte Sprache. Der Eintritt in das geschichtliche Zeitalter erfolgte ziemlich zeitgleich durch Schrift und Rad. Wiederum in etwa gleicher Zeitphase folgten später Buchdruck und bespannte, durch tierische Kraft gezogene Wagen. Neuerlich später folgten fast zugleich die Erfindungen von Eisenbahn und Telegraf, danach von Automobil und Telefon, noch später von Flugzeug und Fernsehen. Es scheint jedesmal eine gegenseitige Induktion bzw. Befruchtung stattgefunden zu haben. (Ganz deutlich wird dies etwa bei Eisenbahn und Telegraf, denn ohne Telegraf hätte die Eisenbahn niemals ihre rasche Verbreitung gefunden.)

- Die Erscheinungsformen und der Vollzug von Kommunikation unterliegen einer zunehmenden Ambivalenz, die durch eine Polarisierung unseres Erlebnisstrebens auf zwei Brennpunkte hervorgerufen wird. Diese beiden Brennpunkte sind zum einen innerhäusliches Erleben mit Hilfe medialer Kommunikation (vor allem mit Hilfe des Bildschirms) und zum anderen außerhäusliches Erleben mit Hilfe von "Geschwindigkeitsfabrikaten" (Verkehrsmitteln). Diese Bipolarisierung ist interpretierbar als Reaktion auf die Reizbarkeit unseres bipolar aufgebauten (nämlich sensorischen und motorischen) peripheren Nervensystems. Bildschirm einerseits und Verkehrsmittel andererseits können als Organprojektionen, also als Verlängerungen unserer sensorischen und motorischen Organe in unsere Umwelt hinein, interpretiert werden. Je größer die Reichweite dieser verlängerten Organe ist, desto vielfältiger ist das Spektrum der wahrnehmbaren Erlebnismöglichkeiten.

- Bisherige Befunde aus der Mobilitätsforschung stützen sehr stark die Hypothese, daß der Mensch im Durchschnitt über ein ziemlich konstantes (jedenfalls nicht abnehmendes) persönliches Mobilitätszeitbudget von etwa 1 Stunde pro Tag verfügt. Er hat also offenbar eine eingebaute Mobilitätsuhr. Die seit Beginn des Eisenbahnzeitalters stetig wachsenden durchschnittlichen Reisegeschwindigkeiten haben dieses Zeitbudget keineswegs reduziert, sondern im Gegenteil die durchschnittlichen Fahrtweiten proportional zur Geschwindigkeitszunahme erhöht und damit den Aktionsradius stetig ausgeweitet. Da die Telekommunikation ein hervorragendes Rationalisierungsmittel der Transportvorgänge darstellt, wird sie zu einer Erhöhung der durchschnittlichen Reisegeschwindigkeiten beitragen, was bewirkt, daß im gleichen Mobilitätszeitbudget ein höheres Mobilitätsstreckenbudget untergebracht werden kann. Abgebaute Mobilitätszwänge werden somit durch neue Mobilitätswünsche wieder aufgefüllt.

- Resultierende Substitutionseffekte von Personenverkehr durch konventionelle Telekommunikation lassen sich in der Vergangenheit empirisch nirgends nachweisen. Sowohl Bestände an Personenverkehrs- und Telekommunikationsmitteln als auch ihre Nutzungsintensitäten haben in der Vergangenheit ungebrochen zugenommen.

5. Zusammenfassende Schlußfolgerungen

Die Schlußfolgerungen und darauf aufbauenden Anforderungen an einen sinnvollen Einsatz von Informationstechnik im Personen- und Güterverkehr lassen sich wie folgt zusammenfassen:

- Informationstechnik stützt und stärkt den Drang sowohl zu Individualisierung als auch zu Internationalisierung und fördert damit indirekt über die Weckung neuer Erlebnisbedürfnisse Verkehrsleistungswachstum.

- Informationstechnik wird auch im Güterverkehr zu einer "Individualisierung" der Transportvorgänge beitragen, d.h. zu einer zunehmenden Orientierung an hochdifferenzierten Einzelkundenwünschen. Auch im Transportvorgang selbst ermöglicht Informationstechnik eine Reduktion der "Economies of scale".

- Informationstechnik fördert damit indirekt individuelle disperse Siedlungsstrukturen, da sie Standortbindungen lockert. Diese Siedlungsstrukturen können zwar zu einer räumlichen und auch zeitlichen Entzerrung von Verkehrsspitzen beitragen, aber die Position konventionell organisierter Massenverkehrsmittel zugunsten jener des motorisierten Individualverkehrs schwächen.

- Eine resultierende Abnahme der Verkehrsleistung durch Einsatz von Informationstechnik erscheint in einem grenzüberschreitenden pluralistischen "Selbstverwirklichungsszenario" sehr unwahrscheinlich. Zwar war Verkehr oft notwendiges Hilfsmittel, um zu Information zu gelangen; diese oft als lästig empfundenen und ineffizienten Ortsveränderungen werden durch moderne Telekommunikation - schon wie bisher - durchaus zunehmend substituiert werden. Im Gegenzug werden allerdings diese fortgefallenen Fortbewegungszwänge durch neue Fortbewegungswünsche wieder aufgefüllt, welche die Reichweite unserer Wahrnehmungs- und Beeinflussungssphäre erhöhen. (Wie wirkmächtig dieses "Selbstverwirklichungsszenario" ist, markiert im übrigen ein kurioses Phänomen, nämlich die Mobiltelefon-Attrappe als Status-Mimikry.)

- Telekommunikation wird demnach keineswegs bestehende Verkehrsinfrastruktur und vorhandenes Rollmaterial ablösen, sondern - ceteris paribus (d.h. vor allem unter der Annahme konstanter Verkehrsleistung) - zu einer effizienteren Nutzung derselben führen (bessere Abstimmung von Nachfrage und Infrastrukturangebot, homogenerer

Verkehrsfluß). Im Güterverkehr sind eine Auslastungsverbesserung, eine Senkung der Leerfahrtenzahlen, eine Erhöhung der Zuverlässigkeit sowie eine Reduktion der warenbegleitenden Papierflut zu erwarten. Außerdem ermöglicht Informationstechnik eine permanente "Unterwegs-Betreuung" von Fahrer und Fahrzeug und eine flexible, rasche "Online"-Reaktion auf geänderte Zielwünsche.

- Wenn wir - vor allem wegen der negativen externen Effekte der Transportvorgänge - ein Mengenwachstum von Verkehrsleistung durch effizienzsteigernde Informationstechnik vermeiden wollen, so scheint es unumgänglich, daß der Einsatz von Informationstechnik durch ordnungspolitischen Flankenschutz in Form von rechtsverbindlichen, sich am Gemeinwohl orientierenden Spielregeln begleitet werden muß, die zwei Stoßrichtungen zum Ziel haben müssen:
  -- Bei der Raumnutzung muß durch strenge Flächennutzungsplanung der weiteren extensiven Landnahme ein Riegel vorgeschoben werden.
  -- Dem Verkehrsteilnehmer bzw. dem Konsumenten transportintensiver Güter sind alle externen Kosten voll und direkt zu verrechnen. Erst so werden beim Endverbraucher ein Bewußtsein für die von ihm verursachten Externalitäten und ein Anreiz zur Verhaltensänderung geschaffen.

Gelingt uns die Verankerung dieser Spielregeln nicht nur in unserer Rechtsordnung, sondern auch in unserem Bewußtsein und realen Verhalten, so lautet eine Vision der Nachhaltigkeit wie folgt: Der flächendeckende Einsatz und die vernünftige Nutzung der Informationstechnik wird zu einer immer stärkeren Verschmelzung von mobiler Information und intelligenter Bewegung führen, deren Endzustand nicht die postmobile, sondern die infomobile Gesellschaft ist: die Synthese von Motor und Monitor.[3]

---

3   Ein Indikator für den Anbruch dieser infomobilen Gesellschaft ist die jüngst erfolgte Gründung einer Rent-a-Phone GmbH durch die Lufthansa (vgl. hierzu: "Reisende immer am Draht"; in: Die Zeit, Nr. 17, 23.4.1993, S. 84).

Literaturverzeichnis

Cerwenka, P.
    Auswirkung der Telekommunikation auf den Personen- und Güterverkehr.
    In: Straße und Verkehr, 73/1987, Nr. 12, S.853-857.

Cerwenka, P.
    Verkehrsentwicklung im Zivilisationsprozeß. In: Internationales Verkehrs-
    wesen, 44/1992, Nr.11, S.422-430.

Claisse, G.
    Transport and Telecommunication. Report of the fifteenth Round Table on
    Transport Economics; E.C.M.T., Paris, 1983, S.9-10.

Produkt-Design und Ressourcen-Effizienz

Walter R. Stahel
Institut für Produktdauer-Forschung, Genf

1. Nachhaltigkeit

Nachhaltigkeit ist ein mehrdimensionaler und vernetzter Begriff, der aus der deutschen Forstwirtschaft stammt und seit über 200 Jahren gebraucht wird. Der Ausdruck "Sustainability" dagegen ist vor rund 20 Jahren für den ersten Mitchell-Prize-Wettbewerb "erfunden" worden, also viel jünger.

Nachhaltigkeit ruht auf mehreren Säulen. Die Schwierigkeit der Handhabung dieser Säulen liegt darin, daß Nachhaltigkeit auf keine der Säulen verzichten kann. Ein Risiko-Management im Sinne des Gegeneinander-Abwägens ist deshalb sinnlos, ja gefährlich; ein nachhaltiges Wirtschaften verlangt ein gleichzeitiges, mehrgleisiges und vernetztes Vorgehen. Dieses wird aber oft durch die Spezialisierung der Experten und die beschränkten finanziellen Mittel behindert, und ist politisch schwierig zu verkaufen.
Die drei Säulen seien hier schlagwortartig skizziert:

- **Naturschutz**, d.h. die Erhaltung der Ur-Funktion der Natur als einer alles Leben unterstützenden Basis, z.B. in Form von Naturparks und "nicht-produktiven" Landschaften (Stichwort *Erhaltung der Artenvielfalt*).
  Der Mensch kann kaum etwas dazu tun, außer der bewußten Nicht-Nutzung.

- **Toxikologie**: die "chemische Ecke" der Umweltbelastung durch den Menschen, welche weniger für die Natur als für den Menschen eine Gefahr bedeutet (Stichworte *Dioxin, Schwermetalle; Akkumulation*).
  Tummelplatz u.a. der Umweltnaturwissenschaftler, aber auch der Politiker (Verbote und Gebote) und Ökonomen (Zertifikate).

- **Ressourcenströme**: der Konsum an Stoffen und Energie verursacht Stoffströme, die für den Menschen als Problem weniger sichtbar sind, für den Planeten aber vielleicht den nächsten "big bang" bedeuten (Stichwort *Versauerung*). Eine Verminderung ist möglich durch eine Reduktion der Durchfluß*geschwindigkeit*, sowie durch eine Verkleinerung der Durchfluß*menge*.

Tummelplatz eines vorsorgenden Wirtschaftens, von vereinzelten Forschern, Produktgestaltern, Marketingleuten und Politikern.

Der folgende Vortrag befaßt sich vorwiegend mit der dritten Säule, d.h. Strategien einer Verminderung der Ressourcenströme.

Ressourcen-Effizienz kann definiert werden als "Ressourcen Input pro Nutzungs-Einheit, gerechnet über lange Zeiträume" (*"RIPUU l-t": "Ressource Input per Unit of Utilization over long periods of time"*). Eine Erhöhung der Ressourcen-Effizienz führt damit zu einer "de-materialization" ohne Nutzungsverzicht. Das Gewicht der wirtschaftlichen Tätigkeit verschiebt sich dabei von der (kurzfristigen) Fertigungs- zur (langfristigen) Nutzungsoptimierung: Wirtschaftliche Strategien, welche eine umfassende, vorsorgende und langfristige Produktverantwortung und -haftung miteinschließen, können durch technische und kommerzielle Innovationen das Problem der Ressourcenströme effizient, rasch und umweltschonend angehen. Hier öffnen sich der Wirtschaft neue Handlungsspielräume, welche die Spielregeln der internationalen Wettbewerbsfähigkeit entscheidend verändern könnten. Dies möchte ich im folgenden zu zeigen versuchen.

2. Wirtschaftliche Strategien eines nachhaltigeren Wirtschaftens

Eine effizientere Nutzung der Ressourcenströme, als Fokus eines nachhaltigeren Wirtschaftens, bedeutet Ressourcenschonung (Abfallvermeidung und Energieeinsparungen), ist aber auch gleichbedeutend mit der Schaffung von Facharbeitsplätzen und einer Wirtschaftsförderung im Bereich der (dezentralen) kleinen und mittelständischen Firmen. Ressourcenschonenderes Wirtschaften heißt unter anderem:

a) Geschlossene **Kreisläufe** (auf Material-, Komponenten- und Produktebene),

b) eine **Verlangsamung der Stoffströme** durch langlebigere, an künftige Anforderungen und neue Technologien anpaßbare Güter, unterstützt mit Dienstleistungen zur Verlängerung der Nutzungsdauer und im Sinne einer Nutzungsoptimierung,

c) eine **Verminderung der Stoffstrom-Mengen** durch eine intensivere Ressourcennutzung (geteilte und gemeinsame Nutzung von Gütern, multifunktionale Güter) sowie durch Lösungen auf Systemebene (Verkauf von Nutzen statt von Gütern, Systemlösungen).

Eine andere Beziehung zu den Dingen, beim Designer, Hersteller, Verbraucher und Recycler, kann in vielen Fällen zusätzlich den Erfolg dieser genannten Strategien im Markt stark verbessern.

2.1   Kreisläufe (Abb. 1): Ein grundlegender Unterschied zwischen den Kreisläufen "Materialrecycling" und "Wiederverwendung von Gütern" ist die Wirtschaftlichkeit; ein gutes historisches Beispiel dafür ist Herr Honda aus Tokyo. Ende der 40er Jahre hat Herr Honda gebrauchte Kleinmotoren der Armee aufgekauft und auf Fahrräder montiert. Hätte er diese Kleinmotoren verschrottet, hätten Sie nie von einem Schrotthändler namens Honda in Tokyo gehört. Dadurch, daß er diese Gebrauchtmotoren dazu verwendet hat, Fahrräder in Motorräder umzuwandeln (hochzurüsten), hat er den Grundstein zu einem Welt-Technologiekonzern gelegt.

Der "Vorteil" des Recyclings ist, daß es im Gegensatz zu Langzeitgütern keine Produktverantwortung in sich birgt; umgekehrt bringt Recycling aber weder eine strukturelle Ökologisierung der Wirtschaft noch eine Verlangsamung der Stoffströme. Aus der Sicht der Umweltschonung, der Wirtschaftlichkeit und der Innovationsförderung besteht deshalb ein Riesenunterschied, ob man Produkte rezykliert oder wiederverwendet, ob man z.B. Computer demontiert und rezykliert oder aber Computer so baut, daß sie den Charakter von hochrüstbaren Langzeitprodukten, bestehend aus wiederverwendbaren Komponenten, haben [1]. Der Unterschied in der Wirtschaftlichkeit läßt sich auch am Schweizer Pavillon an der Weltausstellung 1992 in Sevilla zeigen: Der erste voll rezyklierbare Ausstellungspavillon der Welt, aus 20 Tonnen Papier gebaut, war für eine Peseta zu kaufen; niemand war daran interessiert, da der Weltmarkt überschwemmt ist mit Altpapier. Hingegen ließ sich die gesamte Küchen- und Restauranteinrichtung, das Büromobiliar und die Computer des Pavillons problemlos an Ort und Stelle als Gebrauchtgüter verkaufen. Aber die 20 Tonnen Papier wollte niemand, nicht einmal geschenkt!

Ökologische Produktgestaltung heißt zuerst einmal Kreisläufe schließen, auf Produktebene (langlebige wiederverwendbare Komponenten, reparatur- und hochrüstfähige Produkte und Systeme) wie auf Materialebene (Material-Recycling). Die rasche und zerstörungsfreie Demontierbarkeit der Güter ist Vorbedingung für einfache Reparatur und

Recycling; die Rezyklierfähigkeit der Materialien muß in der Produktgestaltung vorgesehen sein, eine Verwendung von rezyklierten Wertstoffen, vor allem Metallen, soll möglich sein, denn jedes Produkt kommt einmal ans Ende seines Lebens.

2.2 Verlangsamung der Stoffströme durch eine längere Nutzungsdauer von Gütern: Ökologische Produktgestaltung heißt auch, Produkte und Komponenten so zu gestalten, daß sie als solche wiederverwendbar sind: Mehrwegflaschen, Gebäude, Fahr- und Flugzeuge, Schiffe, Elektronikgeräte sind Beispiele dafür *(siehe Abb. 1)*.

Was die Wirtschaftlichkeit dieser Strategie betrifft, gilt die Regel, daß je kleiner die Kreisläufe, desto wirtschaftlicher sind sie (denken Sie an Herrn Honda). Eine Förderung von Wiederverwendung, Reparatur, Aufarbeitung und technologischem Hochrüsten von Gütern bedingt zuerst einmal eine einfache Reparier- und Demontierbarkeit von Gütern, sowie eine Kenntnis der zur Verfügung stehenden Reparaturtechnologie! [2] Auch in der Instandhaltung gibt es heute ökologische, umweltschonende Methoden, wie z.B. Windschutzscheiben reparieren statt auswechseln (eine moderne Windschutzscheibe kann in den USA und in Österreich billig und sicher geflickt werden, in der Bundesrepublik und der Schweiz "kann (will, darf?) man das nicht").

Ökologische Produktgestaltung bedeutet auch den Einbezug moderner **Instandhaltungstechnologien**. Bei der Gestaltung von Gütern aus Stahlblech heißt dies zum Beispiel, sich nach Entlackungsmethoden ohne Chemie umzusehen. Die Lufthansa Reparaturwerft in Hamburg hat hierzu ein eigenes Verfahren entwickelt, eine "high-tech"- Dusche, welches 1992 mit dem Preis für saubere Technologien des Bundes der Deutschen Industrie ausgezeichnet wurde. Die Blechhüllen der Zukunft müssen aber vielleicht anders gestaltet werden, d.h. ohne Ecken und Kanten, damit diese umweltschonende Technologie angewandt werden kann! (Das Aquastripping-Verfahren verwendet Wasser in einem geschlossenen Kreislauf, wobei durch Filter der Altlack als einziger Abfall ausgesondert wird: Abfallreduktion um 99%, ohne Gefährdung der Gesundheit der Arbeiter noch Explosionsgefahr wie bei heutigen Verfahren; Einsparungen von 10 Mio DM im ersten Anwendungsjahr.) Eine typische neue Umwelttechnologie, welche ein Instandhaltungs-Problem auf eine neue Art anpackt und eine billigere, sicherere, einfachere und abfallvermeidende Lösung findet.

Abb. 1: Die Wiederverwendungsschlaufen eines nutzungsbezogenen Wirtschaftens durch Wiederverwendung von Gütern (Nutzungsdauer-Verlängerung) und von Stoffen (Material-Recycling)

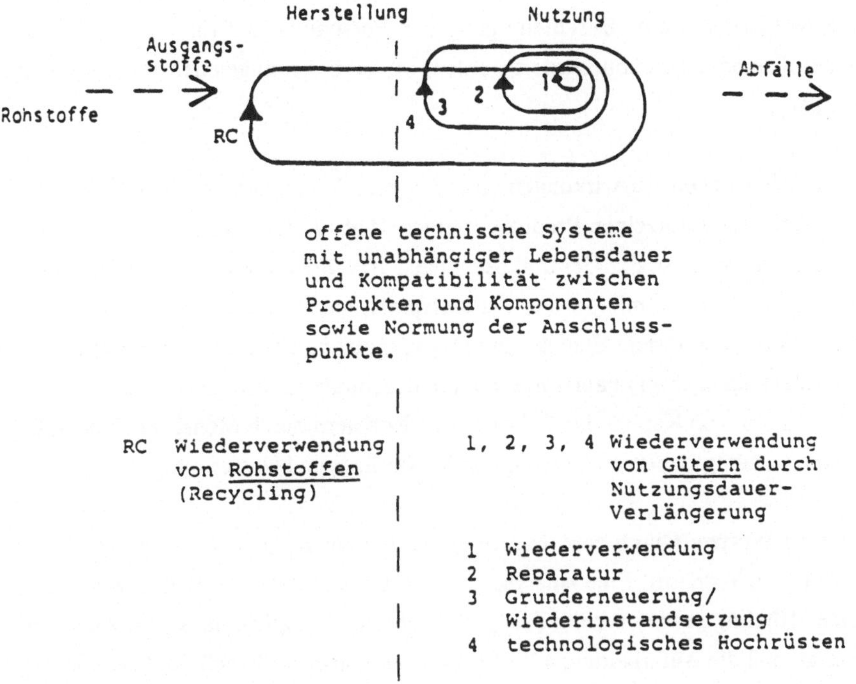

Quelle: Stahel, Walter R. (1976/81) Jobs for Tomorrow, the potential for substituting manpower for energy [3]

Nutzungsdauerverlängerung von Gütern kann weiter die Aufarbeitung (rebuilding, reconditioning) von Komponenten verlangen. Die Runderneuerung von Reifen z.B. ergibt billigere Produkte mit gleichen Garantien (Sicherheit, Toleranzen, Laufleistungen) wie Neureifen, spart 65% der Energie, welche für die Herstellung eines Reifens notwendig ist, und vermeidet das Abfallproblem "Altreifen". Die Aufarbeitung von Gütern ist nicht nur ein Design- oder Technologieproblem, sondern auch ein Informations- und Logistikproblem. Welcher "grüne" Pkw-Hersteller bringt den ersten Wagen, der werkseitig mit runderneuerten Reifen ausgerüstet ist?

Zu den **volkswirtschaftlichen Auswirkungen** einer Nutzungsdauerverlängerung von Gütern zählen, neben der Abfallvermeidung, eine Substitution von zentraler Fertigung ("Roboterfabriken") durch dezentrale mittelständische Unternehmen ("Werkstätten"), sowie eine Substitution von Energie durch Facharbeit [3]. Eine längere Nutzungsdauer bewirkt zudem eine Beschleunigung von Forschung und Entwicklung, da die Kräfte auf Komponenten konzentriert werden, wo Verbesserungen den größten Nutzen bringen [4].

Diese wirtschaftlichen Auswirkungen einer längeren Nutzung von Gütern lassen sich auch an Hand eines einzelnen Produktes zeigen *(Abb. 2, Pkw des Autors)*. Die obere Grafik zeigt die Analyse der Gesamtkosten nach 10 Jahren, die untere Grafik nach 20 Betriebsjahren. Oben dominiert der Verkaufspreis, unten sind die Arbeitskosten der wichtigste Ausgabenposten: Eine längere Produktnutzung entspricht einer Substitution von zentraler (japanischer) Fabrikarbeit durch dezentrale (Schweizer) Werkstattarbeit, eine Substitution von Kapital durch Arbeit, von Robotern durch Menschen. Und außerdem ist die Nutzungsdauerverlängerung für den Besitzer und Nutzer billiger.

Mit anderen Worten: Durch eine längere Produktnutzungsdauer schaffen Sie Arbeitsplätze an Ihrem Wohnort! Eine Analyse von Energie und Arbeit, welche die Aufarbeitung eines 10jährigen Pkw mit der Fertigung eines Pkw verglich, hat schon vor 15 Jahren gezeigt, daß die Aufarbeitung 42% Energie spart, aber 56% mehr und zudem höher qualifizierte Arbeit braucht [3]. Diese Studie wurde im Jahr 1976 für die EG Kommission in Brüssel gemacht und ist in Buchform veröffentlicht. Wenn wir Ressourcen (Stoffe und Energie) schonen und Arbeitsplätze schaffen wollen, müssen wir Güter dauerhafter machen und länger und intensiver nutzen.

Der Grund der heutigen Fehlüberlegung liegt im fehlenden Einbezug des Faktors "Zeit" in die volkswirtschaftliche Rechnung. Für die Herstellung und Vertrieb, sowie für Recycling/Entsorgung und Retrodistribution eines Gutes, braucht es einen gewissen Aufwand an Ressourcen; zwischen diesen Aufwänden liegt die Nutzungsdauer. Eine dynamische Rechnung muß die Aufwände von Fertigung und Entsorgung durch die Nutzungsdauer dividieren, um den Ressourcenaufwand pro Nutzungseinheit (Jahr, Zyklus) zu bestimmen (siehe Ressourcen-Effizienz auf Seite 1).

Damit ergibt sich gemäß Adam Riese: Eine Verdoppelung der Nutzungsdauer bedeutet eine Halbierung des Aufwandes in Fertigung/Vertrieb und Recycling/Entsorgung, sowie eine Halbierung des Produktabfalls wie auch der Umweltbelastungen in Fertigung, Vertrieb und Entsorgung. Diese dynamische wirtschaftliche Betrachtung läßt sich relativ einfach durch die Einfügung einer zusätzlichen Zeile in der Standarddefinition durchführen:

Mit möglichst wenig Rohstoffen und Energie
einen möglichst hohen Nutzen
während möglichst langer Zeit zu schaffen.

In dieser langfristigen Betrachtung geht es primär um ein "Management vorhandenen Reichtums", d.h. zu den Ressourcen zählen nun nicht nur Rohstoffe, sondern auch der Bestand (die "Flotte") der bestehenden Güter, unabhängig von ihrem Alter.

Abb. 2 :   Life-cycle-costing eines PKW über 10 und 20 Jahre
(Investitions- und Betriebskosten, ohne Versicherung und Benzin)

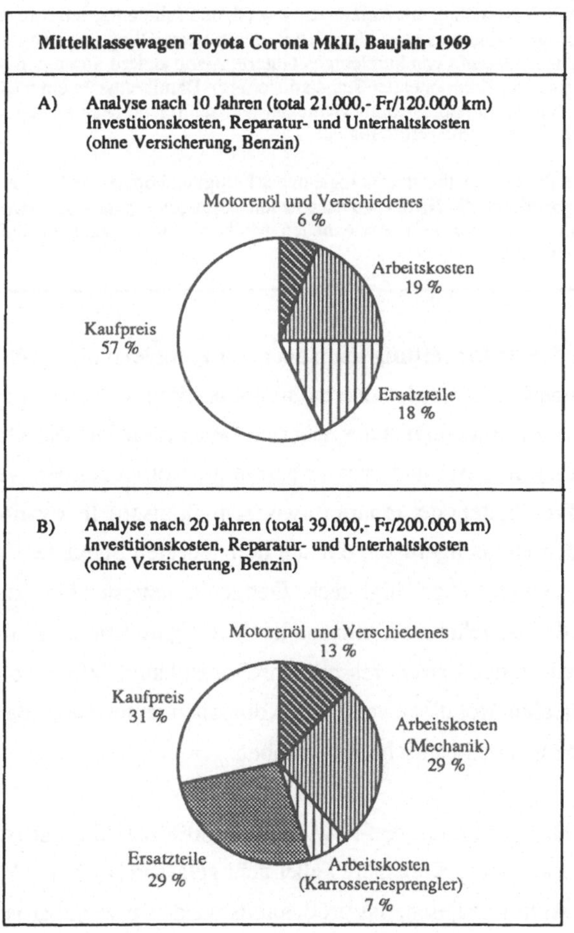

Quelle: Stahel, Walter R. (1987) "Fallbeispiel Personenwagen" [5]

Exkurs: "Eine Verdoppelung der Nutzungsdauer bedeutet eine Halbierung des Fertigungvolumens", steht am Anfang des obigen Absatzes. Heißt dies nicht, daß zwar in der Instandhaltung neue Arbeitsplätze geschaffen werden, in der Fertigung aber die Hälfte der Arbeitsplätze verloren gehen?

Diese Frage taucht immer wieder auf, ist aber falsch gestellt. Bei einem um die Hälfte verminderten Fertigungsvolumen muß die Frage der **wirtschaftlichsten Fertigungsweise** neu gestellt werden! Auch hier sollte die Möglichkeit eines Strukturwandels offenstehen. Aus Japan kommen Meldungen, daß Roboterfabriken auf Facharbeit "zurückgerüstet" worden sind, weil bei vermindertem Fertigungsvolumen Facharbeiter flexibler und wirtschaftlicher sind als Roboter. Sollten die Energiepreise steigen, würden zudem vermutlich dezentrale Fertigungsstrukturen bevorzugt.

Eine umfassende Produktverantwortung des Herstellers von der Wiege zurück zur Wiege (z.B. Rücknahmepflicht), in Verbindung mit einer Aufarbeitung von Komponenten und Gütern (siehe Beispiel Rank Xerox Kopierer im folgenden Abschnitt) bedeutet im Fall der genannten flexiblen, facharbeitsintensiven Fertigung von kleineren Stückzahlen zudem eine Kostensenkung dank dem Einsatz von aufgearbeiteten, hochgerüsteten Komponenten.

Rücknahmepflicht in Verbindung mit Aufarbeitung wiederum führen logischerweise zu neuen Strategien des "Zur-Verfügung-Stellens von Gütern", z.B. durch Vermietung von Langzeitgütern (Verkauf von Nutzen) statt des Verkaufs von kurzlebigen Gütern, sowie andere Strategien des Produktdesign (u.a. Modulbauweise und Komponenten-Standardisierung). Damit entsteht ein nachhaltiger Tugendkreis, der Stoffströme vermindert, Abfall vermeidet und zahlreiche neue Facharbeitsplätze schafft, und zudem wirtschaftlich wettbewerbsfähig ist!

Die Anwendungen der Informationstechnologie in der Fertigung könnten dadurch eine Einschränkung erleiden, welche aber durch die Nachfrage nach neuen Lösungen (Qualitätsüberwachungen während der Nutzung (Stichwort "caring") sowie neuen Märkten der Nutzungsoptimierung) mehr als kompensiert werden dürfte.

Die Philosophie der **Aufarbeitung** kann auch auf komplexe high-tech Geräte wie z.B. Photokopierer angewendet werden. Xerox nimmt bestimmte Altgeräte zurück und arbeitet sie in Belgien zu Kopiergeräten der neuesten Generation auf: Das Gerät wird demontiert und mit Pressluft, Seife und Wasser gereinigt; Komponenten, welche beschädigt sind, werden aufgearbeitet oder repariert; wo technologische Innovation vorhanden ist, werden Komponenten hochgerüstet, d.h. auf den neuesten Stand der Technik gebracht. Durch diesen Prozeß entstehen "high-tech" Geräte der neuesten Generation, die zu 80% aus Gebrauchtteilen bestehen und genauso hochwertig und sicher sind wie ein "neues" Gerät; die aber zusätzlich extrem ressourcenschonend sind. Wie ist das machbar? Die Schlüsselworte heißen Modulbauweise und Komponentennormung, Begriffe, vor denen viele Hersteller heute noch panische Angst haben.

In der heutigen Diskussion um den Pkw, der zu 100% rezyklierbar ist, wird die Wirtschaftlichkeit der kleinsten Kreisläufe außer acht gelassen *(Abb. 1)*. Als Gegenbeispiel sei auf das erste Auto verwiesen, das größtenteils wiederverwendbar ist, und dies schon seit 40 Jahren: Die Jeepneys der Philippinen haben ihren Namen von den Jeeps, welche die U.S. Army nach dem zweiten Weltkrieg zurückgelassen hatte, und aus welchen die Jeepneys hervorgegangen sind. Auf den Philippinen gibt es keine Autofriedhöfe, sondern nur Auto-Aufarbeiter bzw. -hersteller. Wenn ein Jeepney nicht mehr repariert werden kann, geht er zurück in "seine" Fabrik, wird demontiert, repariert, aufgearbeitet, hochgerüstet, wieder zusammengesetzt; analog dem Xerox-Kopiergerät. Jeepneys werden "tailor-made" auf den Besitzer abgestimmt, mit 1 bis 12 Pferden auf der Motorhaube (unter der Motorhaube gibt es hingegen wenig Unterschiede), mit 2 bis 10 Rückspiegeln und handgemalter Karosserie mit Bildern nach Lust des künftigen Besitzers. Glänzendes Beispiele dafür, daß die Normung von technischen Komponenten nicht zur Normung des Produktes führen muß. Jeepneys sind Teil eines geschlossenen Fertigungs-Nutzungs-Aufarbeitungs-Kreislaufs. Dies ist die umweltfreundlichere und intelligentere Lösung, als rezyklierbare Pkw von 2 Tonnen Gewicht zu bauen, deren Fertigung nicht-rezyklierbare Stoffströme von zig Tonnen auslösen. Es ist auch die billigere Lösung.

Ökologische Produktgestaltung ist **dynamisch**, d.h. zeit-nutzungs-bezogen. Dies bedeutet, Nutzen erleichtern, verbilligen, sicherer machen. Ein Beispiel dafür sind moderne Flugzeuge: Alle Airbus Flugzeugtypen haben ein standardisiertes "flight deck" ("Instrumententisch" der Piloten); das gleiche gilt für die Boeing-Baumuster 757, 767, 777. Damit brauchen Fluggesellschaften nur noch eine Pilotenausbildung, eine Mechanikerausbildung und ein Ersatzteillager für diese verschiedenen Flugzeugtypen. Airbus verwendet zudem auch den gleichen Flügel für 2- und 4motorige Flugzeuge. Durch diese Normung sparen die Flugzeug-Betreiber Geld und erhöhen die Sicherheit in der Nutzung durch das Ausschalten von Verwechslungen. Die finanzielle Einsparung dieser an sich leicht machbaren Normung beträgt je nach Intensität der Flugzeugnutzung zwischen 250.000 und 400.000 US Dollar pro Flugzeug und Jahr. Und dies ohne jeden Verzicht auf Fortschritt, Sicherheit, Komfort oder Attraktivität. Die gleiche Philosophie gilt auch für alle anderen Schlüsselkomponenten von Flugzeugen, wie Motoren und Computer: Die Hersteller dieser Komponenten müssen heute eine 15jährige Hochrüstgarantie geben; damit sind selbst 15jährige Flugzeuge technologisch neuwertig. Flugzeuge sind an sich Langzeitgüter: so stammen die B52 und Hercules aus den 50er Jahren, die Concorde und B747 aus den 60er Jahren.

Kommen wir zurück auf den **Faktor Zeit**. Jean-Jacques Rousseau hat vor 200 Jahren bereits gesagt, daß ein Einbezug der Zeit eine Bescheidenheit gegenüber unseren Fähigkeiten verlangt, weil wir ja die Zukunft nicht voraussehen können:

"Die Fähigkeit, vorauszusehen, daß gewisse Dinge nicht voraussehbar sind, ist von entscheidender Bedeutung".

Wenn die Zukunft aber nicht voraussehbar ist, sollten Produkte anpaßbar an die unbekannte Zukunft gestaltet werden, sowohl an künftige Änderungen der Nutzeranforderungen wie auch an künftige neue Technologie. Strategien dazu sind wieder Modulbauweise mit Komponentenstandardisierung, mit Normung der Schnittstellen zwischen Komponenten. Diese Philosophie läßt sich auch auf "einfache" Produkte anwenden, wie zum Beispiel ein Schlüsselsystem: Auch Schlüsselsysteme können heute so konzipiert werden, daß Kompatibilität und damit Wachstum eingeschlossen sind. Ebenso können Aufzugsanlagen und Heizkessel hochgerüstet werden. Am Beispiel der Computer läßt sich zudem gut der Fortschritt in Hochrüst-Methoden aufzeigen: Der Siemens PC, Mitte der 80er Jahre konzipiert, läßt sich problemlos durch Austausch der Platine vom 286 aufwärts hochrüsten - bis zum 586 der nächsten Jahre [6]. Bei PCs der neuesten Generation geht es viel einfacher, indem nur noch ein Mikrochip ausgewechselt werden muß, da der ganze CPU auf einem Chip von der Größe einer Briefmarke sitzt (Beispiel Acer PC).

2.3 Verkleinerung der Stoffmengen durch eine intensivere Ressourcennutzung, wie eine gemeinsame und geteilte Nutzung von Gütern, sowie multifunktionale Güter. Diese Strategien werden oft durch einen Verkauf von Nutzen statt von Gütern wirtschaftlich interessanter.

Das PC-Beispiel zeigt, daß der Fortschritt zu unerwarteten neuen Nutzungsoptimierungen führen kann, welche in einer Verkaufs- und Produktsubstitutionswirtschaft vergeudet werden. Eigentlich geht es nun nicht mehr um Produkte, sondern um den **Nutzen**, den wir aus Produkten ziehen. Wenn die Wirtschaft nun auch Nutzen verkauft, dann haben wir den Schritt von einer produktionsorientierten Fertigungswirtschaft zu einer nutzungsorientierten Dienstleistungswirtschaft gemacht [7]. In dieser wird der "Nutzungswert" zum zentralen wirtschaftlichen Wertbezug, anstelle des Tauschwertes. Damit wird u.a. die zentrale Rolle des Eigentums in Frage gestellt: Um ein Gerät zu nutzen, muß der Benutzer es ja nicht besitzen; um Autofahren zu können, kann der Benutzer einen Pkw auch mieten oder ausleihen.

Dies ist nicht eine neue Form von Kommunismus, sondern eine alte griechische Weisheit des Aristoteles:

"Im ganzen liegt das Reichsein viel mehr im Gebrauche als im Eigentum".

Erst die Werbung des Konsumzeitalters hat uns weisgemacht, daß wir Güter kaufen müssen, um sie nutzen zu können. Umgekehrt heißt dies, daß jedes Produkt, das gekauft aber nicht genutzt wird, einen Nutzungswert Null hat, unabhängig von seiner Schönheit.

Eine gemeinsame und geteilte Nutzung von Gütern erlaubt eine intensivere Nutzung von Gütern und damit der darin "kapitalisierten" Ressourcen. Klassische Anwendungen sind u.a. Apartmenthäuser, öffentlicher Verkehr, Telekomnetze, Tennis- und Golfplätze, öffentliche Schwimmbäder. Ein gemeinsames Nutzen braucht Betreibergesellschaften wie Bundesbahn oder Telekom, d.h. wirtschaftliche Akteure die eine sehr breite und tiefe Produktverantwortung tragen und deshalb aus wirtschaftlichem Interesse an einer Nutzungsoptimierung (Abfallvermeidung sowie hohe Langzeit-Qualität der Güter) interessiert sind *(Abb. 3)*. Da die "Produkte" (der Verkauf von Nutzen) zu einem großen Teil immateriell sind, bedingt dies auch eine neue Definition von Qualität *(Abb. 4)*. Im Mittelpunkt des wirtschaftlichen Handelns steht damit nicht mehr der Hersteller bzw. der Verkäufer, sondern der "Betreiber"; ein wirtschaftlicher Akteur mit größerer Macht als der Verbraucher, primär geldmotiviert, oft in der Form einer Leasing-, Investitions- oder Betriebsgesellschaft.

Die Ressourcenschonung durch eine intensivere Nutzung läßt sich beziffern: So braucht eine halbgewerbliche, intensiv genutzte Waschmaschine in einem Waschsalon 10 bis 40 Mal weniger Ressourcen pro Waschzyklus als eine Haushaltswaschmaschine (Ressourcen in Herstellung und Recycling) [2], [6]. Wenn Produktgestalter Ressourcen schonen wollen, kann die Frage nach der Öko-Waschmaschine deshalb nur noch heißen: Wie können wir Waschsalons so attraktiv gestalten, und wo müssen sie in einem Gebäude/in einer Siedlung gelegen sein, daß Mieter in einem Mehrfamilienhaus lieber in den Waschsalon gehen als sich mit einer eigenen Maschine im Badezimmer herumzuschlagen? Eine neue Designaufgabe, die bei Null beginnen muß. Zudem sind diese halbgewerblichen Maschinen auch umweltschonender in der Nutzung; neue Öko-Technologien, wie Wäschetrockner mit Mikrowellen, welche mit einem Bruchteil der Energie eines Heißluftgerätes auskommen, können vorläufig sogar nur auf der gewerblichen Ebene eingesetzt werden. In Kalifornien ist das Problem des Waschsalons elegant gelöst worden, indem man Partyraum, Schwimmbecken und Waschsalon zusammenlegt. Damit ergibt sich ein Anreiz (oder eine Ausrede), das ökologisch Nützliche mit dem menschlich Angenehmen zu verbinden.

Hier öffnet sich ein neuer Geschäftszweig für Manager: Der Betreiber eines Service-Centers kann nicht nur waschen/trocknen/bügeln anbieten, sondern auch photokopieren/faxen/scannen, Photo-CD-Service, Kaffee, Spiele und vieles mehr.

Eine gemeinsame und geteilte Nutzung von Gütern kann aber auch durch einen Zusammenschluß Gleichgesinnter erfolgen, in losen Interessengruppen (Autopools für den Arbeitsweg) oder Genossenschaften (ShareComs = Sharing Communities, in Deutschland "Stattauto"). Bei den Genossenschaften fehlt der wirtschaftliche Betreiber; es muß deshalb innerhalb der Gruppe ein System für Reservierungen, Wartung und Abrechnungen erstellt werden, wozu sich die Informatik anbietet.

Eine weitere Strategie, um das Volumen der Ressourcenströme zu vermindern, sind **multifunktionale Geräte**. Mit heutiger Technik läßt sich ein Fax-Drucker-Scanner-Kopierer-Gerät bauen, welches die Grundfläche eines A4-Blattes benötigt! Verglichen mit dem typischen "high-tech" Schreibtisch von heute, auf dem vier Einzel-Geräte stehen, erzielt der Verbraucher mit diesem multifunktionalen Gerät eine viermal höhere Ressourceneffizienz pro verarbeitetes Blatt. Außerdem verwendet dieses Gerät der Firma Siemens eine Technologie, die in der Nutzung zehnmal weniger Strom verbraucht (Leistung 12 Watt) als ein Laserfax, und die Gesundheit des Anwenders weniger angreift: Das Gerät kommt ohne Ventilator aus und produziert weder Ozon noch Tonerstaub. Das Gerät ist außerdem modular aufgebaut und hochrüstbar.

Dieses multifunktionale Kommunikationsgerät ist aber auch ein bestechendes Beispiel dafür, wie bestehende Strukturen Hindernisse für neue Lösungen bilden: Das Gerät darf außerhalb der Bundesrepublik nicht verkauft werden, weil (noch) keine Zulassungsnormen für multifunktionale Geräte bestehen! Institutionelle Hindernisse gegen ein gemeinsames Nutzen gibt es zuhauf: Durch Leerfahrtenzentralen und eine Änderung der Gesetzgebung ließe sich z.B. ein Großteil der 40% aller LKW füllen, welche heute leer herumfahren. Die erwähnten Jeepneys können für eine Privatisierung des öffentlichen Verkehrs Vorbild sein: Sie werden meist von Eigentümer-Fahrern betrieben, welche aus ihrem Dorf nach Metro-Manila fahren. Damit ist die Dichte dieses radialen Netzes höher, je näher man dem Zentrum kommt, und, durch die Gesetze des freien Marktes, die Frequenz höher in Tageszeiten, in denen mehr Leute fahren möchten.

Weitere Beispiele von multifunktionalen Gütern sind das Schweizer Militärmesser, CD-Platten als Bild-, Ton und Datenträger. Gemäß einer Studie der EG-Kommission aus dem Jahr 1985 (RACE-Programm) ist zu erwarten, daß die Vielzahl an elektronischen Kommunikationsgeräten in naher Zukunft auf drei Gerätetypen zusammenschrumpft, dank Multifunktionalität.

Den Lösungen eines gemeinsamen Nutzens liegt der Verkauf von Nutzen (Resultaten) statt Produkten zu Grunde, d.h. eine neue **Strategie des "Zur-Verfügung-Stellens"** *(Abb. 3)*. So verkauft Xerox zum Beispiel nicht mehr Photokopiergeräte, auch nicht mehr Photokopien, sondern eine 3-Jahres Nutzer-Zufriedenheits-Garantie: Darin werden Unterhalt, Umtausch, Austausch und Hochrüsten von Geräten kostenlos garantiert; was zählt ist, daß der Benutzer immer zufrieden ist, d.h. über das ideale Gerät verfügt; im Gegenzug zahlt der Benutzer einen Fixpreis pro Kopie und geht eine "Treuepflicht" über ein paar Jahre ein. Im Zentrum der Beziehung steht nun endgültig die Nutzung, die Fertigung ist zum Zulieferer des Flottenmanagers geworden *(Abb. 4 und 5)*.

Für den Designer bedingt diese Strategie des "Zur-Verfügung-Stellens" eine andere Produktgestaltung: Geplanter Verschleiß oder vermeidbare Servicearbeiten sind nun streng verboten, da das Einkommen des "Verkäufers" begrenzt ist (Umsatz gleich Fixpreis pro Kopie, alles inbegriffen); der "Verkäufer" bzw. Betreiber der Kopierer kann seinen Gewinn nur erhöhen, indem er seine Betriebs- und Instandhaltungskosten senkt. Mit anderen Worten: Je weniger Arbeit der Betreiber hat, desto mehr verdient er. Die Produktivität ist vergleichbar der eines Rettungsschwimmers im Strandbad: Nicht die Anzahl Leichen, welche er täglich aus dem Wasser fischt, ist wichtig, sondern Prävention, Aufklärung und vorbeugende Beobachtung! Ein Angriff auf die christliche Ethik der Arbeit?

Neue **Technologien**, welche solche Vermietstrategien unterstützen, gibt es bereits: selbstheilende Komponenten (z.B. die tonnenschweren Kondensatoren im Antrieb des ICE), wartungsfreie und pannengeschützte Baugruppen, ersatzteillose Reparaturmethoden (womit das Ersatzteilproblem entfällt), vorbeugende Wartung und Hochrüstbarkeit, zerstörungsfreie Qualitätsprüfungen und permanente Qualitätsüberwachungsmethoden sind einige der Strategien, welche Langzeitgüter noch wettbewerbsfähiger machen. Damit wird natürlich auch eine neue Produktqualität definiert, welche neben der technischen Effizienz auch Nachhaltigkeit und Risikomanagement miteinschließt *(Abb 4)*. Komponenten-Zulieferer spüren heute den Druck dieser höheren Anforderungen bereits sehr stark, u.a. durch Prozeßklagen der Hersteller für "Folgekosten" von fehlerhaften Komponenten.

Eine Vielzahl von Firmen treten bereits als **Betreiber** im Markt auf: Mercedes-Benz verkauft Transportkapazität statt Lkw (Charter-Ways); in Südafrika vermietet ein deutscher Hersteller Pkw für 4 und 8 Jahre, alles inbegriffen; Schindler verkauft Vertikaltransport statt Aufzüge; japanische Elektronikfirmen bieten dem Verbraucher eine "cashback" Garantie nach 10 Jahren an (Rückzahlung des vollen Verkaufspreises bei Rückgabe des Gerätes nach 10 Jahren). Der Aufstand wird geprobt; Toyota und Renault verkaufen Pkw mit den Servicekosten der ersten drei Jahre/100.000 Km inbegriffen; der Verkauf von Nutzen wird von vielen Konzernen, welche mit modischen Gütern in eine Sackgasse laufen, ausgelotet.

Eine der Strategien, die noch effizienter ist als die Langzeitvermietung eines Gutes, ist der **Verkauf der reinen** (vom Produkt gelösten) **Dienstleistung**: Unkraut- und ungezieferfreie Felder statt Agrochemikalien; Schmierung statt Motorenöl. Eine Pkw-Vermietfirma in Deutschland verkauft heute schon Individualtransport, wann und wo der Benutzer will. Der Nutzer-gewordene Verbraucher hat keinen eigenen Pkw mehr - genauso wenig wie er seinen eigenen IC-Wagen besitzt - auch keinen geleasten oder permanent gemieteten; er hat eine Jahreskarte, welche ihm das Recht gibt, jederzeit irgendwo einen Pkw zu einem festen Kilometerpreis auszuleihen, und anderswo wieder zurückzugeben. Damit erhält der Nutzer eine Flexibilität in der Nutzung (Zeit, aber auch Wagentyp), welche er mit Kauf nie erreichen kann.

Abb. 3: Das Konzept der Zurverfügungstellung von Gütern

1	2 Nutzungsalternativen	3 Beispiele von Akteuren	Träger der Risiken "Qualität" und "Nutzung"			7 An der Dauerhaftigkeit interessiert	8 Für Abfälle verantwortlich	9 Mittel zur Dauerhaftigkeit
			4 Hersteller	5 Betreiber	6 Benutzer			
Verkauf	*Eigentümer ist Benutzer* sofortiger oder späterer *Verkauf* am Verkaufspunkt von Konsumgütern: Automobile Haushalt-Elektrogeräte Kleider Autoreifen Computer	Private	Garantierisiko (6/12 Monate)		*Benutzer* Alle Risiken außer Garantie für eine unbeschränkte Zeitdauer		*Verstreute Abfälle* Kosten der Abfälle von der *Allgemeinheit* bezahlt	B.1
Zurverfügungstellung/Miete	*Eigentümer ist Betreiber* *Miete* eines Gutes: Ski Fahrzeug eines Systems: Wohnung Hotelzimmer einer Dienstleistung: Taxi	(spezialisierte Unternehmen) Läden Hertz, Avis Investoren Hotels Taxihalter	Garantierisiko	*Betreiber* Alle Risiken außer Garantie für eine unbeschränkte Zeitdauer	Keine	*Betreiber* sucht günstiges Kosten/Nutzen-Verhältnis, das auch von der Besteuerung, den Abschreibungen, der Spekulation abhängt	(Haushaltsabfälle)	C B.1
	Eigentümer ist Betreiber und Instandhalter *Zurverfügungstellung* der Benutzung des Systems: Transport Telekommunikation Arbeitskleider	(Betreiber von Parks und Flotten) Swissair SBB PTT Wäscherei Aare	Alle Risiken für eine festzulegende Zeitdauer werden zwischen *Hersteller und Betreiber* ausgehandelt		Keine	*Instandhalter* Instandhaltungs-Engineering Minimierung der Betriebskosten inkl. Unterhalt und Abfallentsorgung	*Konzentrierte Abfälle* Kosten der Abfälle vom *Betreiber* internalisiert, folglich *Abfallvermeidung* durch Optimierung der Lebensdauer von Systemen und Komponenten (Wiederverwendung, Wiederinstandsetzung, technologisches Hochrüsten, Kaskaden von Nutzungsarten usw.)	B.2 B.3 C B.1
	Eigentümer ist Hersteller, Betreiber und Instandhalter *Zurverfügungstellung* der Benutzung eines Systems (Güter und Dienstleistungen): Fotokopien	(vgl. Fallstudie "Mieting")) Agfa-Gevaert	Alle Risiken während unbeschränkter Zeitdauer, *Hersteller = Betreiber*		Keine	*Hersteller* Vermeidungs-Engineering Null Unterhalt, Vereinbarkeit von Maschinen, Systemen, langlebigen Komponenten		A B.2 B.3 B.4 C B.1

Quelle: Börlin, Max und Stahel, Walter R. (1987) Wirtschaftliche Strategie der Dauerhaftigkeit, Betrachtungen über die Verlängerung der Lebensdauer von Produkten als Beitrag zur Vermeidung von Abfällen [8].

Abb. 4 : Nutzungsfreundliche Produktgestaltung, bzw. die mehrdimensionale
vernetzte Optimierung einer Langzeit-Systemnutzung

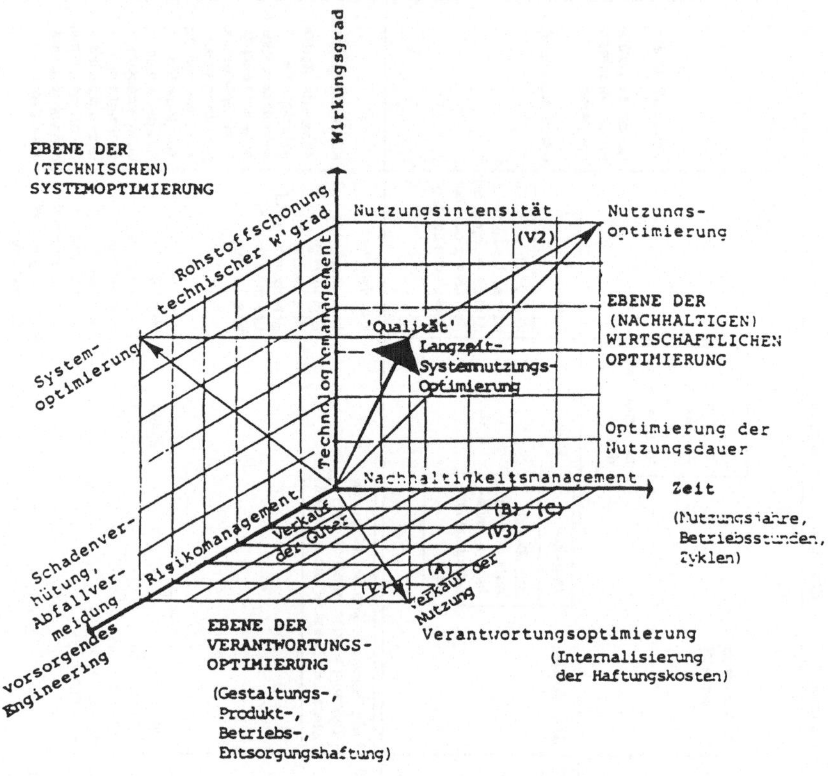

Quelle: Stahel, Walter R. (1991) Langlebigkeit und Materialrecycling - Strategien
zur Vermeidung von Abfällen im Bereich der Produkte [2].

Abb. 5: Die Schlaufen einer nutzungsbezogenen Kreislaufwirtschaft

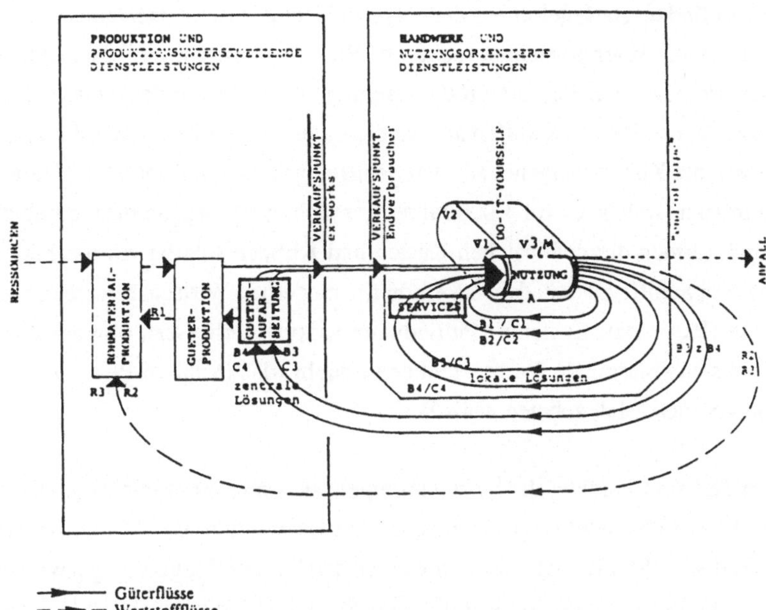

——▶ Güterflüsse
– –▶ – Wertstoffflüsse

NUTZUNGSDAUER-VERLÄNGERUNGSSTRATEGIEN
<u>Grundstrategie (1) 'Langlebigkeit'</u>
Strategie A   Langzeitgüter
Strategie B   Nutzungsdauerverlängerung von Produkten
    B1   Wiederverwendung
    B2   Reparatur
    B3   lokal   Wiederinstandsetzung vor Ort
    B4   lokal   technologisches Hochrüsten vor Ort

    B3   zentral   Aufarbeitung in der Fabrik
    B4   zentral   Hochrüsten in der Fabrik
Strategie C   Nutzungsdauerverlängerung von Komponenten
    C1 - C4   analog zu B1 - B4
Strategie V   abfallvermeidende Vertriebslösungen
    V1   Verkauf der Nutzung statt der Produkte
    V2   geteilte, Gemeinschafts- oder Mehrfach-Nutzung
    V3   Verkauf der Dienstleistung "Qualitätskontrolle" statt
        Ersatzverkauf von Produkten.
<u>Grundstrategie (2) 'Materialrecycling'</u>
Strategie R   Rückgewinnung der Stoffe
    R1   direkte Rückgewinnung der Fabrikationsabfälle
    R2   sortenreines Materialrecycling "end of pipe"
    R3   Rückgewinnung von Stoffen aus Abfallgemischen

Quelle: Stahel, Walter R. (1991) Langlebigkeit und Materialrecycling - Strategien zur Vermeidung von Abfällen im Bereich der Produkte [2].

Dies ist nun im Prinzip bereits eine **Systemlösung**. Wirtschaftliche Akteure, und Produktgestalter im Besonderen, werden von der Aufgabe, Systemlösungen statt Produktlösungen zu finden, stark gefordert, denn Systemlösungen rufen nach einer anderen Problembetrachtung, einer Systembetrachtung. Ein "System" ist zum Beispiel die Schiffahrt; das Produkt, welches den größten Beitrag zur Erhöhung der Sicherheit der Schiffahrt geleistet hat, hat mit Schiffen an sich nichts zu tun: der Leuchtturm! Es packt das Problem von der Küsten-Seite her an; statt Schiffe mit Echolot, Radar und Halogenlampen auszurüsten (welche es vor 1.000 Jahren gar nicht gab), begann man, durch den Bau von Leuchttürmen die gefährlichen Küsten und Klippen sichtbar zu machen, an denen die meisten Schiffe zu Schaden kamen. In der modernen Wirtschaft werden meist noch Produkte (Pkw) statt Systeme (Individualtransport) verbessert, obwohl dieses Vorgehen höchstens marginale Verbesserungen erlaubt (das Problem Pkw wurde im Prinzip schon vor vielen Jahrzehnten gelöst!).

Das liegt zum Teil am Charakter der Systemlösungen; sie sind sehr oft nicht technischer Natur, sondern Vertriebs- oder Logistikstrategien wie Leerfahrten- und Mitfahr-Börsen, oder Flughafendocks. Im Flughafen Zürich werden seit kurzem Flugzeuge gezwungen, zur Stromproduktion die Steckdose statt die eingebauten Hilfsaggregate zu benutzen. Damit wird der Energieverbrauch auf dem Flughafen Zürich um 12,5 Millionen Liter Kerosin (120.000 MWh) pro Jahr vermindert; der Ausstoß von CO_2 wird von 35.000 auf 4.000 Tonnen, und der Ausstoß von SO_2 von 77 auf 8 Tonnen reduziert, entsprechend einer Schadstoffbelastungsminderung von 23.000 Starts und Landungen einer MD81! Ein ähnliches Problem stellt sich beim Flugzeugbewegen: Traditionelle Flugzeugschlepper wurden umso größer und schwerer, je größer die Flugzeuge wurden, aus Gründen der Reibungsüberwindung. Eine ganz andere Lösung hat eine finnische Firma entwickelt: Ein Kleingerät dreht eines der Flugzeugräder und bewegt damit das ganze Flugzeug. Eine deutsche Firma hat einen Schlepper entwickelt, der hinten wie ein Gabelstapler ausgebildet ist: Er hakt sich am Bugrad eines Flugzeuges fest und hebt es um ein paar Zentimeter an. Damit steht, trotz der Leichtigkeit des Schleppers, rund ein Viertel des Flugzeuggewichtes zur Reibungsüberwindung zur Verfügung. Außerdem kann das Flugzeug jetzt gestoßen, gezogen, beschleunigt und gebremst werden, d.h. das Flugzeug kann an den Pistenanfang geschleppt werden, bevor es seine Triebwerke startet: Damit kann der Gesamtbedarf an Flugzeugtreibstoff um etwa 10% gesenkt werden. Diese Beispiele zeigen, daß Systemlösungen ein anderes Anpacken der Probleme verlangen, aber auch Quantensprünge bei der Öko-Lösung erlauben.

Auch Systemlösungen lassen sich natürlich sabotieren, zum Beispiel durch die Nicht-Normung von Systemkomponenten. Am Beispiel Computersysteme läßt sich dies einfach zeigen. Die Beschaffungsrichtlinien der EG-Kommission für offene Computersysteme verlangen "Portabilität, Interoperabilität, Skalierbarkeit und Verfügbarkeit von Anwendungssoftware" als Schlüsselanforderungen. Alles Worte, die selbst vielen Computer-Fachleuten nicht vertraut sind und bis heute weder in der Geräteentwicklung noch in der Werbung Eingang gefunden haben, denn offene Systeme würden es dem Anwender erlauben, sein Computersystem selber zusammenzustellen und hochzurüsten, ohne dafür teuer zu bezahlen.

Die überragende Bedeutung offener Computersysteme liegt in ihrem Einfluß auf Ökologie und Wirtschaftlichkeit in der Anwendung: Die Nicht-Normung der Computersysteme der europäischen Luftstraßenkontrolle, welche aus 54 Kontrollzentren besteht, die 31 verschiedene Computersysteme mit 70 verschiedenen Sprachen benützen, führt gemäß einer Studie des europäischen Parlamentes in Straßburg zu einem jährlichen Verlust an 116.000 Flugstunden in der Luft oder am Boden, die daraus entstehen, daß die Computer in ihrem (selbstverschuldeten) Babylon nur ungenügend miteinander kommunizieren können! Das gleiche Problem läßt sich auch in den Bilanzen der Fluggesellschaften ablesen; die Lufthansa hat dieser Unfug 1991 rund 200 Mio DM gekostet, ein Großteil davon betrifft Flugzeugtreibstoff! Damit zeigt sich, daß die wirtschaftlichen Vorteile der Produktdifferenzierung für die Hersteller gegen die wirtschaftlichen Nachteile der Nutzer aufgerechnet werden müssen: Auch Computer sind zu simplen Werkzeugen der Wirtschaft "verkommen"!

3. Der Beitrag der "information technologies" zu höherer Nachhaltigkeit

3.1 Naturschutz

Zehntausende von Wildtieren werden jedes Jahr in jedem europäischen Land überfahren; allein in der Schweiz sind es 35 Füchse, Feldhasen, Rehe, Gemsen und Hirsche pro Tag. Ein Schweizer Elektroniker und Jäger hat ein kostengünstiges Wildwarnsystem erfunden, eine dank Solarzellen netzstromunabhängige Anlage, welche mit Hilfe von wärmeempfindlichen Infrarotsensoren in einer Entfernung von 15 bis 30 Metern alles Wild registriert und dabei ein am Straßensignal "Wildwechsel" angebrachtes faseroptisches Blinksignal aktiviert [9]. Seit der Installation dieses Signals an einem Wildwechsel im Kanton Glarus sind an der Stelle keine Wildunfälle mehr gemeldet worden. Nun, Sie haben die "Schwäche" dieses Systems sicher schon erkannt: es ist "straßenverkehrs-rechtlich nicht erlaubt" und verletzt gleich mehrere Paragraphen!

3.2 Ressourcenströme

Human interface: Risiko-Management ist ein wesentlicher Teil der Strategie einer län-geren und intensiveren Nutzung von Gütern (Abb. 4). Jede Nutzung ist aber verbunden mit Nutzern, d.h. Menschen.

> "Gemessen an den bevorstehenden Flugaufgaben ist der Mensch eine Fehl-konstruktion",

sagte ein Instruktor der U.S. Akademie für Flugkadetten vor über 40 Jahren. Unterdes-sen gilt diese Weisheit (ist es eine?) auch für Videokameras, Pkw-Computer u.ä. Dabei könnte eine "nutzerfreundliche einfache "it" große Beiträge leisten auf Gebieten wie der Telearbeit (Transfer von Arbeitsplätzen in Berggebiete, Beispiel Telefonzentrale der Stadt Zürich in Bündner Bergdorf), oder der Sicherheit der alten Leute, die in vielen OECD-Ländern bald 25% der Gesamtbevölkerung ausmachen werden [10].

Miniaturisierung: Auch die Entwicklung zu immer kleineren Komponenten "schei-tert" schließlich am Menschen: ein "palmtop" Computer wird bedeutungslos für effizien-tes Arbeiten, wenn er eine Rückkehr zum 2-Finger-Schreiben erzwingt; die weitere Miniaturisierung einer Farbvideokamera, noch 6 cm lang mit einem Durchmesser von 1,7 cm, wird vom Nutzen her bedeutungslos. Bei jeder Miniaturisierung steigt zudem das Verlustrisiko, wofür der Diebstahl eines Laptop-PCs aus einem russischen Kran-kenhaus, auf dem sämtliche medizinische Daten der Tschernobyl-Opfer der ersten zwei Jahre gespeichert waren, nur ein kleines, für die Strahlenmedizin aber katastrophales, Beispiel ist.

Die Schlußfolgerung für die Nachhaltigkeit dürfte auch hier wieder eine Modulbauweise mit weitgehender Standardisierung der Komponenten sein; dies würde eine langzeitige Wiederverwendung der Miniatur-Baugruppen erlauben.

Langzeitkomponenten: In der "it" läßt sich ein zunehmender Trend zu Langlebigkeit feststellen: der Alpha-Chip von DEC hat eine Lebenserwartung von 25 Jahren, seine Architektur läßt eine Leistungssteigerung um den Faktor 1000 zu, ist "skalierbar" (computerleistungsunabhängig) und setzt auf eine totale Offenheit. Neue Integralspeicher (wafer scale integration) sind ausfallgeschützte Systeme, d.h. im Gebrauch selbstkorrigierend und fehlertolerant; die "mean time to failure" beträgt über 200.000 Stunden, wobei der Speicher selbst über eine Million Stunden "stehen" würde und nur die Ansteuerlogik diesen Wert reduziert [11].

Damit sind zwei Hauptpunkte angesprochen: Offene Systeme, gekennzeichnet durch Portabilität, Interoperabilität, Skalierbarkeit und die Verfügbarkeit von Anwendersoftware, sind das A und O der Langlebigkeit von Computersystemen (siehe entsprechende Beschaffungsrichtlinie der EG-Komission). Und: die Ansteuerelektronik von Geräten wird auf dem Gebiet der Langlebigkeit zum Hemmschuh des Fortschritts! Auch im Fall der Induktionsbeleuchtung (Energiesparlampen der neuesten Generation) wird die Lebensdauer der Lampe nicht mehr von der Lampe selbst bestimmt, sondern vom elektronischen Antriebsmechanismus (60.000 Stunden).

Energieverbrauch: Der Energieverbrauch zwischen einem Laptop- und einem Desktop-PC der gleichen Leistung kann um einen Faktor 40 variieren; bei Druckern um einen Faktor 10 und mehr. Auch hier braucht man nicht Experte zu sein, um den nachhaltig sinnvollen Transfer der besten Lösung auf alle Produkte zu fordern. Wenn man bedenkt, daß die meisten Computer in Räumen mit Klimaanlagen genutzt werden, wo eine Kalorie Kälte mit drei Kalorien Energie erkauft werden müssen, wird diese Energieverschwendung beinahe unerträglich, und exotische Möglichkeiten wie Computer mit Wasserkühlung zur Warmwassergewinnung vielleicht reizvoll?

Verlängerung der Nutzungsdauer von Gütern: die Beiträge der Informations- und Kommunikationstechnologien zu einem nachhaltigeren Wirtschaften im Sinne dieser Ausführungen sind zahlreich und vielfältig. Monitoringsysteme zur Überwachung von Veränderungen des qualitativen Zustandes von technischen Systemen, u.U. in Verbindung mit Expertensystemen zum Zweck einer vorbeugenden Wartung und der Katastrophenvermeidung, sind für eine langfristige Nutzungsoptimierung Vorbedingung. Methoden der Selbstanalyse und Warnung von technischen Systemen, Fernabfrage, -diagnose und -behandlung sind bei Satelliten bereits selbstverständlich.

Fehlende Märkte für Gebrauchtgüter und -komponenten wie auch für ein gemeinsames Nutzen können z.B. durch elektronische Börsen und Vermittlernetze geschaffen werden und erhöhen zusätzlich die Sicherheit der Nutzung: Mitfahr- und Leerfahrtenzentralen sind in vielen Ländern bereits im Entstehen, Verbundsysteme zwischen öffentlichen Verkehrsmitteln und Taxi gibt es in mehreren Städten.

Es sind vor allem die fehlenden Technologien ("missing tools"), die fehlenden Märkte, die Isolierung der einzelnen wirtschaftlichen Akteure in der noch klein- und mittelständisch organisierten Nutzungsdauerverlängerung (die "missing links"), welche eine rasche Entwicklung des Gebietes behindern und wo die "it" einen wichtigen Beitrag von außen leisten könnte [4].

4. Zusammenfassung

Als Zusammenfassung kann *Abb. 4* dienen: Eine neue Definition von "Qualität" als funktionierende Systemnutzung über lange Zeiträume, mit gleichzeitiger Optimierung der Faktoren "Zeit" (Nachhaltigkeit), "Ressourcenwirkungsgrad" (bzw. Ressourcen-Effizienz), und "vorsorgendes Engineering" (Risiko-Management).

Höhere Wirtschaftlichkeit, Umweltschonung, höhere Ressourceneffizienz sind Bereiche, in denen Elektronikfachleute, Designer, Ingenieure und Marketingfachleute zusammen schon heute einen riesigen Einfluß ausüben können, wenn sie diese Zusammenhänge verstehen und zusammenarbeiten lernen. Geniale Einzelstücke sind in einer längerfristigen Nutzungsoptimierung nicht mehr gefragt, werden "unbrauchbar". An Arbeit wird es trotzdem nicht mangeln! Eine nutzungsorientierte Kreislaufwirtschaft *(Abb. 5)* bietet viel Platz für neue Ideen und neue Akteure!

Daß eine Vernachlässigung dieser Erkenntnisse möglich, aber kaum produktiv sein kann, hat Colin Dester in seinem Buch "The Way through the Woods" sehr schön formuliert:

> Neglect of the obvious is always the beginning of unwisdom.

Literaturverzeichnis

[1]	Stahel, Walter R. "Bedeutung der Dauerhaftigkeit von Betriebssystemen (Fallstudie BS2000)"; in: Technische Rundschau Nr 4/1989, Bern.

[2]	Stahel, Walter R. Langlebigkeit und Materialrecycling - Strategien zur Vermeidung von Abfällen im Bereich der Produkte; Vulkan Verlag, Essen, 1991.

[3]	Stahel, Walter R. und Reday, Geneviève Jobs for Tomorrow, the potential for substituting manpower for energy; Commission of the EC, Brussels; Vantage Press, New York, 1976/81.

[4]	Stahel, Walter R. "Das versteckte Innovationspotential"; in: Technische Rundschau, no. 19/1987, Bern.

[5]	Stahel, Walter R. "Fallbeispiel Personenwagen". In: Baldinger, Oskar (Hrsg.), Erhaltung industrieller Kulturgüter der Schweiz. Verlag Industriearchäologie, Brugg/Schweiz, 1987.

[6]	Poguntke, Dieter "Primäroption Hochrüstbare Langzeit-PC durch Modulbauweise"; in: Tagungsbericht Wirtschaft und Staat: Zusammen Lösungen zur Abfallvermeidung anpacken, Stuttgart, 4.10.1991; Luft-Boden-Abfall Heft 16, Ministerium für Umwelt Baden-Württemberg, Stuttgart, 1991.

[7]	Giarini, Orio and Stahel, Walter R. The Limits to Certainty, facing new risk in a Service Economy; Kluwer Academic Publishers, Dordrecht/ Boston, 1989/91/93.

[8]	Börlin, Max und Stahel, Walter R. Wirtschaftliche Strategie der Dauerhaftigkeit, Betrachtungen über die Verlängerung der Lebensdauer von Produkten als Beitrag zur Vermeidung von Abfällen; Bankverein-Heft Nr. 32, Schweizerischer Bankverein, Basel, 1987.

[9]	"Wenn es blinkt, wechselt das Wild"; NZZ 15. 7. 1993, p. 13.

[10]	"Jobs and the 4th pillar", research programme of the "Geneva Association", 18 chemin Rieu, CH-1208 Genf.

[11]	"Wafer Scale Integration"; NZZ Forschung und Technik, 24. 7. 1991, p. 51.

Unsichtbares sichtbar machen und neue Wirklichkeit entstehen lassen - Räumlichkeit als Herausforderung für die Informationstechnik

Siegfried Lange
Fraunhofer-Institut für Systemtechnik und Innovationsforschung (ISI), Karlsruhe

Anlaß für die Konferenz "Herausforderungen für die Informationstechnik" ist die wachsende Leistungsfähigkeit der Informationstechnik und die Erkenntnis, daß auf dem erreichten Niveau der informationstechnischen Entwicklung im Interesse der Anwender stärker als zuvor Einfluß auf die weitere Entwicklung genommen werden kann. Das gilt auch für den Einsatz dieser Techniken in Kunst und Kultur.

Die Informationstechnik bewirkt vieles. Die graphische Datenverarbeitung treibt die Visualisierung voran. Neue informationstechnische Werkzeuge bieten die Möglichkeit, abstrakte Daten als Bild auszugeben, sie zu "visualisieren". Neue Anwendungen der Visualisierung werden entdeckt. Erfahrungen mit der Visualisierung lassen Anforderungen entstehen, denen sich wiederum die Entwickler von informationstechnischen Geräten und von Telekommunikations-Dienstleistungen, von Hardware und Software stellen müssen.

Visualisierung bedeutet: bisher Unsichtbares wird sichtbar. Die Verwandlung von abstrakten oder nur verbal formulierbaren Zusammenhängen in Bilder hat starke Auswirkungen auf die Kultur. Über Bilder vermittelte neue Ein"sichten" tragen zur Veränderung des Welt"bildes" bei. Die Herausforderungen für die Informationstechnik entstehen nicht nur, weil Lösungen für bekannte Probleme möglich werden. Mit der Veränderung des Weltbildes und das heißt mit neuen Erfahrungen, mit der Veränderung von Einstellungen und mit der Entdeckung neuer Aufgaben entstehen ganz neue Herausforderungen.

Visualisierung bedeutet mehr als die Abbildung von Zusammenhängen, die mit großer Phantasie auch ohne technische Hilfe vorstellbar wären. Manche Zusammenhänge fallen erst mit dieser technischen Unterstützung ins Auge, da das Auge fähig ist, Strukturen und Rhythmen zu erkennen. Bei allem Nachdenken über die Visualisierung und die technische Unterstützung des Sehens ist nicht zu vergessen, daß Sehen immer im sozialen Kontext geschieht und daß Sehen sich mit dem sozialen Kontext verändert, nicht nur von früher auf heute sondern auch durch die Verschiebung von einem sozialen Kontext in den anderen, wie Holger Bonus und Dieter Ronte in ihrem Schlüsselkapitel zu "Die Wa(h)re Kunst" schildern[1].

Wenn man sich auf diesem Hintergrund mit einer der technisch fortschrittlichsten Visualisierungstechniken beschäftigt, der Virtuellen Realität, wird man nicht bei der Frage stehen bleiben, welche Chancen und Risiken diese Technik bietet, sondern man wird versuchen, diese Technik als eine mögliche Antwort auf tiefer liegende Anforderungen von Kultur und Gesellschaft an die Visualisierung zu begreifen und man wird offen werden für die Frage, welche Alternativen es für diese Techniken des Umgangs mit Räumen geben sollte. Die tiefer liegenden Anforderungen, die zur Visualisierung führen, sind die Entwicklung der Vorstellungen von "Räumlichkeit" in der modernen Kultur. Das ist die zentrale These dieses Beitrags.

Informationstechnik macht Unsichtbares sichtbar. Die Umwandlung von Unsichtbarem in Sichtbares ist jedoch kein ganz neues Thema. Sie findet spätestens seit Beginn der Neuzeit statt und wird seitdem vom Strom der technischen Neuerungen genährt. Sich dies zu gewärtigen, hilft auch die Vorgänge heute besser zu verstehen.

---

1   "Aufstieg eines Künstlers
Unfall. Zwei Autos deformieren sich bis zur Unkenntlichkeit. Die Prestigekarossen haben nur noch Schrottwert und sind lediglich ein Verkehrshindernis, das es zu beseitigen gilt. Das gestylte Design hat bizarre Formen angenommen, die unserer Vorstellung von einem Auto nicht mehr entsprechen. Beim Zusammenprall haben große Energien gewalttätig aufeinander eingewirkt; wie Versteinerungen bezeugen die Reste einen abrupten Übergang in den Zustand der Funktionslosigkeit.
Den Abschleppwagen fährt ein armer, unbekannter Künstler - nennen wir ihn Edwin Schrotter - , der seine Familie ernähren muß. Er bringt die Wrackteile jedoch nicht zur Schrottpresse, sondern in sein Atelier. Nicht um die Funktionsfähigkeit wiederherzustellen, sondern um aus dem Dokument der Zerstörung einen ästhetischen und möglichst auch kommerziellen Gewinn zu erzielen. Schrotter verwandelt die Wrackteile in ein Mahnmal, indem er sie positioniert, also bewußt setzt, und signiert. Es gelingt ihm, diese Skulptur an das Museum für Moderne Kunst zu verkaufen. Hier wird sie bewundert und sogleich heftig diskutiert. Was ist geschehen?
Zwei funktionstüchtige Automobile zum Marktpreis von je 30 000 DM reduzieren sich im Wert innerhalb von Sekundenbruchteilen auf praktisch Null. Durch die Signatur und Vision des Künstlers wird aus der wertlosen Materie ein Kunsthandelsobjekt im Wert von etwa 35 000 DM. Schrotter erstellt mehr Autoskulpturen und wird mit der Zeit berühmt. Auf unkonventionelle Weise zeigt er drastisch Probleme unserer Zeit auf: Mobilität, Geschwindigkeit, Technik - und die katastrophalen Folgen schon eines geringfügigen menschlichen Versagens. Zwanzig Jahre nach dem Unfall hat das Kunstwerk im Museum einen Marktwert von 250 000 DM. Kommerziell gesehen war es also ein Glücksfall, daß der Künstler einen Nebenjob ausüben mußte. Inzwischen läßt er sich die Wrackteile bringen - nicht alle kann er verwenden. Wrack ist nicht gleich Wrack! Nehmen wir aber seine erste Autoskulptur aus dem Museum heraus und stellen sie ohne Sockel nur fünfzig Meter weiter an den Straßenrand, so hat sie wieder den gleichen Nullwert wie nach dem Unfall; die zum Museum eilenden Passanten fühlen sich durch das Wrack - immerhin ein echter Schrotter - belästigt und rufen die öffentliche Hand auf, diesen Schandfleck zu beseitigen. Er ist unschön und blockiert einen Parkplatz. Es ist sehr unwahrscheinlich, daß wieder ein Künstler vorbeikommt und erneut signiert."
(aus: Bonus/Ronte 1991).

1. Techniken machen Unsichtbares sichtbar

Die Informationstechniken machen Unsichtbares sichtbar. Die Leistungsfähigkeit der Augen, Strukturen und Rhythmen zu erkennen, Zusammenhänge herzustellen und Interpretationen zu liefern, wird mit den modernen Techniken der Visualisierung neu entdeckt. Auch wenn Verfahren in der Entwicklung sind, die das Auge ersetzen sollen, so liefern die Techniken der Visualisierung Informationen, die zur Zeit nur das Auge deuten kann. Unsichtbares wird für die Augen sichtbar. Neue Wirklichkeiten entstehen. Das vorher nicht Sichtbare und nicht Vorhandene wird Teil der erlebten Wirklichkeit. Die Wissenschaft bedient sich der neuen Bilder als neues Instrument. Künstler bereiten die neue Sichtweise vor oder bedienen sich der neuen Techniken als Werkzeug. Die Politik bedient sich. Die jüngsten Beispiele sind die Inszenierung des Golfkrieges und das Ozonloch. Das Ozonloch gewinnt über den bildhaften Begriff hinaus als im Fernsehen gezeigte Computer-Animation zusätzliche politische Kraft. Was ursprünglich als "Behauptung" oder "Erfindung" angesehen werden konnte und als eine virtuelle oder nur scheinbare oder umstrittene Realität, wird zu einer "Entdeckung" und zur Erweiterung der "anerkannten" Realität. Es wird für "wahr" gehalten, selbst wenn es "objektiv" falsch sein sollte. Der Golfkrieg zeigt, wie Bilder verführen und Realität vorspiegeln können. Im Rahmen der Konferenz beschäftigt sich Klaus Theweleit mit dem Thema (vgl. Theweleit in diesem Band).

Seit 500 Jahren wird Unsichtbares sichtbar. Auch wenn die Informationstechniken der Anlaß dafür sind, sich mit dem Sehen[2] und der Rolle des Bildes in der Kultur der Gegenwart zu beschäftigen, so ist das Thema "Unsichtbares sichtbar machen" doch nicht neu.

Die Mathematik hat schon immer ihre Aufgabe darin gesehen, Abbilder von Zusammenhängen entstehen zu lassen und nicht Beobachtetes, sondern Modelle abzubilden. Das gilt für das Ptolemäische Weltbild wie für die mathematische Untermauerung des heliozentrischen Weltbildes durch Kepler wie für die moderne Astronomie. Kreise und Ellip-

---

2   Douglas R. Hofstadter: "Eine der bemerkenswerten und am schwierigsten zu beschreibenden Eigenschaften des Bewußtseins ist die Fähigkeit, sich etwas bildlich vorzustellen. Wie erschaffen wir eine bildliche Vorstellung unseres Wohnzimmers? Oder eines rauschenden Bergbachs? Oder einer Orange? Und noch geheimnisvoller: wie stellen wir unbewußt Bilder her, Bilder, die unsere Gedanken lenken, ihnen Kraft und Farbe und Tiefe verleihen? Aus welchem Speicher kommt das Wissen, wie das zu tun ist? Welche Magie befähigt uns, zwei oder drei Bilder zusammenzufügen, ohne einen Gedanken darüber zu verlieren, was wir zu tun haben. Dieses Wissen ist das prozeduralste von allen, denn das Wesen geistiger bildlicher Vorstellungen verstehen wir so gut wie gar nicht." aus: Gödel, Escher, Bach - Ein endloses geflochtenes Band. Stuttgart 1985, S. 391 f.

sen veranschaulichen die Bewegungen, die dem Auge nicht direkt sichtbar sind. Seit der Renaissance haben immer wieder neue Verfahren bis dahin Unsichtbares sichtbar werden lassen. Die Brille mit geschliffenen Gläsern als früher Vorläufer der neuen Techniken der Visualisierung wurde um 1300 erfunden, Mikroskop und Fernrohr um 1600 von einem Brillenschleifer. Mit dem Fernrohr gelang es, das neue heliozentrische Weltbild zu bestätigen.

Gaslicht und elektrisches Licht vertrieben im Lauf des 19. Jahrhunderts die Dunkelheit aus den Städten, die Abhängigkeit vom natürlichen Licht sank.[3] Erst mit dem Licht entwickelte sich öffentliches städtisches Leben am Abend. Die Fotografie, 1839 von Daguerre erfunden, und der Film, 1895 erstmals öffentlich vorgeführt, erlauben es, sich von der Zeit zu distanzieren. Das Foto macht es möglich, den Moment festzuhalten und zu konservieren. Die Zeit steht still. Bewegte Bilder, Zeitraffer und Zeitlupe erlauben neue Einsichten. Das Bild schafft neue Realität und ersetzt Realität wie Robert Jungk und Susan Sonntag beschrieben haben.

"Daß ein Bild mehr sage als tausend Worte, gehört zu den Bauernregeln der Zeitungsmacher. Sie ist genauso richtig und genauso falsch wie alle Folkloreweisheit. Es stimmt schon, daß ein einziges treffendes "news photo", das eine Nachricht begleitet, mehr Unmittelbarkeit und Wirklichkeit suggeriert als der Text einer Meldung. Aber es verrät dafür viel weniger über Zusammenhänge und Hintergründe, weil es nur darstellen und nicht analysieren kann. Dennoch ermöglichen Fotos oft Einsichten, die durch Gesagtes, Geschriebenes, Gedrucktes nicht vermittelt werden:
- das Wissenschafts- und Technikfoto enthüllt Strukturen und Erscheinungen, die dem menschlichen Auge sonst verborgen bleiben,
- das zeithistorische Foto zwingt als unwiderlegliche Zeugenaussage, sich Ereignissen zu stellen, die Erinnerung oder Interesse zu verfälschen drohen,
- das berichtende oder darstellende Foto erhellt Zusammenhänge, die von der Sprachlogik nicht erfaßt werden können,
- das künstlerische Foto kann schwache Signale des Kommenden auffangen und auf das Unerwartete vorbereiten" (Jungk, R. 1980).

"Zu allen Zeiten ist die Wirklichkeit durch die von Bildern vermittelten Berichte interpretiert worden; und seit Plato haben Philosophen immer wieder versucht, uns aus unserer Abhängigkeit von Bildern zu befreien, indem sie das Ideal eines bildfreien Erfassens der Wirklichkeit beschworen. Als aber um die Mitte des neunzehnten Jahrhunderts dies endlich erfüllbar schien, brachte der Rückzug der alten Religionen und politischen Illusionen zugunsten eines humanistischen und naturwissenschaftlichen Denkens nicht - wie erwartet - das Massenbekenntnis zum Wirklichen. Im Gegenteil, das neue Zeitalter des Unglaubens brachte eine noch stärkere

---

3   Als welch ein Fortschritt die Beleuchtung der Städte im 19. Jahrhundert angesehen wurde, hat Hans Christian Andersen in seinem Märchen "Die Galoschen des Glücks" beschrieben.

Hinwendung zum Bild. Der Glaube, der den in der Form von Bildern begriffenen Realitäten nicht mehr geschenkt werden konnte, wurde nunmehr den als Bilder, als Illusionen verstandenen Realitäten geschenkt." (aus: Sontag 1978).

Röntgengeräte seit Anfang dieses Jahrhunderts, Infrarot-Sichtgeräte, Radargeräte und Ultraschall seit Mitte dieses Jahrhunderts, Satellitenbilder seit den 60er Jahren und die Tomographie seit den 80er Jahren ergänzen die Sinne im unsichtbaren Teil des Spektrums und lassen für das Auge sichtbare Bilder entstehen, wo das Auge ohne diese technische Unterstützung versagt. Die Nutzung des unsichtbaren Teils des Spektrums gestattet die Unabhängigkeit vom sichtbaren Licht.

Das Fernsehen, das in den 50er Jahren dieses Jahrhunderts die Welt eroberte, verbindet die räumliche Nähe und die Konservierung von Zeit. Die Fülle der Bilder führt dazu, daß das indirekte und durch Technik vermittelte Erleben von Realität zunimmt und gleichzeitig die direkte Verknüpfung von Erleben und Handeln loser wird. Fernsehbilder können informieren, sie können verführen. Fernsehjournalisten stellt sich die Frage, ob sie alles zeigen dürfen, was sie zeigen könnten (vgl. Bresser 1992).

Zu fragen ist auch, ob durch die Visualisierung die Fähigkeit leidet, sich ein Bild ohne technische Unterstützung zu machen. Die bildgebenden Verfahren beispielweise in der Medizin können auch dazu verleiten, dem scheinbar objektiven Bild statt der ärztlichen Intuition zu folgen. Krankheiten, die bisher unentdeckt blieben und auch nicht als Krankheiten erlebt wurden, werden plötzlich zu solchen.[4]

2. Bilder formen das Weltbild

Die hybride Nutzung der neuen Techniken, die Verbindung von Fotografie, unsichtbarem Teil des elektromagnetischen Spektrums, Satellitentechnik, Computern, Telekommunikation und Fernsehen läßt ein neues Welt"bild" entstehen.[5] Mit den Techniken ändert sich das Sehen. Die Veränderung des Sehens, die Erfahrungen mit den neuen Techniken und die Möglichkeit, neue Aufgaben zu lösen, führt zu neuen Herausforde-

---

[4] Rainer Flöhl, FAZ, 2. Juni 1993, "Die Zahl der Scheinkranken wächst"; siehe auch FAZ, 23. April 1993.

[5] vgl. Katalog zur Ausstellung "Erdsicht - Global Change" der Kunst- und Ausstellungshalle der Bundesrepublik Deutschland, Verlag Gerd Hatje, 1992.

rungen für die Informationstechniken. Wolfgang Sachs hat diese Erfahrung mit Blick auf die Weltraumfahrt formuliert:

"Große technische Systeme ... ordnen nicht nur die Welt der Dinge um, sondern auch die Welt des Bewußtseins. Für welche Zwecke auch immer Energie und Ordnungskräfte zusammengeschlossen werden, die großtechnische Innovation bringt auch neue Gefühle, neue Hoffnungen, neue Gewißheiten in die Welt. Ein großes technisches System stellt nicht nur eine Leistungs-, sondern auch eine Kulturmacht dar. ... Auf der einen Seite rufen die Leistungen technischer Systeme beim Publikum eine neue Klasse von Erfahrungen und Erlebnissen, von Vorstellungen und Einsichten hervor. Sie schließen gleichsam ein neues Zimmer der Realität auf, aus dem es, wenn einmal benutzt und eingerichtet, kaum mehr ein Zurück gibt. Auf der anderen Seite begründet diese neue Klasse von Erfahrungen und Vorstellungen oft eine Erwartung, welche die Nachfrage nach den Leistungen des technischen Systems auf Dauer stellt. ...
Die Erde ... rückt in den Kreis der sichtbaren Dinge ein. Zum ersten Mal in der Geschichte kann sie gesehen werden, sie liegt vor unseren Augen, wenn auch vermittelt durch die Photographie, wie jeder beliebige andere Gegenstand. Nie zuvor war sie für ihre Bewohner eine sinnenfällige Realität, ihre Existenz war eine empirische Gewißheit, aber keine empirische Größe. Denn der Erdball war unendlich viel größer als alles, was mit einem Blick zu erfassen war. ... Durch das Photo aus dem All wurde der Planet erst als Objekt konstituiert. Während man sich die alte Erde nur vorstellen konnte, bietet sich die neue Erde als real existierendes Objekt zur Inspektion, zur Behandlung oder auch zur Meditation an. Das große technische System Raumfahrt hat damit - ganz unbeabsichtigt - ein Stück neuer Wirklichkeit hergestellt."[6]

Ähnlich hat Peter Sloterdijk formuliert:

"Die Satellitenoptik ermöglicht uns eine kopernikanische Revolution des Blicks. Für alle früheren Menschen war ja der Blick zum Himmel so etwas wie eine naive Vorstufe des philosophischen Über-die-Welt-Hinausdenkens und eine unwillkürliche Erhebung zur Anschauung einer Unendlichkeit. Seit dem Oktober 1957 jedoch ist etwas in den Gang gekommen, was zur Umkehrung des ältesten Menschheitsblicks führte: der erste Satellit wurde über der Erde ausgesetzt. Bald danach wimmelte es im erdnahen Weltraum von Satellitenaugen, die das uralte Phantasma des göttlichen Herabschauens von sehr weit oben technisch realisierten. Seit den frühen sechziger Jahren ist somit eine umgekehrte Astronomie entstanden, die nicht mehr den Blick vom Erdboden zum Himmel richtet, sondern einen Blick vom Weltraum aus auf die Erde wirft."[7]

Im Rahmen der Konferenz beschäftigt sich Peter Sloterdijk mit dem Thema "Technologie und Weltmanagement".

---

6   vgl. Wolfgang Sachs, Satellitenblick - Die Visualisierung der Erde im Zuge der Weltraumfahrt, WZB Berlin, FS II 92.
7   vgl. Peter Sloterdijk, Vortrag "Versprechen auf Deutsch". Frankfurt, 1990.

Die Fülle der Bilder ist eine Tatsache, die nicht erst heute auffällt. 1843 wurde die Illustrirte Zeitung gegründet. In der dreitausendsten Ausgabe im Jahre 1900 schreibt die Zeitung über sich selbst:

> "Nach achtundfünfzig Jahren ununterbrochenen Bestehens gibt die Illustrirte Zeitung heute ihre dreitausendste Nummer heraus. In 115 umfangreichen Bänden liegt die Zeit- und Culturgeschichte eines langen Zeitraums, begleitet von etwa 80000 Illustrationen, aufgespeichert, eine gewaltige geistige Arbeit, an der Tausende namhafter Schriftsteller, Journalisten, Zeichner und Maler mitgewirkt haben.
> Als am 1. Juli 1843 die erste Nummer der von Johann Jakob Weber mit großen Opfern begründeten Illustrirten Zeitung erschien, war der Sinn für die Illustration im deutschen Volke noch wenig ausgebildet. Zeichner und Holzschneider mußten erst mühsam ausgebildet werden, und wenn auch das neuartige Unternehmen in ganz Deutschland Aufsehen erregte und Erfolg versprach, so hatte doch der Herausgeber bei dem damaligen Mangel an technischen Hülfsmitteln mit Schwierigkeiten zu kämpfen, von denen man sich jetzt kaum noch eine Vorstellung machen kann.
> Heute ist das anders geworden. Das Verlangen, bei der Lektüre auch das Auge zu befriedigen, das Gelesene durch Illustrationen veranschaulicht zu sehen, ist in alle Schichten des Volkes gedrungen, und um diesem Bedürfnis entgegenzukommen, überschwemmt eine Flut illustrirter Blätter aller Art und zu den billigsten Preisen den Zeitungsmarkt. Die neuen photomechanischen Reproductionsverfahren (Zink- und Kupferätzung), die eine ebenso billige wie schnelle Herstellung der Bilder ermöglichen, dazu die ein unbegrenztes Material liefernde Amateur- und Momentphotographie sowie die vervollkommneten Druckpressen unterstützen diese Journalmassenproduction, die übrigens wesentlich dazu beigetragen hat, das Bedürfnis der Illustration zu verallgemeinern, wenn auch der Kunstsinn dabei wenig Befriedigung findet."

Das Welt"bild" entwickelt sich seit 1600 in enger Verbindung mit den neuen Techniken, wenn man die Erfindung von Mikroskop und Fernrohr um das Jahr 1600 zum Ausgangspunkt nimmt. Wenn man die Welt der Ideen zum Ausgangspunkt nimmt, in der die neuen Techniken sich entwickeln konnten, so muß man ins 14. und 15. Jahrhundert, in die Rennaissance, zurückgehen, als Künstler und Wissenschaftler neu zu sehen begannen und Künstler mit wissenschaftlicher Genauigkeit die Beobachtung ins Zentrum ihres Schaffens stellten. Namen wie Leonardo da Vinci und Albrecht Dürer, beide um 1500, stehen für die Vollendung der neuen Sichtweise, für die mathematische Konstruktion der Zentralperspektive und die genaue Rekonstruktion der menschlichen Anatomie (vgl. Gombrich 1987). Ob Renaissance, Barock, Impressionismus oder Collagen und Video[8] : Künstler haben immer wieder neu gesehen.

---

8   Wulf Herzogenrath und Edith Decker (Hrsg.), Video-Skulptur retrospektiv und aktuell 1963 - 1989, DuMont Buchverlag, Köln 1989, S. 23.

Egon Friedell hat sich in seiner Kulturgeschichte mit dem Zusammenhang zwischen Impressionismus und Elektrizität beschäftigt:

> "Ohne Fernschreiber und Fernsprecher, Dampfrad und Fahrrad, Lichtbild und Lichtbogen und die übrigen Errungenschaften der praktischen Naturwissenschaft kann man sich die Entstehung und Entwicklung des Impressionismus nicht gut vorstellen, wobei es sich selbstverständlich so verhielt, daß nicht etwa die neuen Erfindungen die Ursache der Malerei waren, sondern beide Erscheinungen zwei verschiedene, aber insgeheim miteinander verwandte Auswirkungen des neuen Blicks. ..... William Turner malte feuchten Dampf, bleiglänzenden Dunst, Brände und Schneestürme, wagte sich an doppelte Lichtprobleme wie "Sonnenaufgang im Unwetter", ja entdeckte sogar schon die Schönheit des Steamers und der Lokomotive, wie sie mit glühenden Glotzaugen und qualmendem Maul durch den nassen Nebel saust. Dieses Bild heißt "Regen, Rauch und Schnelligkeit"; und es besteht wirklich aus diesen drei Phänomenen, die bisher für unmalbar galten, und nur aus diesen. Ein anderes heißt "Venedig in der Dämmerung"; und er malt wirklich nur die Dämmerung. Es ist kein Wunder, daß seine Zeitgenossen ihn nicht verstanden; man erklärte ihn für augenkrank. ..... Was aber das Glühlicht und die Bogenlampe anlangt, so möchte ich fast behaupten, daß sie nicht die Ursache, sondern eine Folge des Impressionismus waren: nachdem die neue Malerei die Welt in einen sprühenden Glanzmantel von Glut und Licht gekleidet hatte, hielt es die Menschheit bei Gas und Petroleum einfach nicht mehr aus (Friedell 1927/ 1979).

Künstler wie Pablo Picasso, Kurt Schwitters und Max Ernst haben mit ihren Collagen den Blick für eine neue Schönheit entwickelt. An ihren Werken läßt sich zeigen, wie Auge und Verstand Abgegriffenes mit neuen Bedeutungen beladen. Schon van Gogh hat in einem seiner Briefe geschrieben: "Heute Morgen habe ich den Ort aufgesucht, wo die Straßenreinigung den Müll ablegt. Mein Gott, war das schön!" Picasso hat ähnliches erlebt: "Eines Tages fand ich unter altem Kram einen Fahrradsattel und daneben eine verrostete Lenkstange. Blitzartig sind in meinem Kopf beide Teile zusammengewachsen. Ohne jedes Nachdenken ist mir die Idee zu diesem Stierkopf gekommen. Ich habe sie nur zusammengeschweißt." (vgl. hierzu Wescher 1968) Heute sind Collagen aus der Werbung nicht mehr wegzudenken. Das Sehen hat sich verändert. Die Bundesbahn-Lokomotive, die auf einem Werbeplakat mit Triebwerken unter ihren Flügeln nach Mallorca fliegt, soll als Botschaft über die Realität verstanden werden und wird auch so verstanden.

Collagen sind auch außerhalb der Kunst ein neues Ordnungsprinzip geworden, das Wirklichkeit entstehen läßt: was ehedem als Fiktion bezeichnet wurde, wird unmerklich zur anerkannten Realität, wie Wolfgang Sachs schreibt:

"Die Fernerkundung bringt ... weder ein Abbild noch eine Photographie ihres Objektfelds hervor, sondern zu Bildern synthetisierte Messungen. Von "sehen" kann keine Rede sein und auch nicht von "sensing"; bei beiden Worten handelt es sich, genau betrachtet, um metaphorischen Unterschleif. Im allgemeinen liefern die Sensoren nämlich, indem sie ein Gebiet abtasten, einen Strom von Signalen, die digitalisiert werden, um auf einem Magnetband festgehalten oder gleich per Funk zu einer Bodenstation übermittelt zu werden. Dort werden sie aufgezeichnet, für standardisierte Datenträger aufbereitet und einem Eichungsverfahren unterzogen. In weiteren Schritten werden Daten aus verschiedenen Quellen integriert, mit topographischen Karten zur Deckung gebracht, gemäß der jeweiligen Annahmen interpretiert und mittels Techniken der Bildverarbeitung anschaulich gemacht. Statistische Verfahren müssen daneben helfen, um von einer ... Menge von Meßgrößen auf die tatsächlichen geo-physikalischen Merkmale von Land oder Meer zu schließen. ... Beobachten hat sich .. in Messen, Aufzeichnen, Berechnen, Verschneiden, Modellieren und Darstellen von Daten verwandelt. Was sind diese "Bilder" von der Erde mehr als Kollagen von Millionen von elektromagnetischen Meßresultaten? 'Sehen ist', so stellt Barbara Duden fest, 'kein Kriterium für Wirklichkeit mehr. Wir haben uns daran gewöhnt, Kollagen den Status von Wirklichkeit zu verleihen'."[9]

Die Künstler, die Computer einsetzen[10], knüpfen an diese Tradition an. Es gibt zahlreiche "Computer-Künstler", die nach eigenem Verständnis Kunstwerke herstellen wie Computergrafiken und Computeranimation. Die seit 1979 stattfindende "Ars Electronica" in Linz pflegt dieses Thema; der ausgelobte "Prix Ars Electronica" hat die Entstehung zahlreicher Werke angeregt.[11] Die Computergrafik, die für Anwendungen in der Wirtschaft entwickelt wurde, hat seit den 60er Jahren Eingang in die Bildende Kunst gefunden und begonnen, auch das Sehen der Laien zu verändern.

Im Rahmen der Konferenz beschäftigt sich Frank Popper mit dem Thema "Kunst braucht Technik!" (vgl. Popper in diesem Band)

---

[9]   vgl. Wolfgang Sachs, Satellitenblick - Die Visualisierung der Erde im Zuge der Weltraumfahrt, WZB Berlin, FS II 92.

[10]   Maler wie Picasso, Kurt Schwitters und Max Ernst haben mit ihren Collagen gezeigt, daß es für den Künstler "keine würdigen und unwürdigen Ausdrucksmittel gibt, sondern daß er sich jedes Mittels bedienen darf, wenn er imstande ist, seine Emotion darauf zu übertragen"(Ausspruch von Picasso). Das gilt auch für die Informationstechniken, wobei genauso wie in den klassischen Künsten auch in Bezug auf mit Computern hergestellte Werke die Frage erlaubt ist, "ob dies wirklich Kunst ist".

[11]   vgl. Hannes Leopoldseder, Der Prix Ars Electronica - Internationales Kompendium der Computerkünste, Linz VERITAS Verlag 1991, und: Videos der Jahre 1988 - 1992 mit prämierten Werken der Ars Electronica.

Ursprünglich standen nur Plotter zur Verfügung. Rechnergenerierte Musik-Videos sind inzwischen ein etablierter Markt. Die Werbung und der Film haben früh die neuen technischen Möglichkeiten aufgegriffen. Die Multimedia-Techniken gestatten es, Bilder, Texte, Töne, Filme und andere Informationsformen innerhalb eines einzigen Dokuments, eines Hyper- oder Meta-Dokuments zu verwenden. Sie werden die Bilderfülle weiter vermehren. Reflektionen über das herrschende Weltbild und seine Veränderung stoßen auf die große Schwierigkeit, daß sie ohne die - häufig erst aus der historischen Entfernung mögliche - nötige Distanz vorgenommen werden müssen. Zur Reflektion gehört dazu, sich mit der Sprache der Bilder zu beschäftigen und damit, wie Menschen Bilder verarbeiten. Das soll hier nur angedeutet werden.

"Wieviel Bilder braucht der Mensch?" Wenn so gefragt wird, scheint die Antwort angesichts der Bilderflut bereit zu liegen: weniger. Wenn man die Fragen ergänzt um "Wieviel Bücher braucht der Mensch?" und "Wieviel Musik braucht der Mensch?", so wird deutlich, daß das Problem in der Auswahl liegt. Auch das Gegenteil trifft zu: es gibt zu wenig Bilder über solche Zusammenhänge, die wir anders nur schwer begreifen. Welche Bilder der Mensch braucht, wäre also die angemessene Frage. Es lohnt sich, Parallelen zur Sprache zu ziehen.

Nach Wolf Schneider (Schneider 1976) tritt die Sprache als Zauberer, Götterbote und Geisterbeschwörer auf, als Werkzeug der Bedrohung, Verführung und Überredung, als Ordner der Welt um uns herum, als Tröster und Märchenerzähler und schließlich auch als Kurier. Der Kurier, die objektive Information, scheint nicht die am häufigsten benutzte Funktion der Sprache zu sein; die objektive Information ist an der Menge der gesprochenen Worte eher als nebensächliche Funktion anzusehen. Bilder dürften ähnlich vielseitig sein. Jeder gute Fotograf beherrscht die Technik, die Realität eben nicht einfach abzubilden, sondern mit dem Bild eine - möglicherweise falsche - Botschaft zu senden. In jeder Statistik-Vorlesung für Anfänger wird gezeigt, wie man mit der Darstellung statistischer Zusammenhänge den falschen Eindruck erwecken kann. In diesem Fall dient das Bild der Verführung und Überredung. Die Sprache der Bilder scheint ähnlich komplex zu sein wie die Funktionen der Sprache.

Deswegen wäre die Frage, welche Bilder der Mensch braucht, umzuformen in, welche Bilder der Mensch wofür braucht und wie er geschult sein muß, Bilder zu lesen. Die Bildkritik hängt weit hinter der Textkritik her. Sich der Magie von Bildern zu entziehen, fällt erheblich schwerer als Texte kritisch auf ihre Glaubwürdigkeit hin zu prüfen. Nicht umsonst heißt es in der Bibel, "Du sollst Dir kein Bildnis machen", weil die Gefahr groß ist, das Abbild für Realität zu halten und vom falschen Abbild abhängig zu werden. Gute Zeitungen unterscheiden zwischen Texten, die der Information dienen, und Texten, die kommentieren. Bei Bildern ist diese Unterscheidung, mit der Ausnahme von Karikaturen, in der Regel nicht zu finden.

Andererseits lassen die neuen Möglichkeiten der digitalen Bildverarbeitung und Bildbearbeitung das Vertrauen in die dokumentarische Funktion eines Bildes schwinden. Wie kann die dokumentarische Funktion von Bildern erhalten werden?

Auf dem Hintergrund der geschilderten Entwicklungen ist zu fragen: Wie unterscheidet sich die erlebte "sichtbare Welt" zwischen den Jahren 1600, 1800 und 2000? Welche psychologischen Veränderungen haben stattgefunden? Sind die Sinne des Menschen überhaupt fähig, diese Bilder-Welt aufzunehmen? Wie haben sich die Denkstrukturen und die Emotionen verändert? Gibt es eine Grenze, die nicht überschritten werden kann? Wie verändert sich die Wirklichkeit heute mit den das Sehen verändernden neuen Techniken (vgl. Zillmann in diesem Band)?

3. Visualisierung ist mehr als Abbildung

Die Visualisierung ist mehr als eine bloße Abbildung von erkannten Dingen, wie die Ausführungen bisher gezeigt haben. Diese Erkenntnis führt zu neuen Anwendungen und Werkzeugen. Zwei werden hier herausgegriffen: die Visualisierung als Instrument zur Beherrschung der Informationsflut und die Visualisierung als wissenschaftliches und praktisches Instrument.

Visualisierung als Instrument zur Beherrschung der Informationsflut

Die Informationsflut wächst, weil in Wissenschaft, Wirtschaft, Kultur und Gesellschaft immer mehr Informationen anfallen und die Funktion der Vorauswahl von publikationswerten Informationen weniger kritisch wahrgenommen wird als früher. Das hat auch damit zu zu tun, daß die Informationstechniken die Kosten der Produktion von publizierten Informationen stark gesenkt haben. Es kommt zunehmend auf die Fähigkeit der Leser, Zuhörer und Zuschauer an, die für sie wesentlichen Informationen auszuwählen und die Informationen schneller zu verstehen.

Sich mit Worten verständlich zu machen, ist eine Kunst. Aus der Einsicht heraus, daß Bilder in Texten die Verständlichkeit steigern, wächst seit dem 19. Jahrhundert die Bilderflut. Die neue technische Möglichkeit, durch Digitalisierung Texte, Bilder und Töne zu integrieren und auf diese Weise preiswert neuartige Dokumente ("Multimedia", "Hypermedia") herzustellen, steigert die Aufnahmefähigkeit des Menschen. Das gleichzeitige Erkennen von Text und Bild führt zu schnellerem Verständnis. Digitalisierung und Integration führen zu neuen Weisen der Aufbereitung von Informationen.

Wer diesen Wettlauf gewinnt, ob es gelingt, die wachsende Informationsflut durch leistungsfähigere Werkzeuge der Auswahl und des Verstehens zu beherrschen oder ob die sinkenden Kosten der Informationstechnik ein weiteres unbeherrschtes Wachsen der publizierten Information bewirken, scheint noch nicht entschieden zu sein. Es hängt davon ab, wie schnell preiswerte und leistungsfähige Werkzeuge zur Unterstützung der Informationsauswahl zur Verfügung stehen.

Schon einmal in der Neuzeit stand die Menschheit vor dieser Schwelle. Die Erfindung der beweglichen Lettern senkte die Kosten der Publikation. Die Folgen sind bekannt. Die Fülle der gedruckten Informationen wuchs so stark, daß ein neues Ordnungsprinzip gebraucht wurde, damit auch der Laie, der ein Fachgebiet nicht voll beherrscht, die Informationen finden konnte. Das Lexikon war die Antwort. Die chaotische Ordnung, nur durch das Alphabet gesteuert, ersetzte die fachliche Gliederung der Klosterbibliothek. Das Prinizip der chaotischen Ordnung ist also keine neue Erfindung. Aber eine neue chaotische Ordnung zu erfinden, liegt sozusagen in der Luft, weil sie unbedingt gebraucht wird, die Fülle der Informationen unterschiedlicher Informationstypen so zu ordnen, daß die Fülle auch vom Laien so leicht zu beherrschen ist wie ein Lexikon.

Wie eine solche Ordnung aussehen könnte oder wie man sich wenigstens dieser Erfindung nähern könnte, zeigt das "Europäische Museumsnetz", das die Assoziationslust des Museums-Besuchers nutzt, um mit Hilfe von Hypersoftware eine Bresche in die Fülle der von Museen bereitgehaltenen Informationen zu schlagen. Die strenge Logik von Archivierungssystemen, in denen sich der Benutzer verirrt, wird ersetzt durch einen spielerischen Umgang mit Informationen. Das Vorhaben zeigt aber auch, daß eine bloße Speicherung von Informationen - zum Beispiel die Einrichtung von Katalogen von Objekten mit Abbildungen der Objekte, möglicherweise halbautomatisch und preiswert erzeugt - kein sinnvoller oder zumindest kein ausreichender Weg zu der gesuchten neuen Ordnung ist. Die Beziehungen zwischen den verschiedenen Dokumenten ergeben sich nicht von allein. Jedes Dokument muß mit Beziehungen versehen werden, um mit anderen Dokumenten in Beziehung treten zu können. Das verlangt einen erheblichen geistigen Aufwand. Konventionell gesprochen verlangt es den Autor und den Publizisten.

Sicher ist, daß die Visualisierung eine entscheidende Hilfe bei der Erfindung der neuen Ordnung spielen wird.

Visualisierung als wissenschaftliches Instrument

Die Idee des Einsatzes von Computergrafiken als wissenschaftliches Instrument, das nicht nur der Darstellung bekannter Zusammenhänge dient, sondern das zur Gewinnung neuer Erkenntnis eingesetzt wird, hat sich erst im Laufe der 80er Jahre entwickelt. Man sah in der Computergrafik anfangs neue Möglichkeiten des künstlerischen Ausdrucks, zumal wenn der Rechner automatische Verfahren bot, um Perspektive, Beleuchtungsverhältnisse, Spiegelungen und Durchdringungen herzustellen, sodaß der Künstler sich auf andere Aspekte konzentrieren konnte (vgl. Franke 1988). Im Mittelpunkt stand die Idee des konstruierten realistischen Bildes. Die Simulation komplexer Vorgänge wurde zunächst nur deswegen für wichtig gehalten, weil damit dem Laien Zusammenhänge besser verständlich gemacht werden sollten (vgl. Schmitt 1988).

Der Begriff Visualisierung[12] entstand 1986 und hat sich schnell verbreitet. Der neue Begriff steht für eine neue Aufgabe. Die neuen Methoden der Visualisierung, mit Computergrafik als Grundlage und interdisziplinär angelegt, beginnen Einfluß darauf zu nehmen, wie die Wissenschaften arbeiten. Mitte der 80er Jahre wurden Supercomputer für manche Forscher verfügbar. Bildschirme wurden leistungsfähiger, die Auflösung wuchs. Sensoren lieferten immer mehr und immer häufiger Daten. Neue Methoden wurden gebraucht, um diese Datenmengen wissenschaftlich verarbeiten zu können. Die National Science Foundation veröffentlichte 1987 einen Bericht zum Thema Visualisierung und brachte damit die öffentliche Diskussion in Gang. Die visuelle Analyse von Massendaten, gewonnen über automatisch arbeitende Sonden oder errechnet von Supercomputern, entwickelt sich seit dem Ende der 80er Jahre zum neuen wissenschaftlichen Instrument, das die neu entdeckte Leistungsfähigkeit des menschlichen Auges nutzt und neue Zusammenhänge erkennen läßt. Wichtig wird es künftig sein, dem Wissenschaftler und dem Praktiker, die kein Fachmann in Visualisierung sind, Instrumente anzubieten, die er so einfach wie heute in die Textverarbeitung einsetzen

---

12 Lawrence J. Rosenblum und Gregory M. Nielson, Visualization Comes of Age.

kann. Die Möglichkeiten der Visualisierung werden zu einer weiteren Verbreitung der Informationstechniken führen, wenn sie zu einem nützlichen Werkzeug werden.

Fraktale Geometrie und Chaostheorie demonstrieren, daß sogar ein so abstrakter Zweig der Wissenschaft wie die Mathematik die Visualisierung als Werkzeug der Erkenntnis einsetzt.

4. Räumlichkeit als die neue Herausforderung

Sozialwissenschaftler, die sich mit neuen Techniken beschäftigt haben, standen in den 70er und den 80er Jahren häufig vor der Aufgabe, "die Folgen der Technik" zu ermitteln. Die Antwort lautete in der Regel, daß neue Techniken Trends verstärken, die schon in der Gesellschaft angelegt sind, in der Regel aber neue Techniken nicht die einzigen Auslöser für neue soziale und ökonomische Entwicklungen sind. Diese These sollte auch für die Techniken der Visualisierung und die virtuelle Realität als die technisch fortschrittlichste Variante der Visualisierung zutreffen, auch wenn die Propheten der virtuellen Realität sie als eine Revolution preisen, die unser Sehen und Erleben grundlegend verändern wird. Wenn diese Techniken für Gesellschaft und Kultur wichtig werden, so muß eine tiefer liegende Ursache der Grund sein.

Die Techniken der virtuellen Realität lassen neue Bilder im dreidimensionalen Raum entstehen, in die sich der Betrachter hineinversetzen lassen kann, Phantasiebilder und künstliche Räume, die möglichst real wirken sollen. Der Betrachter befindet sich scheinbar nicht mehr vor der Abbildung, sondern mitten in der Abbildung. Die virtuelle Realität stellt eine neue Schnittstelle zwischen Mensch und Rechner dar. Herkömmliche Schnittstellen sind Tastatur und Drucker, Bildschirm und Maus. Auch das Gehör und der Tastsinn sollen einbezogen werden. Wenn heute die virtuelle Realität gepriesen wird, dann der Vision wegen, die als Hoffnung mitgeliefert wird, aber nicht des tatsächlichen Erscheinungsbildes wegen. Dieses hinkt noch weit hinter der Vision her. Und doch ist es denkbar, daß die Vision eines Tages Wirklichkeit wird. Es gibt zahlreiche denkbare Anwendungen für diese neue Schnittstelle zwischen Rechner und Mensch.

Ein Gang über die DOCUMENTA 1992 läßt die Ahnung entstehen, daß die virtuelle Realität nicht so neu ist, wie behauptet wird. Künstliche oder in der erlebten Realität nicht vorhandene oder virtuelle Räume, nicht als virtuelle Realität aber als Rauminstallation, waren ein zentrales Thema der DOCUMENTA. Es ging auf der DOCUMENTA um Bilder als Kunstwerke, um Plastiken als Kunstwerke und um Räume als Kunstwerke. Die Räume als Kunstwerke lassen eine eigene Virtualität erleben, da sie ganz anders sind als die gewohnten Räume. Diese Rauminstallationen nehmen Einfluß darauf, wie wir sehen und wie wir die "realen" Räume erleben. Zu denken ist etwa an Ilyia Kabakows "Toilette" oder Mariusz Kruks "Stuhl im Raum" oder Rebecca Horns an der Decke aufgehängte Schulmöbel und Rohre.

Auch wenn Räume zentrales Thema der Documenta sind, so sind Rauminstallationen als Kunstwerk nicht so neu. Schon Beuys ist damit in den 70er Jahren berühmt geworden. Deswegen drängt sich die Vermutung auf, daß Räume ein Thema sind, das unsere Gesellschaft zunehmend bewegt, und das die tieferliegende Ursache auch für die Entwicklung der virtuellen Realität ist. Auch der oben erwähnte Blick von außen auf die Erde kann zugleich als einer der Auslöser und als Folge tieferliegender Wünsche, Gefühle und Erfahrungen gedeutet werden.

Auch in der Musik haben der Raum und der Raumklang an Bedeutung gewonnen. Komponisten verteilen Ketten von Lautsprechern im Raum und lassen den Ton wandern. Komponisten wie Luigi Nono und Karlheinz Stockhausen schreiben analoge und digitale Musik für im Raum verteilte Lautsprecher. Nach Helga de la Motte (de la Motte 1990) erzwang in den fünfziger Jahren das Komponieren elektronischer Musik das Nachdenken über den Raum. Der Raum als Bewegung von Klangereignissen und die zeitliche Steuerung von Tonorten war für die elektronische Musik programmatisch und regte Komponisten wie Pierre Boulez zu neuartigen Instrumentalkompositionen an.

Sabine Schäfer, Komponistin für elektronische Musik und experimentelle Improvisation, schafft Räume, durch die sich die Musik bewegt. Der Ton ist nicht mehr an einen bestimmten Ort gebunden. Er bewegt sich nicht nur zwischen zwei Lautsprechern wie in der Stereomusik, sondern durchwandert frei den ganzen Raum. Es entsteht ein virtueller Klangraum, virtuell, weil sich die Tonquellen nicht bewegen und doch der Eindruck von Bewegung entsteht. Die Bewegung im Raum wird zu einem neuen Kompositionselement. Der Hörer erlebt Analogien zu seiner realen, organischen akustischen Umwelt, wo sich Geräusche und Klänge fließend bewegen, verursacht durch die Bewegung des Menschen und die Bewegung der Objekte.

Sabine Schäfer gelingt die zeitgenaue Steuerung der Tonbewegung durch den Raum und die kompositorische Bewältigung dieser von ihr geschaffenen neuen technischen Möglichkeit. In Zusammenarbeit mit Sukandar Kartadinata hat sie ein informationstechnisches System entwickelt, daß es ihr gestattet zu komponieren, ohne durch die Programmierung von ihrer eigentlichen kompositorischen Arbeit abgehalten zu werden. Der "Kompositionsrechner", den sie programmiert, steuert sowohl die Klangerzeugung wie die Klangbewegung. Zur Steuerung der Klangbewegung setzt ein weiterer Rechner die vom Kompositionsrechner übermittelten MIDI-Daten in Steuerinformationen für das Mischpult um. Bis zu 8 verschiedene Klangquellen mit digitalen und analogen Klängen, die vom Klangerzeuger an das Mischpult geliefert werden, werden gleichzeitig unabhängig voneinander über bis zu 24 Lautsprecher bewegt. Die Entwicklung der Hardware und Software dieses neuartigen Mischpultes stellt die besondere Leistung von Sukandar Kartadinata dar. Damit wurde sozusagen das Gegenstück zu einem Mischpult, das viele Klänge auf wenige Kanäle verteilt, realisiert.

Während der Konferenz findet die Uraufführung der Klang-Licht-Installation "TopoPhonicSpheres" von Sabine Schäfer und Hens Breet statt. Hens Breet verstärkt die ausgeprägte Räumlichkeit der Musik durch seine Lichtinszenierung und Video-Installation.[13]

Es gibt Werke, die für Kopfhörer geschrieben sind, um einen genau definierten Raumklang wiedergeben zu können, wie von Johannes Goebel[14]. Die genau definierte Räumlichkeit des Klanges wird zum Stilelement der komponierten Musik. Musik und Raum sind zwar eng verbunden, da Musik einen Raum braucht, in dem sie klingen kann. Und doch gibt es Unterschiede darin, wie der Raum in die Komposition einbezogen wird.

Schon der italienische Komponist Gabrieli hat in der Kirche San Marco in Venedig in seinen Kompositionen bis zu 8 Chöre auf unterschiedlichen Emporen singen lassen und hat tatsächliche Echos und in Pianissimo gesungene scheinbare Echos gemischt. Es drängt sich die Parallele zwischen der Erfindung der Perspektive und der Erfindung des Raumklangs oder sozusagen der "perspektivischen" Musik auf.

---

[13] Sabine Schäfer "TopoPhonicSpheres", Musik für eine 16-gliedrige Lautsprecher-Installation und einen Computer-Flügel; Hens Breet, Licht-Inszenierung und Video-Installation, Gesamtaufführungen am 15. Juni im Kongreßsaal des Deutschen Hygiene-Museums.

[14] Johannes Goebel, Karlsruhe, "Vom Übersetzen über den Fluß", 1987/88, WERGO 1989 CD, Zitat aus dem begleitenden Text: "This piece should only be listened to with headphones. Alternatively, performances in large halls with adequate speaker systems, including sub-woofers, and appropriate equalization are possible. Point of reference for 'adequate' is the sonic quality perceived when listening via headphones."

So heißt es im dtv-Atlas zur Musik[15]:

> "Die neuen Raumvorstellungen des 16. Jahrhunderts - die Erforschung der
> Erd- und Planetenbewegung, der Ausbau der räumlichen Perspektive in der
> Malerei, die neuen Raumwirkungen in der Architektur usw. - entwickelten
> auch in der Musik neue Dimensionen: Durch die getrennte Aufstellung der
> Chöre wird der Raum akustisch erschlossen. Die verschiedenen Emporen
> in San Marco förderten diese Experimente, waren aber nicht ihr primärer
> Grund. Unterschiedliche Besetzung der Chöre, auch mit Instrumenten,
> erbrachte viele neue Klangfarben und führte darüber hinaus zum Prinizip
> des barocken Konzertierens."

Wenn Komponisten den Raum heute entdecken oder wiederentdecken und hierfür die Informationstechnik benutzen, so ist das kein Ereignis, das nur die Komponisten und Konzertbesucher angeht. Die Räumlichkeit ist wie in der Renaissance eine Eigenschaft, die heute nicht nur in der Musik an Bedeutung gewinnt. Die in der Renaissance offensichtlichen Parallelen zwischen Naturwissenschaft, Architektur, Malerei und Musik finden heute ihre Fortsetzung.

Wieder drängt sich die Vermutung auf, daß Räume ein Thema sind, das unsere Gesellschaft zunehmend bewegt und das die tieferliegende Ursache auch für die Entwicklung der Virtuellen Realität ist. Sich in Räume hineinzuversetzen, muß eine von vielen gewünschte Fähigkeit und die Folge tieferliegender Wünsche, Gefühle und Erfahrungen sein. Zu diesem Komplex von Ursachen und Folgen der wichtiger werdenden Räumlichkeit zählt auch der Blick von außen auf die Erde. Die Milliarden, die für die Erforschung der größten und der kleinsten Räume ausgegeben werden, vom schwarzen Loch bis ins Innere der Materie, gehören auch dazu. Wenn wir also über die virtuelle Realität als am weitesten fortgeschrittenes Visualisierungs-Werkzeug reden, sollten wir uns bewußt machen, daß das eigentliche Thema möglicherweise nicht diese speziellen Techniken sind, sondern die Veränderung des Sehens und des Raumgefühls und die Anforderungen, die sich daraus an die technische Unterstützung ableiten lassen. Die virtuelle Realität wäre dann eine technische Möglichkeit, und es könnte geprüft werden, ob sie den Anforderungen entspricht und welche Alternativen es für sie gibt.

So viel Chancen Techniken, Räumlichkeit zu unterstützen, bieten, so müssen doch auch die neuen Nachteile gesehen werden: Sehbehinderte, die es gerade mit Hilfe der neuen Techniken geschafft haben, Textverarbeitung machen zu können, erleiden neue Nachteile. Dies sollte man sofort ummünzen in die neue Anforderung, Visualisierungsmög-

---

15 dtv-Atlas zur Musik, 1977, S. 251.

lichkeiten auch für Sehbehinderte zu schaffen. Die virtuelle Realität könnte auch dafür Unterstützung leisten.

5. Kultur und Distanz

Die Welt der Bilder und das Weltbild sind nicht unabhängig voneinander. Das Bild, das wir von der Welt haben, ist ein Teil der Kultur. Die beschriebene Entwicklung der Techniken des Sehens und der Fähigkeit, Unsichtbares sichtbar zu machen, nimmt nicht nur in vordergründiger Weise über Bilder Einfluß auf die Kultur, sondern auch in hintergründiger Weise Einfluß. Jede neue Technik erlaubt es, Distanz zu schaffen: Distanz zur Vorstellung, die Erde sei der Mittelpunkt der Welt, Distanz zum natürlichen Licht, Distanz zu den Körperorganen, Distanz zu den Umweltschäden, wenn die Erde vom Mond aus betrachtet und als kleine, blaue und verletzliche Kugel gesehen wird. Distanz bedeutet, Gültiges in Frage stellen können und gleichzeitig deswegen vermehrt schätzen können. Die während der Konferenz eröffnete Ausstellung "Unsichtbares sichtbar machen - Informationstechnik für den Menschen" im Deutschen Hygiene-Museum ist ein Beitrag dazu.

Das Erleben ganz unterschiedlicher realer und virtueller Räume erlaubt es, Distanz zum Raum zu entwickeln, auch, wenn wir in Gedanken kaum aus dem Raum aussteigen können. Die Fähigkeit, Distanz zu finden, ist ein zentrales Merkmal für Kultur, während Distanzlosigkeit mit Kulturlosigkeit gleichgesetzt wird.

Ob die Visualisierungstechniken tatsächlich einen Beitrag zur Kultur leisten, wird jeder anders beantworten, wenn man sich angesichts einer unübersehbaren Menge von Definitionen für Kultur[16] an die Definition hält, daß "Kultur ist, wenn jeder einen anderen

---

16 Was heißt Kultur? Jeder hat seine persönliche Definition.
Man unterscheidet Alltagskultur und Hochkultur. Kultur bedeutet die Pflege der Tradition, also der Theater, Sinfonieorchester und Museen. Kultur bedeutet aber auch gegen den Strich bürsten. Kultur ist nicht nur das Wirkliche sondern auch das Mögliche. Kultur bedeutet in Frage stellen. Kultur ist gleichzeitig Distanz und Distanzlosigkeit ist Kulturlosigkeit. Kultur ist aber auch Identität; das bedeutet, mit sich, seiner Bezugsgruppe oder seiner Region im Einklang sein. Um im Einklang mit anderen zu sein, muß Kultur auch Kommunikation bedeuten. Kultur ist Idyll in der Furche (Schrebergarten) und Überblick vom Gipfel (Philosophie). Auch "gesunkenes Kulturgut" gehört zur Kultur wie die vermarktete Mona Lisa auf dem Sofakissen im Warenhaus, wie ein Abend des italienischen Sängers Pavarotti als Showbusiness, wie Tannhäuser in Bayreuth als Treffpunkt der Politprominenz. Kulturpolitik wird als Wirtschaftsförderung und Regionalpolitik verstanden, weil Kultur als Standortfaktor für wichtig gehalten wird. Es gibt die Meinung, ohne Sozialpolitik gebe es keine Kulturpolitik: Wer nicht genügend Kindergartenplätze schaffe, solle nicht von Kultur reden. Laut "Duden Fremdwörterbuch" ist Kultur die Gesamtheit der geistigen und künstlerischen Lebensäußerungen einer Gemeinschaft, eines Volkes; feine Lebensart, Erziehung und Bildung; Zucht von Bak-

Begriff von Kultur hat". Wenn man umgekehrt die Frage stellt, wo man nach Kultur suchen sollte, so gefällt mir persönlich der Spruch: "Auf den Wegen wachsen keine Blumen". Dann stellt sich die Frage, ob die Visualisierungstechniken Blumen wachsen lassen, abseits von befahrenen Wegen, oder ob sie zur Asphaltierung der Wege führen.

---

terien und anderen Lebewesen auf Nährböden; Nutzung, Pflege und Bebauung von Ackerboden; junger Bestand von Forstpflanzen. Laut "Duden Fremdwörterbuch" sind unter Politischer Kultur aus der Gemeinschaft hervorgehende Bestrebungen und Äußerungsformen zu verstehen, die sich auf die politische und soziale Gestaltung des täglichen Lebens beziehen wie Bürgerinitiativen, alternatives Leben, Umweltschutz, kommunale Mitbestimmung, das In-Frage-Stellen von üblichen Lebensformen und Lebenseinstellungen.

Dieter E. Zimmer formuliert: "Heute finden wir uns mitten in einer Inflation der Kulturen wieder und wundern uns. ... Wenn jedes Sozialverhalten irgendwie 'Kultur' ist, dann gibt es in der Tat kein Halten mehr; dann gibt es keinen Grund, nicht auch von einer "Zuhälterkultur" oder einer "Steuerhinterziehungskultur" zu sprechen. ... Wo in solchen Zusammenhängen das Wort 'Kultur' ausgeliehen wird, geschieht es um seines Nimbus willen. ... Sein Prestige aber haftet dem maltraitierten Wort nur wegen des relativ guten Rufs der Kultur im engen Sinne, der Künste und Wissenschaften, an. ... Jeder, der seiner Tätigkeit irgendwie das Wort 'Kultur' anhängen kann, steht heute Schlange und beansprucht öffentliche Förderung. Das ist das eine. Das andere ist, daß im subventionierten Kulturbetrieb Qualität kein Thema mehr ist. ... Man kann heute öffentliche Diskussionen über Kulturpolitik erleben ... Irgendwann steht dann jemand auf, läßt sich das Mikrophon reichen und sagt: Was braucht es das Ballett - Leihbüchereien muß man bauen. Worauf der nächste einfällt: Es sei doch egal, was aus den zwanzigtausend ostdeutschen Malern und Graphikern würde - der sinnvollere Kulturbeitrag wäre es, alle Mittel in die Verringerung der Jugendarbeitslosigkeit zu stecken. Dann kommt die dritte Stimme ... und dann gellt die vierte Stimme: Kultur, dieser elitäre Kram - was wir hier machen, das ist Kultur, Streitkultur, wir wollen das Geld. (Die Zeit, 4. Dez. 92: "Kultur ist alles. Alles ist Kultur - Über die sinnlose Erweiterung des Kulturbegriffs - und was dies bedeutet für die öffentlichen Etats")

Die zahlreichen Definitionen legen eine weitere Definition nahe: Kultur ist, wenn jeder einen anderen Begriff von Kultur hat.

Literaturverzeichnis

Bonus, H.; Ronte, D.
Die wa(h)re Kunst - Markt, Kultur und Illusion. Erlangen/Bonn/Wien, 1991.

Bresser, K.
Was nun? - Über Fernsehen, Moral und Journalisten. Hamburg/Zürich, 1992.

dtv-Atlas zur Musik. Hrsg. vom Deutschen Taschenbuch Verlag. München, 1977.

Flöhl, R.
Die Zahl der Scheinkranken wächst. In: FAZ vom 2.6.1993.

Franke, H.W.
Die künftige Entwicklung der künstlerischen Computergrafik und -animation. Zentrum für Kunst und Medientechnologie Karlsruhe - Anlagen zum Konzept '88, S. 55ff, Karlsruhe 1988.

Friedell, E.
Kulturgeschichte der Neuzeit. Die Folgen des Impressionismus. Bd. 2, S. 1330 ff. München 1927/1979.

Gombrich, E.H.
Die Entdeckung des Sichtbaren - Zur Kunst der Renaissance. Stuttgart, 1987.

Herzogenrath, W.; Decker, E. (Hrsg.),
Video-Skulptur retrospektiv und aktuell 1963 - 1989. Köln 1989, S. 23.

Hofstadter, D.R.
In: Gödel, Escher, Bach: - Ein endloses geflochtenes Band. Stuttgart, 1985, S. 391 f.

Illustrirte Zeitung, 3000. Ausgabe. Leipzig/Berlin, 27. Dez. 1900.

Jungk, R.
Das Foto und das Unsagbare. In Dumont Foto 2. Köln, 1980.

Katalog zur Ausstellung "Erdsicht - Global Change" der Kunst- und Ausstellungshalle der Bundesrepublik Deutschland. Verlag Gerd Hatje, 1992.

La Motte, H. de
Raum als musikalische Zeit. 1990.

Leopoldseder, H.
Der Prix Ars Electronica - Internationales Kompendium der Computerkünste. Linz, 1991.

Rosenblum, L.J.; Nielson, G.M.
Visualization Comes of Age. In: IEEE Computer Graphics & Applications. New York, 1991.

Sachs, W.
Satellitenblick - Die Visualisierung der Erde im Zuge der Weltraumfahrt. WZB Berlin, FS II 92.

Schmitt, A.
Technologische Entwicklungstendenzen in den Bildmedien. Zentrum für Kunst und Medientechnologie Karlsruhe - Anlagen zum Konzept '88, S. 55 ff. Karlsruhe, 1988.

Schneider, W.
Wörter machen Leute - Magie und Macht der Sprache. München/Zürich, 1976.

Sloterdijk, P.
Vortrag: Versprechen auf Deutsch. Frankfurt, 1990.

Sontag, S.
Über Fotografie. (Carl Hanser), 1978.

Wescher, H.
Die Collage - Geschichte eines künstlerischen Ausdrucksmittels. Köln, 1968.

The Artistic Contribution and Challenge to Information Technology Research - Visualization, Cultural Mediation and Dual Creativity

Frank Popper
University of Paris

Artists, and especially artists who are committed to using advanced technologies in their working processes are a curious mixture of modesty and pretention. At times they are adopting the stance of a simple research worker and at others they behave as if they were the representatives of some supernatural power on earth trying to satisfy their desire to go beyond human powers. So it is possible that in a single person be united both the desire to calculate mathematically the creative process and the will to go beyond present-day scientific knowledge and its technical applications.

Today I shall be trying to determine up to a certain point this mixture of what could be called the contribution and challenge by artists to information technology, that is to say, in what way artists have already added an aesthetic dimension to experimentation in the area of video, computer and communication technology and in what way their artistic projects in the course of development or only at present sketched out constitute an incentive for scientists and engineers to explore new territories.

In order to make a reasonable demonstration of this intricate problem I shall, of course, give as many concrete examples of artistic activities as possible and in particular those examples which illustrate the areas of visualization of unseen phenomena, of communication and especially telecommunications and other networks, as well as the fact that a new assessment of the notion of creativity is necessary since a combination of scientific invention and artistic creation is now practised by single persons or teams of researchers.

It can be argued that it has always been one of the main preoccupations of artists to make visible unseen sentiments or forces of the universe in addition to the mere representation or *mimesis* of physical objects and real persons. Yet there have been important milestones in the evolution of this problem, not only due to the fact that there had been philosphical, psychological and social mutations which authorized artists to use their psychological insight or the free employment of their imagination to go beyond mere artistic imitation but also there had taken place a number of significant technical advances.

It is this last phenomenon which interests us particularly today and which constitutes a decisive point in our argument that the aesthetic as well as the scientific situation has fundamentally changed, that a mutation or, if you wish, a revolution has taken place in this field.

It seems undeniable that if Paul Klee has been able to use early in this century as his motto that the painter's task was to make unseen things visible, the scientific and artistic visualization brought about by the computer revolution, especially since the 1980s, has decisively contributed to the breaking up of the divisions between Science and Art and made us enter a new era.

I should like to quote here one or two examples of artists to stress this point.

These examples will all be taken from what can be called Computer Art or from combined research by artists with computer and video appliances.
But let me make it clear from the outset that, to my mind, one can only speak of an *artistic* contribution to technology research or of computer or video *art* if one assumes that the artist in his *démarche* is always pursuing, consciously or unconsciously an aesthetic purpose or an artistic finality.

This aesthetic purpose can vary considerably according to the use the artist is making of different means in different ways and in different contexts and involve the most varied aesthetic categories. However the three main areas in which these categories are situated can be described by the keywords of simulation, artificial intelligence and above all by interactivity.

But to return to our problem of visualization, let me indicate to start with the position of one of the pioneers of computer art, the French artist of Hungarian origin Vera Molnar, who had been struck early in her career as a computer artist by the way painters like Klee and Mondrian had tried to visualize hidden elements in nature or in their psyche and to transform them into essential aesthetic elements and statements.

It is well to examine Vera Molnar's basic attitude to the computer in order to grasp the aesthetic and technical interrelations concerning the problem of visualization in her work. Vera Molnar holds that the computer can serve four purposes. The first concerns its technical promise - it widens the area of the possible with its infinite array of forms and colours, and particularly with the development of virtual space. Secondly, the computer can satisfy the desire of artistic innovations and thus lighten the burden of traditional cultural forms. It can make the accidental or random subversive in order to create an aesthetic shock and to rupture the systematic and the symmetrical. For this purpose a virtual data-bank can be assembled. Thirdly, the computer can encourage the mind to work in new ways. Molnar considers that artists often pass far too quickly from the idea to the realization of the work. The computer could create images that can be stored for longer, not only in the data-bank but also in the artist's imagination. Finally, Molnar thinks that the computer can help the artist by measuring the physiological reactions of the audience, their eye movements for example, thus bringing the creative process into closer accordance with its products and their effects.

Vera Molnar in this statement makes allusion not only to the artistic challenge to information technology as regards the production of simple geometrical patterns like squares, circles and triangles and their subtle variations which is her preferred area of investigation, but also to the latest developments in the so-called virtual reality area.

Here the challenge is still more pronounced since the lack of artistic models is almost total and the responsibility of the scientist or the engineer for the final result much greater. Let us take as witness an artist whose technical qualifications are particularly high: Jean-François Colonna. This research worker and teacher at the famous Ecole Polytechnique, now at Palaiseau just outside Paris, has been concerned with the visualization of the most varied phenomena in nature. He considers that scientific visualization is not only a technique but in itself also an art. In this way he has now created thousands of slides that allow the visualization of natural phenomena and/or mathematical functions, one of which, a two-dimensional representation of part of a "Mandelbrot set", a *fractal,* which as you know is useful for understanding and defining of certain natural shapes and phenomena, served for a fresco in the hall of the Polytechnic School, that is to say for a decorative and artistic purpose.

In order to explain a little Jean-François Colonna's attitude towards the art/science relationship, let us note that he considers that in addition to the experimentation he qualifies as of laboratory type, which is performed either *a priori* (as in the case of natural phenomena) or *a posteriori* to verify the predictive power of mathematical deduction, there exists a *virtual* experimentation due to the enormous progress made in the field of computer science at both software and hardware levels. Vision being the most highly-developed of all the human resources for apprehending the environment, *picture synthesis* becomes a privileged branch of virtual experimentation and represents not only a scientific tool allowing synthesis, validation, comprehension of abstract concepts, the manipulation of inaccessible or invisible objects, but also a means of communication, of discovery and of creativity, thus uniting (or reconciling) Art and Science.

As to the creators principally concerned with research into virtual reality, let me single out the British artist Jeffrey Shaw who after having lived in Australia and in the Netherlands is now a leading light at the Karlsruhe Zentrum für Kunst und Medientechnologie. This is an artist who has followed systematically the path from spectator participation to interactivity, now one of the prominent keyworks in computer art and high technology art in general. In fact, Jeffrey Shaw, while in Holland in the 1960s, was a member of the Eventstructure Research Group which produced works consisting mainly of air-inflated tubes that enabled spectators to walk on water. The basic idea of this kind of spectator participation found a development in a work conceived with the Dutchman Dirk Groeneveld four years ago and entitled *The Legible City*. This impressive interactive computer/video installation was in the first place limited to a partly real, partly imaginary bicycle ride through Manhattan, but was later extended also to include the city of Amsterdam. In this work the psychological identity of "the city" is made tangible as a three-dimensional literary architecture through which the spectator travels interactively on a bicycle. Its streets, intersections, squares etc., form the ground-plan of a spatial ordering of words and sentences, and bicycling in that city is a journey of reading. A large-screen video image is generated by means of a computer graphic 3-D animation system, connected to electronic sensors on the handlebars and pedals of an immobile bicycle. The image responds in real time to instructions concerning direction and speed that result from the action of the person who is "riding" the bicycle.

The urban architecture of words and sentences in this work is based on historical chronicles for Amsterdam and on statements made by people linked with the city of New York.

An additional step towards interactivity, related this time still closer to virtual reality technology, was accomplished by Jeffrey Shaw with his *Virtual Museum*, an interactive installation of synthetized images observable from a swivelling chair. In this work the viewer penetrates across walls from a real room to an imaginary museum room with paintings, then to one with sculptures and to one with cinematographic images and finally into a room with calculated computer graphics.

Apart from making full use of all technological advances in order to incorporate them in his artistic research, Jeffrey Shaw has the intention to utilize in his projects stereoscopic head-gear, data gloves and data suits as well as the latest communication link-ups. His challenge to information technology is unlimited. In fact, there is little doubt that it is in this area of virtual reality or virtual environments that the principal artistic challenge to information technology resides. It is closely linked to the desire of technological artists to break out of the traditional way of involving the spectator only on a contemplative level and to make him participate actively in the creative process.

Interactive environmental works by artists like Lynn Hershman, Nicole Stenger, Myron Krueger, Matt Mullican and by researchers who have been showing their activities at the *Revue Virtuelle* of the Centre Georges Pompidou in Paris, bear witness to this development. In Lynn Hershman's *Deep Contact* (1990), for example, a robotic *femme fatale* reacts to the touch of the interacting spectator with the help of Hypercard software and an Apple Macintosh personal computer, which moderate the viewer's access to 57 video segments stored on videodisk. However, Hershman's ambitious projects demand yet more sophisticated technology that allow more global viewer participation.

Nicole Stenger's *Angelic Meetings* is a project for an installation employing synthetic image devices which makes use of the specific interface between eyephones and data-gloves. With guidance, the spectator can create a meeting in the virtual space of several simulated gardens. This event can be recorded in the computer memory and in turn re-enacted for other spectators. This is a project which demonstrates clearly the artistic contribution to the overall phenomenon of combined cultural and technological advance while at the same time awaiting further development as soon as information technology at this level will become readily available for artists in their daily research.

Myron W. Krueger is an artist researcher who has conceived his project *Videoplace* already in 1969 and showed it one year later as a telecommunication event. This is an interactive installation which Krueger has now been developing for over twenty years and which is based on the computer's most unique feature: its ability to respond to real time. In *Videoplace*, the computer perceives the visitor's image in motion, analyzes it, understands what it sees, and responds with graphics, video effects and synthesized sound. The spectator's movements determine entirely what he or she will perceive and experience although the laws of cause and effect are composed by the artist.

There is no doubt that any technological advance will find an immediate application in Myron Krueger's permanent *Videoplace* research.

Matt Mullican is also an artist who elaborates constantly his ambitious *City Project*. This interactive computer graphics project has been developed on a supercomputer and was backed up by six laserdisks containing a walk through Mullican's City.

Seen from above this city resembles a baseball field. It is made up of delimited and different coloured zones. The red zone, called "the Subjective" represents the spirit. The black and white zones, called "zones of signs", are those in which language exists only as signs or symbols. The yellow zone is a microcosm of the representation of the whole world, the blue one the world in which we actually live and the green one represents nature. When an imaginary stroller walks in a particular zone, the entire town takes on the colour of that zone in order to abolish the limited geographical connotation in favour of a global social involvement in this city. As soon as Mullican has had the possibility of using a helmet allowing stereoscopic vision coupled to a computer he entered the symbolic space himself for an individual performance. He is likely to adopt, even to provoke, new technological advances that will allow him to pursue the aesthetic and social aims of his project whose latest version bears the name of *Five into One*. In this work the five coloured "worlds" or aspects of the city combine into a single one and may be taken as a symbol for an overall synthesis of modern life.

Among the artists and theoreticians who have already been invited to show their activities at the *Revue Virtuelle* are Scott Fisher and Karl Sims, both concerned closely with the problem of interactivity with the aid of the latest technological devices, and those to come.

Scott Fisher's *Boom*, a binocular vision interface device, is his latest attempt to enable people to feel as if they were actually present in a different place and time. Scott Fisher calls this kind of virtual reality *Telepresence*. It involves three technologies in combination which enable sensory immersion - that is, to surround the user with a sensory field that mimics input from the real world. These technolgies are: Wide-angle stereoscopic visual displays, immersing users in three-dimensional visual environments; three-dimensional, binaural audio displays that enable sounds to be localized in virtual space, and instrumented input devices which track users' bodies as they move about and manipulate virtual objects.

Karl Sims, on the other hand, has produced with the aid of a powerful computer an installation generating genetic images of enormous complexity. He has been putting the spectator in an original position in front of these images. The principle of massively parallel data processing, also known as "fine grain" calculating, is to share out the computer's tasks between several thousands of simple, interconnected processes. Its architecture resembles that of a nervous system, enormous quantities of data being processed at great speed, enabling the system as a whole to retain its "real time" qualities and its interactivity. Karl Sims's purpose is to plot reputedly chaotic phenomena, irreducible to mathematical formula, in visible forms that achieve a high level of similitude while at the same time selecting the resulting random images from an aesthetic and creative point of view. His final aim is to activate the aesthetic awareness of the public in an up-to-date scientific context principally concerned with genetic problems and artificial life in particular.

Information technology has not only been used by artists working with computers or with computers combined with video, but also by creators in the telematic area, that is to say the area combining telecommunications technology with the computer.

An outstanding artist in this field is the Englishman Roy Ascott who has put to good use a system which facilitates interaction between video appliances and the electronic space of computer memory reaching beyond the normal constraints of time and space that apply to face-to-face communication. Ascott has been one of the first to understand that telecommunication systems, incorporating the telephone, the telex, the fax and the public videotext system Minitel in France could be used for what was to become a major cultural achievement, that is to say cultural mediation through networking. An early project of his, *The Pleating of the Text: A Planetary Fairy Tale* (in homage to Roland Barthes's *Le Plaisir du Texte*) devised for the Electra exhibition at the Musée d'Art Moderne de la ville de Paris in 1983 involved the creation of a text by the "dispersed authorship" of groups of artists located in eleven cities around the world, each group participating through an electronic network. The story developed gradually as every day a piece of text was logged in from each terminal. Most of the terminals were linked to data projectors so that the text being generated could be publicly accessible.

For Ascott, the art of our times is one of system, process, participation and interaction. As our values are relativistic, our culture pluralistic, our forms and images evanescent, it is the processes of interaction between human beings which create meaning and consequently cultures. Hence, those systems and processes which facilitate and amplify interaction are the ones that will be used by communication artists in order to encompass a world audience, with the aid of telematic systems based on computer-mediated cable and satellite links.

In fact two artists, Jean-Marc Philippe and Pierre Comte, have particularly illustrated themselves in this area. Jean-Marc Philippe has produced a project for a *Celestial Wheel* which consists in part of encircling the Earth with a corona of existing orbiting satellites and Pierre Comte has proposed two types of artistic installations: those located on Earth and intended to be seen from a satellite and those in orbit and meant to be seen from the earth.

If I refer myself to the German title of my communication of today (Kunst will Technik), I may also be permitted an allusion to the numerous artists who practise cultural mediation with technical means other than information technology. Of the artists involved in this research I shall single out the Frenchman Fred Forest who is one of the founders of what has been called the Aesthetics of Communication Group.

Forest's research focuses on communication itself and he excels in the subtle art of mixing different types of media to create his systems. In using electronic newspapers in his latest installations, he is able to make the link between technology in everyday life and its artistic uses. In his installation entitled *The Electronic Bible and the Gulf War*, red light from electronic diodes travels between two definitions, one of the Bible, the other of electronics, taken from a dictionary. Forest had been struck by the fact that the three monotheistic religions had been involved in the Gulf War and wanted to show that there was a kind of reiteration of history by juxtaposing the utterances of iconic personalities (such as politicians and high-ranking military personnel) with quotations from the Old Testament. In order to do this, he selected passages from the Bible and from newspapers which resembled each other (such as long enumerations of arms equipment juxtaposed with Biblical genealogies), and made them appear simultaneously and in a permanent luminous flow of words on tables on a fenced-off segment of the floor.

However, the typical cultural mediation event practised by Fred Forest and many other artists belonging to the Aesthetics of Communication Group and telecommunication artists in general is brought about by means of remote-controlled technology capable of visually uniting physically distinct places. In this type of event, it is not the exchanged content that matters, but rather the network that is activated and the functional conditions of exchange. The aesthetic specificity of telecommunication art is thus closely related to its technical specificity. The event taking place in real time and without any geographical limitation, an entirely new way of relating space and time is achieved and an interactivity planned and conceived by an artist does allow creative communication to take place.

The originality of communication art can now be situated in the context of the university and be considered as belonging to what has been named Cultural Studies. This is a new academic discipline or rather an interdisciplinary field with a new approach to the humanities, involving many previously separate academic discourses such as political theory, history, literature, sociology and art history. Through such general themes as class, race and gender, it has spawned new areas of study, among them film theory, popular culture, as well as media and communication studies.

One can approach the problem of dual creativity, that is to say combined scientific and artistic invention and creation, also from this pedagogical angle. Several institutions, mainly concerned with higher education, especially in the United States, Germany and France have recently started to provide expert training on advanced scientific and technical as well as on artistic subjects in view of furthering this double creativity.

I shall limit myself to mentioning in this context only the Arts and Technology of the Image Department at the University of Paris VIII at Saint-Denis, although I could just as well have chosen the Center for Advanced Visual Studies of the MIT at Cambridge, Massachusetts, the Media Center in Cologne or the Zentrum für Kunst und Medientechnologie in Karlsruhe.

May I remind you that the question as to what extent a technological artist should actually possess himself all the technological qualifications necessary for creating works of high-tech sophistication or whether he should be working in collaboration with a scientist or an engineer for this purpose, has been discussed and experimented ever since the 1960s. It is only recently that the line of thought recommending the combined training on an advanced level in the two disciplines has really made its way.

In fact, the quality of this training is closely bound up with the creative invention and imagination of the teachers engaged in this enterprise.

As regards the department Art et Technologie de l'Image of Saint-Denis, such artists with a scientific background as Edmond Couchot, Hervé Huitric, Michel Bret or Jean-Louis Boissier and such scientists with an artistic leaning like Monique Nahas have teamed up to create and teach both collectively and individually computer graphics and computer animation techniques with an artistic purpose. Research, education and creation are closely associated in their lectures and laboratory work.

In fact what is at stake in all these activities, is the good mixture of scientific invention and artistic creation be it in the individual or in the team. This can be considered as the key for the appreciation of the value of the artistic contribution and challenge to information technology as regards dual creativity.

To illustrate this point we can chose one of the combined works of the Saint-Denis group, for example *La Plume* (the Bird's Feather) to which Edmond Couchot, Michel Bret and Marie-Hélène Tramus contributed. This was in the first place a project that made appeal to the collaboration of specialists in flight simulation. After resolving the technical problems and making the feather "fly" on a screen with the aid of the computer and by means of the spectator's breath, it was both the technical inventiveness and the artistic imagination of the three collaborating creators that allowed the first realization to be transformed into a work entitled *I sow to the four winds*. In this subtle interactive demonstration a large dandelion head moves slowly on a screen, and under the influence of a "virtual" breeze, will detach clumps of seeds that scatter and softly fall as the spectator breathes on it. He can continue to blow until nothing remains to dislodge. Then a complete new flower appears on the screen and the game, always different, begins again.

In order to conclude let me make a remark on the impact artistic research has had on information technology in the public eye. In a recent number of the *Times Literary Supplement* (dated April 30, 1993), Information Technology was examined from a general point of view and in particular from that of science fiction, its usefulness and menace to actual writing processes, to music and to poetry. There was only a minor reference to Art Technology and computing through an assessment of a book edited by Clifford A. Pickover entitled *Visions of the Future*. This review did not lay any stress on the work of visual artists at the present time.

However, in today's lecture I have tried to give you some telling examples of the important artistic contribution in this field and I hope to have done the same in my book which is being published this autumn and which bears the title *"Art of the Electronic Age"*.

This overview will not only cover Computer, Communications and Video Art but also Laser and Holographic Art as well as works by artists that are concerned with the Technology/Ecology interface. It also makes allusion to the social implications of this artistic phenomenon and in the first place to the many exhibitions with large audiences that have already taken place in this area in many countries, as well as to the large number of institutions in the fields of education, publishing, museology, artistic creation etc., listed in an International Directory of the Electronic Arts with over a thousand entries as regards these institutions and nearly 1500 listings of active artists in this area.

This important artistic movement should thus not only be considered as an aesthetic challenge to information technology connected with such categories as visualization, cultural mediation and dual creativity, but also as a social challenge provoked by a large number of artists and personalities through their proper activities or by their appeal to the public at large for an interactive creativity.

Cognitive and Affective Adaptation
to Advancing Communication Technology

Dolf Zillmann
University of Alabama

There has been sufficient discussion of the new communication technology's capacity to transmit information with ever-increasing fidelity. Transmission concerns language in both spoken and written form as well as, and more significantly, image and sound sequences that represent the audio-visual world as it is and as it can be imagined. I shall not repeat these accounts of advancing communication technology. However, it is necessary for me to reinstate and emphasize some principal matters in this technological advancement.

Language, in its written form, has been recordable and, at a later time and elsewhere, decipherable for centuries. By comparison, the transmission through time and space of spoken language exists only for a few decades, but has become commonplace to a point that renders this achievement unsurprising and its implications apparently unworthy of further consideration. The discussion of the consequences of the new communication technology seems to focus on image transmission, along with a wealth of manipulatory possibilities of image and sound combinations (see Grant/Wilkenson 1993). When it comes to pondering societal impact, the old notion of the **picture flood** still takes center stage.

Admittedly, the iconic representation of the audio-visual world was poor and disappointing until rather recently. Less-than-veridical sketches on walls and on paper, and a feeble effort at onomatopoeia, characterize the past. In contrast, the new **icon technology** offers total manipulability of image and sound events. With hitherto unimaginable transmission fidelity, all conceivable image and sound sequences can now be stored, altered, integrated, and retrieved at any later time and at any other place. It should thus not surprise to find that uncounted speculations about the social, societal, and cultural implication of modern communication technology have focused on the **iconization of communication.**
Will the growing iconization of communication come at the expense of deteriorating linguistic skills? Will it cause language impoverishment and therewith diminish our

capacity for abstract thought? On the other hand, could it be that our capacity to absorb and process iconically codified messages is severely limited? Do iconic representations elicit reactions that are different, in principal ways, from those elicited by symbolic representations? In particular, do iconic representations evoke generally stronger emotional reactions than symbolic representations? Or should we expect icon-affect habituation that, in the final analysis, leads to an impoverishment of emotional experience?

I cannot address all these questions in detail here. However, I hope to be able to clarify some of the fundamental issues that are involved, and to help prepare answers to these questions.

Let me start with a somewhat heretical comment: I am quite sure that those who believe that the new communication technology places demands on the human brain that the brain cannot meet - that it overpowers and overwhelms the brain - are in error. Since our ancestors were chased by predators and, in turn, chased their prey, the human brain is superbly prepared to process even the most fast-paced image and sound sequences that the communication media could offer. The greater the fidelity with which icon technology represents the real world, the easier it is to process and react appropriately to such representations. The much talked about technology of **virtual reality** (Journal of Communication, 1992/4) does not overwhelm the human brain. On the contrary, this technology returns communication to archaic, basal conditions. The technology of virtual reality may constitute a technical revolution, but does not amount to a revolution in psychological terms. The latter type of revolution took place a long time ago, when language systems with arbitrary sign-referent relations evolved. This revolution of digital communication placed enormous demands on the associative capabilities of the human brain. Compared with these enormous demands, the processing of rapidly paced image and sound sequences is child's play. My contention, then, is that the technologically promoted iconization of communication in no way overwhelms the human brain and that, from an information-processing perspective, the new icon technology amounts to a giant step backwards into the communication future.

Questions about the brain's capacity to adjust to the indicated advances in communication technology can be assessed for two levels of development: for phylogenesis and for ontogenesis.

The phylogenetic question, often asked by lay persons, is naive scientifically. Acquired sophistication with communication skills is, of course, not transferrable genetically.

Phylogenetic adaptation cannot be based on the transference of anything acquired. What may seem to be an exception is the possibility that those who easily master the new communication skills are reproductively more active than others, passing on their genes more effectively than these others. This can hardly be assumed to happen, however. At any rate, even if it were to happen, we would not deal with heredity of acquired skills reflected in altered features of the brain, but with heredity of superior preconditions, or propensities, for the acquisition of special communication skills. Phylogenetic adaptation to the new communication technology thus may be considered extremely unlikely.

This is in stark contrast to likely ontogenetic consequences. The human brain has extraordinary plasticity (see Stein/Rosen/Butters 1974). The iconization of communication undoubtedly will prompt adjustments and result in a restructuring of information processing. Such restructuring will manifest itself in the formation of different cognitive schemata, as well as in the frequent usage of these newly formed schemata in dealing with all issues at hand. The ontogenetically shaped difference in information processing ultimately means that different neural structures will be activated. Newly formed structures will be strengthened and expaned, others left to deteriorate. It is far too soon, however, to tell whether the likely shift in operative schemata will provide us with superior means to deal with professional and personal, private and social matters.

Ontogenetic hypotheses, along with the research evidence backing them, do not help to resolve the uncertainty we face with regard to cognitive development and the mastery of information exchange in a highly technological environment, in particular. Hypotheses and evidence are, in fact, quite contradictory. For instance, it is well known that the division of nerve cells in the outer layer of the brain ceases at birth, but that the cerebral cortex expands in explosive fashion thereafter. As no new nerve cells are formed, it is the branching of the cells that accounts for such rapid growth. Dendritic growth is extreme in the first five years of life. The following five years, dendritic growth continues, but at a more moderate rate. Dendritic expansion coincides with glucose utilization in the brain. The most rapid increase in glucose utilization occurs during the first two years after birth. It is followed by somewhat slower increase during the next three years. The increase tends to continue to the age of ten, at which time glucose utilization levels in and slows down. All this has been interpreted as evidence that it is during this developmental period that the human brain's cognitive capacity and its information-processing capabilities are being established (see Diamond 1988).

Some research with humans suggests a direct correspondence between dendritic branching and information-processing skills (see Jacobs/Schall/Scheibel). Branching in Wernecke's area, thought to reflect verbal skills, has been observed to increase with gears of formal schooling. Regarding the cognitive development of children, however, ontogenetic rationales rely heavily on research with lower mammals. At the heart of much controversy are investigations with rats that show that dendritic branching in animals growing up in an information-rich environment is more fully developed than such branching in animals that were raised in an information-poor environment (see Diamond 1990). Does this mean, as has been contended, that the ontogenetic development of children placed into a technologically advanced, information-rich environment will be superior to that of children placed into an information-poor environment? Does early exposure to an information-rich environment insure superior adaptation to a technological world, and would this adaptation be mediated by the facilitation of dendritic branching? Some brain researchers do not hesitate to respond affirmatively. Others, however, have grave doubts, relying on research that leads to very different conclusions.

It is well established also that about half of the brain's nerve cells have died off already at birth. Cell dying is part of normal development. It continues at a low rate, despite an increase in synaptic density, to the age of five. At this time, up to the age of about twenty, it again reaches very high levels. This dramatic cell dying during a critical ontogenetic period is known as **programmed cell death**. It is also referred to as **neural pruning**. Such cell death, it seems, is not a matter of chance. On the contrary, it appears to be selective in removing infrequently activated cells and synaptic connections. New research findings support this notion of functional neural pruning. Positron Emission Tomography made it possible to measure the magnitude of brain activity needed to solve problems with astounding accuracy. Usage of this new technology has shown compellingly that those who develop proficiency in solving particular problems exhibit successively less brain activity when solving these problems. This is in contrast to poor problem solvers who, despite synaptic density and perhaps because of it, seem lost in the multitude of connections and continue to exhibit extreme levels of brain activity. Such findings gave rise to the idea that selective cell death, by removing counterproductive and dysfunctional connections, mediates cognitive efficiency, communication skills, and ultimately intelligence (see Haier/Siegel/MaxLachlan et al).

Investigations of this kind show, at the very least, that dendritic wealth does not guarantee adaptive superiority. In fact, those who are unable to achieve a prompt reduction in the number of synaptic connections and circuits, possibly in the number of neural cells, now seem headed for mental retardation (see Haier 1992). Counter to earlier conceptualizations, then, intelligence depends not so much on synaptic abundance as on a functional synaptic pruning: the elimination of redundant and dysfunctional circuits and the strengthening of connections with proven utility. Given such diversity of essential hypotheses, the controversy over the ontogenesis of brain efficiency promises to continue. I am afraid that, as the neurological debate continues, little useful knowledge will be gained about the consequences of the adoption of the latest new communication technology.

I consider a different approach to the advancing communication technology more productive. This approach focuses on the evolution of the human brain in terms of cognitive and excitatory/emotional functioning.

The human brain and the structures immediately connected with it, especially the autonomic nervous system, are at least 20,000 years old. Ancient structures, such as the limbic system, continue to control all vital emotions - the excitatory component of emotions, in particular (see MacLean). The growth of the cortex, along with the expanding cognitive capacity manifest in this growth, have facilitated our ability to adjust to rapid changes in the immediate environment. However, emotions still define the undercurrent of individual and social conduct. Often enough, they determine such conduct in clear defiance of cognition and rationality. The archaic fight-flight reaction, for instance, still defines the prototypical response to danger and threatening circumstances. It does so, despite the fact that physical assault or escape from physical danger have little, if any, utility in solving most problems people face in modern society. But excitation-fueled anger and fear reactions, deeply felt annoyance and apprehensions, persist and continue to influence behavior (see Zillmann 1979).

In the mediation of emotions, the crucial processes are humoral ones. Hormones, such as the comparatively fast-acting catecholamines epinephrine and testosterone, are released into systemic circulation and then rather slowly exert their influence on behavior. This is in contrast to speedy cognitive operations that assist us in interpreting the perceived environment and in deciding on an appropriate course of action. The result is that we are able to adjust cognitively to changes in the immediate environment without appreciable latency, whereas our humorally mediated excitatory reactions and the emotions they manifest are lagging behind - potentially for considerable periods of time.

To dramatize this point: Evolution appears to have us well prepared **cognitively** for the new communication technology, but **emotionally** it has left us in the stone age.

The indicated time discrepancy in purely cognitive versus excitatory/emotional reactivity has surprising, essential consequences for communication via the new technology, especially via icon technology. We have cause to expect, more or less as a rule, emotional mix- and misreactions. The principal reason for this is that in earlier times emotions were free to run their course (their time course to complete excitatory recovery, to be precise), whereas the media now force continual information uptake and processing upon the emotional individual.

The excitation-transfer paradigm offers a general theoretical model for the discussed dependencies and their experiental and overtly behavioral consequences. Essentially, transfer theory proposes that cognitive adaptation to changing environmental conditions is quasi-instantaneous, whereas humorally mediated excitatory reactions are characterized by (a) an appreciable latency and (b) slow decay. Much of the theory then focuses on the implications of slowly decaying residual excitation. Based on the assumptions that (a) sympathetic excitation determines the intensity of emotional experience and emotional behavior, and that (b) such excitation, although emanating from potentially very different types of instigation, combines inseparably, it is proposed that residual excitation from antecedent stimulation will intensify emotional experience and behavior to subsequent stimulation to which the individual has cognitively adjusted.

Experimental proof of the predicated emotional intensification has been furnished initially in areas outside communication proper. Residues of sexual arousal were transferred into anger and aggression, intensifying these experiences and behaviors. Alternatively, excitatory residues from anger and from fear were shown to enhance sexual excitedness (see Zillmann 1984). Research on communication phenomena has produced analogous results. Residual excitation from distress has been found capable of intensifying the enjoyment of suspenseful drama (see Zillmann 1991) and humor (see Cantor/Bryant/Zillmann). Residual arousal from horror has been shown to intensify sexual attraction to heterosexual companions who conform to prevailing gender norms (see Zillmann/Weaver et al). And the enjoyment of rock music has been escalated by residual arousal from distress or pleasure (see Cantor/Zillmann 1973) as well as from interspersed sexual titillation (see Zillmann/Mundorf).

A basic goal of entertainment, but by no means the only one, is to provide the highest possible level of pleasantly experienced excitement. To achieve this goal, the time discrepancy between cognitive and excitatory responding apparently can be exploited to good effect. Because of ancient features of the brain, even the residues of noxious emotions can be converted to pleasure.

Whereas implications of the cognition-excitation time discrepancy abound for entertainment, they are less apparent for informative and educational communicative efforts. Counter to first impression, however, such implications exist in these areas as well.

It can be considered well established that moderate affective reactions create vigilance that fosters renewed attention when attention is fading. The interspersion of mildly arousing humor in lectures, for instance, has been shown to facilitate information acquisition under conditions of initially insufficient attention (see Zillmann 1989).

In contrast, strongly arousing stimuli - compelling emotion-eliciting images, in particular (see Newhagen/Reeves 1992) - draw so much attention to themselves that subsequent information acquisition can be greatly impaired. After emotionally disturbing news, for instance, subsequently presented news items receive little attention and information acquisition is rather poor for several minutes (see Mundorf/Drew et al). The same effects have been observed for attention to, and information acquisition from, subsequently placed commercials (see Mundorf/Zillmann et al 1991). Strong emotional reactions, then, seem to engage the cortex in global fashion for a considerable period of time. In ancient times, such engagement may have served the preparation of coping reactions (fight vs. flight). Nowadays it might foster a continuing rehearsal of the emotion-inducing event itself - a cognitive loop from which there is no escape as long as the excitatory reaction is intense and urges contemplation.

Emotional reactivity, it should be recognized, relates to the abstract/concrete dichotomy in a most significant way. Abstract representations rarely touch our emotions. It is the singular case - in concrete, iconic terms - that fosters empathy and emotional investment see Zillmann 1991). This dichotomy has considerable importance in journalism. On the premise that symbolic/abstract/rational accounts are comparatively inefficiently processed and retrieved, whereas iconic/concrete/emotional accounts are processed and retrieved with great ease and efficiency, the iconic representation of singular concrete events may be expected to exert a greater influence on the perception and judgment of social and other phenomena than the potentially more informative abstraction of numerous cases under consideration.

There is compelling evidence to that effect (see Hamill/Wilson/Nisbett). Journalistic accounts of social phenomena typically feature an admixture of general, abstract information and specific, concrete cases that exemplify the phenomena under consideration. In contrast to the abstract descriptions, exemplars are usually presented in iconic form: Photographs and film footage of persons and other entities, often interviews of victims and witnesses of events of interest. Research on the processing, storage, and retrieval of such information admixtures indicates that the abstract information tends to be poorly processed and therefore is of little consequence for the perception and evaluation of social and other phenomena. Perception and evaluation of phenomena are strongly influenced, instead, by iconic exemplars, by their representativeness in kind as well as in number and proportion. Additionally, the disproportional influence of iconic exemplars is long-term. Images leave a stronger and more lasting impression than abstract quantification, for instance, making it likely that their relative influence on the perception of issues and the judgment of phenomena of the real world increases over time. In support of this contention it has been observed, among other things, that reports on the new crime of car-jacking fostered perceptions of the national significance of the problem that were the more distored, the more nonrepresentative the vivid exemplars were - despite the provision of accurate abstract information (seeGibson). Research on the distribution of vivid exemplars similarly shows that respondents judge phenomena in accordance with the frequency and proportion of exemplars, not in accordance with reliable abstract information (see Brosius/Bathelt 1993). The emerging view is that iconically presented information, although consisting of potentially unreliable exemplifying cases, has the power to overwhelm more reliable abstract presentations. Icon communication appears capable of overpowering messages of the digital type. Emotionally engaging icon communication may eventually exert a greater influence on the perception of social reality than careful abstractions that appeal to rationality.

Already there is evidence that the involvement of emotion-evoking iconically presented exemplars can greatly influence assessments of the magnitude or severity of social problems (see Aust 1993). A broadcast account of the dangers of food poisoning from dining in restaurants, for instance, produced perceptions of grave dangers only when victim and witness exemplars were presented; but especially, with factual information kept constant, when these exemplars featured crying victims and choked-up witnesses.

The judgment-distorting influence of emotional reactions also surfaced in broadcast news that adheres to the popular formula of placing a so-called soft-news item at the end of the newscast. These end stories are often amusing, and newscast-concluding amusing stories have been found capable of trivializing the severity of social problems presented earlier - problems such as international conflict and regional dangers (see Zillmann/ Gibson/Ordman et al). Such findings challenge models of purely rational information processing and demonstrate the power of affect and mood in the perception of aspects of the real world.

Notwithstanding these and similar influences of emotional reactivity on the perception and evaluation of social reality in informational efforts, it is media entertainment, that, in all probability, will shape our cultural future most profoundly. On the premise that the vast majority of humans is hedonistically inclined, it may be expected that most of us are motivated to maximize euphoric feelings and minimize dysphoric ones. Expressed in the nomenclature of mood-management theory (see Zillmann, Mood management), people are motivated to enter into good moods, prolong the experience, and increase its intensity; analogously, they are motivated to avoid bad moods, rid themselves of such experience, or at least diminish its intensity. Investigations have supported the proposal that individuals initially follow their intuition in making hedonistic choices, but that the achievement and enhancement of good moods functions as positive reinforcement, and the avoidance and diminution of bad moods functions as negative reinforcement, for the mood-inducing or mood-modifying choices. Media usage follows the same principles. Iconic representations of social and other environments compete for mood-management capacity and choice with actual social and other environments. Often enough, the iconically represented environments offer choices that have mood-management qualities superior to those manifest in actual environments. They consequently constitute the strategically preferable and, hence, more likely choices. But even if this competition of media-entertainment choices with alternative choices outside the media is ignored, the wealth of future choices within media entertainment will be formidable. The individual in a rotten mood will be enticed by a great variety in comedy, drama, sports, music, and interactive games to leave his troubles behind, at least for the moment, probe for gratifiers among the bounty, and switch into whatever promises the most agreeable emotional existence. And the temptation not to return so soon to personal and real-world problems will be there at all times.

Selective-exposure research shows that children four and five years of age already use television programs for mood repair and enchantment. Boys, after having their ego bruised in a hostile social environment, as compared to having been treated nurturantly or neutrally, consumed a disproportionate amount of nurturant, ego-supportive programming, apparently in efforts to restore self-esteem and positive affect (see Masters/

Ford/Arend 1983). Other research makes the point that analogous choices by adults are not the result of explicit contemplation and deliberation either, but derive from more basic mechanisms - such as operant learning, with relief from noxious experimental states as the primary reinforcer. For example, if a mildly depressed person elected to consume comedy, for whatever reason, and that consumption provided relief, the choice of this genre is reinforced and becomes more likely in future depressive states. If, on the other hand, this person elected consumption of tragedy and relief failed to materialize, no such genre preference could develop. Findings on women's comedy preference during the premenstrual and menstrual phases of the menstrual cycle, periods linked to bad moods for hormonal reasons, accord with the indicated proposal. Premenstrual and menstrual women chose to consume more comedy and less serious drama than women in other cycle phases (see Meadowcroft/Zillmann 1987). Research on hormonal variance during pregnancy, bad moods, and comedy preference gives further evidence that women in bad moods seek alleviation from this noxious state by exposing themselves to comedy as a genre of great mood-altering capacity (see Helregel/Weaver 1989). They are, however, not cognizant of the actual reasons for their preference under the given experiental circumstances.

Mood-management theory, with its emphasis on nonrationality in the choice of media offerings for consumption, projects that in our increasingly information- and choice-rich media environment, a preference for mood-repairing and mood-enhancing entertainment over seemingly torturous informational and educational efforts will grow steadily. It is this preference for media entertainment, already suggesting itself in the deteriorating scholastic discipline in our youths and in the neglect of news and educational programs by adults in entertainment-rich media markets, as a salient aspect of the present revolution in communication technology, which deserves our attention and for whose social and societal implications we should prepare.

References

Aust, C. F.
Effects of emotional displays by interviewees in broadcast news. (Unpublished doctoral dissertation) University of Alabama, Tuscaloosa (Alabama), 1993.

Brosius, H.-B.;Bathelt, A.
Exemplars as means of persuasive communiction: The effects of episodic framing. (Paper presented at the annual convention of the International Communication Association.)Washington DC, 1993.

Cantor, J. R.; Zillmann, D.
The effect of affective state and emotional arousal on music appreciation. In: Journal of General Psychology, 89, pp. 97-108, 1973.

Cantor, J. R.; Bryant, J.; Zillmann, D.
Enhancement of humor appreciation by transferred excitation. In: Journal of Personality and Social Psychology, 30, pp. 812-821, 1974.

Diamond, M. C.
Enriching heredity (Free Press). New York, 1988.

Diamond, M. C.
Morphological cortical changes as a consequence of learning and experience. In: Scheibel, A. B.; Wechsler, A. F., (Eds.), Neurobiology of higher cognitive function (pp. 1-10). Guilford Press. New York, 1990.

Gibson, R.
Exaggregated vs representative exemplification in news reports: Issue perception and personal consequences. Unpublished doctoral dissertation, University of Alabama, Tuscaloosa, Alabama, 1993.

Grant, A. E.,; Wilkinson, K. T. (Eds.)
Communication technology update, 1993-1994. TX: Technology Futures. Austin, 1993.

Haier, R. J.
Positron emission tomography studies of intelligence, learning and memory: Implications for the effect of television on brain development: In: Conference proceedings: Television and the preparation of the mind for learning (pp. 103-111). Department of Health and Human Services. Washington DC, 1992.

Haier, R. J.; Siegel, B. V.; MacLachlan, A.; Soderling, E.; Lottenberg, S.; Buchsbaum, M. S.
Regional glucose metabolic changes after learning a complex visuospatial/motor task: A positron emission tomography study. Brain Research, 570 (p. 134-163). 1992.

Hamill, R.; Wilson, T. D.; Nisbett, R. E.
Insesitivity to sample bias: Generalizing from atypical cases. In: Journal of Personality and Social Psychology, 39 (pp. 578-589). 1980.

Helregel, B. K.; Weaver, J. B.
Mood-management during pregnancy through selective exposure to television. In: Journal of Broadcasting & Electronic Media, 33 (1) (pp. 15-33). 1989.

Jacobs, B.; Schall, M.; Scheibel, A. B.
A quantitative dendritic analysis of Wernecke's area in human. II. Gender, hemisphere, environmental factors. Journal of Comparative Neurology (in press).

Journal of Communication No. 4/1992
"Virtual reality: A communication perspective."

MacLean, P. D.
Contrasting functions of limbic and neocortical systems of the brain and their relevance to psychophysiological aspects of medicine. In Gellhord, E. (Ed.), Biological foundations of emotion (pp. 73-106). (Scott, Foresman) Glenview, Illinois, 1968.

Masters, J. C.; Ford, M. E.; Arend, R. A.
Children's strategies for controlling affective responses to aversive social experience. In: Motivation and Emotion, 7/1983 (pp. 103-116).

Meadowcroft, J. M.; Zillmann, D.
Women's comedy preferences during the menstrual cycle. In: Communication Research, 14/1987 (p. 204-218).

Mundorf. N.; Drew, D., Zillmann, D., & Weaver, J. (1990). Effects of dustributing news on recall of subsequently presented news. In: Communication Research, 17 (5), (pp. 601-615), 1990.

Mundorf, N., Zillmann, D.; Drew, D.
Effects of distributing televised events on the acquisition of information from subsequently presented commercials. Journal of Advertising, 20 (1) (pp. 46-53), 1991.

Newhagen, J. E.; Reeves, B.
The evening's bad news: Effects of compelling negative television news images on memory. In: Journal of Communication, 42 (2) (pp. 25-41), 1992.

Stein, D. G.; Rosen, J. J.; Butters, N. (Eds.)
Plasticity and recovery of function in the central nervous system. (Academic Press.) New York, 1974.

Zillmann, D.
Hostility and aggression. (Erlbaum) Hillsdale, New Jersey, 1979.

Zillmann, D.
Transfer of excitation in emotional behavior. In: Cacioppo, J. T.; Petty, R. E., (Eds.), Social psychophysiology: A sourcebook (pp. 215-240). (Guilford Press). New York, 1983.

Zillmann, D.
Connections between sex and aggression. (Erlbaum) Hillsdale, New Jersey, 1984.

Zillmann, D.; Weaver, J. B.; Mundorf, N.; Aust, C. F.
Effects of an opposite-gender companion's affect to horror on distress, delight, and attraction. In: Journal of Personality and Social Psychology, 51/1986 (pp. 586-594).

Zillmann, D.; Mundorf, N.
Image effects in the appreciation of video rock. In: Communication Research, 14 (3) (pp. 316-334), 1987.

Zillmann, D.
Mood management: Using entertainment to full advantage. In Donohew, L.; Sypher, H. E.; Higgins, E.T. (Eds.). Communication, social cognition, and affect (pp. 147-171). (Erlbaum) Hillsdale, New Jersey, 1988.

Zillmann, D.
Erregungsarrangements in der Wissensvermittlung durch Fernsehen. In: Wissensvermittlung, Medien und Gesellschaft: Ein Symposium der Bertelsmann Stiftung (pp. 77-99). Guetersloh, 1989.

Zillmann, D.
The logic of suspense and mystery. In: Bryant, J.; Zillmann, D. (Eds.), Responding to the screen: Reception and reaction processes (pp. 281-303). (Erlbaum) Hillsdale, New Jersey, 1991.

Zillmann, D.
Empathy: Affect from bearing witness to the emotions of others. In: Bryant, J.; Zillmann, D. (Eds.), Responding to the screen: Reception and reaction processes (pp. 135-167). (Erlbaum) Hillsdale, New Yersey, 1991.

Zillmann, D.; Perkins, J. W.,; Sundar, S. S.
Impression-formation effects of printed news varying in descriptive precision and exemplifications. In: Medienpsychologie: Zeitschrift für Individual- und Massenkommunikation, 4 (3), 1992, (pp. 168-185, 239-240).

Zillmann, D.; Gibson, R.; Ordman, V. L.; Aust, C. F.
Effects of upbeat stories in broadcast news. In: Journal of Broadcasting & Electronic Media (in press).

Bilder/Politik

Klaus Theweleit
Schriftsteller, Freiburg

Am Anfang eine Überlegung zum "Bild" überhaupt. Es wurde viel von "Visuellem" geredet und von "Visualisierung" in den letzten Tagen. Man vermied das Wort "Bild", als gäbe es unausgesprochene, aber begründete Zweifel, ob das, was man auf Monitoren (oder in Diaprojektionen) alles erscheinen sieht, tatsächlich "Bild" genannt werden kann. Sind Diagramme "Bilder"? Ist, was die Tagesschau uns zeigt, wenn sie einen Politiker im Bonner Studio vor die Blue Box mit dem Weißen Haus stellt, ein "Bild"? Sind computererrechnete Darstellungen "Bilder"? Und was war das, was der Commander Schwarzkopf im Golfkrieg uns mit seinem Rohrstock siegesgewiß vor Augen führte? Bilder vom Krieg?
Die Unsicherheit über den Charakter dessen, was wir da sehen, ist berechtigt. Es weicht *sichtlich* ab von dem, was wir traditionell ein Bild nennen/genannt haben.

Was ist ein "Bild"? Was meinen Bildermaler, wenn sie nach einem Blick auf die Arbeit von Kollegen entscheiden: *das* ist ein Bild und *das* ist keins. Offenbar haben sie eine Vorstellung davon im Kopf, was "ein Bild" zu einem Bild macht. Was meint man selbst, wenn einem daran etwas "einleuchtet"?

Was meint der Filmemacher Jean-Luc Godard, wenn er uns mit der Frage provoziert: "Kann ein Deutscher ein Bild machen"? Die Frage, bei ihm bezogen auf deutsche Nachkriegsfilme, impliziert die Antwort: "Nein". Ein grundsätzlicher Mangel, auf den er weisen will: "erklärbar" aus einer falschen Einstellung zur eigenen Geschichte; Einstellung, die den Deutschen "die Sicht" versperrt auf die Dinge...

Was meine ich, wenn ich denke, daß ich das so ähnlich sehe. Sind es die Kameraeinstellungen, die Blickwinkel, ist es das Dargestellte, ist es die Art der Montage? Ist es die fehlende Fähigkeit, etwas von der wahrgenommenen Realität im aufgenommenen Bild *sichtbar* zu machen, was dem streifenden Auge *so* nicht aufgefallen wäre?

Alles was mittels malerischer oder maschineller Techniken visualisiert werden kann, ist jedenfalls noch längst kein "Bild".

Wenn man die Bilddefinition dokumentarischer Filmemacher nimmt, ist das computergenerierte, das errechnete Bild sicher kein Bild. Für den Dokumentaristen hat die Qualität "Bild" etwas mit Authentizität und Analogie zu tun, zweitens mit den Vorgängen "Aufnahmedauer" bzw. "Montage"; Bild gibt etwas *wieder,* wenn auch in veränderter Form; etwas, das im Raum außerhalb des Bilds existiert. Im Bezug auf dieses hat es seinen "Sinn", seine "Existenzberechtigung".

Der "Idee nach" sollen sich auch die Nachrichten der "Tagesschau" klärend auf etwas beziehen, das *stattgefunden* hat, das auf dem Schirm ausgewiesen wird mit Raum- und Zeitkoordinaten.

Aber auch beim Spielfilm soll das, was im Bild zu sehen ist, irgendwo eine Entsprechung haben; es soll stattgefunden haben zumindest in einem Studio, als Schauspiel, als Inszenierung. Auch das Spielfilmbild ist einem Geschehnis analog. Eine Kamera hat es (ab)fotografiert. Irgendwo existiert zum Kinobild so etwas wie ein Original oder ein *Originalvorgang,* in Form von Dingen oder als *Tätigkeit,* als eine Form *menschlicher Arbeit.*

Wir haben hier jetzt in den letzten Tagen jede Menge rechnergenerierter "Bilder" gesehen, die solche äußeren Entsprechungen nicht haben, die weder eine Sache abbilden noch ein Verhältnis noch eine Tätigkeit, auch wenn ein Bild aus einem Architekturbüro, das z.B. ein Flughafenmodell rechnerisch entwirft, an tatsächlich existierende Flughäfen angelehnt erscheint. Das müßte aber nicht so sein; genauso wäre es möglich, Bilder zu generieren, die nicht an etwas Äußeres angelehnt sind, Bilder, denen die "Wiedergabefunktion" vollkommen fehlt; Bilder reiner Ort- und Zeitlosigkeit, Bilder zeitentbundener Zweidimensionalität. Frank Popper zeigte uns einige unter dem Label der "Computerkunst".

Was zeigen uns diese Bilder? Streng genommen zeigen sie uns die technischen Fähigkeiten der einzelnen Computer in der Farb- und Formengenerierung. Der eine Computer kann *mehr* als ein Kaleidoskop, der andere kann *weniger; das* ist zu sehen. Daß ein Artistenname darangeklebt ist, ist zwar Tatsache, aber eine durchaus widersinnige; der Name der Firma und die technische Bezeichnung der elektronischen Bauteile wären exakter; aus ihr könnte ein Fachmann ersehen, zu welcher Sorte Bild der betreffende Computer fähig ist und zu welcher nicht. Er kann sich das Bild "vorstellen" nach diesen Daten. Die sichtbar gemachte "Endstufe", die "Kunst" aus der Elektronik, wäre vor allem für den potentiellen Käufer da, den Endverbraucher, der die Maschine selber nicht versteht.

Computergenerierte Bilder

Zu den Besonderheiten computergenerierter Bilder und den Veränderungen, die sie am Charakter des Ab-Bilds und an unserem Realitätsverhältnis vornehmen, zitiere ich ein paar Punkte aus einem Aufsatz von Florian Rötzer.

...daß, wer heute "Abenteuer erleben will", nicht mehr aus dem Haus gehen muß, schreibt Rötzer...daß die Bewegung im realen Raum mehr und mehr vom "letzten Vehikel" abgelöst wird, vom audiovisuellen Abenteuer vor den Bildschirmen oder eben in den computergenerierten Welten...daß der Trend in der Gesellschaft zum Cocooning geht, zum Rückzug aus der Öffentlichkeit, weg von der realen Begegnung mit anderen...jedenfalls fördern die neuen Technologien den Einschluß der einzelnen in ihre Bunker...

Vielleicht überläßt man die wirkliche Welt mit ihren Problemen, ihrer zunehmenden Häßlichkeit und Uniformierung auch ihrem Schicksal, verschönert und perfektioniert hingegen die virtuellen Welten.

...ein Vorgang, der - "zunehmende Häßlichkeit und Uniformierung" hin oder her - allerdings immer schon läuft: das Gehirn produziert *ständig* Simulationen der Welt mit Hilfe des Gedächtnisses und der Wahrnehmungsselektion. Wir *sehen* daher beispielsweise Vieles, was nicht aus der *aktuellen* Wahrnehmung stammt.

"Virtuell" wären nicht nur die künstlichen Welten im Computer zu nennen, sondern auch diejenigen auf unseren "mentalen Bildschirmen", sagt Rötzer, gleich ob es sich um Träume, Halluzinationen oder Wahrnehmungen äußerer Vorgänge handelt.

Der Computer hebt die Abgetrenntheit dieser verschiedenen Ordnungen der Sinneswahrnehmungen voneinander allerdings tendenziell auf: dieselben Bitfolgen lassen sich technisch sowohl als Ton- wie als Bildsequenzen umsetzen. Ob Bild *oder* Ton ist eine *Wahlmöglichkeit* des Apparates. Er ist damit kein Aufzeichnungsgerät mehr (und somit auch kein Wiedergabegerät), sondern ein selbständiger Realitätsgenerator, so etwas wie ein Werkzeug & Steuerungsgerät ihm äußerlicher Prozesse: Cyberspace ermöglicht den Eingriff in äußere Realitäten, in denen man selbst nicht anwesend ist: sowohl die Fernlenkung von Flugzeugen, Raketen oder Panzern, in denen kein Mensch sitzt, als auch den ferngelenkten chirurgischen Eingriff in schwer zugängliche, in "unbetretbare" Körperregionen; Militärmann oder Arzt in ihrer Virtual-Reality-Rüstung steuern aus ihrem "Bunker" verschiedene Arten ausübender Roboter, Flugmaschinen, Skalpelle, Laserstrahlen.

Drittens ist es mit digitalen Bildern möglich, fotografische Bilder nicht nur beliebig zu verändern, sondern auch gar nicht Existierendes prinzipiell fotorealistisch darzustellen. Das Foto verliert seinen Wirklichkeitsgehalt, wie ihn die Malerei vor 150 Jahren durch die Photographie verlor. Fotografen-Artisten reagieren auf das Fotografieren ohne Kamera mit Manipulationen am Zelluloid, mit direkter Verabreichung von Chemikalien, mit Ätzungen, Malen auf das Material, Zerschneiden, Zerkratzen.

So wird das fotografische Bild - entlassen aus der "getreuen Darstellung von Wirklichem" - im Zeitalter der Computer zum Materialbild, das kein "Fenster auf eine Realität" und kein Abbild mehr ist, sondern selbst ein "autonomer" Gegenstand.

Rötzer erinnert uns daran, daß aber schon der Übergang vom symbolischen zum realistischen Bild während der Renaissance durch eine Bildmaschine entstand: die camera obscura. Wir haben es mit einem folgenreichen *weiteren* Einschnitt in der Geschichte der menschlich/technischen Wahrnehmung zu tun.

Herkömmliche Medien werden durch neue Medien von ihrer Funktion der Realitätsaufzeichnung und Speicherung weitgehend entlastet. Diese gehen in die Verfügung des historisch jeweils neuen Mediums über. Im Falle der Elektronik scheint das Neue Medium deutlich dazu zu tendieren, das vormals "Reale" zu "irrealisieren": durch die Siliziumunendlichkeiten der Computer gelaufen, erscheint die Welt zunehmend dematerialisiert, auf merkwürdige Weise in ihrer Physis vermindert.

De-Realisierungen im elektronischen TV

1. Golfkrieg

Die sog. Berichterstattung vom Golfkrieg Anfang 1991 war vom amerikanischen Militär monopolistisch an die Fernsehgesellschaft CNN vergeben worden. Alles was wir in den Nachrichten der deutschen Fernsehanstalten von diesem Krieg sehen konnten, war aus den CNN-Sendungen übernommen, war CNN abgekauft. CNN wiederum durfte "vom Krieg" nur zeigen, was das militärische Oberkommando zum Zeigen freigegeben hatte. Darüberhinaus sendete CNN Interviews mit Bewohnern der beteiligten Staaten, Irakis, Kuweitis, Israelis, Arabern, Algeriern, Marokkanern usw.

Die deutschen Sender übernahmen aus diesem Bildangebot fast ausschließlich die Bild-elemente, die der General Schwarzkopf freigegeben hatte zur Sendung: das war über-wiegend die von ihm selbst vor versammelten Journalisten vorgenommene Erläuterung amerikanischer Kriegsaktionen.

Der Vorgang ist von vielen deutschen Journalisten beklagt worden unter zwei Aspekten: das sei ja Zensur, war der erste; zweitens ("medienkritisch"), daß man als Zuschauer im Ansehen dieser Bilder von explodierenden Raketen im Irak zu "Mittätern" gemacht werde, daß man hier "mitschieße wie das videospielende Kind". Auch der friedfertigste Fernseher habe sozusagen sein Bagdad im Visier; in der psychologischen Struktur bestehe kein Unterschied zwischen dem Commander Schwarzkopf und dem videospie-lenden Kind bei ihrem jeweiligen Blick durch das Fadenkreuz. Überschrift: *Krieg in Echtzeit*.

Ich glaube derartiges nicht und sehe einige Verwechslungen am Werk. Zur Verwechs-lung von ECHTZEIT mit der Boris-Becker-LIVE-Übertragung und zur Behauptung, der Fernsehzuschauer würde *mitschießen* und das Kind lerne töten, wenn es zu seinem Joy-stick greift, habe ich mir damals folgendes notiert (publiziert im Juni 91 in der Nr. 11 der Zeitschrift *Lettre International*):

Von "Echtzeit" spricht man, wenn die Computersimulation eines Vorgangs zeitgleich und von gleicher Dauer mit demselben Vorgang außerhalb des Computers in der sog. Wirklichkeit ist. Echtzeit findet statt im Kopf der Raketen, deren Computer den Flug der Rakete sowohl (nach eingegebenem Programm) simulieren wie auch tatsächlich steuern. Echtzeit findet statt, wenn das gleiche Programm, nach dem die Rakete fliegt, im Quartier des Commanders Schwarzkopf im Computer abläuft und die Rakete auf dem Schirm im selben Moment explodiert wie die wirkliche Rakete in ihrem eingegebenen Ziel. Mit LIVE-Übertragung hat das nicht nur nichts, sondern überhaupt nichts zu tun.

Echtzeit wäre auch, wenn wir am Fernseher sehen, wie eine H-Bombe auf unsere Stadt niedergeht und explodiert, und wir die Explosion noch *sehen* können, bevor sie uns auslöscht, da das Bild, das der Fernsehsender sendet, nicht die Filmaufnahme der Rakete und der Explosion zeigt, sondern die Simulation des Flugs der Rakete auf dem Monitor im Quartier des kommandierenden Generals, die, nach dem gleichen Programm, im Fernsehstudio ablaufen und also gesendet werden kann. Echtzeit heißt gerade, daß eine LIVE-Übertragung nicht mehr *nötig* ist, da fotografisch übertragenes und im Computer simuliertes Bild gleich aussehen und auch *zeitgleich* ablaufen.

Ich habe bei den meisten Bildern von Raketeneinschlägen, die das amerikanische Hauptquartier für unsere privaten Fernseher freigegeben hat, nicht unterscheiden können, ob sie das Bild sind, das die ins Ziel fliegende Rakete aufgenommen hat, oder ob es das Bild ist, das der Pilot auf dem Monitor in seinem Cockpit sieht oder ein Bild vom Monitor des Computers im Generalsquartier.

Wenn es das Bild aus der fotografierenden Bombe ist, erleben wir im Moment, in dem es auf dem Bildschirm erscheint, die vollkommene Identität von Bombe und *Berichterstatter* (nicht die von Bombe mit mitschießendem Zuschauer).Nicht nur, daß wir nicht mitschießen am Schirm, wir sind vielmehr das *Ziel* der Echtzeitbilder von Raketeneinschlägen.

Wenn fotografiertes und simuliertes Bild nicht unterscheidbar sind, sind nicht nur die Bilder, sondern auch wir herausgehoben aus allen Raumkoordinaten und die Zeit *als eine Qualität des Bilds* wird fiktiv. Unter Echtzeit-Vorgängen hören wir auf zu existieren als geschichtliche Wesen und geraten selber als Lebende unter die Computersimulation. Die Computerbilder vom Krieg löschen die Differenz zwischen simulierten und wirklichen Geschehnissen, die Differenz zwischen geschichtlicher Zeit und technisch-elektronisch simulierter Zeit. Ob etwas geschieht, und *was geschieht, und* ob es *gleichzeitig* geschieht mit dem Moment des Sehens wird potentiell unentscheidbar. Die Menschen, die im Irak unter filmenden Bomben in Echtzeit starben, wurden von der Apparatur schon behandelt wie Menschensimulationen. Uns möglichst nur *solche* zu zeigen, hat die Militärzensur beschlossen, nicht weniger.

Es handelt sich um die Abschaffung sowohl des "authentischen Bilds" (des berühmten Bilds mit "der Hundemarke", der Orts- und Zeitangabe um den Hals), wie um die Abschaffung des Auges als Organ historischer Zeugenschaft. Wir *sehen* nicht, wir nehmen zu sog. Bildern umgewandelte Informationen bzw. Desinformationen auf. *Deshalb* sahen wir nicht einmal die vom Öl getöteten Seevögel im Golf, sondern nur immer wieder dieselbe Aufnahme zweier ausgewählter toter Vögel, des Kormorans mit dem Hals noch über Wasser und das Bild des Rückens eines in einer Öllache treibenden toten Entenvogels: Bilder, die von *wer-weiß-wo* stammen können (Exxon-Valdez-Archiv), oder Bilder aus Computersimulation: *unterscheidbar* fürs Auge ist das *nicht*.

Dies war, denke ich, die Ouvertüre: fotografiertes und computersynthetisiertes Bild im Fernsehen werden bald prinzipiell nicht mehr unterscheidbar sein; *nicht* Generäle, - technifizierte Redakteure schaffen das Geschichts- und Ortsbild ab.

Die zwei toten Vögel vom Golf (ich habe sie gut ein Dutzend mal gesehen) zeigen *uns selbst* als tendenziell Tote, als die mit dem blicklosen Auge, auf die eine Kamera, die explodieren kann, kühl herunterschaut. Eine Zeitungsmeldung ein paar Monate später, die ich allerdings nicht nachprüfen konnte, besagte, daß die beiden "toten Vögel vom Golf" tatsächlich aus dem Archiv kamen, also nicht Opfer von Saddams Öleinleitungen in den Golf waren, als die sie im Fernsehen figurieren mußten: reine Zeichen. Bei der nächsten Katastrophe errechnet sie gleich ein Computer.

2. Musikvideos, TV-Werbung

Eine neue Erscheinungsform des computergenerierten Bildes sind die Musikvideos des MTV. Studiert man ihre Dramaturgie, fällt auf, daß sie oft so etwas sind wie Spielfilme im Zeitraffer. Ihre Mittel: ersetzen des Dialogs durch Schnitte (die keine Schnitte mehr sind), Überblendungen (die keine Überblendungen mehr sind), schnelle Ortswechsel (die keine Ortswechsel mehr sind), da sie alle sowohl ohne Kamera als auch ohne Schneidetisch hergestellt, nämlich im Computer gerechnet werden. Die gesamte Zeitdramaturgie von Lebensvorgängen beim Zuschauer wird von ihren Temposprüngen berührt: physische Vorgänge sind z.B. nicht mehr an das Prinzip "Dauer" gebunden, auch nicht an das Prinzip "Ort"; die Bildwirklichkeit fiktionalisiert sich in viel höherem Maße, als sie es durch den Spielfilm je tat. Das gilt im Ganzen auch für die in Computerdesigns schwelgende TV-Werbung.

Jetzige Jugendliche sind z.B. weniger und weniger in der Lage und auch nicht daran interessiert, "abzuschätzen", wieviel und welche Arbeit in eine der Tätigkeiten auf dem Schirm eingegangen ist, sei es in die Werbebilder oder in die Tanzdemonstrationen von *Prince;* abzuschätzen, wie lange die Erledigung bestimmter eigener Tätigkeiten voraussichtlich "dauern" wird, wie lange man z.B. dazu braucht, mit dem Mountainbike oder Rennrad eine bestimmte längere Strecke zurückzulegen. Sie sagen gleich: "kann ich" und setzen dann die Geschwindigkeit eines Profifahrers ein und errechnen die Dauer: dazu braucht man, d.h. brauche "ich" drei Stunden. Sie würden allerdings sechs brauchen (wenn ihr Hintern solange mitmacht). Es ist nicht nur die Zeit, die sich immaterialisiert, es ist auch der eigene Körper und der Raum. Er "klappt zusammen". An seine Stelle treten *gedachte* Räume, *angenommene* Räume, *gerechnete* Räume - die aber keine Räume im dreidimensionalen traditionellen Sinn sind. Der 3-D Raum verschwindet in den elektronischen Medien; und der physische Körper neigt dazu, mitzugehen.

3. "Bosnien". Der "Schutzschirm"

Wenn der 3-D Raum verschwindet, verschwindet auch die Lokalität wie Lokalisierbarkeit von Ereignissen. "Bosnien" in den Augen junger Fernsehender ist nicht ein Gebiet aus dem ehemaligen "Jugoslawien" (was war das: Jugoslawien?), ist nicht ein Gebiet auf der Landkarte physischer Wirklichkeiten, es ist mutiert zu einem Partikel aus der Sendung mit dem jeweiligen Nachrichtenlogo; eine Dame, ein Herr in einem Anzug vor einem Schaubild aus dem Computer, welche auf dem Schirm erscheinen nach dem computerbeschwingten Schriftzug "Tagesschau", äußern sich akustisch zu einem "Krieg in Bosnien", für dessen außerfernsehliche Realität ebensowenig spricht wie für die Möglichkeit, daß die Fernsehsprecher an noch anderen Orten existieren als eben im Fernsehn. Krieg "in Bosnien", "Blauhelme in Somalia" sind *etwas im Fernsehen.* Indem sie im Fernsehen sind (darin sah ich auch die Funktion der "Bilder" vom Golfkrieg), passieren sie nicht im eigenen Wohnzimmer. Dazu sieht man *fern,* daß der Krieg nicht *hier* ist. Die elektronisch erzeugten Realitäten besorgen, daß sowohl der Schutzmantel des fernsehenden Menschen hier nicht angekratzt wird (der TV-Schirm als sein privater SDI-Schirm), und daß er selber "hinter" diesem Schirm unsichtbar ist und also unverletzlich. Elektronisches TV ist darin ein auf Sendung gestelltes Überlebenstraining.

"Chefredakteur" und Übertragung

Viele Journalisten halten sich inzwischen nur noch bedingt für Informationspersonen; sie verwenden ihre Kraft auf die Erweiterung ihrer Anteile bei der *Steuerung* politischer Prozesse. Über die militärische Zensur stöhnen sie, weil sie den Anteil der eigenen so schmerzlich verringert. Zensur stört nur, wenn man sie nicht selbst macht.

Im Flugzeug fand ich im *Lufthansa Bordbuch* Nr.3/93 ein Interview mit Klaus Bresser, Chefredakteur des ZDF, der auf die Frage *Was halten Sie von CNN als Nachrichtensender? Wie finden Sie die journalistische Qualität?* folgendes antwortet:

> Ich finde die Nachrichten dort beachtlich. Ich mißtraue aber der Live-Berichterstattung von vor Ort, auf die CNN so stolz ist. Diese unmittelbare Wieder- und Weitergabe von gerade im selben Moment passierenden Ereignissen ist Fast-Food-Fernsehen, Instant-TV, journalistisch gesehen problematisch. Keiner weiß genau, was die Bilder eigentlich bedeuten. Es bleibt keine Zeit, sie einzuordnen oder gar ihren Zusammenhang und Hintergrund zu erklären. Wer Bilder und Informationen ohne jede kritische Überprüfung direkt und pur in die Welt pustet, der öffnet der Täuschung und Propaganda Tür und Tor. Im Golfkrieg haben wir es erlebt: CNN war mal das Sprachrohr Saddam Husseins, mal das Instrument des Pentagons. Nein - die sachliche Information muß wichtiger bleiben als das schnelle Bild.

Da hat er das Problem elegant gelöst: indem er CNN in die Schuhe schiebt, was er genau selber macht und was alle Nachrichtenanstalten selber machen; aber das ist offizielle Rede der Fernsehoffiziellen bis jetzt: daß sie *Benachrichtigung* geben, daß sie kontrollierte und kommentierte *Abbilder* liefern (Bresser: "*...fühle mich als einer, der eine Dienstleistung zu erbringen hat. Der mitteilt was geschieht*"), aber dies tun sie längst nicht mehr. Moderatoren agieren in einer hermetischen Welt kontrollierter Coolness und Codes. Eine Vorzeig-Welt, in der die Talking Heads der "Korrespondenten", aufgenommen vor der Blue Box, die "das Weiße Haus" oder "den Kreml" zeigen, uns Worte und Zeichen übermitteln, deren *informatorische* Schlichtheit auf das Abbild des *Reporters* als *das Ereignis der Nachricht* weist. Die *übermittelte* Nachricht erhält dabei in der Regel die Form eines Werbespots. Auch jener will uns nicht "informieren" über die Ware, die er anbietet, sondern zu ihrem Kauf veranlassen. In beiden Fällen handelt es sich um verdeckte Befehle, *Steuerungsversuche.*

Vom tatsächlichen Vorgang, von den laufenden Weltneuordnungs- und Waffenneuverteilungskriegen, "berichtete" weder CNN noch das ZDF mit nur einem Wort. Aber ein

Stückchen vom Steuerungswerk der Neuen Waffen konnten wir *sehen*: das computer-generierte Steuerungs*bild*.

Die Option auf weitere Kriege in der "Berichterstattung" Golfkrieg können nur Blinde übersehen und nur Profis des Nachrichten-, Politik-, und Waffengeschäfts öffentlich verschweigen. Es funktioniert mit Menschen, die, *weil sie fernsehen,* sich und ihre möblierten Paradiese für unzerstörbar halten.[1]

Das Fernsehen *überträgt,-* sehr wohl. Manchmal, selten, sind es Nachrichten. Häufiger überträgt es Infektionen, die zu Kaufverhalten führen. Noch häufiger, meistens, überträgt es Überlebensbazillen.

Hat man die ersten zehn Flugeinsätze überlebt, fühlt man sich unverletzlich, sagen die Bomberpiloten. Angst an den Schirmen haben also nur Anfänger. Nach dem zehnten Einschalten des Fernsehers geht es uns wie den Piloten, hat uns der Immunisierungs-virus im Griff. Das Fernsehen macht uns unsterblich (solange wir leben). In der "Be-richterstattung" vom Golfkrieg war das erstmals in aller Deutlichkeit zu sehen. Im ge-steigerten Deutlichkeitsgrad liegt aber auch schon der ganze Unterschied zum Alltäg-lichen. Die kalkulierte Unwirklichkeit, die jeden Abend als Nachricht über die Schirme läuft, hat nicht nur den Effekt der abgrundtiefen Desinformation. Sie arbeitet ständig weiter an der Übertragung der Unverletzlichkeitsphantasie auf den Fernsehzuschauer.

Am häufigsten aber überträgt es *Verhaltensprogramme,* die Steuerungssoftware für unsere häuslichen Kopfcomputer.

Das völlige Fehlen von Referenzen bei Kindern, die eine Fernsehwelt aufbauen und sich in ihr orientieren, *ohne* vorherige Kenntnis einer anderen, "realen" Welt.

In welchem Verhältnis stehen dazu im Fernsehen die nicht computergenerierten Bilder etwa der TV-Serien? Ich denke, sie sind von ihnen "infiziert", geraten unters selbe Irrea-litätsgesetz. Dabei erscheint mir als das entscheidende - etwa an den im Studio gedrehten Bildern der Fernsehserien - daß heutige sehr junge Kinder sie aufnehmen, ohne eine Referenzwelt in ihrem Kopf, in der eigenen Psyche, ausgebildet zu haben. Kinder, die

---

[1] Wer den Bürgerkrieg in Jugoslawien beim "Fall der Mauer" "noch nicht" hat sehen wollen oder können, hat zumindest Anlaß, sich beim TÜV zu vergewissern, was für einen Schirm er auf seinen Schultern mit sich schleppt. Weitere Randabbröckelungskriege der gewesenen UDSSR werden wei-tere Anlässe bieten.

sehr früh anfangen fernzusehen, z.B. Actionserien, können ein explodierendes Auto, Fahrzeuggeschwindigkeiten, die körperliche Gewalt der Akteure untereinander, nicht auf irgendein physisch erfahrenes Äquivalent außerhalb ihres Wohn- oder Spielzimmers *beziehen*, weil sie schlicht keine eigene psychophysische Erfahrung solcher Vorgänge und Ereignisse haben. Sie wissen nicht, und glauben es auch nicht, wenn man mit 80 gegen eine Mauer fährt, daß das einen vernichtet, weil, im Fernsehen vernichtet es einen nicht. Der Typ steigt aus und steigt um in die nächste Karre und stürzt in derselben Folge noch dreimal mit dem Flugzeug ab, verbrennt zweimal halb. Macht nichts. Er überlebt das, strahlend.

Das Problem besteht weniger darin, daß das Kind "das Gesehene" dann irgendwo anders einfach nachmacht; es liegt vielmehr darin, daß es durch das Fehlen von Referenzmöglichkeiten in eine fundamentale Desorientierung gerät über den Charakter, über die Beschaffenheit der Welt, in der es außerhalb des Fernsehers lebt. Auf der Platte STOP MAKING SENSE von den TALKING HEADS finde ich dazu den Satz: "Gewalt im Fernsehen steckt nur die Kinder an, deren Eltern sich wie Fernseheltern benehmen." Das könnte stimmen, und könnte die ängstlichen Anhänger der Nachahmungstheorien auch beruhigen; aber, erstens: benehmen sich die meisten Leute nicht schon wie Fernsehleute? Und zweitens: wo sollen die Kinder ihre davon abweichenden Orientierungen herbekommen, wenn die Erst-Welt, die in ihre Erfahrung eindringt, schon eine Welt von den Schirmen *ist*, und wenn drittens die Welt von den Schirmen der Welt, mit der sie sonst zu tun haben, den Schulen etwa, an Attraktivität weit überlegen ist?

Die Sache mit der "Nachahmung" wird vernünftiger, wenn man sie nicht auf das Fernsehen beschränkt. Das Kleinkind ahmt *immer* etwas von den Bewegungen und vom Sprechen der Menschen nach, denen es mit seinen Blicken folgt, an denen es mit seinen Ohren hängt, und in dieser Nachahmung oder auch Anlehnung (wenn man es etwas abschwächen will), geschieht immer auch so etwas wie seine eigene Körperausrichtung; das ist so etwas wie die fundamentale Mimikry der Menschenwesen. Sie wachsen dem hinterher, was sie sehen und hören; dem hinterher, was auf intensive Weise in ihre Körper eindringt, sie begrenzt oder entgrenzt, zum Laufen bringt oder stillstellt, ob das "Intensive" nun aus einem technischen Medium kommt oder aus einem körperlich vorhandenen Menschen.

Wer sein "Modell" vom menschlichen Körper über Gemälde, über Filme aufnimmt, bildet seinen Körper in ebenso gieriger Weise *denen* nach, wie der Jugendliche im Fußballverein seinen Körper demjenigen seines bevorzugten Stars. So wie die Renaissance ein

Modell vom Menschenkörper entworfen, entwickelt und durchgesetzt hat, mit einem bestimmten Augenschnitt, Nasenschnitt, Haarfall und Körperfall, so wie in Deutschland das Militär von 1870 bis 1945 diese Arbeit weitestgehend übernahm, so erfolgt diese Zurichtung heute eher auf dem Weg über den Sport, über die Disziplinierung untereinander, über Abweichungskontrollen in Kleidung, Haarschnitt und Design, und diese wiederum sind eng mit dem Fernsehen verbunden, enger wahrscheinlich, als mit dem Körper der Eltern als *formgebendem* Körper.

Wo alles innerhalb von geregelten Zeichensystemen verläuft, bekommt auch der Körper davon seine geregelte Form. Am besten ist das in Waren sichtbar und sichtbar zu machen: die Glätte, Schönheit, Ganzheit, Oberflächenverliebtheit der Waren gibt auch Körpervorbilder ab. Die mehr technisch orientierten Jugendlichen *stylen* ihren Körper nach dem Outfit von Stereomaschinen, Motorrädern, die anderen mehr nach Benetton, Nike, Reebok. Die Baseballcap auf jedem Schädel now, ein Generationsabzeichen für "ah, du bist richtig", "ich bin richtig". Warenpolitik ist Körperpolitik.

Der Osten ist in den Westen übergelaufen, weil die Ostleute (u.a.) den designten Körper der Westleute haben wollten, den sie im Fernsehen und in den Westwaren gesehen haben. Sie realisieren allerdings, was Jugendliche hier auch in ihrer Heranführung an Arbeits- und Marktgesetze realisieren müssen, daß der ganze Scheiß ein Höllengeld kostet und daß man dafür schuften muß: die Körper, die sich so *gleichen*, stehen in vieler Hinsicht untereinander in schärfster Konkurrenz. Im Westen wird das dadurch balanciert, daß man die Schufterei mit immer grad so viel Gratifikationen bedenkt, daß die Illusion, man sei der oder jener, man hätte diesen oder jenen tollen Körper, gerade eben immer noch bezahlbar aussieht: man kriegt ein Stück von dem Körper zu kaufen, den man als Bild vor Augen hat - das scheint gut zu funktionieren, solange die Gratifikationen nicht unter ein bestimmtes Level sinken.

Medienkörper, konkurrenzlos

Eltern (und zwar im Prinzip Eltern aller Schichten), wie auch Lehrer haben wenig Chancen, diesen Bildern etwas von dem, was früher unter dem Label "Leitbild" im Handel war, entgegenzusetzen. Nehmen wir das strahlende, ausstaffierte in allen Sorten Serien erfolgreich agierende Mannsbild oder Frauenbild im Vergleich zu Eltern oder Lehrern. Diese stellen *Ansprüche*, sie korrigieren, meckern, geben schlechte Noten, diskutieren übers Taschengeld, etc. Der Fernsehtyp verlangt gar nichts, außer daß man ihn sich *ansieht*. Er meckert nicht, verlangt nichts, nimmt nichts weg, enttäuscht nicht. Er gewinnt (fast) immer. Er weist Leute in ihre Schranken. Er schiebt andere herum, er fährt die tollste Karre, erteilt Anweisungen, gibt Befehle, er sprechfunkt durch die Gegend. In den Polizeiserien, anderen Actionserien, wird nie ein Problem diskutiert: ein Blick reicht, ein Kopfnicken und alle tun "das Richtige". Das Richtige ist ganz selbstverständlich. Man *weiß,* was das Richtige ist (auch als völlig ahnungsloser 12-jähriger TV-Zuschauer). Die Selbstgewißheit der 12-14-Jährigen, *Alles* zu können, kommt aus der Bewegung der Fernsehakteure, die mit Leichtigkeit vorführen, wie leicht und selbstverständlich es ist, *zu können.* Man muß nur einfach tun, (d.h. dasitzen, Knopf einschalten), dann passiert das Richtige von ganz allein.

Zum "Richtigen" gehört, daß andere Leute prinzipiell dazu da sind, daß man sie zu etwas gebrauche: die Statisten der Serien, die Bullenassistenten, die Leute im Labor, an den Computern etc. Sie *helfen* ganz selbstverständlich dem jeweiligen Hauptmacker (nur "der Böse", der zu bekämpfende, nicht.)

Weiter sind die Leute dazu da, daß man sie herumkommandiert, sei es auch ganz soft,.sie unmerklich herumkommandiert. Frauen im TV müssen immer etwas für Männer tun, schön angezogen sein, schön aussehen, *diese* schöne Arbeit erledigen für *jenen* schön angezogenen jungen Mann; die wahre Freude im Leben ist, *jenem* etwas Gutes zu tun; dafür sind Frauen im Bild (nicht in der Werbung bloß).

Von dieser *Gewalt,* die Männer über Frauen haben (nicht nur von direkter brutaler körperlicher Gewalt) ist alle Sexualität der Fernsehserien durchzogen. Die Frau hat (unmerklich oder auch deutlich) zu *folgen*; d.h. sie hat auch in der Sexualität zu folgen (und zwar ohne viel Worte: sie hat einfach zu *wissen,* was der Typ will, zu wissen, was in der Sexualität "das Richtige" ist; er muß das nicht wissen; er kann ahnungslos sein; die Frau hat zu wissen, wie sie dem Mann gefällt und was er wann und wie "braucht". Diese Gewalt/Sexualitätskoppelung ist noch viel schlimmer als die offene des Schlagens und der Kämpfe, weil sie ganz unmerklich in den Jugendlichen einschiebt: die Normalität des Lebens ist, daß Männer Gewalt über Frauen *haben* und daß Frauen, um dabei einigermaßen ungeschoren wegzukommen, ihre Sexualität und das Übrige Männern einfach geben und zur Verfügung stellen zur freundlichen Benutzung (unter dem Label "ich bin schön", zumindest schön *genug* für deine Bedürfnisse).

Das Paradox (und das ist das meiner Meinung nach Gefährlichste am Fernsehen), ist die Einbildung, daß man etwas "tut", wenn man davor sitzt; daß man irgendwie aktiv am

Leben beteiligt ist, sich Wünsche erfüllt, Probleme bewältigt, während man tatsächlich die "Stillstellung von Leben" durch glatte Bilder über sich ergehen läßt.

Eine "amerikanische Untersuchung", gabele ich aus der Zeitung auf, behauptet - da wird immer viel behauptet, aber ich finde es sehr witzig, auch wenn es nicht stimmen sollte - der Kalorienverbrauch beim Fernsehen sei geringer ist als der beim Schlaf. Also Schlafen, Träumen ist anstrengender als Fernsehen. TV ist ungefähr schon so wie tiefgefroren unterwegs sein in eine andere Galaxis, in der man dann, falls man ankommt, frisch geblieben, aufgetaut wird. Die Gewalt des Fernsehens (weit über die Gewalt hinaus, die es zeigt) liegt in der Gewalt, die es ist: eine Tiefkühltruhe für jugendliches Leben, das sich, in der Illusion, alles schon zu können, nicht zu entwickeln braucht und "das Leben", "die Politik", die Organisation der Arbeit und all das, anstandslos anderen überläßt.

Es läuft so etwas wie Beseitigung des Öffentlichen als Medium des Politischen. Im Gegensatz dazu galt ein wesentlicher Zug der 68er Revolten der Studenten der *Herstellung* eines öffentlichen Raums. Grundgedanke: die Information über eine Sache entfaltet ihre politische Wirkung nur am richtigen Ort, auf der richtigen Straße, vor einer amerikanischen Botschaft, in einem besetzten Rektorat, in einem umfunktionierten Hörsaal, in einem Rathaus. Dazu das *Go-In,* das die Info an den richtigen Ort hintrug. Zweck: Politisierung und *Mobilisierung* von Leuten.

Heute ist der (angebotene) richtige Ort für jede Sorte Info die Talkshow. Einer ihrer Effekte: ein Zug zu absoluter De-Mobilisierung.

Irrealitäts-Schleife

Eine These: der jetzige Fernsehzuschauer glaubt zunehmend weniger, daß die Bilder, die er im Fernsehen sieht, in irgendeinem bedeutenden Zusammenhang mit irgendeiner äußeren Realität stehen. Er ist inzwischen soweit, das nicht einmal beim Fußball mehr zu glauben. "Tritt der da jetzt wirklich in Turin gegen einen Ball"? fragt mich Max, 14 Jahre alt. "Wissen", was Live-Übertragungen sind und was "Aufzeichnungen", weiß er längst. Aber er glaubt es nicht, es ist ihm keine Gewißheit. Das Spiel, das er da sieht, passiert vielleicht erst morgen; das ist ihm genauso denkbar, wie daß es vorgestern war. Am Fernsehbild, an der gesendeten Aufzeichnung selber, ist das nicht erkennbar. Das Bild gibt weder Zeit noch Ort zu erkennen (die Bandenwerbung sieht alle Tage und allerorten gleich aus), es zeigt sich lediglich als Künstliches, in dessen Macht es steht, *gesendet* zu werden. Allein in der Tatsache des Gesendetwerdens liegt seine Bedeutung, seine Interessantheit, sein Wirklichkeitsstatus.

Denken wir das für die Politik: was der Politiker im Fernsehen erzählt, wird vom Zuschauer immer weniger mit irgendeiner äußeren ("tatsächlich existierenden") Wirklichkeit in Verbindung gebracht. Das Fernsehen wie das Gehirn des Zuschauers sind autoreferentielle Systeme, die keines weiteren Realitätsbezugs bedürfen, um ihre jeweils volle "Wirklichkeit" und Wirksamkeit zu entfalten. Da der Kern des Bildaufnehmens beim Fernsehen (wie beim Atmen) in der Bestätigung der Tatsache liegt, daß man "lebt": - "es sendet, also bin ich" -, darf der Politiker im Fernsehen, der vom Zuschauer "gewählt" werden möchte, nichts anderes tun, als da sein und unversehrt und unversehrbar auszusehen (= unverletztes Bild). Er braucht (darf) nichts anderes sagen als: Leute, euch passiert nichts. Mit mir passiert euch nichts. Mit mir geht euch das Geld nicht aus. Mit mir verliert ihr nie die Arbeit. Mit mir gibt es keine höheren Steuern.

Er kann gleichzeitig, am vorigen Tag, in der nächsten Minute die Arbeit kürzen, die Steuern erhöhen, Kriege einleiten und sonst alle Sorten Versehrungen, das macht nichts: der TV Zuschauer setzt das zu seinen Reden im TV nicht in Beziehung. Irgendwer muß das dem Herrn Kohl irgendwann gesteckt haben und er hat es begriffen. Vom Satz: niemandem wird es schlechter gehen, zehrt er noch jetzt und er wird weiter zehren und er wird eine Woche vor der Wahl resümieren: niemandem geht es schlechter (außer denen, die das nicht einsehen wollen und also selbst Schuld sind), und es wird, aller Voraussicht nach, so funktionieren wie letztes Mal.

Lafontaine hat alle Chancen in der 1990er-Wahl allein schon dadurch verspielt, daß er im Fernsehen permanent den Bezug zur gesellschaftlichen Realität der deutschen Einigung herzustellen suchte: die Aufrechnung der "Kosten der Einigung" trug ihm nichts weiter ein als den Beinamen "Mann der Nullen". Die Nullen an den vielen Milliarden, deren Fehlen er vorrechnete. Sie fehlen immer noch. Man lacht immer noch über ihn. Aber das Lachen nimmt ab, er hat gelernt: er sagt auch nichts mehr im Fernsehen, was den Anspruch erheben könnte, in Verbindung mit irgendwelchen Realitäten zu stehen. Er rückt wieder in Ämternähe.

Ich nehme an, daß die Fernsehzuschauer ihm geglaubt haben und glauben. Es war/ist zu evident, daß er recht hat/te. Aber jemand, der so spricht, bricht das Gesetz, unter dem der Zuschauer die Bilder aufnimmt: das Gesetz der sich selbst genügenden Selbstbezogenheit.

Das Medium ist dann weder nur die Message noch die Massage, wie McLuhan es ausgedrückt hat, es ist die Komplettierung der zuschauenden Person zu einem funktionierenden autoreferentiellen Regelkreis. Der Zuschauer wird nicht durch das Fernsehen "gesteuert", heißt das, er schaltet sich mit dem Fernsehen zusammen zu einem *Steuerungssystem*, das nicht nur sich selber reguliert, sondern auch die Bewegungen der anderen auf ihre "Kompatibilität" hin überwacht. (Funktion, die früher im Haushalt die jeweiligen Ehepartner hatten: die Papa/Mama-Maschine.) Umfrageergebnis Wickert, letzte Woche: über die Hälfte der Männer gibt an, vier Wochen gut ohne die Ehefrau auszukommen, aber nicht ohne den Fernseher.

Was den Steuerungsablauf dieses Regelkreises stört, wird zunehmend als "fremd" erkannt und abgesondert. Die sog. Fremdenfeindlichkeit der Deutschen ist dabei, sich dahingehend auszudehnen und zu technifizieren, daß die sog. Realität, wie sie außerhalb der in sendbare Bilder umgewandelten Zeichensysteme existieren mag, insgesamt als *fremd* erscheint. "Der/das Fremde" ist "die Realität" selbst. *Sie* stört. Sie wird (probeweise) weggeschaltet mit jedem Drücken des Einschaltknopfes, mit jedem Werfen einer Brandbombe, mit jedem Blindschlag eines Baseballschlägers über einen (mehr oder weniger zufällig) anwesenden Schirm.

Fernsehen "Live"

Eine seltsame Mischform der Realitätsarten des Fernsehens gab es beim Fall der Mauer. Warum fiel die Mauer? Sie fiel nicht oder nur zu einem geringen Teil durch das sog. Volk, das von sich sagt(e), daß es "das Volk" sei; dieses Volk, unbewaffnet wie es war, war und ist zusammenschießbar, wie wir es oft genug gesehen haben. Es siegt nur dann, wenn die Macht aus anderen Gründen bricht oder schon gebrochen ist, als aus denen einiger Montagsdemonstrationen. Die Mauer ist gefallen einmal durch Fernseh-Zeichen, durch ausgestrahlte Bilder von Waren, durch ausgestrahlte Bilder von erfolgreich in "die Freiheit" geflüchteten Ostmenschen, durch ausgesendete Rockmusiken und ausgestrahlte gut angezogene wohlgenährte Westmenschen, die ausgestellt so reden, als wären sie, auf dem Fernsehschirm, frei. *Elektronik* (mit allem was daran hängt und mit allen ihren Folgen für die industrielle Produktion wie für die Informationsproduktion), nahm die real existierende Mauer aus der Welt; (unterstrichen durch die rasante Bestückung von Ostbalkonen, Hausdächern und Vorgärten durch *Satellitenschüsseln* jetzt)...

Daß nicht geschossen wurde, lag meiner Ansicht nach aber vor allem an der völlig ungewöhnlichen *Anwesenheit* der ZDF/ARD-Kameras auf den betreffenden Plätzen (aus welchen Gründen immer sie von der DDR-Regierung hereingelassen worden waren). Auch das Anwachsen der Montags- und anderer Demonstrationen selber hatte damit zu tun, daß das Westfernsehen Abend für Abend als eine Art Realitätsverdoppler auftrat: daß es zeigte, wie die Mengen wuchsen, daß es zeigte, wie das Tor über Ungarn geöffnet worden war und nun scharenweise Leute unverletzt herausströmten aus der DDR, und alle Ostzuschauer konnten sie am Abend auftauchen sehen im Fernsehen West, winkend aus Zügen, die einliefen in geschmückte Bahnhöfe.

Wäre geschossen worden und hätte man im Fernsehen das Schießen gesehen, hätte das in der DDR zu einer Situation geführt, in der die Herrschenden vermutlich auf ganz andere Weise weggefegt worden wären. Sie hätten dagegen mit massiver Gewalt auftreten müssen, wozu sie sich vermutlich (ohne die russische Rückendeckung) zu schwach fühlten. So war diese in vieler Hinsicht eine Fernsehrevolution (ähnlich, wenn auch anders gelagert, war es in Rumänien, Bulgarien). Ostleute mit einem ganz bestimmten Bild vom Westen (Fernsehbild), gestützt von der tatsächlichen Anwesenheit der aufnehmenden Westkameras, stürzen ihre eigenen (Fernseh)Regierungen mit Hilfe dieses Westbilds, das, als "Abbild" genommen, ein "vollkommen falsches" Bild ist. Der Westen sieht keineswegs so aus, aber die anwesenden Kameras waren höchst real und funktionierten als eine Art Beschleuniger des in Gang gekommenen Umwälzungsprozesses. Dies war *das einzige Mal* im Westfernsehen, daß politisch tatsächlich *Live* berichtet wurde. Alle Nachrichtensendungen sonst in ZDF, ARD, SAT 1 oder sonstwo sind kontrolliert und vorproduziert. In diesem einen Moment vor dem Fall der Mauer im November 1989 standen für einige Wochen lang tatsächlich Livekameras auf deutschen Plätzen und lieferten direkte Bilder von laufenden Vorgängen (politisch-dokumentarisch *und* eingreifend), um aber hinterher - "den Gegner zur Strecke gebracht" -, sofort wieder aus dem Verkehr gezogen zu werden. Die Nachrichten gingen zurück in ihren Status der coolen Kontrolliertheit und des Nicht-Wirklichkeitsbildes, das sie sonst liefern. Es war wieder, als wäre nichts gewesen. Die Fernsehanstalten zeigen diese Seite der politischen Potenz des Fernsehens nicht gerne; ständig so eingesetzt, entliefe es sehr schnell ihrer Kontrolle. Das Medium durfte hier zu einem Teil "in die Wirklichkeit", es durfte sich "teildemokratisieren" - paradoxerweise aber nur für den Vollzug des Sieges im Kalten Krieg.

Technische Medien in "unentwickelten" Ländern

Ich habe hier noch ein paar Bemerkungen über technische Medien und ihre politische Bedeutung in sog. unterentwickelten Ländern; darüber, wie sie sich dort auf viel direkterem Wege mit der politischen Macht verbinden und in eine Gott- und Kirchefunktion, in eine religiöse Funktion eintreten, wie man das etwa in Argentinien in den 30er/40er Jahren sehen kann, in Evita Perons Radio-Peronismus vor allem, später in vielen afrikanischen Ländern, oder, besonders stark während der letzten Jahre, im Iran, wo die politische und religiöse Führungsfunktion Khomeinis sich direkt mit dem Fernseh-Medium zusammenschaltete.[2] In allen Ländern, in denen der Masse der Arbeitenden und Armen eine relativ dünne aristokratische Oberschicht gegenübersteht, wo die Ausbildungsstätte einer Herrschaftsintelligenz vor allem das Militär ist oder eine mächtige Kirche, wo keine breite Bourgeoisie existiert und kaum Mittelstand mit seinen typischen Institutionen: Schulen, Fachhochschulen, Handelskammern, Clubs, Stadtteilvereinen, Lobbys, Standesorganisationen, etc. ist das so.

Neue technische Medien führen in "unterentwickelten" Gesellschaften geradewegs zu politischen Diktaturen, scheint es, indem sie die vorherrschende Religiosität entweder beerben oder sich mit ihr verbinden.[3]

Die Stimme Gottes, die Stimme der Staatsmacht und die Stimme des Mediums fallen in ein- und dieselbe zusammen.

Ich habe mich immer gefragt, auf welche Weise Khomeini anwesend war im Iran während der Zeit seines Exils. In Khomeini-Biographien findet man die Antwort: entweder über die Iranprogramme der BBC in London war er in den iranischen Ohren, bzw. über eine Riesenanzahl in Pariser Studios besprochener Kassetten, die in jedem fundamentalistischen Haushalt liefen mit Predigten, Kampfanweisungen etc.

Im Deutschland der Dreißiger Jahre hat Hitler diese Zusammenschaltung von politischer Macht/Radio perfekt vorgemacht: der "Führer" selber darin als absolut religiöse Figur.

Das funktioniert bei der Vielzahl der Medien, die wir heute haben, nicht mehr so direkt, weil die singuläre Machtquelle, als die "ein Führer" nur figurieren kann, *so* nicht mehr

---

2   vgl. Joseph A. Page: Peron. A Biography, New York, 1983; Amir Taheri: The Spirit of Allah. Khomeini and the Islamic Revolution, London 1985.

3   u.U. machbar auch in höher entwickelten zu Zeiten "politischer Krisen".

vorhanden ist. Anders gesagt: die erweiterte Medienvielfalt trennt die politische Führung ab von der Gottfunktion; Verkabelung arbeitet nicht an der Vergottung des Kohlkopfs. Die "Vergottung" verteilt sich auf die Vielheit der medialen Ausstrahlungen, es gibt 35 Religionen und deren (nicht unbedingt übereinstimmende) Verbindung mit der Macht. Das wollte ich wenigstens noch angerissen haben: daß die Medien nicht einfach die "So-und-so beschaffenen Medien" sind in jedem verschiedenen politischen System; an welcher Art Wirklichkeitskonstruktion sie arbeiten, divergiert und ist *weitgehend politisch* bestimmt.

Daß sie wohl aber, durch die Gewalttätigkeit der ihr eigenen Rasanz der Neuheit, an einer Erhöhung gesellschaftlicher Gewalt arbeiten, wird man sagen können (zumindest vorübergehend ist das so.)

Neue Medien, wo sie zu einer medialen Dominanz gelangen, heben *überall* für die Zeit ihrer Einführung und Durchsetzung den Pegel der offenen gesellschaftlichen Gewalt, das scheint mir ein ablesbares Gesetz.

Welchen Irrealitätscharakter das Bild jeweils hat, hängt aber sehr stark von seiner Verbindung mit der jeweiligen politischen Macht/der politischen Kontrolle ab. Bei uns geht das Publikum inzwischen mit diesem Ir/Realitätscharakter um; glaubt es nicht mehr einfach, daß die "Nachrichten" Nachrichten sind, sondern vielmehr Steuerung im Spiel ist, im Sinne des Satzes: 3 von 5 Israelis sagen vor der Fernsehkamera, wir treten nicht in den Krieg ein, und die Nation kann wieder schlafen.

Literaturverzeichnis

Page, J.A.
Peron. A Biography. New York 1983.

Rötzer, F.
Ästhetische Herausforderungen von Cyberspace. In: Jörg Huber: Raum und Verfahren. Basel - Frankfurt 1993.

Taheri, A.
The Spirit of Allah. Khomeini and the Islamic Revolution. London 1985.

Der Medienmarkt von morgen - Der Tod der Kultur?

Manfred Lahnstein
Bertelsmann-AG, Gütersloh

Die Auseinandersetzung mit der Entwicklung von Medienmärkten und Medienprodukten ist zunächst einmal häufig genug gekennzeichnet durch mangelndes Verständnis technischer Zusammenhänge. Das führt zu Mißtrauen, das führt zu Kulturpessimismus, das führt immer wieder zu reaktionärer Hochnäsigkeit. Die Auseinandersetzung ist oft genug auch gekennzeichnet durch mangelnde Gelassenheit im analytischen, aber auch im politischen Umgang mit Medienphänomenen. Das führt zu Vorurteilen, das führt zu Regulierungswut und überwuchernden Kontrollmechanismen. Ich bin deshalb dem BMFT, der OECD und dem ISI für diese Konferenz sehr dankbar. Möge sie doch mindestens einen bescheidenen Beitrag dazu leisten, den Deutschen die Augen zu öffnen für das, was draußen in der Welt vor sich geht, der Wirtschaft zu helfen, sich nun wirklich und endgültig auf globalen Wettbewerb einzustellen und den im kulturellen Bereich Tätigen zu der Einsicht zu verhelfen, daß die Medienmärkte und -produkte von morgen die Chance auf Bereicherung in sich tragen und nicht primär und immer wieder als Bedrohung empfunden werden sollten.

Nun einige Beobachtungen zum Thema. Auch in Zukunft wie in der Vergangenheit, das ist für Sie eine Binsenwahrheit, werden Medienmärkte - und das sind ja ganz vorrangig immer auch Medienprodukte - durch technische Entwicklungen markiert sein. Ich sage nicht definiert, denn deterministische Abhängigkeiten gibt es nicht. Häufig genug werden technische Entwicklungen auch durch kulturelle Phänomene markiert.

Wir leben nach wie vor in einer Welt, in der sich technische Entwicklungen beschleunigen. Ich will dies an einigen Beispielen sichtbar machen, die nicht ganz so ernst, aber nie auch ganz ohne Ernst genommen werden sollten. Zur Zeitenwende gab es in Rom bereits eine Tageszeitung in, wie die Archäologen schätzen, etwa 500 Exemplaren; sie hieß Domani Popoli Diorno und war so dick wie die Sonntagsausgabe der New York Times. Das war auch kein Wunder, sie war ein auf Lindenholz gezogener Wachsüberzug, in den mit einem Griffel die Neuigkeiten des Vortages eingeritzt wurden. Ein bißchen willkürlich kann man jetzt für den Zweck meiner Darlegung sagen, damit begann das Zeitalter des Mediums Handschrift. Das hat ziemlich lange die uns bekannten

Kulturkreise beherrscht, nämlich etwa 1500 Jahre, bis die Buchdruckerkunst durch Gutenberg und dann durch andere entwickelt wurde. Die Handschrift wurde relativ rasch verdrängt, und das gedruckte Wort beherrschte als Medium die uns bekannten Kulturkreise oder die uns geläufigeren Kulturkreise. Es hat dann wiederum 450 Jahre gedauert, bis mit der fast gleichzeitigen Erfindung von Telegraf, Telefon und dem Vorläufer des Schallplattenspielers durch Edison das Zeitalter der elektrischen Medien mit Individualcharakter eingeläutet wurde, also ein Absender - ein Empfänger. Dann beschleunigte sich das zunehmend, denn es vergingen praktisch nur noch einmal 50-60 Jahre, bis mit dem Hörfunk das erste elektrische Medium mit Massencharakter auf den Markt kam, ein Absender - eine anonyme, unbekannte Vielzahl von Empfängern. Dann beschleunigte sich das weiter. Es dauerte vielleicht noch einmal 25 Jahre, ehe mit dem Fernsehen dann eigentlich das Zeitalter der elektronischen Medien eingeläutet wurde, und ab dann ist es fast nicht mehr möglich, solche Entwicklungsschritte auf einer Zeittafel abzutragen, weil sehr viele Entwicklungen dann auch gleichzeitig innerhalb der letzten 20-25 Jahre passiert sind: Von der Optoelektronik über die Digitalisierungstechniken bis heute hinein in die mediale Nutzung des Weltraums. Letzteres wurde vor drei Jahren bei einem ähnlichen Fachkongreß in Hamburg noch als witzig belächelt, derzeit zwischen denjenigen, die das Produkt entwickeln und großen Werbetreibenden wie McDonalds und Coca Cola längst sehr ernsthaft als kommerzielles Projekt diskutiert.

Diese technische Entwicklung hat fast in jedem Fall unsere Horizonte erweitert, unsere geografischen, aber auch unsere geistigen und gesellschaftlichen Horizonte. Sie hat in fast jedem Fall, das wird häufig genug übersehen, zum Abbau von Privilegien geführt. Die Herrschaft über alte Medien und das Hängen jeweils an alten Medien diente eben auch oft der Erhaltung von Privilegien. Sie können sich ja einmal versuchen vorzustellen, wie eigentlich die Entwicklung der westeuropäischen Kultur und Zivilisation und die großen geistigen Entwürfe des 16./17./18. Jahrhunderts ausgesehen hätten, wenn Ende des 15. Jahrhunderts die Buchdruckerkunst nicht erfunden worden wäre.

Was die Zukunft angeht, so nötigt einen die Beobachtung der Vergangenheit natürlich dazu anzunehmen, daß sich technologische Entwicklungen in der Zukunft nun nicht langsamer vollziehen werden als in der Vergangenheit. Es gibt überhaupt keinen Anhaltspunkt dafür. Die Vermutung spricht eher dafür, daß sie sich weiter beschleunigen werden. Es ist unmöglich, sie heute alle aufzuzählen, auch diejenigen, die in den Köpfen der Wissenschaftler bereits Gestalt angenommen haben. Ich bin kein Wissenschaftler. Wir stehen aber gerade wieder vor einer dieser tiefgreifenden Umwälzungen, nicht alle sind ja tiefgreifend, nämlich dem raschen Zusammenwachsen zwischen EDV,

Telekommunikation und der Media Industry, wie die Amerikaner gar nicht mal unzutreffend sagen. Das sind dann Stichworte wie Satelliten für bis zu 500 Übertragungskanäle, verknüpft mit Glasfaser. Das ist das, was man im Amerikanischen digitalized compressed video nennt oder auch digitalized compressed television, natürlich auch Audio. Das ist die zunehmende Möglichkeit zur Interaktivität. Und am Ende dann eine Multimediawelt, die dann über Endgerät und Display bis in die Wohnzimmer hinein vordringt.

Eine kritische Bemerkung am Rande: Die deutsche Industrie hat diese Entwicklung wie so viele andere glatt verschlafen. Wir als Medienhaus sind genötigt, uns auf die jetzt vor uns liegende Entwicklung einzustellen. Wenn wir einen Satelliten bestellen wollten, wir sind keine Satellitenbetreiber, aber wenn wir es täten, wenn wir Astra wären, würden wir zu News Communication in die Vereinigten Staaten gehen. Wenn wir über die verschiedenen Möglichkeiten von Access Control ober Chipkarten nachdenken, würden wir uns wahrscheinlich mit Motorola, Intel oder MicroSoft, oder wem auch immer, in Verbindung zu setzen haben. Wenn wir unsere Studiotechnik umbauen, und wir bauen sie bereits heute um, kommen die Lieferanten aus Japan oder Korea. Und wenn wir an die Endgeräte denken, da denken wir an vieles andere, nur nicht an wirklich schlagkräftige deutsche Lieferanten. Diese ganze Wertschöpfungskette in einer nun wirklich zukunftsorientierten Branche unserer Volkswirtschaft ist an der deutschen Industrie vorbeigelaufen. Dies eine Bemerkung am Rande.

Was macht nun diese technische Entwicklung möglich? Im Kern macht sie das möglich, was sie bisher auch möglich gemacht hat, nämlich immer mehr Information in besserer technischer Qualität zu niedrigen Preisen unter die Leute zu bringen. Daß das ganze für den Kulturspezialisten ambivalent ist, brauche ich jetzt nicht immer wieder zu unterstreichen. In Deutschland muß man das leider immer wieder tun. In Amerika kräht so gut wie kein Hahn danach. Ich will Ihnen zwei Beispiele nennen: Im 14. Jahrhundert entsprach der Wert, weil es einen Marktpreis ja nicht gab, für eine spärlich illuminierte Bibel, die in irgendeinem rheinischen Kloster per Handschrift gefertigt worden war, dem Wert eines Bauernhofs mit etwa 20 ha, ein Buch - ein Bauernhof. Da braucht man nicht bis zu den Gideonbibeln heute zu gehen, aber wie sich das entwickelt hat, kann jeder für sich selbst nachvollziehen.

Oder ein anderes Beispiel: Vor zwei Jahren hat am gleichen Abend, jeweils beginnend um 20.15h die ARD den Ihnen vielleicht bekannten Film mit Loriot, Ödipussy, gesendet, und das ZDF eine Götz Friedrichs-Inszenierung von Richard Straussens Rosenkavalier aus der Berliner Oper. Den Film Ödipussy haben rund 17 Mio. Menschen gesehen, die Oper gut 300.000. Der Kulturkritiker sagte dann natürlich "Na, haben wir es nicht gleich gesagt". Der Kulturkritiker irrt wie so häufig, denn ich finde es ein bemerkenswertes Ereignis, daß an einem Abend zuhause in einer technisch und künstlerisch hochwertigen Aufführung 300.000 Menschen sich über das Fernsehen den Rosenkavalier anschauen konnten und anschauen wollten. Sie können es auch anders formulieren: Die technische Entwicklung führt zur Demokratisierung der Information. Die gleiche technische Entwicklung macht, insbesondere im Bereich der elektronischen Medien, Marktwirtschaft möglich und damit das allen anderen Steuerungssystemen überlegene Steuerungssystem, wenn es denn die Kontrolleure und die Politiker nur recht begreifen würden. Die technische Entwicklung führt weiterhin zu einer zunehmenden Differenzierung des Angebots. Dieses Thema spielt ja hier bei der Konferenz in mehrfacher Hinsicht eine Rolle. Sie können auch das überspitzt formulieren, aber nicht falsch. Die Multimediasysteme, die so gegen Ende des Jahrzehnts die deutschen Wohnstuben erreicht haben werden, machen dann den einzelnen endgültig zum Programmdirektor.

Kritiker sagen, die technische Entwicklung mache eine immer raffiniertere Verführung des Konsumenten möglich. Nun sind für mich die Worte raffiniert und Verführung negativ befrachtet. Aber es ist richtig. Sie macht eine wirksamere Beeinflussung des Konsumenten möglich, wobei der zunehmend höhere Bedienungskomfort natürlich auch eine große Rolle spielt. Die technische Entwicklung führt dazu, daß öffentliche Kontrollmechanismen zunehmend unterlaufen werden. Es ist den deutschen Landesmedienanstalten z.B. in Zukunft wohl nicht mehr möglich, Einfluß zu nehmen auf Inhalte und Gesellschafterstrukturen von Fernsehangeboten, die über den Satelliten direkt ins Haus gehen. Da ist die Kontrolle gar nicht mehr möglich. Der eine oder andere von Ihnen wird verfolgt haben, wie Frau Theresa Orlowski mit ihrem Pornokanal schlicht weg nach Dänemark ausgewandert ist und sich damit jeder Kontrolle durch deutsches Medienrecht und deutsche Medienpolitik entzieht.

Aber nicht nur politische Kontrollmechanismen werden unterlaufen, es werden auch individuelle Kontrollmechanismen unterlaufen. Sie können dies in der nicht bangen, aber doch sehr von Zweifeln geprägten Frage zusammenfassen, wie wir uns eigentlich morgen gegen die dann noch sehr viel stärkere Informationsflut, insbesondere im audiovisuellen Sektor, ernsthaft wehren wollen, zumal der Filter der Reflexion, der ja bei anderen Medien immerhin noch vorhanden ist, dort weitgehend entfällt. Und schließlich wird die technische Entwicklung zwangsläufig dazu führen, über das Medienangebot, daß die Distanz zwischen der durch unsere Sinne real erfahrbaren Wirklichkeit und dem, was wir am Display als Wirklichkeit vorgeführt bekommen immer größer werden wird. Wir werden zunehmend, wenn wir nicht richtig gegensteuern, dem Risiko ausgesetzt werden, in scheinbaren Wirklichkeiten zu leben und auf Anforderungen, die aus der realen Welt auf uns zukommen, natürlich auch morgen, nur noch mit Instrumenten reagieren zu können, die wir aus diesem Umgang mit der scheinbaren Wirklichkeit gelernt haben.

Ein zweites Bündel von Beobachtungen: Es handelt von der Bedeutung des Informations- im weiteren oder des Mediensektors im engeren Sinne für die wirtschaftliche Entwicklung. Längst ist Information, wenn Sie es in der klassischen Terminologie ausdrücken wollen, der vierte Produktionsfaktor. Ich behaupte, wenn man denn in der Terminologie bleibt, sie ist heute längst der erste, d.h. der bedeutendste Produktionsfaktor für alle entwickelten Volkswirtschaften geworden. Die Informationswirtschaft der Bundesrepublik Deutschland wird spätestens im Jahre 2.000 die Automobilwirtschaft in ihrer volkswirtschaftlichen Bedeutung überholt haben. Das sind gerade noch gut 6 Jahre hin, und bereits heute wird in diesem Bereich mehr als ein Drittel des Bruttoinlandsprodukts, also unserer Wertschöpfung, hergestellt.
Ein anderes Beispiel: Der Großraum Köln, der bis vor zehn Jahren im wesentlichen noch durch Namen wie Ford oder Klöckner Humboldt Deutz geprägt war, wird heute ganz eindeutig von den in der Medienwirtschaft Tätigen beherrscht. 45.000 Arbeitsplätze allein im Großraum Köln. Das sind alles Dinge, die in die Wirtschaftsberichterstattung, insbesondere die deutsche, kaum Eingang finden. Das ist auch weiter gar nicht schlimm. Aber es ist doch schlimm, weil die Wirtschaftsberichterstattung zu stark bedingt ist durch die Auseinandersetzung mit Phänomenen, die an sich Phänomene von gestern sind, wie z.B. die mit der Grundstoffindustrie.

Die Unternehmensstrukturen entwickeln sich rapide. Da gibt es auf der einen Seite ein Unternehmen wie Bertelsmann, in dessen Vorstand ich tätig bin. An sich ganz undenkbar, daß es Medienunternehmen gibt wie das unsere heute, die 17 Mrd. Umsatz machen und mehr als 50.000 Mitarbeiter haben. Das kannte man früher nur von der Großchemie. Auf der anderen Seite entwickeln sich aber in sehr, sehr rascher Geschwindigkeit neue Klein- und Mittelbetriebe. Ich gehe wieder auf den Großraum Köln zurück. Dort ist RTL tätig. RTL hat ständige Geschäftsbeziehungen mit mehr als 200 Unternehmen, von denen mehr als die Hälfte vor 5 Jahren noch nicht existiert hat, so daß wir hier unter dem Strich davon ausgehen können und dürfen, daß die Medienwirtschaft und mit ihr natürlich auch Teile der Informationswirtschaft die eigentliche Wachstumslokomotive für die bundesrepublikanische Volkswirtschaft darstellen, und das gilt nicht nur für die bundesrepublikanische, das gilt mutadis mutandis für die Vereinigten Staaten und für viele westeuropäische Volkswirtschaften.

Diese Lokomotive sollte man nicht bremsen. Man sollte sie auf sichere Schienen setzen, das ist wohl wahr, aber dann sollte man sie losdampfen lassen. Warum? U.a. deshalb, weil ich glaube, daß die wirtschaftliche Stärke unseres Informationssektors und insbesondere unseres Mediensektors auch eine wesentliche Basis für unsere eigenständige kulturelle Entfaltung ist. Ich weiß nicht, wie wir uns sonst recht mit dem auf uns zuströmenden Entertainmentangebot z.B. aus dem anglo-amerikanischen Raum wirklich aktiv auseinandersetzen sollen. Maginot-Linien kann man gegen Satelliten nicht ziehen. Und Zölle helfen da auch recht wenig. Es hilft nur, wenn Sie so wollen, der Gegenangriff. Der Gegenangriff kann aber nur gelingen, wenn die wirtschaftliche Basis dafür da ist. Auch darüber, denke ich, werden wir morgen noch ein bißchen zu diskutieren haben. Heute wird diese Entwicklung gebremst, weil Teile der Industrie nicht rechtzeitig oder nicht umfassend auf die Herausforderung reagieren. Weil die Medienpolitik sich ihrerseits zu sehr mit Phänomenen von gestern auseinandersetzt, und weil schließlich auch da, wo man es gut meint, der große Unterschied zwischen gut gemeint und gut immer wieder ins Auge fällt.

Auch hierfür ein Beispiel: die Filmförderung in Deutschland. Ein phantastisches System. Gremien noch und noch. Demjenigen, der sich auf kleiner Ebene selbst entfalten und verwirklichen möchte und dabei auch vor den Verfahren der Selbstausbeutung nicht zurückschreckt, der kann in dem System prima leben, sein ganzes Leben lang, nur marktgängige Produkte kommen nicht dadurch zustande. Und so hat nicht aus anderen Gründen, sondern in direktem Zusammenhang zwischen Subventionitis und kultureller Kleingärtnerei der deutsche Film jegliche Marktgeltung verloren. Wenn er sie dann irgendwo hat, dann mit deutschen Produzenten, die in Hollywood mit amerikanischen Finanziers und internationalen Schauspielern ihr Produkt produzieren. Ansonsten aber Chance auf große Dynamik und Chance darauf, daß diese Dynamik für die Medienmärkte und die Medienprodukte auch anhalten wird. Hierfür gibt es viele Gründe. Ich will versuchen, sie in zwei einfachen Punkten zusammenzufassen.

Der erste einfache Punkt liegt in der demografischen Entwicklung. Es ist nicht nur so, daß die Weltbevölkerung weiter anwachsen wird und sich bis zum Jahre 2020 gegenüber heute rundherum verdoppelt haben wird. Alle diese Menschen brauchen Information, und diese Information kann in der Regel nur über Medien vermittelt werden. Sondern es ist auch so, daß in den entwickelten Volkswirtschaften, jedenfalls in den meisten von ihnen, spätestens über Emigrationsvorgänge natürlich die Bevölkerung weiter zunehmen wird. Das ist nun aber nicht nur ein quantitatives Phänomen, sondern auch ein strukturelles. Die Zahl der jungen Menschen wird zunehmen, und der Informationsbedarf für Menschen, die in der Bildung und Ausbildung sind, ist besonders groß. Die Zahl der älteren Menschen wird steigen, die sich dann aus Gründen, die eher im Psychologischen liegen, Medien wiederum stärker widmen, als sie es vorher getan haben.

Der andere Faktor, die Präferenzen im Verbraucherverhalten, ändert sich ständig. Das Mittel zur sozialen Differenzierung ist längst nicht mehr die Waschmaschine - ich rede jetzt mal von den alten Bundesländern - die Waschmaschine oder das Stückchen grüner Rasen vor dem Haus, abnehmend weniger die Größe des Automobils, sondern es sind zunehmend weiche Faktoren, die zum großen Teil im kulturellen und im medialen Bereich anzusiedeln sind. Was das für hochinteressante Entwicklungen ausgelöst hat, davon werden wir gleich bei der Auseinandersetzung mit Museumsnetzwerken einen tiefen Einblick bekommen, und da könnte man noch viele andere Beispiele hinzufügen.

Diese gleiche technische und wirtschaftliche Entwicklung wird parallel zueinander zur Globalisierung der Medienmärkte und zur Regionalisierung der Märkte führen. Ich habe aus dem Konferenzmaterial hier herausgelesen, daß Herr Sloterdijk offenbar eine feurige Zielansprache in Richtung Globalisierung gehalten hat. Ich halte sie erstens für unmöglich, zweitens, wenn sie möglich wäre, würde ich sie mit wenigen Ausnahmen bekämpfen. Er hat aber in einem Punkt recht. Es wird selbstverständlich Teilmärkte im Medienbereich geben, die immer stärker globalisiert werden. Herausragendes Beispiel ist die Musikindustrie. Sie hören richtig, die Amerikaner sagen in der Tat "music industry" und warum eigentlich auch nicht. Es gilt aber dort natürlich auch nur für Teile des Produkts. Aber selbstverständlich wird klassische Musik oder auch internationaler Pop zu globalen Produkten werden, und das werden nicht die einzigen bleiben.

Daneben aber auch macht die technische Entwicklung eine, ich sage nicht Rückbesinnung, sondern eine Besinnung auf regionale kulturelle Eigenständigkeit möglich, wie wir sie z.B. heute im Hörfunk in einer Art und Weise in der Bundesrepublik Deutschland haben, die vor 10 Jahren noch gar nicht denkbar war.

Nun und abschließend zur Ausgangsfrage zurück: Ist das nun alles der Tod der Kultur? Ich kann mit der Frage wenig anfangen, muß ich sagen. Da muß wohl wieder der typisch deutsche Kulturbegriff eine Rolle gespielt haben. Wie er sich dann in solchen

Wortungetümen wie Kulturgüter, Kulturschaffende, Stiftung Preussischer Kulturbesitz, da kann man ja nun die Liste weiterführen, als typisch großbürgerliche, zuweilen elitäre Haltung, manifestiert. Ich halte es da lieber mit unserem Bundespräsidenten, der sagt, Kultur ist für mich ganz einfach die Art, in der Menschen miteinander umgehen. Das ist der geglückte Versuch, das anglo-amerikanische Wort culture ins Deutsche zu übersetzen. Und wenn man Kultur so begreift, dann ist die Frage witzlos, sie ist spekulativ und sie ist rhetorisch, denn die Antwort kann natürlich nur "nein" lauten. Ernsthafter wird die Frage, wenn man nach den inhärenten medientypischen Qualitäten einzelner Medienprodukte und einzelner Medienmärkte fragt, z.B. die Frage mal zuspitzt auf die von mir beschriebene audiovisuelle Multimediawelt. Dann besteht zumindestens das Risiko einer zunehmenden Vereinzelung, einer abnehmenden Kommunikationsfähigkeit, einer abnehmenden Abwehrmöglichkeit über Reflexion. Und bereits heute stehen wir vor einem ganz wichtigen Phänomen, dessen Bedeutung noch nicht richtig analysiert, jedenfalls noch nicht voll erkannt zu sein scheint: Nämlich unsere zunehmende Unfähigkeit, uns über längere Zeit auf ein Thema zu konzentrieren. Alle Medien zeichnen sich dadurch aus, daß sie in sich zu immer kürzeren Formaten neigen, also den Kunden für immer kürzere Zeiträume nur noch in Anspruch nehmen. Das können Sie am Fernsehen genauso beobachten wie am Hörfunk, das können Sie bei der Tageszeitung beobachten, wenn diejenigen, die aus den alten Bundesländern kommen, heute einmal die berühmten Seiten 3 der großen Tageszeitungen von vor 15 Jahren zur Hand nehmen, das können Sie am Layout unmittelbar ablesen. Es stimmt für den Buchmarkt, es stimmt für jeden Medienmarkt.

Diese Entwicklungen führen nicht zum Tod der Kultur, aber sie führen zu Veränderungen kultureller Verhaltensmuster, auf die man wohl sehr wird achten müssen. Und wenn dann das Ziel, und das ist nun eine Wertentscheidung, die ich einmal für mich treffe, wenn also mein Ziel die höhere Dichte und die höhere Qualität sozialer Kontakte durch den Einsatz moderner Medien ist, dann gibt es hier drei Ansatzpunkte, die man jetzt nicht tiefsinnig erörtern muß, an denen man aber jeden Tag zu arbeiten hat. Der erste Ansatzpunkt ist natürlich der der Medienpädagogik, deren Ziel, wenn sie dann erst einmal existieren wird, darin zu bestehen hätte, den Menschen zur Auswahl zu befähigen. Das scheint mir die wichtigste Aufgabe zu sein, viel wichtiger als alles andere.

Zweitens: In jedem Medium die zusätzlichen Chancen auf Interaktivität zu befördern, also den Prozeß, der aus Information Kommunikation macht. Das ist für jedes Medium möglich, insbesondere die elektronischen Medien eröffnen in den nächsten 5, 6, 10 Jahren hier ganz neue Chancen. Mögen die Unternehmen sie so attraktiv machen, daß der Kunde sie nutzt. Und schließlich für jedes spezifische Medium langsam - das ist kein Prozeß, den Sie von heute auf morgen in die Wege leiten können - langsam eine höhere, für dieses Medium typische, Qualitätsstufe anzustreben. Medienübergreifende Qualitätspyramiden nach dem Motto "das Buch gehört auf den Altar und das Fernsehen, ich weiß auch nicht wohin, in den Keller", das ist alles natürlich völliger Unsinn. Da können einzelne Vortragsreisende viel Geld damit verdienen. Es bleibt trotzdem Unsinn. Die eigentliche Aufgabe besteht darin, medienspezifisch, also in jedem Medium sich dieser Aufgabe zu stellen, in einem langsamen Gewöhnungsprozeß die Menschen zu befähigen, sich emporzulesen, sich emporzuhören.

Unser gesamtes Modell, auch das, was ich hier habe in ganz groben Stichworten nur andeuten können, ist ein typisches Modell für die entwickelte Welt, also sagen wir grob, für den OECD-Bereich, und dann nehmen wir vielleicht die Asianstaaten noch hinzu. Es geht an der Dritten Welt, wo ich der Einfachheit halber mal die Länder des ehemaligen Comecon mit hinzuziehe, nun meine ich nicht Polen und die Tschechoslowakei, sondern weiter östlich, glatt vorbei. Dort besteht das Risiko einer ganz merkwürdigen Weltkultur. Ich war vor gut 20 Jahren einmal in einem schönen Land, das heißt Burundi, liegt fast mitten unter dem Äquator östlich vom Kongo, wie der damals hieß, Zaire wie es heute heißt, in einer Teeplantage. Das erste westliche Consumer Product, was sich die dort tätigen Menschen aus der Umgegend kauften, war der Kugelschreiber, auch ohne Papier. Das zweite war das Taschenradio. Derartige Phänomene, daß man auf technischem Umweg dann auch kulturelle Muster überstülpen kann, für die Oberschicht sind es dann die Duty Free Shops auf den Flughäfen, sind Ihnen allen aus eigener Anschauung wohlbekannt. Erstaunlich deshalb, daß sich mit dieser sehr wichtigen Frage der Entwicklungspolitik und der internationalen Zusammenarbeit die Politik noch so gut wie überhaupt nicht befaßt hat. Denn hier besteht in der Tat die Gefahr der Verdrängung von regionalen Kulturen nicht durch ökonomische Prozesse, sondern durch sehr viel subtilere Prozesse, nämlich die Kolonisierung über moderne Medien.

Fazit also für mich: Die neuen Medienmärkte von morgen sind selbstverständlich nicht der Tod der Kultur. Sie können zur Bereicherung der kulturellen Entwicklung beitragen, wenn die Warnzeichen, von denen ich nur versucht habe, die wichtigsten zu nennen, rechtzeitig beachtet und umgesetzt werden.

Autorenliste

Antonelli, Christiano, Prof., Università degli Studi di Torino, Dipartimento di Economia, Via S. Ottavio, 20, I-10124 Torino

Bahl-Benker, Angelika, Industriegewerkschaft Metall -Vorstandsverwaltung- Abt. Frauen, Lyoner Str. 32, D-60528 Frankfurt/M.

Baur, Hans, Dr., Vorstandsmitglied der Siemens AG, Hofmannstraße 51, D-81359 München

Brödner, Peter, Dr., Institut für Arbeit und Technik, Florastr. 26-28, D-45879 Gelsenkirchen

Cerwenka, Peter, Prof. Dr., Institutsvorstand, Institut für Verkehrssystemplanung, Technische Universität Wien, Gusshausstraße 30/269, A-1040 Wien

Dholakia, Ruby Roy, Prof. Dr., Director, RITIM, College of Business Administration, The University of Rhode Island, Ballentine Hall, Kingston, RI 02881-0802 USA

Drüke, Helmut, Dr., Wissenschaftszentrum Berlin für Sozialforschung GmbH, Reichpietschufer 50, D-10785 Berlin

Endo, Takaya, Dr., Ececutive Manager, Nippon Telegraph and Telephone Corporation (NTT), Human Interface Laboratory, Yokosuka, Japan

Falck, Margrit, Prof. Dr., Fachhochschule für Wirtschaft Berlin, Badensche Str. 50-51, D-10825 Berlin

Florian, Michael, M.A., Universität Dortmund, Lehrstuhl Technik & Gesellschaft, Emil-Figge-Str. 50, D-44227 Dortmund

Gassmann Hans Peter, Organisation für wirtschaftliche Zusammenarbeit und Entwicklung (OECD), 2, rue André Pascal, F-75775 Paris Cedex 16

Gries, Werner, Dr., Bundesministerium für Forschung und Technologie, Heinemannstr. 2, D-53175 Bonn

Harmsen, Dirk-Michael, Dr., Fraunhofer-Institut für Systemtechnik und Innovationsforschung (ISI), D-76139 Karlsruhe

Kamae, Takahiko, Dr., Ass Vice President, Hewlett-Packard Laboratories Japan, Kawasaki-shi, Japan

Knight, Winston, Prof. Dr., University of Rhode Island, Department of Industrial and Manufacturing Engineering, 103 Gilbreth Hall, Kingston, RI 02881-0805 USA

König, Rainer, Dipl.-Wirt.-Ing., Fraunhofer-Institut für Systemtechnik und Innovationsforschung (ISI), Breslauer Str. 48, D-76139 Karlsruhe

Laffitte, Pierre, Senator, President of Foundation, Sophia Antipolis, B.P. 1, F-06561 Valbonne Cedex

Lahnstein, Manfred, Vorstandsmitglied der Bertelsmann-AG, Carl-Bertelsmann-Str. 270, D-33335 Gütersloh

Lange, Siegfried, Dr., Fraunhofer-Institut für Systemtechnik und Innovationsforschung (ISI), Breslauer Str. 48, D-76139 Karlsruhe

Meyer-Krahmer, Frieder, Dr. rer. pol. habil., Institutsleiter, Fraunhofer-Institut für Systemtechnik und Innovationsforschung (ISI), Breslauer Str. 48, D-76139 Karlsruhe

Müller, Günter, Prof. Dr., Institut für Informatik und Gesellschaft der Albert-Ludwigs-Universität , Friedrichstr. 50, D-79085 Freiburg i.Br.

Mundorf, Norbert, Prof. Dr., Department of Speech Communication, The University of Rhode Island, Kingston, RI 02881 - 0812, USA

Popper, Frank, Prof. Dr., 6, rue du marché Saint-Honoré, F-75001 Paris

Preißl, Brigitte, Dr., Deutsches Institut für Wirtschafsforschung (DIW), Königin-Luise-Str. 5, D-14195 Berlin

Rammert, Werner, Prof. Dr., Institut für Soziologie (WE 2), Freie Universität Berlin, Babelsberger Straße 14-16, D-10715 Berlin

Sloterdijk, Peter, Prof., Hochschule für Gestaltung, Durmersheimer Straße 55, D-76185 Karlsruhe 21

Soete, Luc, Prof. Dr., MERIT, Maastricht Economic Research Institute on Innovation and Technology, NL-6200 MD Maastricht

Stahel, Walter R., Director Product-Life-Institute, 18-20 chemin Rieu, CII-1208 Genève

Theweleit, Klaus, Dr., Schriftsteller, Staudingerstr. 5, D-79115 Freiburg

de Vries, Bert, Dr., Director of the National Institute of Public Health and Environmental Protection (RIVM), Postbus 1, NL-3720 BA Bilthoven

Witte, Eberhard, Prof. Dr. Dres. h.c., Institut für Organisation der Universität München, Ludwigstr. 28 Rgb., D-80539 München

Zillmann, Dolf, Prof. Dr., The University of Alabama, 478 Reesc Phifer Hall, Box 97 01 72, Tuscaloosa Alabama 35487-0172

Zoche, Peter, M.A., Fraunhofer-Institut für Systemtechnik und Innovationsforschung (ISI), Breslauer Str. 48, D-76139 Karlsruhe

Springer-Verlag und Umwelt

Als internationaler wissenschaftlicher Verlag sind wir uns unserer besonderen Verpflichtung der Umwelt gegenüber bewußt und beziehen umweltorientierte Grundsätze in Unternehmensentscheidungen mit ein.

Von unseren Geschäftspartnern (Druckereien, Papierfabriken, Verpackungsherstellern usw.) verlangen wir, daß sie sowohl beim Herstellungsprozeß selbst als auch beim Einsatz der zur Verwendung kommenden Materialien ökologische Gesichtspunkte berücksichtigen.

Das für dieses Buch verwendete Papier ist aus chlorfrei bzw. chlorarm hergestelltem Zellstoff gefertigt und im pH-Wert neutral.